Leitfäden der Informatik

Lothar Schmitz
Syntaxbasierte
Programmierwerkzeuge

Leitfäden der Informatik

Herausgegeben von

Prof. Dr. Hans-Jürgen Appelrath, Oldenburg
Prof. Dr. Volker Claus, Stuttgart
Prof. Dr. Günter Hotz, Saarbrücken
Prof. Dr. Lutz Richter, Zürich
Prof. Dr. Wolffried Stucky, Karlsruhe
Prof. Dr. Klaus Waldschmidt, Frankfurt

Die Leitfäden der Informatik behandeln

- Themen aus der Theoretischen, Praktischen und Technischen Informatik entsprechend dem aktuellen Stand der Wissenschaft in einer systematischen und fundierten Darstellung des jeweiligen Gebietes.
- Methoden und Ergebnisse der Informatik, aufgearbeitet und dargestellt aus Sicht der Anwendungen in einer für Anwender verständlichen, exakten und präzisen Form.

Die Bände der Reihe wenden sich zum einen als Grundlage und Ergänzung zu Vorlesungen der Informatik an Studierende und Lehrende in Informatik-Studiengängen an Hochschulen, zum anderen an „Praktiker", die sich einen Überblick über die Anwendungen der Informatik(-Methoden) verschaffen wollen; sie dienen aber auch in Wirtschaft, Industrie und Verwaltung tätigen Informatikern und Informatikerinnen zur Fortbildung in praxisrelevanten Fragestellungen ihres Faches.

Syntaxbasierte Programmierwerkzeuge

Von Dr. rer. nat. Lothar Schmitz
Universität der Bundeswehr München

B. G. Teubner Stuttgart 1995

Dr. rer. nat. Lothar Schmitz

Geboren 1949 in Remscheid. Von 1969 bis 1975 Studium der Mathematik und Informatik an der Technischen Universität München. Seit 1975 Wissenschaftlicher Mitarbeiter in der Fakultät für Informatik der Universität der Bundeswehr München. 1982 Promotion mit „Theorie kettenfreier LR-Zerteiler". Im Studienjahr 1992/1993 Vertretung einer Informatik-Professur an der Ludwig-Maximilians-Universität München.

Forschungsinteressen: Programmiermethodik im weiteren Sinn, darunter: formale Techniken wie Programmtransformationen, Abstraktionsmechanismen, Generierung von Programmen, modulare und objektorientierte Methoden.

Die Deutsche Bibliothek – CIP-Einheitsaufnahme

Schmitz, Lothar:
Syntaxbasierte Programmierwerkzeuge / von Lothar Schmitz –
Stuttgart : Teubner, 1995
  (Leitfäden der Informatik)

  ISBN 978-3-519-02140-7   ISBN 978-3-322-96655-1 (eBook)
  DOI 10.1007/978-3-322-96655-1

Einband: Peter Pfitz, Stuttgart

Vorwort

Viele der ursprünglich für den Compilerbau entwickelten Methoden und Werkzeuge haben sich auch in anderen Einsatzgebieten als ausgesprochen nützlich erwiesen: Wer z.B. komplex strukturierte, große Datenmengen systematisch in ein anderes Format bringen möchte oder wer zur Handhabung eines Programmsystems eine nichttriviale Kommandosprache benötigt, der kann die erforderlichen Programme effizient und sicher mit Hilfe sogenannter Compiler-Compiler erzeugen. Auf diese Weise generierte Programmbausteine lassen sich leichter an veränderte Aufgabenstellungen anpassen als von Hand erstellte. Allerdings sind solide Grundkenntnisse in den Gebieten „Syntaxanalyse" und „Attributauswertung" Voraussetzung für die Beurteilung solcher Werkzeuge und ihre angemessene oder gar innovative Verwendung.

Die einschlägige Lehrbuchliteratur zerfällt in drei Kategorien: Am umfassendsten sind die *Compilerbaubücher*. Die darin enthaltene Theorie ist aber meist so stark mit dem Hauptanwendungsbereich, der Übersetzung von Programmiersprachen, verwoben, daß Leser nur mit großem Aufwand die für andere Anwendungen benötigten Grundlagen herauslösen und übertragen können. In die zweite Kategorie fallen Bücher, welche die *Theorie* formaler Sprachen und der Syntaxanalyse behandeln. Hier liegt das Gewicht auf einer umfassenden und systematischen Darstellung: Praktisch bedeutsame Verfahren und Varianten stehen gleichrangig neben solchen, die nur von historischem Interesse sind. Auffallend wenig lehrbuchartiges Material gibt es zur Theorie attributierter Grammatiken und Attributauswertungsverfahren. Die dritte Kategorie besteht aus Büchern, die einzelne *Werkzeuge* beschreiben. Darin werden jeweils die Handhabung und die Eigenschaften eines Produkts detailliert dargestellt, theoretische Grundlagen nur soweit, wie sie für das Verständnis des Werkzeugs benötigt werden. Ein fundierter Vergleich zwischen Werkzeugen ist auf dieser Basis nur schwer möglich.

Das vorliegende Buch will die Lücke zwischen den genannten Lehrbuchkategorien schließen. Es stellt die Grundlagen moderner, syntaxbasierter Werkzeuge umfassend und in einheitlicher Weise dar. Dabei ist es nicht festgelegt auf einen speziellen Anwendungsbereich (wie den Compilerbau) oder auf die zufälligen Eigenschaften eines bestimmten Systems.

Das Buch wendet sich in erster Linie an Informatikstudenten nach dem Vordiplom, aber auch an Praktiker, die sich in die Grundlagen syntaxbasierter Programmierwerkzeuge einarbeiten möchten. Um das Buch in sich abgeschlossen zu halten, werden auch die benötigten Grundbegriffe aus den formalen Sprachen dargestellt. Alle Begriffe und Konstruktionen werden ausführlich an Beispielen erläutert. Eingestreute Aufgaben dienen der Vertiefung des Stoffs und der Selbstkontrolle.

Das Buch ist in drei Teile gegliedert. Der erste Teil handelt von den *„Beschreibungsmitteln":* Reguläre Ausdrücke, kontextfreie Grammatiken und Attributierungen. Besonders ausführlich wird das Aufstellen attributierter Grammatiken behandelt; d.h. die Frage: Wie kann man Probleme in korrekter und angemessener Weise formalisieren? Im zweiten Teil, *„Auswertungsmechanismen",* werden die heute gebräuchlichen Syntaxanalyse- und Attributauswertungsverfahren vorgestellt. Das sind die LL(1)-Analyse und die verschiedenen Varianten der LR-Analyse sowie dynamische, statische und inkrementelle Attributauswerter. Der dritte Teil, *„Anwendungen",* greift aus dem breiten Spektrum verfügbarer Werkzeuge einige typische Vertreter heraus. Ein größeres Beispiel aus dem Bereich der Dokumentenverarbeitung illustriert die Einsatzmöglichkeiten attributierter Grammatiken. Als Demonstrationsmittel wird dabei der visuelle Compiler-Compiler „SIC" eingesetzt, der sich zu einem herkömmlichen System etwa so verhält wie ein Debugger zu einem herkömmlichen Compiler. (Das 1991 mit dem Deutschen Hochschul-Software-Preis ausgezeichnete System ist kostenlos erhältlich, siehe Anhang „Informationsquellen".)

Am Zustandekommen dieses Buchs waren viele Personen in verschiedener Weise beteiligt: Der wichtige Anstoß, mich auf dieses Buchprojekt einzulassen, kam von Professor F. Kröger von der Ludwig-Maximilians-Universität München. Im Zusammenhang mit der Vorlesung „Syntax-basierte Programmierwerkzeuge", die ich dort im Wintersemester 1992/93 hielt, entstand das Gerüst des Buchs. Den Studenten dieser Vorlesung und zweier vorangegangener Übersetzerbau-Praktika an der Ludwig-Maximilians-Universität und der Universität der Bundeswehr München verdanke ich Beispiele und wertvolle Rückmeldungen zu Inhalt und Gliederung des Stoffs. Bei allen drei Veranstaltungen diente das SIC-System als Demonstations- und Arbeitsmittel, ebenso bei der Ausarbeitung der Beispiele des Buchs. Den Kern von SIC haben 1989/90 J. Kröger, D. Moers und M. Schmidt implementiert. Seither haben D. Kassebaum, J. van Laak, O. Laduch, N. Niespor, F. Schulter, M. Worch, St. Zimmermann und E. Zschau eine Reihe von Ergänzungen und Verbesserungen hinzugefügt.

Die Mitherausgeber der Informatik-Reihen beim Teubner-Verlag, die Professoren H.-J. Appelrath und V. Claus, haben detaillierte Anmerkungen zum Text beigetragen und das Projekt mit Ermunterung und dem notwendigen Druck vorangebracht. Die mühsame Arbeit des Korrekturlesens haben die Absolventen und Studenten der Universität der Bundeswehr: U. Hartmann, J. Kröger, J. van Laak und F. Schulter auf sich genommen. Besonders fachkundig, ausführlich und konstruktiv waren Anmerkungen der Kollegen S. und W. Schreiber von der Technischen Universität München.

Ihnen allen meinen herzlichen Dank!

Neubiberg, im April 1995   Lothar Schmitz

Inhaltsverzeichnis

1 Einführung

Syntaxbasierte Programmierwerkzeuge sind nützliche, aber zum Teil auch komplizierte Hilfsmittel. Wir geben einen Überblick über den Aufbau, die Arbeitsweise und die Verwendungsmöglichkeiten solcher Werkzeuge. Das soll einen ersten Eindruck vermitteln und dient als Motivation und Anschauungsmaterial für die systematische Behandlung der einschlägigen Beschreibungsformalismen und Abarbeitungsmechanismen in den ersten beiden Teilen des Buchs. Begriffe, die hier nur kurz anklingen, werden später ausführlich erklärt.

Abschnitt 1.1 beginnt mit einer Begriffs- und Zweckbestimmung: Was versteht man eigentlich unter „Syntaxbasierten Programmierwerkzeugen" und welche Probleme löst man mit ihnen? Besonders charakteristische Werkzeuge sind Compiler-Compiler. Wir skizzieren ihren Aufbau und erläutern ihre Arbeitsweise an einem einfachen Beispiel.

In *Abschnitt 1.2* folgt ein größeres, graphisches Anwendungsbeispiel, das andeutet, wie verschiedenartig „syntaxbasierte Probleme" sein können, welche Werkzeuge zu ihrer Lösung eingesetzt werden und wie diese Werkzeuge ineinandergreifen.

Das Buch wendet sich an Lesergruppen mit unterschiedlichen Vorkenntnissen und verschiedenem Informationsbedarf. *Abschnitt 1.3* beschreibt den Aufbau des Buchs und gibt Hinweise zu seiner Verwendung.

Jedem Kapitel geht eine Übersichtseite (wie diese) voran.

1.1 Was sind und wozu dienen „Syntaxbasierte Programmierwerkzeuge"?

Die Mensch-Maschine-Schnittstelle wird nach dem Vorbild der zwischenmenschlichen Kommunikation gestaltet: Verständigung durch einfache Gesten, Zeigen, Berühren etc. findet sich wieder in graphischen Oberflächen, die einfach und suggestiv durch Zeigen und Anklicken mit der Maus gesteuert werden. Für komplexere Sachverhalte eignet sich aber besser *Kommunikation auf sprachlicher Basis*. Programme z.B. faßt man seit jeher in eigens dafür entwickelten Sprachen ab. Die maschinelle Bearbeitung eines Programmtextes durch einen Übersetzer („Compiler"[1]) verläuft stets nach folgendem Muster: In der ersten Phase, der *Analyse*, wird die syntaktische Struktur des gegebenen Textes ermittelt, also wie der Text aus Teiltexten aufgebaut ist. In der zweiten Phase, der *Synthese*, wird dann durch Verarbeitung entlang dieser syntaktischen Struktur zu dem Programmtext eine maschinell ausführbare Fassung erstellt (meist durch Erzeugung von Maschinencode).

Ein ganz ähnliches Vorgehen kennen wir schon aus dem Fremdsprachenunterricht. Dort wird ein Satz zuerst darauf untersucht, wo Subjekt, Prädikat und Objekt stehen und welche Formen, Fälle oder Zeiten jeweils vorliegen. Erst danach erfolgt die Übertragung in die Zielsprache.

Selbst scheinbar triviale Vorgänge wie das Ausführen der Eingabeanweisung

```
get(zahl)
```

laufen in gleicher Weise ab: Eine auf dem Eingabemedium anstehende Zeichenfolge wie „-4.7E11" wird in ihre Bestandteile zerlegt - z.B. optional ein Vorzeichen, dann die Mantisse sowie optional ein Exponent; die Mantisse besteht aus einem Vorkommateil und einem optionalen Nachkommateil - und daraus wird die Interndarstellung der Zahl berechnet. In einfachen Fällen wie diesem lassen sich die Analyse der Eingabe und die Synthese des Ergebnisses verzahnt miteinander durchführen.

Das sind nur einige der Fälle, in denen sprachliche Programmschnittstellen verwendet werden. Viele andere werden am Ende dieses Abschnitts genannt und später erläutert. Daher:

Der Gegenstand dieses Buches ist die Konstruktion von Programmen, die ähnlich wie Compiler (kunst-)sprachliche Schnittstellen haben.

Dabei kann man auf ein Arsenal mächtiger Werkzeuge zurückgreifen, die von Compilerbauern für ihre Zwecke entwickelt wurden. Zur effizienten Analyse einfach gebauter Sprachen dienen lexikalische Analysatoren („Scanner"); bei komplexeren Sprachen benötigt man dazu die mächtigeren Syntaxanalyseprogramme („Parser"); Attributauswerter führen die Synthese, d.h. die Auswertung oder Übersetzung durch. Programmgeneratoren erzeugen solche Komponenten aus einfachen Beschreibungen: Im obigen Beispiel der „get(zahl)"-Anweisung würde ein Scannergenerator aus einer Beschreibung der Art

---

1. Englische Fachausdrücke wie Compiler, Scanner, Parser u.ä. sind häufig prägnanter und vor allem besser eingeführt als die entsprechenden deutschen Bezeichnungen.

```
Zahl = [ + | - ] Mantisse [ Exponent ]
Mantisse = Ziffernfolge [ . Ziffernfolge ]
Ziffernfolge = [ 0 - 9 ]⁺
Exponent = E Ziffernfolge
```

einen Scanner erzeugen, der Zeichenfolgen dieses Aufbaus als Zahlen akzeptiert und alle anderen Zeichenfolgen als „nicht korrekt" zurückweist. Die hier fett gedruckten Zeichen sind sogenannte *„Metazeichen"*, die beschreiben, wie Folgen „normaler Zeichen" durch Klammerung *optionaler Teile* (mit „[" und „]"), Trennung von *Alternativen* (durch „|"), *Wiederholung* („+") und *Bereichsangaben* (mit „-") beschrieben werden.

Die Verwendung von Generatoren erleichtert nicht nur die erstmalige Erstellung von Programmkomponenten, sondern auch nachfolgende Modifikationen, ohne daß fehleranfällige Eingriffe in Programmtexte erforderlich werden: Sollen im Beispiel auch Zahlen mit negativen Exponenten zugelassen werden, dann muß man nur die letzte Zeile der Beschreibung ersetzen durch

```
Exponent = E [ - ] Ziffernfolge
```

und den Generator erneut starten. Die gleichen Vorteile bieten die Generatoren für Syntaxanalysatoren und Attributauswerter. Da der Einsatz all dieser Generatoren eine Beschreibung der Syntax der betrachteten Eingabesprache voraussetzt, bezeichnen wir sie als **syntaxbasierte Programmierwerkzeuge**.

Die im Compilerbau verwendeten *Compiler-Compiler* sind „Werkzeugkästen", die aufeinander abgestimmte, syntaxbasierte Werkzeuge enthalten. Abildung 1.1.1 skizziert den Aufbau und die Verwendung von Compiler-Compilern. Sei Q die Sprache, aus der der Quelltext stammt und Z die Zielsprache, in die übersetzt wird. Die lexikalische und die syntaktische Struktur der Quellsprache Q werden durch die regulären Ausdrücke und die kontextfreie Grammatik in der Attributierten Grammatik festgelegt, die Übersetzung in die Zielsprache Z durch die Attributierung. Aus diesen Beschreibungen erzeugen die Generatoren des Compiler-Compilers die Komponenten des Compilers. Die Bezeichnung „Compiler-Compiler" hebt hervor, daß eine sprachliche Eingabe (die Formulierung der attributierten Grammatik) analysiert und daraus ein Ergebnis (der Compiler) erzeugt wird. In der Abbildung sind Daten durch Ovale gekennzeichnet und Programme durch Rechtecke. Bei der Compiler-Erzeugung durch einen Compiler-Compiler (Verarbeitung längs der grauen Pfeile) sind Scanner, Parser und Attributauswerter Ergebnisdaten; in einem Compiler-Lauf (Verarbeitung längs der schwarzen Pfeile) sind es dagegen Programmteile. Die abgerundeten Rechtecke deuten auf diese Zwitterstellung hin.

Betrachten wir ein besonders einfaches Beispiel, die Auswertung von Summen natürlicher Zahlen. Durch den *regulären Ausdruck*

```
Zahl = [ 0 - 9 ]⁺
```

und die *kontextfreie Grammatik*

```
Summe -> Summe + Zahl
Summe -> Zahl
```

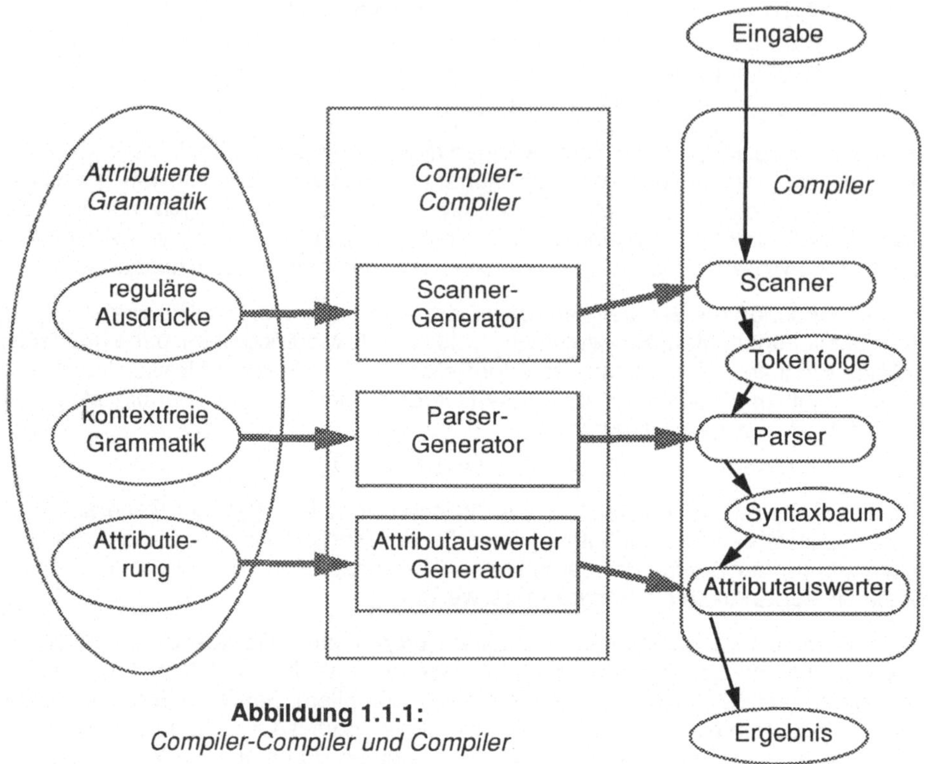

Abbildung 1.1.1:
Compiler-Compiler und Compiler

wird die Quellsprache festgelegt, zu der beispielsweise der Text

```
4646 + 54 + 11
```

gehört. Verarbeitung dieser Folge von zehn Eingabezeichen durch den generierten Scanner ergibt eine Folge von fünf „Token":

```
Zahl<<4646>> + Zahl<<54>> + Zahl<<11>>
```

Der aus der Grammatik generierte Parser erstellt daraus den folgenden Syntaxbaum:

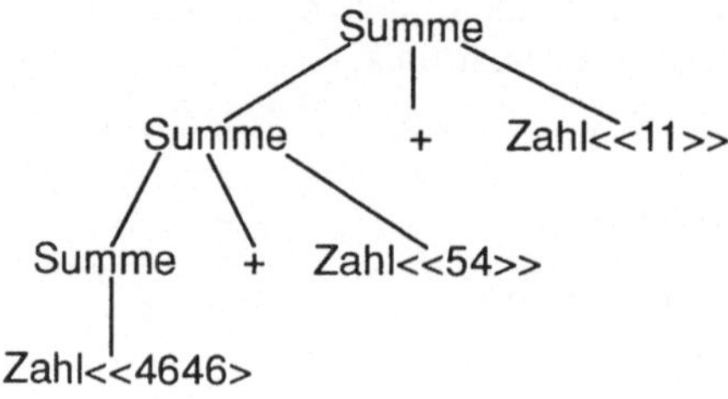

Die *Attributierung* ordnet jedem Summenknoten dieses Baums ein Attribut „wert" zu. Die Auswertung erfolgt nach Attributauswertungsregeln, die den Regeln der kontextfreien Grammatik zugeordnet sind:

```
Summe  -> Zahl
    Summe.wert  := integer(Zahl.string)

Summe1 -> Summe2 + Zahl
    Summe1.wert  := Summe2.wert + integer(Zahl.string)
```

Danach ergeben sich die wert - Attribute des Syntaxbaums von unten nach oben zu 4646, 4700 und 4711. Der Wert des Wurzelknotens, 4711, gilt als Übersetzungsergebnis.

Ein deutlich umfangreicheres und interessanteres Anwendungsbeispiel wird im nächsten Abschnitt beschrieben.

Syntaxbasierte Programmierwerkzeuge kommen nicht nur in Compiler-Compilern vor. Besonders erfolgreich sind Unix-Filterprogramme - grep, sed, awk und verwandte -, die ebenso wie Scanner auf dem Erkennen regulärer Muster beruhen. Während Scanner reine Analysewerkzeuge sind, ist hier mit dem Erkennen jeweils noch eine andere Funktion verbunden: bei grep das Ausgeben der entsprechenden Zeilen, bei sed das Ausführen von Editorkommandos und bei awk das Ausführen von Kommandos einer speziellen Programmiersprache. Wegen des Konzepts der Zeichenstromverarbeitung durch Filter oder Ketten („pipes") von Filtern lassen sich diese Werkzeuge mit anderen zu immer leistungsfähigeren Programmen kombinieren. Daneben verfügen Unix-Benutzer mit den Werkzeugen lex und yacc über einen ausgereiften Compiler-Compiler.

Syntaxbasierte Programmierwerkzeuge generieren typischerweise Programme , die einen Text der Eingabesprache analysieren und durch Transformation entlang der syntaktischen Struktur ein Ergebnis erzeugen. Dabei sind Interaktionen mit dem Benutzer meist nicht erforderlich. Eine ganz andere Aufgabe ist die Erzeugung des Eingabetextes. Interaktive Programmierwerkzeuge wie syntaxgesteuerte Editoren unterstützen den Benutzer schon bei der Erstellung syntaktisch korrekter Eingaben. So können z.B. unzulässige Eingaben gleich zurückgewiesen oder die Menge der aktuell erlaubten Konstruktionen zur Auswahl angeboten werden. Auch eine mit der Eingabe schritthaltende, inkrementelle Übersetzung bzw. Auswertung ist möglich.

Im Bereich der Programmiersprachen werden mit syntaxbasierten Programmierwerkzeugen nicht nur Compiler und Interpreter erstellt, sondern auch: *„Pretty-Printer"* zum Formatieren von Quellprogrammen; *Präprozessoren*, mit denen Spracherweiterungen homogen in die Syntax der Sprache eingebettet werden können; *„Type-checker"* wie „lint" unter Unix für C; *Auswerter* für Kommandozeilen, Zahleneingaben etc.

Ein anderer Bereich ist die systematische Transformation von Datei-Inhalten mit Filterprogrammen oder komplexeren Werkzeugen. Die explizite Darstellung des Eingabeformats durch eine Grammatik erleichtert dabei die Anpassung an veränderte Aufgabenstellungen wie Verändern der Größe eines Feldes oder Vertauschen der Reihenfolge von Feldern. Es ist leichter, Modifikationen an Eingabedaten von syntaxbasierten Programmierwerkzeugen vorzunehmen als an Programmen. Das gleiche gilt für andere syntaxbasierte Programmgeneratoren, z.B. solche, mit denen man Oberflächenelemente aus textuellen Beschreibungen erzeugt.

Eine besonders gute Voraussetzung für den Einsatz syntaxbasierter Programmierwerkzeuge ist das Vorliegen einer eingeführten, formalen Notation, wie in verschiedenen mathematischen Bereichen, in der Chemie, aber auch in der Musik: Es bietet sich an, die Fachsprache direkt an der Mensch-Maschine-Schnittstelle einzusetzen und das läßt sich am einfachsten mit entsprechenden Werkzeugen bewerkstelligen.

1.2 Ein Anwendungsbeispiel

Wir entwickeln eine etwas ungewöhnliche Anwendung, bei der Bilder aus textuellen Beschreibungen entstehen. Zunächst ist die Syntax dieser textuellen Beschreibungen festzulegen, dann die Zuordnung von graphischer Information zu den syntaktischen Elementen. Als Werkzeugkasten verwenden wir den Demonstrations-Compiler-Compiler SIC, dessen technische Eigenschaften in Abschnitt 8.2 kurz beschrieben werden. Das Beispiel soll einen ersten Eindruck geben vom Einsatz der Beschreibungsmittel und der syntaxbasierten Programmierwerkzeuge, ohne dabei Details zu erläutern.

Die Aufgabe: Unsere Bilder bestehen aus achsenparallelen Rechtecken, kurz „Boxen". Boxen können verschieden hoch und breit sein. Bilder entstehen, indem man Boxen ineinanderschachtelt oder nebeneinander bzw. übereinanderstellt. Dabei wird ein bestimmter Mindestabstand zwischen den Seiten der Boxen nicht unterschritten. Beim Ineinanderschachteln umgibt die äußere Box den Inhalt so eng wie möglich. Nebeneinanderstehende Boxen stehen so eng wie möglich aneinander und werden in der Höhe an einer gemeinsamen Mittelachse ausgerichtet, wie das folgende Beispiel zeigt:

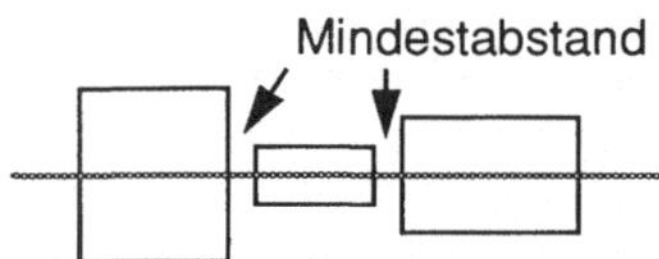

Analog werden übereinanderstehende Boxen so eng wie möglich gestapelt und in der Breite an einer gemeinsamen Mittelachse ausgerichtet.

Festlegung der Syntax: Im Text repräsentiert ein Paar eckiger Klammern eine Box. Eine Boxdarstellung mit Längenangaben genügt folgender Syntax

```
Box -> [Breite Hoehe]
Breite -> Zahl
Hoehe -> Zahl
```

Das Erkennen von Zahlen überlassen wir einem Scanner, der aus dem regulären Ausdruck

```
Zahl = [0 - 9]+
```

generiert wird. (Achtung: In der Grammatik sind die eckigen Klammern normale Zeichen, hier Metazeichen.)

Ein Bild ist im einfachsten Fall eine Box:

```
Bild -> Box
```

An ein bestehendes Bild kann rechts eine weitere Box angefügt werden:

```
Bild -> Bild > Box
```

Auch unten darf eine Box angefügt werden:

```
Bild -> Bild v Box
```

Das Zeichen „>" kann man hier also lesen als „links von" und analog „v" als „oberhalb von". Schachtelung einer Box um ein bestehendes Bild herum drücken wir in der textuellen Darstellung durch Setzen eckiger Klammern aus:

```
Bild -> [Bild]
```

Gemäß dieser Grammatik können wir das Bild:

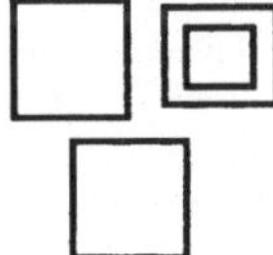

beschreiben durch den Text:

```
[10 10] > [[5 5]] v [10 10]
```

Um auch das Bild:

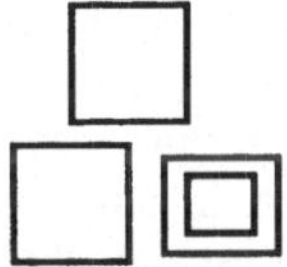

textuell fassen zu können, benötigen wir in der Grammatik einen Gruppierungsmechanismus, wie er in der folgenden Regel durch die runden Klammern gegeben ist:

```
Box -> (Bild)
```

Da, wo bisher nur eine Box stehen durfte, kann mit dieser Regel ein ganzes Bild eingesetzt werden. Das letzte Bild hat die textuelle Darstellung:

```
[10 10] v ([10 10] > [[5 5]])
```

Wir ergänzen die Grammatik noch um das Startsymbol „Zeichnung" und die Startregel

```
Zeichnung -> Bild
```

Anwendung der Werkzeuge - Teil I: Der oben beschriebenen Syntax genügt z.B. die Zeichenfolge:

```
[15 40]>([[15 15]>[15 40]>[15 15]v[40 10]])>[15 40]
```

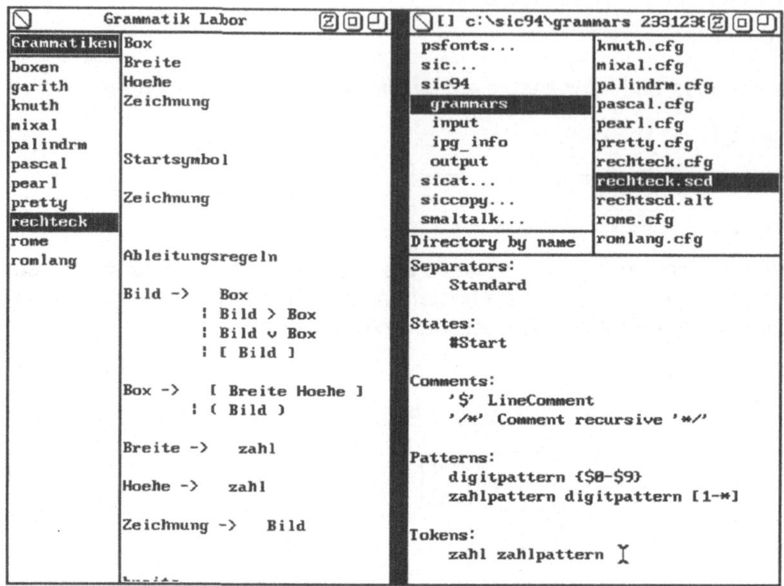

Abbildung 1.2.1: *Grammatik und Tokendefinitionen*

Das zugehörige Bild erzeugen wir mit Hilfe des SIC-Systems. Dazu geben wir zuerst
die obigen Syntaxbeschreibungen ein. Der Bildschirmabzug in Abbildung 1.2.1 zeigt
die vollständige Grammatik im „Grammatik Labor"-Fenster. Das andere Fenster enthält die Definition von Zahlkonstanten durch reguläre Ausdrücke („digitpattern" und
„zahlpattern"). Aus diesen Beschreibungen generiert SIC einen Parser und einen
Scanner. Der Scanner hat hier die Aufgabe, in der Eingabezeichenfolge Ziffernfolgen
zu „Zahl-Token" zusammenzufassen. Da diese Aufgabe charakteristisch ist, werden
Scanner im Deutschen auch als „Vorgruppierer" bezeichnet. In Abbildung 1.2.2 sieht
man den generierten Scanner bei der Arbeit. Von der eingegebenen ASCII-Folge sind
die Zeichen bis zur unterlegten „4" einschließlich bereits verarbeitet. Die rechte Spalte
enthält die dabei erkannten Token. Unter der Überschrift „TOKEN" steht der reguläre
Ausdruck, mit dem das gerade bearbeitete Zahl-Token („40") in Übereinstimmung zu
bringen ist. Die eingestreuten Punkte geben den aktuellen Verarbeitungsstand an: Die
gelesene Ziffer „4" ist bereits eine vollständige Zahl; daher der Punkt am Ende des
Musters. Es können aber auch weitere Ziffern folgen; daher der Punkt am Anfang.
Zum Schluß wird die vollständige Tokenfolge an den Parser übergeben.

Der Parser in Abbildung 1.2.3 verarbeitet ebenso wie der Scanner die Eingabe von
links nach rechts. Aufgabe des Parsers ist es, einen *Syntaxbaum* zu konstruieren, der
zeigt, daß die Eingabefolge gemäß den Regeln der Grammatik aufgebaut ist. Der verwendete SLR(1)-Parser baut den Baum schrittweise von unten nach oben auf. In der
dargestellten Situation ist der Parser etwa so weit fortgeschritten wie der Scanner in
Abbildung 1.2.2: Als nächstes ist das Eingabetoken „zahl<<40>>" zu verarbeiten. Aus
dem bisher gelesenen Token hat der Parser eine Folge von Teilbäumen konstruiert,

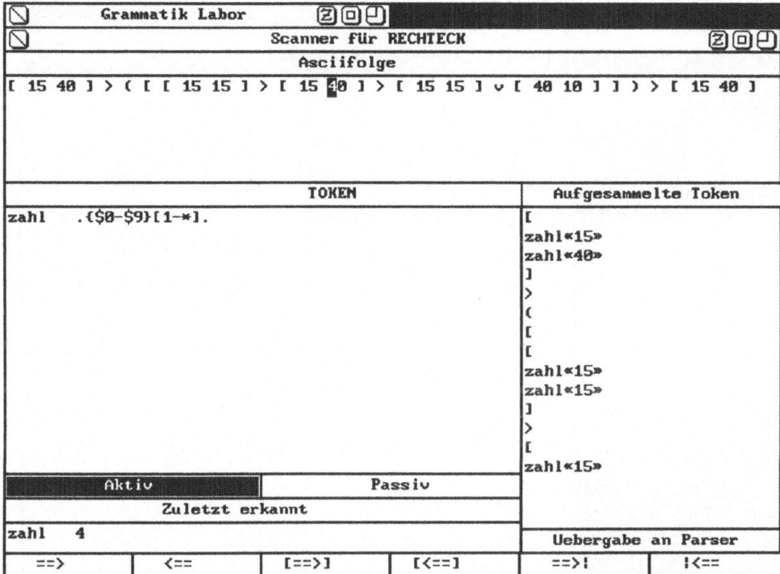

Abbildung 1.2.2: *Tokenerkennung*

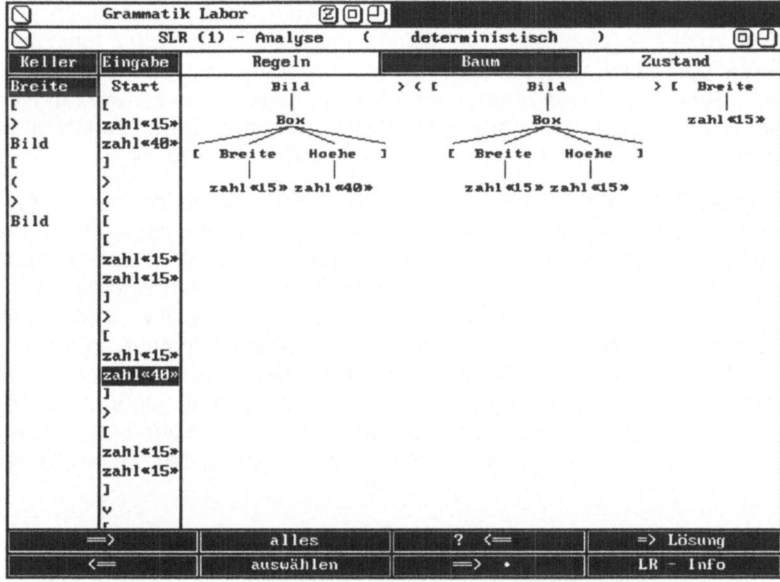

Abbildung 1.2.3: *Syntaxanalyse*

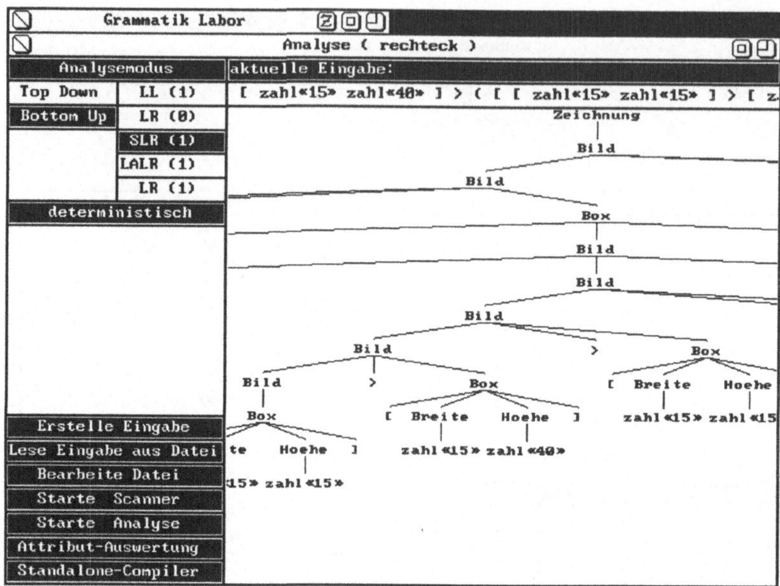

Abbildung 1.2.4: *Das Steuerfenster des SIC*

die im weiteren Verlauf der Syntaxanalyse nach oben hin zusammenwachsen werden. Ein Ausschnitt des vollständigen Syntaxbaums (mit der Wurzel „Zeichnung") ist in Abbildung 1.2.4 zu sehen. Unter der Überschrift „Analysemodus" stehen fünf Syntaxanalyseverfahren zur Wahl, darunter vier Bottom-up-Verfahren, die wie die SLR(1)-Analyse den Syntaxbaum von unten nach oben aufbauen. Den schwarzen Hervorhebungen entnimmt man, daß das gewählte SLR(1)-Verfahren für diese Grammatik deterministisch ist, d.h. eine Syntaxanalyse „ohne Rückfragen" erlaubt.

Festlegung der Semantik: Zeichenfolgen, die der oben beschriebenen Syntax genügen, sollen nun eine Semantik, d.h. eine Bedeutung erhalten. Hier sind die Texte Beschreibungen von Bildern, die Bedeutung eines Textes also eine Graphik. Die Zuordnung von Semantik zu Text erfolgt dadurch, daß zu den Knoten des Syntaxbaums systematisch *Attributwerte* berechnet werden. Im Beispiel verwenden wir „breite"- und „hoehe"-Attribute für Bilder und Boxen. Ein weiteres Attribut, „position",enthält die Koordinaten der linken oberen Ecke des Bildes (bzw. der Box). Im Attribut „rechtecke" sammeln wir die Koordinaten aller in einem Bild (bzw. einer Box) liegenden Rechtecke auf. Berechnet werden Attributwerte mit Hilfe von *Attributauswertungsregeln*, die jeweils im Zusammenhang mit einer Syntaxregel stehen. Zu der Syntaxregel

```
Bild -> Box
```

gehören die vier Attributauswertungsregeln

```
Bild.breite := Box.breite
Bild.hoehe := Box.hoehe
```

```
Box.position := Bild.position
Bild.rechtecke := Box.rechtecke
```

Diese Regeln reichen lediglich Attributwerte von Knoten zu Knoten weiter: „position"-Attribute von oben nach unten, die anderen von unten nach oben. Interessanter sind die Auswertungsregeln zur Grammatikregel

```
Bild -> Bild > Box
```

Um eindeutige Bezüge herzustellen, werden die beiden Vorkommen von „Bild" durch Indizes unterschieden:

```
Bild1 -> Bild2 > Box
```

Die Breite des Gesamtbildes (Bild1) ergibt sich als Summe der Breiten der Teilbilder und dem (Mindest-)Abstand:

```
Bild1.breite := Bild2.breite + Abstand + Box.breite
```

Die Höhe des Gesamtbildes ist gleich der größten Teilbildhöhe:

```
Bild1.hoehe := max(Bild2.hoehe,Box.hoehe)
```

Das Gesamtbild enthält alle Rechtecke der beiden Teilbilder:

```
Bild1.rechtecke := Bild2.rechtecke + Bild1.rechtecke
```

Die linke obere Ecke von Bild2 hat die gleiche x-Koordinate wie die von Bild1. Beim Nebeneinanderstellen wird laut Aufgabe in der Höhe um eine gemeinsame Mittelachse zentriert. Ist die Box nicht höher als Bild2, dann stimmen auch die y-Koordinaten der linken oberen Ecken von Bild1 und Bild2 überein; ansonsten ist zur y-Koordinate die halbe Höhe der Box hinzuzufügen (yPos und yDiff sind Hilfsvariablen):

```
yPos := Bild1.position.y;
yDiff := Box.hoehe - Bild2.hoehe;
Bild2.position :=
    if yDiff <= 0
    then (Bild1.position.x, yPos)
    else (Bild1.position.x, yPos + (yDiff div 2))
```

Analog formuliert man die Attributauswertungsregel für Box.position und die übrigen Attributauswertungsregeln.

Anwendung der Werkzeuge - Teil II: Abbildung 1.2.5 enthält den Anfang der vollständigen attributierten Grammatik. Die Pfeile an den Attributnamen deuten die Berechnungsrichtung an: „position" von der Wurzel des Syntaxbaums hin zu den Blättern, die anderen in umgekehrter Richtung. Unter den Grammatikregeln stehen jeweils die Attributauswertungsregeln in dem Format:

```
Attributbezeichnung : Auswertungsregel
```

Die Auswertungsregeln sind Smalltalk-Anweisungsfolgen, in denen Attributbezeichnungen durch gültige Smalltalk-Bezeichner ersetzt worden sind, z.B. „Box.breite" durch „breiteBox".

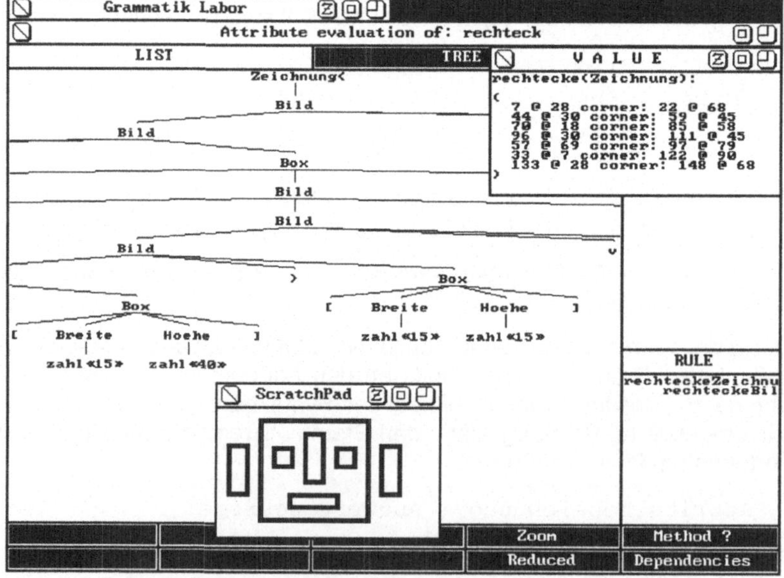

Abbildung 1.2.5: *Eine attributierte Grammatik*

Abbildung 1.2.6: *Ergebnis der Attributauswertung*

Bei der Attributauswertung werden sämtliche Attribute aller Knoten des Syntaxbaums in einer geeigneten Reihenfolge berechnet. Als Ergebnis dieser Phase gilt der Wert eines bestimmten Attributs der Wurzel, hier das Attribut „Zeichnung.rechtecke". Abbildung 1.2.6 zeigt das Ergebnis der Auswertung unseres laufenden Beispiels. Das VALUE-Fenster enthält den Wert von Zeichnung.rechtecke: sieben Rechtecke, die durch die Koordinaten der linken oberen und der gegenüberliegenden Ecke festgelegt sind. Das Fenster „ScratchPad" zeigt diese Rechtecke graphisch.

Die Hauptkomponenten eines mit SIC erzeugten Compilers - Scanner, Parser und Attributauswerter - sind interaktiv steuerbar: einzelschrittweise oder in größeren Abschnitten, vorwärts und rückwärts. Bei der Attributauswertung stehen wie bei der Syntaxanalyse verschiedene, gängige Strategien zur Auswahl. Darüberhinaus kann man sich jederzeit nützliche Zusatzinformationen beschaffen: In Abbildung 1.2.7 sind während der Attributauswertung die Abhängigkeiten zwischen einigen Attributen in zwei Zusatzfenstern graphisch dargestellt. Man bezeichnet dies als „lokale Attributflußgraphen". Weitere Informationsfenster zeigt Abbildung 1.2.8: Sobald eine Grammatik eingegeben ist, kann man diese Informationsdienste aufrufen. In der Abbildung sieht man oben eine Liste der Zeichen, die in einer syntaktisch korrekten Eingabefolge unmittelbar auf die textuelle Darstellung eines Bildes folgen dürfen („follow-Menge") und dazu jeweils einen Hinweis, warum das so ist. Z.B. kann „>" auf ein Bild folgen, weil das in der Regel „Bild -> Bild > Box" so ist. Das andere Fenster enthält den SLR(1)-Automaten zur Grammatik; das ist die Steuerinformation, die ein SLR(1)-Parser verwendet.

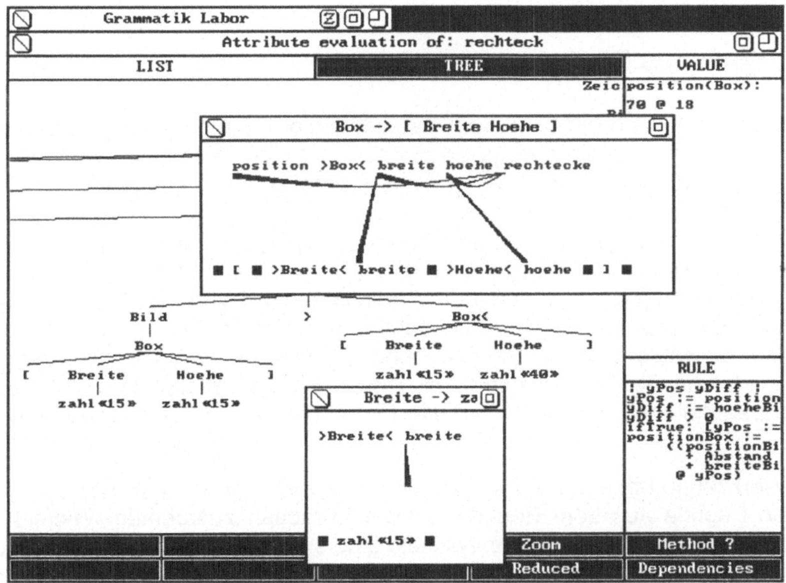

Abbildung 1.2.7: *Attributabhängigkeiten*

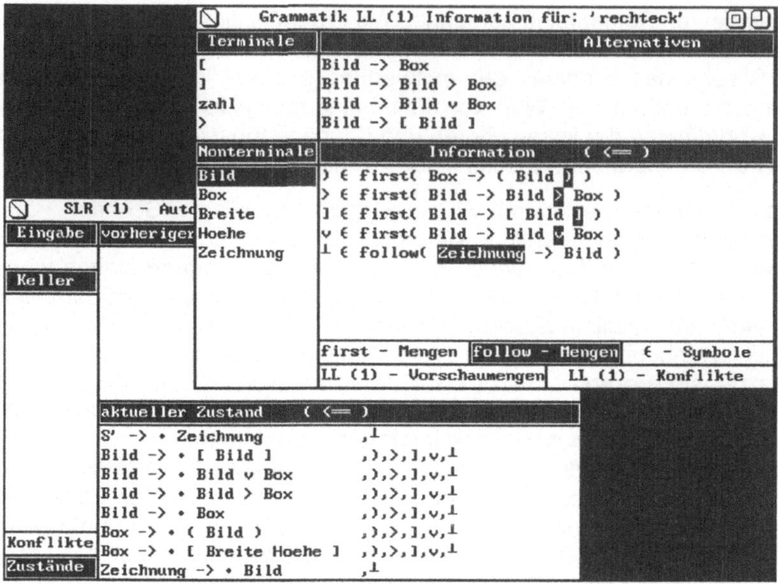

Abbildung 1.2.8: *Informationen zur Grammatik*

1.3   Aufbau des Buchs

Das Buch besteht aus drei Teilen. *Teil I* handelt von den Beschreibungsmitteln, mit denen Übersetzungsvorgänge spezifiziert werden: reguläre Ausdrücke, kontextfreie und attributierte Grammatiken. Lernziel ist ein systematisches Vorgehen beim Abfassen der Beschreibungen. Vor allem müssen die beschriebene Sprache und die spezifizierte Übersetzung das gegebene Problem lösen. *Teil II* erläutert die Mechanismen, nach denen syntaxbasierte Werkzeuge arbeiten: Automatenkonstruktion, Syntaxanalyse und Attributauswertung. Kenntnisse der verschiedenen Syntaxanalyse- und Attributauswertungsverfahren und ihrer Eigenschaften sind erforderlich, um die richtigen Werkzeuge auswählen und die Beschreibungen gegebenenfalls den Werkzeugen anpassen zu können. *Teil III* demonstriert die Anwendung der Werkzeuge im Bereich Dokumentenbearbeitung und diskutiert die Eigenschaften einiger verfügbarer Werkzeuge.

Unsere Werkzeuge basieren auf soliden theoretischen Grundlagen. *Kapitel 2* faßt die benötigten Begriffe aus dem Bereich formale Sprachen zusammen. Wichtig ist das Aufstellen von Grammatiken: Wir entwickeln eine systematische Vorgehensweise, formulieren Stilregeln und betrachten notationelle Varianten und Schemata, die man in Grammatiken immer wieder findet (z.B. Teilgrammatik der Ausdrücke). Der Abschnitt über „Korrektheit von Sprachbeschreibungen" stellt eine Beweistechnik vor, mittels derer man nachweisen kann, daß eine Grammatik einen bestimmten Sprachschatz erzeugt. Mit dieser Technik verhält es sich ähnlich wie mit Programmbeweisen über Invarianten: Wegen des damit verbundenen Aufwands wird man sie selten formal anwenden, aber auch informeller Gebrauch verbessert den Stil. Zum Handwerkszeug gehören Grammatiktransformationen und die Bestimmung abgeleiteter Informationen (first-/follow-Mengen u.ä.), die bei der Syntaxanalyse gebraucht werden.

Kapitel 3 führt die Grundbegriffe zu attributierten Grammatiken ein. Wir erweitern die in Kapitel 2 entwickelte Methodik zum Aufstellen von Grammatiken auf Attributierungen und ergänzen die Stilregeln entsprechend. Nützliche, häufig vorkommende Attributierungsschemata, notationelle Hilfsmittel und Modularisierungskonzepte werden vorgestellt. Die Abhängigkeiten zwischen Attributwerten lassen sich graphisch durch gerichtete Kanten veranschaulichen. Damit wird der Syntaxbaum durch einen zweiten Graphen, den Attributflußgraphen, überlagert. Die schwierigste Aufgabe bei der Attributauswertung besteht darin, eine mit dem Attributflußgraphen „verträgliche" Auswertungsreihenfolge zu finden. Nützlich sind dabei die in Anhang B beschriebenen, graphentheoretischen Verfahren. Mit den „Zirkularitätstests" läßt sich unabhängig von der Attributauswertungsreihenfolge grundsätzlich entscheiden, ob alle Wörter einer Sprache auswertbar sind.

Lexikalische Analyse und wichtige Syntaxanalyseverfahren setzen endliche Automaten ein - allerdings in verschiedener Weise. *Kapitel 4* beginnt daher mit der Einführung endlicher Automaten. Abschnitt 4.2 zeigt wie man aus regulären Ausdrücken direkt endliche Automaten konstruiert. Man muß dazu nur in die regulären Ausdrücke Sonderzeichen („Punkte") an den Stellen einstreuen, „wo sich die Analyse gerade befindet". Der folgende Abschnitt behandelt die Analyse mit verschiedenen regulären Ausdrücken gleichzeitig. Die „praktischen Erwägungen" betreffen effizienzsteigernde Maßnahmen, die Behandlung unwesentlicher Zeichen (Zwischenräume, Tabs, auch Kommentare) und das Einfügen von Aktionen.

In *Kapitel 5* entwickeln wir die praktisch bedeutsamsten Syntaxanalyseverfahren aus einem gemeinsamen, allgemeinen Verfahren heraus. Es sind dies die LL(1)-Analyse und die Varianten LR(0), SLR(1), LALR(1) und LR(1) der LR-Analyse. Das deterministische und (präfix-)korrekte Verhalten dieser Verfahren und ihre lineare Laufzeit werden nachgewiesen. Zu einigen, ausgewählten Aussagen findet man in Anhang C vollständige Beweise. Vor diesem Hintergrund kann man besser verstehen, welche Grammatikformulierungen mit bestimmten Analysestrategien unverträglich sind. Der Abschnitt „Grammatiken analysegeeignet machen" beschreibt typische Unverträglichkeiten und deren Vermeidung. Die „praktischen Erwägungen" beziehen sich auf Fehlerbehandlung, auf das Verfahren des rekursiven Abstiegs und auf diverse Methoden der Effizienzverbesserung.

Das *Kapitel 6* über Attributauswertung beginnt mit den dynamischen Verfahren, bei denen die Auswertungsreihenfolge erst während der Auswertung bestimmt wird. Am effizientesten läuft die Attributauswertung (und damit der gesamte Übersetzungsvorgang) ab, wenn alle Attribute schon während der Syntaxanalyse berechnet werden können; dann entfällt auch die Speicherung des Syntaxbaums. Mit dynamischen Verfahren kann man beliebige, zyklenfreie Attributierungen auswerten. Attributauswertung während der Syntaxanalyse ist dagegen nur bei relativ einfachen Attributabhängigkeiten möglich. Zwischen diesen Extremen liegen die „geordneten" attributierten Grammatiken, bei denen sich die Attribute in einer festen Reihenfolge auswerten lassen. Diese Reihenfolge wird einmal für eine Grammatik vorberechnet und ist dann auf alle zugehörigen Syntaxbäume anwendbar. Attributierte Grammatiken werden u.a. auch als Datenstrukturen in syntaxgesteuerten Editoren eingesetzt. Änderungen und Ergänzungen am edierten Gegenstand erfordern inkrementelle Attribut(neu)auswertungsverfahren. Die „praktischen Erwägungen" betreffen die effiziente Speicherung attributierter Syntaxbäume.

Kapitel 7 demonstriert den Einsatz syntaxbasierter Programmierwerkzeuge in verschiedenen Anwendungen aus dem Bereich der Dokumentenbearbeitung. Alle Anwendungen beziehen sich auf dieselbe Syntax, die zu einer kleinen, LATEX -artigen Dokumentenbeschreibungssprache gehört. Diese Sprache erlaubt u.a. Querbezüge auf andere Textstellen. Die erste Attributierung stellt fest, ob ein vorliegendes Dokument solche Querbezüge enthält[1]. Die zweite Attributierung druckt die Dokumentenbeschreibung in einem bestimmten Standardformat. Die dritte Attributierung prüft die Konsistenz der Dokumentenbeschreibung, z.B. ob bei den Querbezügen die verwendeten Marken überhaupt definiert sind. Die vierte Attributierung expandiert in der Dokumentenbeschreibung Makros und Querbezüge. Die fünfte Attributierung schließlich berechnet zu einer expandierten Dokumentenbeschreibung die geometrischen Daten, die für das Drucken und das „Previewing" benötigt werden.

In *Kapitel 8* unterscheiden wir drei Kategorien syntaxbasierter Programmierwerkzeuge. In die erste Kategorie fallen solche, die auf der Basis regulärer Sprachen arbeiten. Dazu gehören die in Abschnitt 1.1 erwähnten Filterprogramme unter Unix, aber auch Scannergeneratoren, die erlauben, Aktionen beim Erkennen von Token auszuführen. Die zweite Kategorie bilden die mächtigen Compiler-Compiler. Wir stellen zwei bekannte Produktionssysteme vor und erläutern die technischen Eigenschaften unseres Demonstrationssystems SIC. Zur dritten Kategorie gehören interaktive Werkzeuge, wie sie prototypisch durch syntaxgesteuerte Editoren verkörpert werden. Es ist denkbar, daß man künftig auf der gleichen Basis andere interaktive Systeme realisiert, die vernetzte Daten verwalten (z.B. Hypertext oder Tabellenkalkulation).

Anhang A enthält Hinweise auf verwendete und weiterführende Informationsquellen (Literatur und elektronische Medien). An verschiedenen Stellen benötigte graphentheoretische Verfahren sind in *Anhang B* zusammengestellt. Die Beweise in *Anhang C* ergänzen das Material der Kapitel 2 und 5.

Hinweise zum Lesen: Das Buch setzt elementare Mathematikkenntnisse und etwas Programmiererfahrung voraus. Alle Begriffe und Konstruktionen werden an Beispielen erläutert. Die eingestreuten Aufgaben dienen der Vertiefung des Stoffs und der Selbstkontrolle. Jedes Kapitel beginnt mit einer Übersichsseite. Anstelle vieler Literaturverweise im Text findet man in Anhang A kommentierte Hinweise auf Lehrbücher, Originalarbeiten und sonstige Informationsquellen.

---

1. Natürlich leistet das nicht die Attributierung selbst, sondern der durch sie definierte und aus ihr generierte Auswerter! Das gleiche gilt für die folgenden Attributierungen.

Das Buch wendet sich an Lesergruppen mit unterschiedlichen Vorkenntnissen und verschiedenem Informationsbedarf. Dementsprechend unterschiedlich ist in den ersten beiden Teilen des Buchs der Detaillierungs- und Schwierigkeitsgrad der Abschnitte eines Kapitels. Die folgenden Hinweise sollen die *Orientierung* erleichtern.

Um das Buch in sich abgeschlossen zu halten, wird die Theorie der formalen Sprachen im erforderlichen Umfang dargestellt: Abschnitt 2.1 führt die Grundbegriffe über kontextfreie und reguläre Sprachen ein, die zum Verständnis syntaxbasierter Werkzeuge unmittelbar beitragen. Leser mit entsprechenden Vorkenntnissen können diesen Abschnitt überspringen und sich im Glossar (oder über den Index) informieren.

Eilige Leser, die primär an den *Verwendungsmöglichkeiten* syntaxbasierter Werkzeuge interessiert sind, können im Prinzip von den einleitenden Abschnitten (2.1 und 3.1) des ersten Teils direkt übergehen zu Teil 3. Die technischen Bemerkungen in Abschnitt 7.2 und Kapitel 8 setzen aber Grundkenntnisse der in Teil 2 beschriebenen Abarbeitungsmechnismen voraus. Deshalb liest man besser vorher die Abschnitte 4.2 und 5.1 sowie die Anfänge der Abschnitte 6.1, 6.2 und 6.3.

Wer selber *Grammatiken aufstellen* möchte, aber noch wenig Übung darin hat, wird von Abschnitt 2.2 profitieren, wo ein systematisches Vorgehen und Qualitätskriterien beschrieben werden. Die dort ebenfalls angegebenen Grammatikschemata sind Muster, nach denen sich die häufig vorkommenden und relativ komplizierten Teilgrammatiken für Ausdrücke konstruieren lassen. Abschnitt 3.2 behandelt analog das Vorgehen beim Aufstellen von Attributierungen, ergänzt entsprechende Qualitätskriterien und stellt Attributierungsschemata zur Verfügung. Abschnitt 5.5 hilft, bei der Formulierung der Syntax die Eigenheiten des gewählten Analyseverfahrens zu berücksichtigen. (Vergleichbare Ausführungen zum Thema „Grammar Engineering" findet man in der Literatur sonst leider kaum.)

Um ein *tieferes Verständnis* der formalen Sprachbeschreibungsmittel geht es in Abschnitt 2.3. Es wird gezeigt, wie man gängige Beweismethoden (Induktionsbeweis, Nachweis der Äquivalenz) auf Grammatiken anwendet, um deren Korrektheit zu beweisen. Ähnlich wie die Kenntnis von Programmbeweistechniken den Progammierstil fördert, führt die Kenntnis von Grammatikbeweistechniken zu einem bewußteren Umgang mit Sprachbeschreibungsmitteln und wird daher empfohlen. In Anwendungen spielen diese Techniken keine Rolle, da Grammatiken meist als einziges Mittel zur Sprachdefinition eingesetzt werden und damit die von der Grammatik erzeugte Sprache „definitionsgemäß" die gewünschte ist. Auch sollen praktische Grammatiken so klar und durchsichtig aufgebaut sein, daß kein Beweisbedarf entsteht.

Wer ein *Werkzeug besser verstehen* möchte oder die *Auswahl zwischen* mehreren möglichen *Werkzeugen zu treffen* hat, möge die jeweils einschlägigen Abschnitte von Teil 2 lesen, dazu die Abschnitte von Teil 2.4 und 3.3, in denen für die Kapitel 5 und 6 relevante Begriffe und Konstruktionen bereitgestellt werden. In Kapitel 5 findet man zu den wesentlichen Eigenschaften von Syntaxanalyseverfahren formale Beweise. Diese Beweise vertiefen die Einsicht in die Arbeitsweise der Verfahren. Beim ersten Durchlesen genügt es aber, die behaupteten Eigenschaften einfach zur Kenntnis zu nehmen.

Ein Beispiel: Wer mit dem *Unix-Werkzeug „yacc"* arbeitet, verwendet einen LALR(1)-Parsergenerator. Die LALR(1)-Parser werden am Ende von Abschnitt 5.4 eingeführt.

Um die Eigenschaften dieser Parser gründlich zu verstehen, sollte man die Abschnitte 5.1, 5.3 und 5.4 (ohne Beweise, s.o.) durcharbeiten. Wie man eine Grammatik so abfaßt, daß die Analyse nach dem gewählten Verfahren stets deterministisch ablaufen wird, erläutert Abschnitt 5.5. Ergänzende Hinweise dazu sowie zu Fehlererkennung und Form von Parsertabellen enthält Abschnitt 5.6. Eilige Leser sollten sich bezüglich der Syntaxanalyse auf die Abschnitte 5.1 und 5.5 konzentrieren. Der Attributauswerter von „yacc" arbeitet parallel zur Syntaxanalyse. Details dazu findet man in Abschnitt 6.2. Dort wird auch beschrieben, wie man mit „yacc" ererbte Attribute simulieren kann. Abschnitt 8.2 schließlich umreißt den Leistungsumfang von „yacc" und zeigt Auszüge aus einer praktischen Anwendung.

Spezifische *Compilerbau-Themen* wie Codeerzeugung und -optimierung, Speicherverwaltung und Laufzeitsysteme behandeln wir nicht. Dennoch kann das Buch als Ergänzung einer Übersetzerbauvorlesung oder zur Vorbereitung auf ein Übersetzerbaupraktikum herangezogen werden, da es die relevanten theoretischen Grundlagen umfassend darstellt und systematische Vorgehensweisen ebenso wie den Werkzeugeinsatz an Beispielen erläutert.

Teil I
Beschreibungsmittel

2 Beschreibung von Sprachen

Die maschinelle Verarbeitung einer Sprache setzt eine präzise Beschreibung ihrer Syntax voraus. Nur dann kann man per Programm zweifelsfrei entscheiden, ob eine vorgelegte Zeichenfolge zu der Sprache gehört, die zugehörige syntaktische Struktur ermitteln und weiterverarbeiten. Fast alle Syntaxbeschreibungen in diesem Buch sind reguläre Ausdrücke oder kontextfreie Grammatiken. In *Abschnitt 2.1* werden die aus diesem Bereich benötigten Begriffe erläutert und an Beispielen illustriert. Leser mit entsprechenden Vorkenntnissen sollten diesen Abschnitt nur zum Nachschlagen von Begriffen und notationellen Konventionen verwenden.

Systematische Vorgehensweisen aus der Programmentwicklung bewähren sich auch bei der Grammatikentwicklung. *Abschnitt 2.2* beginnt mit einer Methodik zum Aufstellen von Grammatiken und demonstriert sie an einem Beispiel. Weitere Themen sind: Stilregeln für Grammatiken, notationelle Hilfsmittel und wiederverwendbare Grammatikschemata.

Abschnitt 2.3 stellt eine Reihe von teils informellen, teils formalen Techniken vor, mit denen man sich von der Korrektheit einer Grammatik überzeugen kann. Es geht um Fragen wie: Beschreibt eine Grammatik die beabsichtigte Sprache? Besitzt die so definierte Sprache eine gewünschte Eigenschaft? Ist eine Sprache in einer anderen enthalten?

Abschnitt 2.4 zeigt, wie man sich nützliche Informationen über eine Grammatik beschaffen kann (z.B. über mögliche Wortanfänge) und wie man bestimmte, unerwünschte Eigenschaften durch Transformationen beseitigt. Diese Techniken werden in Kapitel 5 dazu verwendet, Steuerinformationen für Syntaxanalyseverfahren zu berechnen und Grammatiken in eine analysegeeignete Form zu bringen.

2.1 Formale Sprachbeschreibungen

Wir benötigen einige Grundbegriffe aus dem Bereich der formalen Sprachen.

Erklärungen: Ein *Alphabet* (oder „Vokabular") V ist eine nichtleere, endliche Menge von *Zeichen.* Die Zeichen heißen auch *Symbole.* Durch Nebeneinanderschreiben von Zeichen entstehen Folgen von Zeichen, genannt *Zeichenreihen.* Die *Länge* einer Zeichenreihe w ist die Anzahl der in w enthaltenen Zeichen[1] und wird notiert als $|w|$. Mit V^i, wobei $i \geq 0$, bezeichnen wir die Menge der Zeichenreihen der Länge i. Die Menge V^0 enthält ein einziges Element: das *leere Wort* ε mit der Eigenschaft $|\varepsilon| = 0$. Die *Menge aller Zeichenreihen über* V bezeichnen wir mit V^*.

Es gilt

$$V^* = V^0 \cup V^1 \cup V^2 \cup V^3 \cup \ldots$$
$$= \bigcup_{i \geq 0} V^i$$

Die Menge aller nichtleeren Zeichenreihen über V bezeichnen wir mit V^+. Es gilt [2]

$$V^+ = V^* - V^0 = \bigcup_{i \geq 1} V^i$$

Beispiele: Sei V_m das Morsealphabet mit Zeichen für „kurz", „lang" und „Trennung", d.h. $V_m = \{ \bullet, —, t \}$. Zu V_m^{11} und daher auch zu V_m^* gehört die Zeichenreihe

$$\bullet \bullet \bullet \, t — — — t \, \bullet \bullet \bullet,$$

die bekanntlich „SOS" kodiert.

Das Alphabet V_R der römischen Ziffern ist $V_R = \{ I, V, X, L, C, D, M \}$. Die Zeichenreihe

VIVIL

liegt im $V_R^5 \subseteq V_R^*$, stellt aber keine gültige römische Zahl dar.

Arithmetische Ausdrücke wie

$$(3 + 4) + 1 \, 1 \ast 2$$

lassen sich bilden als Zeichenreihen über dem Alphabet $V_A = \{ (,),+,-,\ast,/ \, ,0,1,2,\ldots,9 \}$ ebenso aber auch „durcheinandergewürfelte" Zeichenreihen wie

$$1 \,) \, 1 + + 4 \, 3 \, 2 \ast ($$

Erklärungen: Zeichenreihen (und insbesondere Zeichen als Zeichenreihen der Länge eins) werden durch den *Konkatenationsoperator* „$\circ$" zu längeren Zeichenreihen verknüpft. Bei der Konkatenation zweier Zeichenreihen α und β, addieren sich deren Längen:

$$| \alpha \circ \beta | = | \alpha | + | \beta |$$

Die Konkatenation ist *assoziativ*, d.h. für beliebige Zeichenreihen α, β, γ gilt :

$$(\alpha \circ \beta) \circ \gamma = \alpha \circ (\beta \circ \gamma)$$

---

1. Genauer: Kommt ein Zeichen mehrfach vor, dann zählt jedes Vorkommen des Zeichens.
2. Wir verwenden "-" anstelle von "\" für Mengendifferenz.

Konkatenation mit dem leeren Wort ergibt:

$$\varepsilon \circ \alpha = \alpha = \alpha \circ \varepsilon$$

(Nach mathematischer Sprechweise ist ($V^*, \circ$) eine Halbgruppe mit links- und rechtsneutralem Element ε.)

Nun der zentrale Begriff dieses Abschnitts:

Eine (*formale*) *Sprache* L über einem Alphabet V ist eine Teilmenge aller möglichen Zeichenreihen über V, d.h.

$$L \subseteq V^*.$$

Ein Element w aus L heißt *Wort* (oder *Satz*) der Sprache.

Die *Konkatenation zweier Sprachen* (L_1 und L_2) ist definiert als Menge der Wörter, die durch Konkatenation eines Wortes aus L_1 mit einem Wort aus L_2 entstehen:

$$L_1 \circ L_2 := \{\alpha \circ \beta \mid \alpha \text{ aus } L_1 \text{ und } \beta \text{ aus } L_2\}.$$

Die Menge $L \circ L$ schreiben wir kurz als L^2, $L \circ L \circ L$ als L^3 u.s.w. Analog zu V^* ergibt sich L^* als

$$
\begin{aligned}
L^* &= L^0 \cup L^1 \cup L^2 \cup L^3 \cup \ldots \\
&= \{\varepsilon\} \cup L \cup L \circ L \cup L \circ L \circ L \cup \ldots \\
&= \bigcup_{i \geq 0} L^i
\end{aligned}
$$

L^* heißt die *Iterierte* von L.

Ist w eine Zeichenreihe, dann bezeichnet „| w |" die Länge von w. Ist M eine Menge dann bezeichnet „| M |" die *Kardinalität*, d.h. die Anzahl der Elemente von M. Ist w eine Zeichenreihe aus V^* und a ein Symbol aus V, dann bezeichnet „$| w |_a$" die Anzahl der Vorkommen von a in w.

Beispiele: Gegeben folgende Zeichenreihen über V_R:

$$\alpha = \text{MIX}, \ \beta = \text{DIM}, \ \gamma = \text{VIVIL}.$$

Da die Konkatenation assoziativ ist, erhalten wir,

$$
\begin{aligned}
&(\text{MIX} \circ \text{DIM}) \circ \text{VIVIL} \\
&= \text{MIXDIM} \circ \text{VIVIL} \\
&= \text{MIXDIMVIVIL} \\
&= \text{MIX} \circ \text{DIMVIVIL} \\
&= \text{MIX} \circ (\text{DIM} \circ \text{VIVIL})
\end{aligned}
$$

Wegen der Assoziativität braucht man hier keine Klammern. Auch der Konkatenationsoperator wird meist weggelassen. Offenbar ist die Konkatenation nicht kommutativ:

$$\text{MIX} \circ \text{DIM} = \text{MIXDIM} \neq \text{DIMMIX} = \text{DIM} \circ \text{MIX}$$

Aufgabe 2.1.1:

Gegeben w aus V^*, a aus V und zwei Sprachen, L_1 und L_2, über V.

a) Wie groß ist $|\,V^*\,|$? Kann $|\,w\,|$ ebenso groß sein?

b) Wie verhalten sich $|\,w\,|$ und $|\,w\,|_a$ der Größe nach zueinander?

c) Zeigen Sie, daß gilt

$$|\,L_1 \circ L_2\,| \leq |\,L_1\,| * |\,L_2\,|$$

d) Geben Sie Beispiele für L_1 und L_2 an, so daß $|\,L_1 \circ L_2\,| < |\,L_1\,| * |\,L_2\,|$

e) Können Sie L_1 so wählen, daß gilt:

$$L_1 \circ L_1 = L_1 \text{ und } |\,L_1\,| > 1\ ?$$

❏

Wie andere Mengen auch kann man Sprachen *durch Aufzählung* definieren:

$$\text{MORSEZEICHEN} = \{\, \bullet,\ -,\ \bullet\bullet,\ \bullet-,\ -\bullet,\ --,\ \ldots,\ ---\bullet,\ ----\,\}$$

oder *durch eine Eigenschaft ihrer Elemente:*

$$\text{MORSEZEICHEN} = \{\, w \text{ aus } V_m^* \mid 1 \leq |\,w\,| \leq 4 \,\}$$

oder *induktiv:*

(i)   Ein MORSEZEICHEN ist eine MORSENACHRICHT

(ii) Ist w eine MORSENACHRICHT und a ein MORSEZEICHEN, dann ist w t a auch eine MORSENACHRICHT.

(iii) Nur was durch Anwendung von (i) und (ii) konstruierbar ist, ist eine MORSE-NACHRICHT.

Induktive Sprachdefinitionen bestehen allgemein aus direkten Elementangaben (wie (i)), Bildungsgesetzen (wie (ii)) und einer Extremalklausel (wie (iii)). *Direkte Elementangaben* nennen wir Wörter oder bereits bekannte Teilsprachen (hier: MORSEZEICHEN), die zur Sprache gehören sollen. *Bildungsgesetze* beschreiben, wie man aus bekannten Wörtern der Sprache und Zeichen des Alphabets neue Wörter der Sprache zusammensetzen kann. Die *Extramalklausel* macht deutlich, daß zur Sprache *ausschließlich* die direkt angegebenen und die daraus mit den Bildungsgesetzen konstruierbaren Wörter gehören; wo sie fehlt, wird sie implizit angenommen.

Aufgabe 2.1.2:

Beschreiben Sie induktiv:

a)   die Sprache der „richtig gebauten" arithmetischen Ausdrücke über V_A;

b)   die Sprache der Palindrome über V_M. Palindrome sind Zeichenreihen, die von rechts nach links gelesen genauso lauten wie von links nach rechts, z.B. „OTTO" oder „RELIEFPFEILER".

❏

Diese Methoden führen zu verhältnismäßig umfangreichen und unübersichtlichen Beschreibungen, sobald die Sprache etwas komplexer wird. (Man betrachte z.B. die „richtig gebauten" römischen Zahlen über V_R). Besser geeignet sind dann die eigens für diese Zwecke entwickelten und vielfach erprobten formalen Sprachbeschreibungsmittel, die wir nun vorstellen. Ein weiterer Vorteil: Wie wir in Teil II dieses Buches sehen werden, lassen sich aus solchen formalen Sprachbeschreibungen automatisch Analyseprogramme generieren, die feststellen, ob eine vorgelegte Zeichenreihe zur betrachteten Sprache gehört oder nicht.

Reguläre Ausdrücke: Das sind *Muster,* die Sprachen beschreiben[1]. Für die kleinsten Sprachen gibt es *elementare* reguläre Ausdrücke. Umfangreichere Sprachen werden durch *zusammengesetzte* reguläre Ausdrücke dargestellt. Der elementare reguläre Ausdruck „∅" beschreibt die leere Menge als kleinste Sprache überhaupt. Für die Sprache { ε }, die nur das leere Wort enthält, steht der reguläre Ausdruck „ε". Schließlich gibt es zu jedem Symbol a des Alphabets V einen gleichlautenden regulären Ausdruck „a", der für die Sprache { a } steht; jede dieser Sprachen besteht aus genau einem Wort der Länge eins.

Ist r ein regulärer Ausdruck, dann bezeichnen wir die von r beschriebene Sprache mit L(r). Die Bedeutung der elementaren regulären Ausdrücke kann man knapp ausdrükken durch:

$$L(\emptyset) = \emptyset,$$

$$L(\varepsilon) = \{\,\varepsilon\,\} \quad \text{und}$$

$$L(a) = \{\,a\,\} \quad \text{für a aus V.}$$

Der zusammengesetzte Ausdruck „r * " beschreibt die Iterierte der Sprache L(r); „(r s)" die Konkatenation von L(r) und L(s) und „(r + s)" die Vereinigung von L(r) und L(s). Abbildung 2.1.1 faßt den Aufbau regulärer Ausdrücke und der zugeordneten regulären Sprachen zusammen. Die runden Klammern in regulären Ausdrücken dürfen ganz oder teilweise weggelassen werden. Dann gilt die *Vorrangregel:* „*" bindet stärker als Konkatenation und Konkatenation bindet stärker als „+".

regulärer Ausdruck	zugeordnete Sprache
∅	∅
ε	{ ε }
a (aus V)	{ a }
r *	$L(r)^*$
(r s)	$L(r) \circ L(s)$
(r + s)	$L(r) \cup L(s)$

Abbildung 2.1.1: *Reguläre Ausdrücke*

Ein nützliches notationelles Hilfsmittel sind *Abkürzungen* der Form

    name = regulärer Ausdruck

wie z.B.

$$Bu = a + b + c + \ldots + x + y + z$$

---

1. Anders als in Kapitel 1 werden ab jetzt Metazeichen (z.B. Klammern) in der Regel nicht fett gedruckt.

und

$$Zi = 0 + 1 + 2 + 3 + 4 + 5 + 6 + 7 + 8 + 9 .$$

Abkürzungen werden benötigt, um reguläre Ausdrücke übersichtlich schreiben zu können, z.B.

$$Bu \ (Bu + Zi) \ *$$

beschreibt die Menge der Wörter aus Buchstaben und Ziffern, die mit einem Buchstaben beginnen. Abkürzungen müssen jederzeit durch Einsetzen zu beseitigen sein. Rekursive Abkürzungen wie

$$Zahl = Ziffer \ (\ Zahl + \varepsilon \ )$$

sind also verboten!

Aufgabe 2.1.3:

> Wie lautet der reguläre Ausdruck „ Bu Bu + Zi * “ vollständig geklammert? Welche Sprache beschreibt er?

❏

Beispiele: Über V_m haben wir oben schon die Sprachen der MORSEZEICHEN und der MORSENACHRICHTEN definiert. Mit regulären Ausdrücken beschreibt man die gleichen Sprachen wie folgt:

$$Z \ = \ — \ + \ \bullet \ + \ \varepsilon$$

$$Morsezeichen \ = \ (— \ + \ \bullet \ ) \, Z \, Z \, Z$$

$$Morsenachricht \ = \ Morsezeichen \ (\, t \ Morsezeichen \,) \, *$$

Die Wendung „$+ \ \varepsilon$" in der Definition von Z ist charakteristisch für optionale Anteile: In „Morsezeichen" dürfen nach dem ersten Punkt bzw. Strich 0,1,2 oder 3 weitere folgen.

Die *römischen Zahlen* lassen sich durch einen längeren regulären Ausdruck über V_R beschreiben, der hier durch Abkürzungen in ähnlich gebaute Teile gegliedert ist:

$$RömischeZahl \ = \ Tausender \ Hunderter \ Zehner \ Einer$$

$$Tausender \ = \ M \ *$$

$$Hunderter \ = \ C \, M + C \, D + (\varepsilon + D) \ (\varepsilon + C + C \, C + C \, C \, C)$$

$$Zehner \ = \ X \, C + X \, L + (\varepsilon + L) \ (\varepsilon + X + X \, X + X \, X \, X)$$

$$Einer \ = \ I \, X + I \, V + (\varepsilon + V \,) \ (\varepsilon + I + I \, I + I \, I \, I)$$

„Ausmultiplizieren" von „$(\varepsilon + V) \ (\varepsilon + I + II + III)$" in „Einer" führt zu „$\varepsilon + I + II + III + V + VI + VII + VIII$". Zusammen mit „IX + IV" ergibt das die Zahlen von eins bis neun und „ε" für den Fall, daß eine römische Zahl keine Einerstelle enthält.

Aufgabe 2.1.4:

> Die durch den regulären Ausdruck „RömischeZahl" beschriebene Sprache enthält auch das leere Wort. Geben Sie einen regulären Ausdruck „EchteRömischeZahl" an mit der Eigenschaft
>
> $$L \, (\, EchteRömischeZahl \,) \ = \ L \, (\, RömischeZahl \,) \ - \ \{ \, \varepsilon \, \}.$$

Hinweis: Definieren und verwenden Sie zusätzliche Abkürzungen „Echte-Tausender", „EchteHunderter", u.s.w., die jeweils das leer Wort *nicht* enthalten.

❑

Mit regulären Ausdrücken lassen sich nur verhältnismäßig einfache Sprachen beschreiben. Prinzipiell nicht durch einen regulären Ausdruck darstellbar[1] sind u.a. die Sprachen der arithmetischen Ausdrücke und der Palindrome (vgl. Aufgabe 2). Für solche Sprachen benötigt man Grammatiken als mächtigeres Beschreibungsmittel.

Kontextfreie Grammatiken: In Abschnitt 1.2 haben wir die Regeln einer Grammatik „Rechtecke" hergeleitet. Hier klären wir begrifflich, was eine Grammatik ist und aus welchen Teilen sie besteht. Bei natürlichen Sprachen wie Deutsch, Englisch, u.s.w. legt die Grammatik fest, welche Sätze zur Sprache gehören und bestimmt auch deren Aufbau aus einfachen syntaktischen Einheiten, z.B. als Folge

Subjekt - Prädikat - Objekt.

Ebenso ist es bei formalen Grammatiken. Die Grammatikregel

Satz → Subjekt Prädikat Objekt

besagt: Wenn σ eine Zeichenreihe aus der syntaktischen Kategorie „Subjekt" ist und analog π und o zu „Prädikat" und „Objekt" gehören, dann ist $\sigma\pi o$ eine Zeichenreihe aus der syntaktischen Kategorie „Satz". In einem Struktur- oder Syntaxbaum wird dieser Sachverhalt graphisch ausgedrückt durch

Syntaktische Kategorien sind entweder elementar oder zusammengesetzt. Eine elementare syntaktische Kategorie besteht aus einem Zeichen des Alphabets T, über dem Wörter der Sprache gebildet werden. Jede zusammengesetzte syntaktische Kategorie hat einen eindeutigen Namen aus einem zweiten Alphabet, N. T heißt Alphabet der *terminalen* Symbole der Grammatik; N heißt Alphabet der *nichtterminalen* Symbole (oder der *„syntaktischen Variablen"*). Die Alphabete T und N haben keine gemeinsamen Elemente. Alle Symbole der Grammatik liegen in der Menge $V := T \cup N$.

Die (*Produktions-)Regeln* der Grammatik bestimmen den Aufbau der zusammengesetzten syntaktischen Kategorien. In einer Regel

$A \rightarrow X_1 X_2 \ldots X_n$

ist A der Name der zusammengesetzten syntaktischen Kategorie, deren Aufbau durch

---

1. Streng beweisen kann man derartige Aussagen mit Hilfe des „Pumping Lemmas" aus der Theorie Formaler Sprachen.

diese Regel (und evtl. andere Regeln) erklärt wird. Also liegt A in N. Auf der rechten Seite der Regel steht eine Folge von n Symbolen aus V. Allgemein gilt $n \geq 0$, d.h. die rechte Seite der Regel stammt aus V^*. Im Fall $n = 0$ hat die Produktionsregel die Form

$$A \to \varepsilon$$

was im Strukturbaum durch

dargestellt wird. In einem Strukturbaum sind alle Blätter mit einem terminalen Symbol oder mit „ε" markiert, alle anderen Knoten mit syntaktischen Variablen. Die Markierungen der Blätter von links nach rechts aufgesammelt ergeben das zum Baum gehörige Wort der Sprache. Verschiedene Regeln mit gleicher linker Seite,

$$A \to \alpha_1, A \to \alpha_2, \ldots , A \to \alpha_m$$

entsprechen verschiedenen Möglichkeiten des Aufbaus von Zeichenreihen der syntaktischen Kategorie A. Man bezeichnet diese Regeln daher auch als *Alternativen* zu A und schreibt abkürzend

$$A \to \alpha_1 \mid \alpha_2 \mid \ldots \mid \alpha_m$$

Eine *kontextfreie Grammatik* $G = (N, T, P, S)$ ist bestimmt durch Alphabete N und T, eine endliche Regelmenge P und ein *Startsymbol* S aus N. Die Wurzel eines Strukturbaums zu G ist stets mit S markiert.

Beispiele: Was sind die formalen Bestimmungsstücke der Grammatik „Rechteck" aus Abschnitt 1.2? Mit den Abkürzungen (um Syntaxbäume nicht zu groß werden zu lassen):

$$Z \cong \text{Zeichnung} \qquad D \cong \text{Bild}$$
$$B \cong \text{Breite} \qquad H \cong \text{Höhe}$$
$$X \cong \text{Box} \qquad n \cong \text{Zahl}$$

erhalten wir G_{Rechteck} mit

$$N = \{ Z, B, H, D, X \} ,$$
$$T = \{ >, v, [,], n, (,) \} ,$$
$$P = \{ Z \to D,$$
$$D \to X \mid D > X \mid D v X \mid [D],$$
$$X \to [B H] \mid (D),$$
$$B \to n,$$
$$H \to n \} \text{ und}$$
$$S = Z$$

Der Strukturbaum

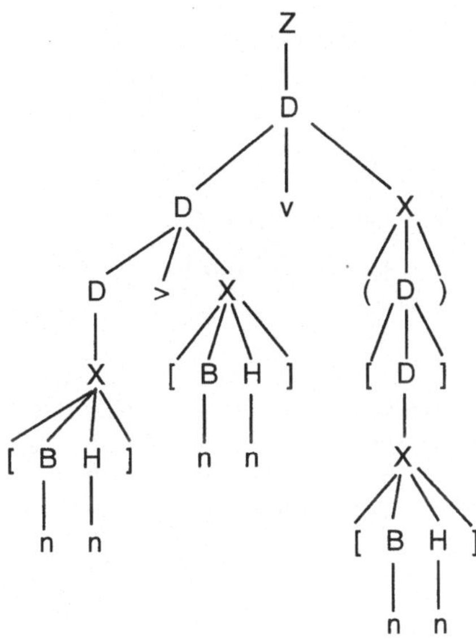

beschreibt die syntaktische Struktur des Wortes

$$[n n] > [n n] v ([[n n]]) .$$

Zweites Beispiel: Eine mögliche Grammatik zur Sprache der *Palindrome* aus Nullen
und Einsen ist

G_{Palin} = (N, T, P, S)

N = { S }

T = { 0,1 }

P = { S → 0S0 | 1S1 | 0 | 1 | ε }.

Denn: die kürzesten Palindrome über { 0, 1 } sind ε, 0 und 1; alle anderen Palondrome
entstehen durch Anfügen des gleichen Zeichens links und rechts an ein kürzeres Palindrom. Zum Palindrom

01110

findet man den Strukturbaum

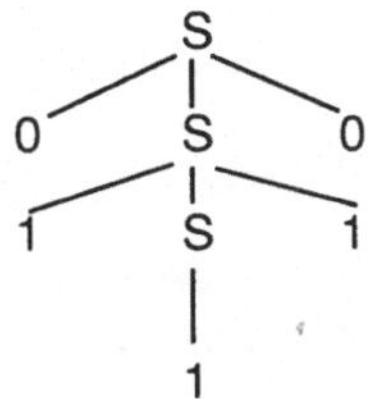

Drittes Beispiel: Als „*Klammergebirge*" bezeichnet man eine Zeichenreihe, die übrigbleibt, wenn man von einem arithmetischen Ausdruck alles bis auf die Klammern wegstreicht. Da manche arithmetische Ausdrücke überhaupt keine Klammern enthalten, ist das leere Wort ein Klammergebirge. Aus dem arithmetischen Ausdruck

$$13 * (7 + 4) + (3 * (12 + 1))$$

entsteht das Klammergebirge „ ( ) (( )) ".

Eine Grammatik zur Beschreibung von Klammergebirgen ist

$$G_{Kl1} = (\{ S \}, \{ (,) \}, \{ S \rightarrow \varepsilon \mid (S) \mid SS \}, S),$$

eine andere ist

$$G_{Kl2} = (\{ S \}, \{ (,) \}, \{ S \rightarrow \varepsilon \mid (S)S \}, S).$$

Die Regeln von G_{Kl1} besagen, daß Klammergebirge leer sind oder durch Schachtelung oder durch Nebeneinanderstellen entstehen. Die Regeln von G_{Kl2} kann man so interpretieren: Ein Klammergebirge ist entweder leer oder enthält mindestens ein Klammernpaar, in das ein Klammergebirge geschachtelt ist und auf das ein weiteres folgt.

Zum Klammergebirge „()(())" finden wir bezüglich der Grammatik G_{Kl2} den Strukturbaum

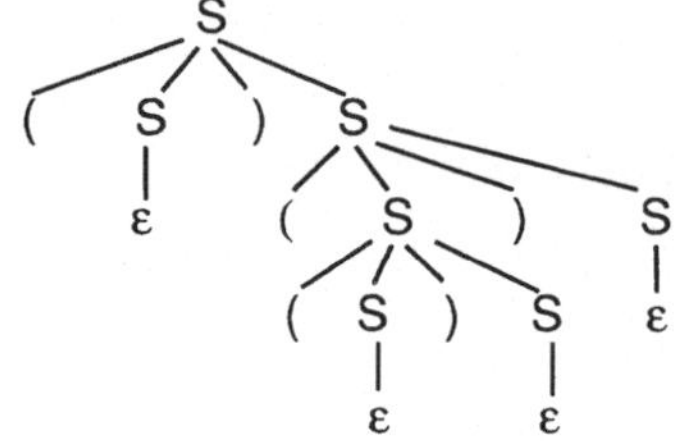

bezüglich der Grammatik G_{Kl1} dagegen unendlich viele, darunter die folgenden:

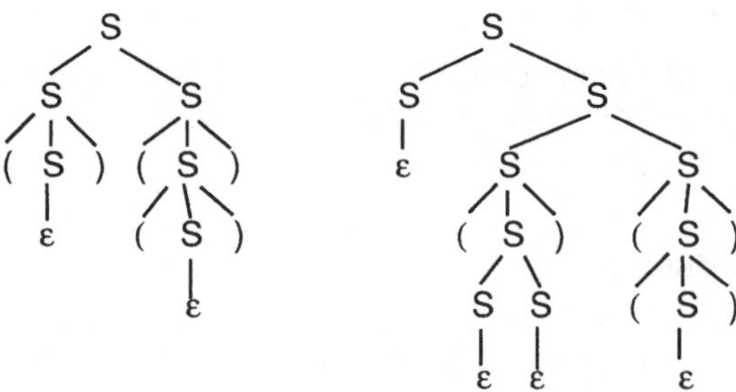

Eine Grammatik G heißt *eindeutig*, wenn es zu jedem Wort der zugehörigen Sprache genau einen Strukturbaum bezüglich G gibt. Andernfalls heißt G *mehrdeutig*. Mehrdeutig ist also z.B. die Grammatik G_{Kl1}.

Aufgabe 2.1.5:

Die drei folgenden Grammatiken beschreiben die Syntax regulärer Ausdrük-
ke über dem Alphabet { 0,1 }. In den Grammatiken ist daher stets

$$T = \{ \emptyset, \underline{\varepsilon}, 0, 1, (,), +, * \}$$

(Um Verwechslungen zwischen dem leeren Wort und dem regulären Aus-
druck „ε" zu vermeiden, bezeichnen wir letzteren mit „$\underline{\varepsilon}$".)

$$G_{RA1} = (\{ R \}, T, P_{RA1}, R) \text{ mit}$$
$$P_{RA1} = \{ R \to \emptyset \mid \underline{\varepsilon} \mid 0 \mid 1 \mid (R) \mid RR \mid R+R \mid R^* \}$$

$$G_{RA2} = (\{R,K,E\}, T, P_{RA2}, R) \text{ mit}$$
$$P_{RA2} = \{ R \to RK \mid K,$$
$$K \to K+E \mid E,$$
$$E \to (R) \mid \emptyset \mid \underline{\varepsilon} \mid 0 \mid 1 \mid E^* \}$$

$$G_{RA3} = (\{R,K,E\}, T, P_{RA3}, R) \text{ mit}$$
$$P_{RA3} = \{ R \to R+K \mid K,$$
$$K \to KE \mid E,$$
$$E \to (R) \mid \emptyset \mid \underline{\varepsilon} \mid 0 \mid 1 \mid E^* \}$$

a) Geben Sie für die drei Grammatiken jeweils alle möglichen Strukturbäume
   zum regulären Ausdruck „0+10*" an. Eine der drei Grammatiken ist mehrdeutig. Welche?

b) Eine der drei Grammatiken bildet in Strukturbäumen die Prioritäten der regulären Operationen (Vereinigung, Konkatenation, Iteration) adäquat ab. Welche?

❏

Ableitungen und Strukturbäume: Produktionsregeln $A \to \beta$ werden angewandt, indem man in einem beliebigen Kontext[1] die syntaktische Variable A durch die Zeichenreihe β ersetzt. Formal schreibt man

$$\lambda A \rho \Rightarrow \lambda \beta \rho$$

und liest den Pfeil „$\Rightarrow$" als „leitet ab in einem Schritt". Da der Linkskontext λ und der
Rechtskontext ρ beliebige Zeichenreihen aus V^* sein dürfen, gibt es zu jeder der endlich vielen Produktionsregeln unendlich viele Anwendungsmöglichkeiten. Eine *Ableitung* ist eine Aneinanderreihung von Ableitungsschritten. Ableitungen bezüglich G_{KI1}
sind demnach z.B.

$$S \Rightarrow SS \Rightarrow SSS \Rightarrow SS \Rightarrow S$$

und

$$S)(S \Rightarrow)(S \Rightarrow)((S) \Rightarrow)(()$$

---

1. Daher die Bezeichnung „kontextfreie Grammatik".

Wenn sich aus der Zeichenreihe α in i Ableitungsschritten die Zeichenreihe β herleiten läßt, dann notieren wir das in der Form „$\alpha \Rightarrow^i \beta$". Auch i = 0 ist erlaubt; dann ist α gleich β. Wegen der ersten Ableitung oben gilt u.a.

$$S \Rightarrow^2 SSS, \; SS \Rightarrow^3 S \text{ und } SS \Rightarrow^0 SS.$$

Die Notation „ $\Rightarrow^+$ " steht für „ein oder mehr Ableitungsschritte", die Notation „ $\Rightarrow^*$ " für null oder mehr Ableitungsschritte. Wegen der zweiten Ableitung oben gilt u.a.

$$S)(S \Rightarrow^*)((), \; S)(S \Rightarrow^+)(() \text{ und })(() \Rightarrow^*)((),$$

nicht (!) aber

$$)(() \Rightarrow^+)(() \,.$$

Für α aus V* definieren wir die Menge der aus α herleitbaren terminalen Zeichenreihen durch

$$L(\alpha) = \{ \text{ w aus } T^* \mid \alpha \Rightarrow^* w \}$$

Die durch eine kontextfreie Grammatik G beschriebene *Sprache* L(G) ist die Menge der aus dem Startsymbol S von G herleitbaren terminalen Zeichenreihen, d.h.

$$L(G) = L(S).$$

Aufgabe 2.1.6:

> Stellen Sie fest, welche der folgenden Aussagen bezüglich G_{Kl1} und welche bezüglich G_{Kl2} zutreffen.
>
> a) $S \Rightarrow^+ S$
>
> b) $)S(\Rightarrow^*)()($
>
> c) $)()($ liegt in der durch Grammatik beschriebenen Sprache L(G)
>
> d) $S \Rightarrow^* (S)(S) \Rightarrow^* (()())$
>
> e) $(S)S$ aus L(G)
>
> f) $(()())$ aus L(G)

❏

Ein Wort w aus T gehört genau dann zum Sprachschatz L(G) einer Grammatik G, wenn es zu w einen Strukturbaum und/oder eine Ableitung $S \Rightarrow^* w$ gibt. Leider entsprechen Ableitungen und Strukturbäume einander nicht eindeutig. Betrachten wir dazu die Grammatik

$$G_a = (\{ S \}, \{ a \}, \{ S \rightarrow SS \mid a \}, S) \,.$$

Die Ableitung

$$S \Rightarrow SS \Rightarrow SSS \Rightarrow SS \Rightarrow Saa \Rightarrow aaa$$

„paßt" zum ersten Strukturbaum auf der nächsten Seite. Das gleiche gilt für sechs weitere Ableitungen, darunter

$$S \Rightarrow SS \Rightarrow aS \Rightarrow aSS \Rightarrow aaS \Rightarrow aaa \,.$$

Die erste Ableitung paßt aber auch zu dem zweiten Strukturbaum, mit dem die zweite

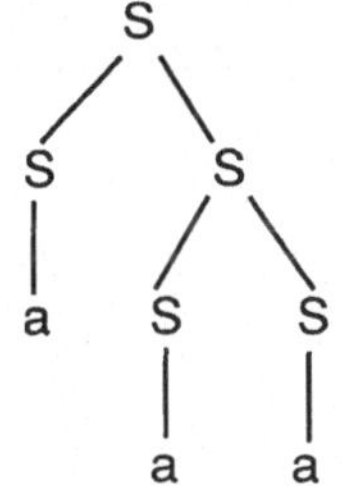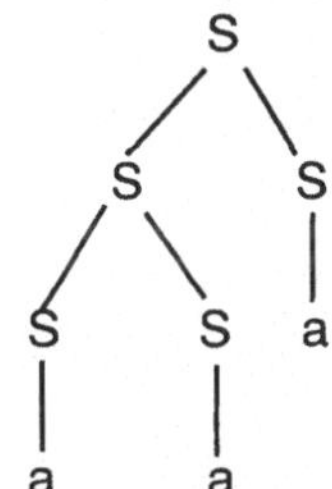

Ableitung nicht vereinbar ist. Bei der ersten Ableitung hängt die Form des resultierenden Strukturbaumes davon ab, wie man den Ableitungsschritt „SS $\Rightarrow$ SSS" interpretiert. Wird in diesem Schritt das linke S ersetzt, dann ergibt sich der zweite Strukturbaum, andernfalls der erste Strukturbaum. Eine eindeutige Zuordnung zwischen Ableitung und Strukturbaum ergibt sich aus der Vereinbarung, beim Ableiten immer die am weitesten links stehende syntaktische Variable zu ersetzen. Solche Ableitungen nennt man *Linksableitung*. Zu jedem Strukturbaum gibt es genau eine Linksableitung und zu jeder Linksableitung genau einen Strukturbaum. Die zweite Ableitung oben ist eine Linksableitung und gehört eindeutig zum ersten Strukturbaum. Linksableitungsschritte notieren wir[1] mit „$=lm\Rightarrow$" anstelle von „$\Rightarrow$". Die zweite Ableitung lautet daher

$$S =lm\Rightarrow SS =lm\Rightarrow aS =lm\Rightarrow aSS =lm\Rightarrow aaS =lm\Rightarrow aaa.$$

Zum zweiten Strukturbaum gehört die Linksableitung

$$S =lm\Rightarrow SS =lm\Rightarrow SSS =lm\Rightarrow aSS =lm\Rightarrow aaS =lm\Rightarrow aaa.$$

Analog definiert man *Rechtsableitungen* und „$=rm\Rightarrow$" .

Aufgabe 2.1.7:

    Geben Sie Rechtsableitungen an:

    a) zu den beiden letzten Strukturbäumen;

    b) zu den Ableitungen in Aufgabe 2.1.6.

❑

Zur **Mächtigkeit der Beschreibungsmittel:** Eine *endliche* Sprache L über T

$$L = \{ w_1, w_2, \dots w_n\}$$

kann man durch einen regulären Ausdruck

$$w_1 + w_2 \dots + w_2$$

oder durch eine kontextfreie Grammatik

$$(\{ S \}, T, \{ S \rightarrow w_1 \mid w_2 \mid \dots \mid w_n\}, S)$$

beschreiben.

---

1. „lm" für „leftmost"

Nicht alle Sprachen, deren Elemente durch eine gemeinsame Eigenschaft charakterisiert sind, kann man mit unseren konstruktiven Sprachbeschreibungsmitteln fassen. Ein bekanntes Beispiel ist die Sprache

$$L = \{\, a^i\, b^i\, c^i \mid i \geq 1 \,\}$$

zu der es nachweislich weder einen regulären Ausdruck noch eine kontextfreie Grammatik gibt.

Aufgabe 2.1.8:

> Erläutern Sie, inwiefern man kontextfreie Grammatiken als formalisierte induktive Sprachdefinitionen auffassen kann.

❏

Es bleibt zu klären, wie sich die Beschreibungsmittel „regulärer Ausdruck" und „kontextfreie Grammatik" zueinander verhalten. Eingangs haben wir erwähnt, daß die Sprache der Palindrome über einen Alphabet T sich nicht durch einen regulären Ausdruck darstellen läßt. Eine kontextfreie Grammatik mit diesem Sprachschatz ist verhältnismäßig einfach zu formulieren. Es gibt also kontextfreie Sprachen, die nicht regulär sind.

Umgekehrt sind aber alle regulären Sprachen kontextfrei; denn man kann zu jedem regulären Ausdruck R eine *gleichwertige kontextfreie Grammatik* G_R wie folgt konstruieren. Die in R enthaltenen Teilausdrücke (einschließlich R selbst) seien

$$R_1, R_2, \dots R_k\,.$$

Als syntaktische Variablen von G_R verwenden wir die Menge

$$\{\, <R_i> \mid 1 \leq i \leq k \,\}$$

der in spitze Klammern gesetzten Ausdrücke. Startsymbol von G_R ist <R>. Das terminale Alphabet von G_R ist gleich dem Alphabet, das R zugrunde liegt. Die Tabelle in Abbildung 2.1.2 zeigt, wie man zu jedem regulären Ausdruck entsprechende Produktionsregeln findet.

regulärer Ausdruck	Produktionsregeln
$\varnothing$	-
ε	$<\varepsilon> \rightarrow \varepsilon$
a (aus V)	$<a> \rightarrow a$
r^*	$<r^*> \rightarrow \varepsilon \mid <r>\ <r^*>$
(r s)	$<rs> \rightarrow <r>\ <s>$
(r + s)	$<r+s> \rightarrow <r> \mid <s>$

Abbildung 2.1.2: *Regulär ist kontextfrei*

Wendet man diese Konstruktion auf den regulären Ausdruck

$$(\,0 + 1\,)\, 1^*$$

an, dann ergibt sich die Grammatik:

$$G_R = (N, \{0,1\}, P_R, S) \text{ mit}$$

$$N = \{ <(0+1)^*>, <0+1>, 0>, <1>, <1^*> \}$$

$$S = <(0+1)1^*> \text{ und}$$

$$P_R = \{ <(0+1)1^*> \to <0+1> <1^*>,$$
$$<0+1> \to <0> \mid <1>,$$
$$<0> \to 0,$$
$$<1> \to 1,$$
$$<1^*> \to \varepsilon \mid <1> <1^*> \}$$

Zum Wort 011 aus $L((0+1)1^*)$ gehört in G_R die Ableitung

$$<(0+1)1^*> \Rightarrow <0+1> <1^*>$$
$$\Rightarrow <0> <1^*>$$
$$\Rightarrow 0 <1^*>$$
$$\Rightarrow 0 <1> <1^*>$$
$$\Rightarrow 01<1^*>$$
$$\Rightarrow 01 <1> <1^*>$$
$$\Rightarrow 011 <1^*>$$
$$\Rightarrow 011$$

Konvention: Aus Gründen der Schreibersparnis hat es sich in der Literatur eingebürgert, Elemente aus bestimmten Mengen stets mit Buchstaben aus dem gleichen Bereich zu benennen. Wir folgen diesem Brauch und verwenden - wo nicht ansdrücklich anders gesagt - Buchstaben gemäß Abbildung 2.1.3.

Die Buchstaben ...	stehen für Elemente von
a, b, c, ...	T
A, B, C, ... , S	N
... , X, Y, Z	V
... , w, x, y, z	T^*
$\alpha, \beta, \gamma, ... , \lambda, \rho, \sigma, \tau, ...$	V^*

Abbildung 2.1.3: *Konvention zur Schreibersparnis*

Dabei dürfen die Buchstaben mit Indizes oder anderen Kennzeichnungen versehen sein. Aus dieser Konvention folgt z.B., daß die rechte Seite der Produktionsregel

$$A \to w_1 w_1 B w_2 A$$

genau zwei nichtterminale Symbole enthält, wovon das zweite am Ende der rechten Seite steht und mit der linken Seite der Produktionsregel übereinstimmt. Am Anfang der rechten Seite steht zweimal die gleiche Zeichenreihe w_1 aus terminalen Zeichen.

2.2   Wie schreibt man Grammatiken?

Das Aufstellen einer Grammatik ähnelt in mancherlei Hinsicht dem Entwickeln eines
Programms: Eine Aufgabe läßt sich meist auf sehr verschiedene Art und Weise lösen.
Klares, systematisches Vorgehen ist dabei von Vorteil. Einfache, „offensichtlich richtige" Lösungen sind besser als trickreiche und schwer durchschaubare Konstruktionen.
„Sprechende" Variablenbezeichnungen erhöhen die Lesbarkeit von Grammatiken wie
von Programmen. Überlegungen zur Korrektheit wie im vorletzten Abschnitt erhöhen
das Vertrauen und vermitteln Einsicht in nichttriviale Konstruktionen. Die Modularisierung durch Aufspalten in Teilaufgaben und die Wiederverwendung bewährter Teillösungen gehören zum systematischen Vorgehen.

Das *Aufstellen einer Grammatik* geht in drei Schritten vor sich.

(1) Identifizieren von *syntaktischen Kategorien*, d.h. von wichtigen Bestandteilen
     der zu beschreibenden Sprache: Als Benennungen syntaktischer Kategorien
     werden nichtterminale Symbole eingeführt. Terminale Symbole werden ein-
     geführt für syntaktische Kategorien, die in der Grammatik als elementar gel-
     ten sollen und deren mögliche interne Struktur die Grammatik nicht
     beschreibt.

(2) Beziehungen zwischen syntaktischen Kategorien untersuchen und durch
     Grammatikregeln beschreiben.: Kontextfreie Grammatiken sind besonders
     geeignet zur Formulierung von „Teil-von"-Beziehungen und von Spezialisie-
     rungen. Eine Regel zeigt, wie sich die syntaktische Kategorie auf der linken
     Seite der Regel aus den syntaktischen Kategorien der rechten Seite zusam-
     mensetzt. Verschiedene Regeln mit gleicher linken Seite entsprechen ver-
     schiedenen Spezialisierungen der syntaktischen Kategorie der linken Seite[1].

(3) Die *konkrete Syntax festlegen* (das Ergebnis der ersten beiden Schritte
     bezeichnet man als *abstrakte Syntax)*: In welcher Reihenfolge die Symbole
     der rechten Seite einer Produktionsregel stehen sollen und welche zusätzli-
     chen terminalen Symbole an welchen Stellen einzufügen sind, um die Struk-
     tur zu betonen und die Lesbarkeit zu verbessern.

Am Beispiel: Stellen wir noch einmal eine Grammatik auf für die textuelle Beschreibung von Bildern aus ineinandergeschachtelten Rechtecken (vgl. Kapitel 1).

Schritt (1):

Als Kandidaten für syntaktische Kategorien fallen die Beschreibungen von Bildern und
Rechtecken ins Auge. Da die Zusammensetzung von Bildern aus Rechtecken erfaßt
werden soll, sind die Bilder eine nicht-elementare Kategorie. Wir führen als Bezeichnung die syntaktische Variable „<bild>" ein. Die jeweils innersten Rechtecke eines Bildes werden durch ihre Breite und ihre Höhe beschrieben. Die Kategorie der Rechtecke
ist also auch nicht elementar. Als Bezeichnung wählen wir die syntaktische Variable
„<rechteck>". Über Breite und Höhe soll die Grammatik aussagen, daß es sich um Zah-

---

1. Setzt man anstelle von „syntaktischen Kategorien" das Wort „Klassen", dann ergibt sich eine frappie-
rende Ähnlichkeit zum Ansatz der objekt-orientierten Programmentwicklung.

len handelt (interpretiert als Ausdehnung in Bildpunkten). Wir führen daher „<höhe>"
und „<breite>" als syntaktische Variablen ein. Der Aufbau von Zahlen dagegen soll in
der Grammatik nicht erklärt werden. „zahl" ist daher ein terminales Symbol der Grammatik. Neben den innersten Rechtecken gibt es die „einhüllenden" Rechtecke, die andere Rechtecke bzw. Bilder umranden. Da die Grammatik keine Angaben über den
Aufbau solcher Rechtecke machen soll, führen wir für diese das terminale Symbol
„rand" ein.

Schritt (2):

Für den möglichen Aufbau von Bildern gibt es folgende Alternativen:

    (b1) Ein <bild> besteht aus einem <rechteck>.

    (b2) Ein <bild> besteht aus einem anderen <bild>, das von einem „rand" umhüllt
       ist.

    (b3) Ein <bild> besteht aus zwei nebeneinandergesetzten <bild>ern.

    (b4) Ein <bild> besteht aus zwei übereinandergesetzten <bild>ern.

Für <rechteck> gibt es nur eine Alternative:

    (r1) ein <rechteck> ist charakterisiert durch die Angaben <hoehe> und <breite>.

Ebenso ist es mit den beiden übrigen syntaktischen Variablen:

    (h1) Die <hoehe> ist eine „zahl".

    (br1) Die <breite> ist eine „zahl".

Schritt (3):

Wir setzen nacheinander die in Schritt (2) aufgestellten Alternativen in konkrete Grammatikregeln um. Für (b1) ergibt sich als naheliegende Umsetzung die Regel

    <bild> → <rechteck> .

Bei (b2) ist die Reihenfolge von <bild> und „rand" in der rechten Seite festzulegen. Wir
wählen

    <bild> → <bild> rand .

Zwischen den rechten Seiten von (b3) und (b4), die jeweils zwei Bilder enthalten, ist in
der konkreten Syntax über zusätzliche terminale Zeichen (konkret: Klammernpaare) zu
unterscheiden. In beiden Fällen drücken wir die Gruppierung von Teilbildern durch
Klammern aus. Für (b3) legen wir fest

    <bild> → (<bild> <bild>)

und für (b4)

    <bild> → [<bild> <bild>].

Bei (r1) ist über die Reihenfolge der Angaben zu Höhe und Breite zu entscheiden. Wir
verzichten auf das Einstreuen terminaler Zeichen und wählen

    <rechteck> → <breite> <hoehe>.

Die beiden übrigen Alternativen, (h1) und (br1), setzen wir in naheliegender Weise um in

    <hoehe> $\rightarrow$ zahl

und

    <breite> $\rightarrow$ zahl .

Insgesamt ergibt sich damit folgende Grammatik G_{bild1}:

$$G_{bild1} = (\ N_{bild1},\ T_{Bild1},\ P_{Bild1},\ S_{Bild1}\ )\quad \text{mit}$$

$$N_{bild1} = \{\ \text{<bild>, <rechteck>, <breite>, <hoehe>}\ \}$$

$$T_{Bild1} = \{\ \text{zahl, rand, (,), [,]}\ \}$$

$$P_{Bild1} = \{\text{<bild>} \rightarrow \text{<rechteck>}\ |\ \text{<bild> rand}\ |\ (\ \text{<bild> <bild>}\ )\ |\ [\ \text{<bild> <bild>}\ ],$$

$$\text{<rechteck} \rightarrow \text{<breite> <hoehe>},$$

$$\text{<hoehe>} \rightarrow \text{zahl},$$

$$\text{<breite>} \rightarrow \text{zahl}\ \}$$

$$S_{Bild1} = \text{<bild>}.$$

Aufgabe 2.4.1:

Die Sprache der ohne Rest durch drei teilbaren Binärzahlen soll durch eine Grammatik beschrieben werden. Hinweis: Hängt man an eine Binärzahl b mit b mod 2 = 1 die Ziffer 0 an, dann entsteht die Binärzahl b0 mit b0 mod 3 = 0. Nutzen Sie solche Beziehungen, um geeignete syntaktische Kategorien und Regeln zu finden.

❏

Auf den ersten Blick unterscheidet sich die Grammatik G_{Bild1} von der Grammatik aus Kapitel 1 vor allem in der konkreten Syntax, z.B. in den Regeln

    <bild> $\rightarrow$ <bild> rand   (aus G_{Bild1})

und

    <bild> $\rightarrow$ [<bild>]   (aus Kapitel 1)

die beide auf verschiedene Weise den gleichen Sachverhalt ausdrücken: Ein Bild mit einer rechteckigen Umrandung ist wieder ein Bild.

Bei genauerem Hinsehen erkennt man erhebliche Unterschiede auch in der abstrakten Syntax: Die mit <rechteck> benannte syntaktische Kategorie in G_{Bild1} beschreibt einzelne, innerste Rechtecke, während die <box>en der anderen Grammatik Teilbilder mit vielen Rechtecken umfassen können.

Das Bild

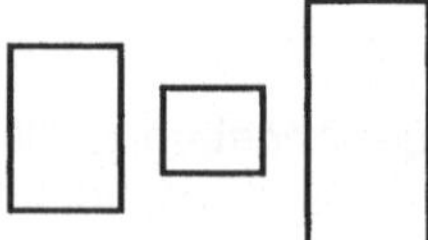

kann bezüglich G_{Bild1} durch die Zeichenreihe

(10 20 (10 10 10 30)

oder durch die Zeichenreihe

((10 20 10 10) 10 30)

beschrieben werden. Bezüglich der Grammatik aus Kapitel 1 gibt es als Beschreibung dieses Bildes genau eine Zeichenreihe

[10 20] > [10 10] > [10 30]

Qualitätskriterien: Es erhebt sich die Frage, welcher der beiden Grammatiken „besser" ist. Oder allgemeiner: Was sind *Qualitätskriterien* für Grammatiken? Wie in der Programmierung gibt es keine absolut eindeutigen Kriterien, wohl aber nützliche Stilregeln. Einige solcher Stilregeln sind:

(Q1) *Die Grammatik muß die beabsichtigte Sprache beschreiben.* Wenn wie im Beispiel der Rechteckbilder die beabsichtigte Sprache nicht vorgegeben ist, dann erfüllt jede plausible Syntax dieses Kriterium. Anders ist die Situation, wenn eine bekannte Sprache, z.B. die der arithmetischen Ausdrücke, durch eine Grammatik zu beschreiben ist. Sinnvolle Forderungen wie etwa die, daß Strukturbäume die unterschiedlichen Präzedenzen der arithmetischen Operationen zum Ausdruck bringen sollen, schränken die Freiheit des Grammatikentwicklers weiter ein.

(Q2) *Die Grammatik soll einfach und natürlich formuliert sein.* Das erhöht die Lesbarkeit der Grammatik und erleichtert damit die Überprüfung von (Q1). Da eine Sprachdefinition nicht Selbstzweck ist, sondern Grundlage einer Sprachverarbeitungsaufgabe, sollte die Grammatik auch als Rahmen für diese Verarbeitungsschritte so einfach wie möglich gehalten werden.

(Q3) *Die Grammatik muß aufgabengemäß abgefaßt sein.* Die syntaktischen Kategorien, die für die Sprachverarbeitung von Bedeutung sind, müssen schon in der Grammatik festgelegt werden. Wenn die syntaktischen Variablen und Produktionsregeln mit dem Bearbeitungszweck nicht in Einklang stehen, dann läßt sich die Grammatik nur schwer durch eine geeignete Attributierung ergänzen. Auf diesen Gesichtspunkt werden wir im nächsten Kapitel genauer eingehen.

(Q4) *Die Grammatik muß analysegeeignet sein.* Dies betrifft vor allem die konkrete Syntax. Für manche Syntaxanalyseverfahren sind z.B. Grammatiken mit linksrekursiven Symbolen nicht geeignet. Syntaxanalyseverfahren und die daraus resultierenden Anforderungen an Grammatiken sind Gegenstand des Kapitels 5.

(Q5) *Grammatiken sollen eindeutig sein.* Syntaktische Eindeutigkeit erleichtert sowohl die Syntaxanalyse als auch die Zuordnung von Bedeutung durch eine Attributierung. Eindeutigkeit ist daher eine wichtige *praktische* Anforderung. Der Nachweis dieser Eigenschaft fällt häufig als „Nebenprodukt" bei der Berechnung von Kontrollinformationen für Syntaxanalyseverfahren an.

Wenn die beabsichtigte Sprache nicht vorgegeben, sondern Hand in Hand mit der Grammatik festzulegen ist, dann kann man an die entstehende Sprache ähnliche Anforderungen stellen: Wörter der Sprache sollten möglichst einfach und dem beschriebenen Gegenstand angemessen aufgebaut sein. Die Struktur der Wörter sollte klar und eindeutig hervortreten.

Die Anwendung dieser Stilregeln ist zum Teil Geschmackssache. Das zeigt sich beim Vergleich der Grammatik G_{Bild1} mit der Grammatik aus Kapitel 1. Von den beiden einander entsprechenden Wörtern

$\qquad$ (1 2 [3 4 2 1] rand)   (zu G_{Bild1})

und

$\qquad$ [1 2] > [[3 4] v [2 1]]   (andere Grammatik)

werden manche die zweite Version als suggestiver empfinden, in der jedem Rechteck ein eckiges Klammernpaar entspricht und in der „>" für „nach rechts" und „v" für „nach unten" steht. Andere werden die erste Version wegen ihrer Kürze (fünf Symbole weniger) und Übersichtlichkeit vorziehen.

Bezüglich (Q1) sind beide Grammatiken gleichwertig. Auch zeigt sich, daß beide (Q5) erfüllen. (Q2) spricht eher für die Grammatik G_{Bild1}, in der alle syntaktischen Variablen und Regeln eine klare, überschaubare Funktion haben; bei der anderen Grammatik hatten wir aus einem „technischen" Grund die Regel.

$\qquad$ Box → (Bild)

hinzugefügt, welche die ursprüngliche Bedeutung von Box (nämlich wie <rechteck> in G_{Bild1}) stark veränderte. Den Vergleich bezüglich (Q3) und (Q4) werden wir an geeigneter Stelle nachholen.

Die folgende Grammatik G_{Bild2} soll die Vorzüge der beiden anderen Rechteck-Grammatiken verbinden.

$\qquad G_{Bild2}$ = ($N_{Bild\,2}$, T_{Bild2}, P_{Bild2}, S_{Bild2}) mit

$\qquad N_{Bild2}$ = { bild, horizontale, vertikale, breite, hoehe }

$\qquad T_{Bild2}$ = { zahl, [,], (,), >, V }

$\qquad P_{Bild2}$ = { bild → [breite hoehe] | [bild] |

$\qquad\qquad\qquad\qquad$ (> horizontale >) | (v vertikale v) ,

$\qquad\qquad$ breite → zahl,

$\qquad\qquad$ hoehe →zahl,

$\qquad\qquad$ horizontale → horizontale bild | bild,

$\qquad\qquad$ vertikale → vertikale bild I bild }

$\qquad S_{Bild2}$ = bild.

Aufgabe 2.2.1:

$\qquad$ Konstruieren Sie zu den oben angegebenen Wörtern aus G_{Bild1} die entsprechenden Wörter aus G_{Bild2} mit den zugehörigen Strukturbäumen. Vergleichen Sie G_{Bild2} mit den beiden anderen Grammatiken bezüglich der Stilregeln. Durch Verschmelzen von „horizontale" und „vertikale" zu einer einzigen syntaktischen Variablen „folge" könnte man P_{Bild2} verkleinern, ohne dadurch die Sprache L (G_{Bild2}) zu verändern. Was spricht dennoch dagegen?

❏

Notationelle Ergänzungen: *Wiederholungen* werden in kontextfreien Grammatiken durch Rekursion beschrieben. Z. B. erzeugen die beiden Regeln

    <parListe> → <par> | <par> , <parListe>

beliebig lange Folgen von <par>-Elementen, die durch Kommata voneinander getrennt sind. Den gleichen Zweck erfüllen die Regeln:

    <parListe> → <par> | <parListe> , <par>

Eine *Option* wird in einer kontextfreien Grammatik durch eine ε-Alternative ausgedrückt. Die Regeln

    <prozedurAufruf> → name <parameter>

    <parameter> → ε | (<parListe>)

besagen z.B., daß in einen Prozeduraufruf auf den Prozedurnamen optional eine Parameterleiste folgen kann.

Erweiterte kontextfreie Grammatiken haben für Wiederholungen und Optionen eigene Beschreibungsmittel. Die beiden obigen Beispiele würde man schreiben als

    <parListe> → <par> **(**, <par>**)***

und als

    <prozedurAufruf> → name **[** (<parListe>) **]**

Der Stern steht wie in regulären Ausdrücken für null- oder mehrmalige Wiederholung. Die fett gedruckten runden Klammern, „(" und „)",sind *keine* terminalen Symbole, sondern wie der Stern, der Pfeil „→" und der Alternativentrenner „I" sogenannte *Metasymbole*; sie dienen zur Gruppierung. Die Metasymbole „[" und „]" umschließen optionale Teile. Man beachte, daß die runden Klammern in der Regel zu <prozedurAufruf> normale terminale Symbole sind. Mit Hilfe der beiden letzten Regeln lassen sich u.a. folgende Strukturbaumteile konstruieren:

Aufgabe 2.2.2:

Zeichnen Sie die entsprechenden „konventionellen" Strukturbaumteile (zu den nicht erweiterten Regeln).

❏

In erweiterten kontextfreien Grammatiken ist auf der rechten Seite von Regeln eine beliebige Schachtelung von Klammern, Alternativen, Optionen und Wiederholungen zugelassen, wie z.B. in

<komplex> → [+ | -] <nenner> [/ <zaehler>] [i: [+ | -] <nenner> [/ <zaehler>]]

Vergleicht man die Strukturbäume zu konventionellen und erweiterten Grammatiken, dann fällt auf:

(i) „Erweiterte" Strukturbäume haben eine natürlichere Form als „konventionelle" Strukturbäume; Wiederholung führt zu einer Auffächerung des Baums in die Breite, Rekursion zusätzlich noch zu einer Vertiefung.

(ii) Während die Bausteine „konventioneller" Strukturbäume aus einer endlichen Menge stammen (für jede Regel ein Baustein), gibt es bei „erweiterten" Strukturbäumen eine unendlich große Auswahl von teilweise komplizierten Bausteinen. Das liegt an der Möglichkeit von Wiederholungen und an der Schachtelung von Wiederholungen, Alternativen und Optionen.

Aus Punkt (ii) folgt weiter, daß bei einer erweiterten kontextfreien Grammatik auch die Syntaxanalyse auf diese zusätzlichen Möglichkeiten abgestimmt sein muß. Die Definition von Sprachverarbeitung, die in attributierten Grammatiken regelbezogen erfolgt, muß sich ebenfalls auf diese allgemeineren Regelmuster beziehen . Erweiterte kontextfreie Grammatiken erleichtern also die Beschreibung der Syntax, erfordern aber mehr Aufwand bei der Verarbeitung von Sprache.

Eine Beobachtung am Rande: Enthält eine erweiterte kontextfreie Grammatik keine rekursiven Symbole, dann läßt sich durch fortgesetzte Substitution die Regelmenge auf eine einzige Regel reduzieren. Aus

<zahl> → [<vz>] <mantisse>

<vz> → + | -

<mantisse> → digit (digit)*

wird auf diese Weise

<zahl> → [+ | -] digit (digit)*

Aufgabe 2.4.2:

Zeigen Sie am Beispiel der Produktionsregeln

<zahl> → ziffer <vor>

<vor> → ziffer <vor> | <nach> | ε

<nach> → . ziffer | <nach> ziffer

daß man rekursive, aber *nicht* selbsteinbettende Symbole wie <vor> und <nach> durch Wiederholungen ersetzen kann.

❏

Modularisierung: Die letzten Umformungen legen eine Form der *Modularisierung* von Grammatiken nahe, die pragmatisch günstig ist: Die Gesamtsyntaxbeschreibung zerfällt danach in eine kontextfreie Grammatik G und in eine Reihe von regulären Ausdrükken, die den terminalen Symbolen von G entsprechen. Bei einer Programmiersprache z.B. beschreibt man den Programmaufbau meist durch eine kontextfreie Grammatik und den Aufbau von Bezeichnern, Zahlkonstanten, Operatorsymbolen etc. durch reguläre Ausdrücke. In der Verarbeitung geht der Syntaxanalyse gemäß G (vgl. Kapitel 5) die lexikalische Analyse mit den regulären Ausdrücken (vgl. Kapitel 4) voran. Man könnte theoretisch die kontextfreie Grammatik um Regeln ergänzen, die den Aufbau von Bezeichnern, Zahlkonstanten etc. beschreiben. Praktisch ist es aber besser, diese einfach aufgebauten Einheiten an den Blättern des Strukturbaums durch einfachere Mechanismen zu beschreiben und den Strukturbaum dadurch kleiner zu halten. Das führt zu mehr Effizienz und Übersichtlichkeit.

Der einfache Aufbau kontextfreier Grammatiken und die Entsprechung zwischen syntaktischen Kategorien und den nichtterminalen Symbolen ergeben eine natürliche Aufteilung in *wiederverwendbare Grammatikmodule:* Wird das gleiche Konstrukt an verschiedenen Stellen benötigt, muß man an diese Stellen nur jeweils das entsprechende nichtterminale Symbol setzen. Dazu ein Beispiel: Arithmetische Ausdrücke kommen in Programmen an sehr verschiedenen Stellen vor, z.B. als Indexgrenzen in einer Feldvereinbarung, auf der rechten Seite von Zuweisungen, als Schrittweite in Laufanweisungen und als Parameter in Prozeduraufrufen. In einer Programmiersprachengrammatik wird an all diesen Stellen die syntaktische Variable stehen, welche die syntaktische Kategorie der arithmetischen Ausdrücke benennt.

Neben den arithmetischen Ausdrücken kommen in Programmiersprachen häufig auch andere Formen von Ausdrücken vor: Vergleichsausdrücke, logische Ausdrücke, Adressausdrücke, Typausdrücke u.s.w. Aus der Mathematik sind wir an die Infixschreibweise für zweistellige Verknüpfungen wie „+" und „v" gewöhnt. Eine weitgehend klammerfreie Aufschreibung ist möglich, weil die Operatoren verscheidenen Prioritätsebenen zugeordnet sind. So lesen wir den Ausdruck

$$a * a + b * b$$

gewohnheitsmäßig als

$$((a * a) + (b * b)).$$

Unäre Operationen wie „-" und „¬" haben meist eine höhere Priorität als die zweistelligen. Tabelle 2.2.1 zeigt gängige Operatoren aus Arithmetik und Logik angeordnet nach Prioritätsebenen.

	arithmetische	logische
niedrige	+ -	
↓	/ div mod	v
Priorität	*	∧
↓	- (unär)	¬
hohe	** (Potenz)	

Tabelle 2.2.1: *Prioritäten von Operatoren*

Grammatikschemata: In Programmiersprachen machen Ausdrucksteilgrammatiken häufig einen großen und vor allem den komplizierteren Teil der Syntax aus. Wegen der Universalität der Mathematik und ihrer Notation ist ähnliches auch bei anderen Kunstsprachen zu erwarten. Es ist daher nützlich, ein allgemeines *Grammatikschema für Ausdrücke* zu entwickeln, aus dem konkrete Ausdrucksgrammatiken durch Einsetzen von Operatoren und Prioritäten entstehen.

Was sind die Bestimmungsstücke, die in ein solches Grammatikschema eingehen? Dazu gehören zum einen die *elementaren Teilausdrücke* wie Konstanten, Variablen und Ausdrücke anderer Art. Bei logischen Ausdrücken gibt es die Konstanten „wahr" und „falsch", Bezeichner für Variablen und Vergleichsausdrücke wie „a > 27" als elementare Teilausdrücke. Zum anderen benötigen wir die *Prioritätsebenen* mit den zugehörigen Operatoren. Operatoren sind entweder zweistellig oder unär; die unären gibt es in Präfix- oder in Postfixschreibweise, z.B. „¬ a" oder „v↓". Auf der gleichen Prioritätsebene stehen entweder nur zweistellige Operatoren oder nur unäre Präfixoperatoren oder nur unäre Postfixoperatoren. Mischformen würden keine eindeutige Gruppierung zulassen.

In den folgenden Grammatikschemata bezeichnen wir mit der syntaktischen Variablen <elTerm> die elementaren Teilausdrücke und mit der syntaktischen Variablen <op$_i$> die Operatoren der Prioritätsebene i. Von den Prioritätsebenen 1 bis n sei 1 die mit der geringsten und n die mit der höchsten Priorität. Wir betrachten zunächst das Grammatikschema für Ausdrücke in erweiterter Notation - weil das einfacher und natürlicher ist - und dann in konventioneller Notation.

Schema 1

> Für jede Prioritätsebene i gibt es eine zugehörige syntaktische Variable <ausdruck$_i$>. Das Startsymbol der Teilgrammatik ist <ausdruck$_i$>. Steht <op$_i$> für eine Menge von zweistelligen Operatoren, dann enthält die Teilgrammatik die Regel
>
>   <ausdruck$_i$> $\rightarrow$ <ausdruck $_{i+1}$> (<op$_i$> <ausdruck$_{i+1}$>)*
>
> Anstelle von <ausdruck$_{n+1}$> ist <elTerm> zu setzen. Die Regel mit linker Seite <ausdruck$_n$> ist die einzige Stelle, an der die elementaren Teilausdrücke in das Grammatikschema eingehen.
>
> Steht <op$_i$> für eine Menge von unären Operatoren in Präfixschreibweise, dann enthält die Teilgrammatik die Regel
>
>   <ausdruck$_i$> $\rightarrow$ (<op$_i$>)* <ausdruck$_{i+1}$>
>
> und analog bei Postfixschreibweise die Regel
>
>   <ausdruck$_i$> $\rightarrow$ <ausdruck$_{i+1}$> (<op$_i$>)*
>
> Schließlich enthält die Teilgrammatik noch die Regel
>
>   <elTerm> $\rightarrow$ (<ausdruck$_1$>)
>
> mit der von den Prioritäten abweichende Gruppierungen durch Klammerung ausgedrückt werden können.

❏

Am Beispiel: Wenden wir Schema 1 an auf die logischen Ausdrücke gemäß Tabelle 2.2.1 an, dann ergibt sich:

$$\text{<ausdruck}_1\text{>} \rightarrow \text{<ausdruck}_2\text{>} (\text{ <op}_1\text{> <ausdruck}_2\text{> })^*$$

$$\text{<ausdruck}_2\text{>} \rightarrow \text{<ausdruck}_2\text{>} (\text{ <op}_2\text{> <ausdruck}_3\text{> })^*$$

$$\text{<ausdruck}_3\text{>} \rightarrow (\text{ <op}_3\text{> })^* \text{<elTerm>}$$

$$\text{<elTerm>} \rightarrow (\text{ <ausdruck}_1\text{> })$$

Daraus entsteht durch ein paar Umbenennungen und Substitutionen die eingängigere Form

$$\text{<disj>} \rightarrow \text{<konj>} (\text{ v konj> })^*$$

$$\text{<konj>} \rightarrow \text{<prim>} (\text{ } \wedge \text{ <prim> })^*$$

$$\text{<prim>} \rightarrow (\text{ } \neg \text{ })^* \text{<elTerm>}$$

$$\text{<elTerm>} \rightarrow (\text{ <disj> })$$

Ein möglicher Strukturbaum dazu ist

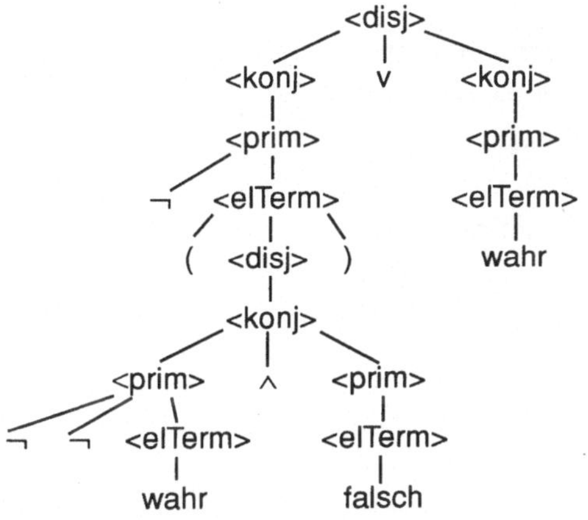

```
                        <disj>
                   /      |      \
              <konj>      v      <konj>
                 |                  |
              <prim>             <prim>
               /  |                 |
            ¬   <elTerm>         <elTerm>
             /    |    \             |
           (   <disj>   )          wahr
                 |
              <konj>
             /   |    \
        <prim>   ∧   <prim>
         /  \          |
       ¬  ¬ <elTerm>  <elTerm>
             |           |
           wahr        falsch
```

Das „konventionelle" Grammatikschema entsteht aus dem „erweiterten" durch äquivalente Umformung der einzelnen Regeln.

Schema 2

Regeln der Form

$$\text{<ausdruck}_i\text{>} \rightarrow \text{<ausdruck}_{i+1}\text{>} (\text{ <op}_i\text{> <ausdruck }_{i+1}\text{> })^*$$

aus Schema 1 werden ersetzt durch

$$\text{<ausdruck}_i\text{>} \rightarrow \text{<ausdruck}_i\text{> <op}_i\text{> <ausdruck}_{i+1}\text{> } | \text{ <ausdruck}_{i+1}\text{>}$$

Regeln der Form

$$\text{<ausdruck}_i\text{>} \rightarrow (\text{ <op}_i\text{> })^* \text{<ausdruck}_{i+1}\text{>}$$

werden ersetzt durch

$$\text{<ausdruck}_i\text{>} \rightarrow \text{<op}_i\text{>} \text{<ausdruck}_i\text{>} \mid \text{<ausdruck}_{i+1}\text{>}$$

und analog wird

$$\text{<ausdruck}_i\text{>} \rightarrow \text{<ausdruck}_{i+1}\text{>} \; (\text{<op}_i\text{>})^*$$

ersetzt durch

$$\text{<ausdruck}_i\text{>} \rightarrow \text{<ausdruck}_i\text{>} \text{<op}_i\text{>} \mid \text{<ausdruck}_{i+1}\text{>}$$

❏

Am Beispiel: Anwendung dieser Umformungen auf die zuletzt entwickelte Teilgrammatik für logische Ausdrücke ergibt

<disj> → <disj> v <konj> | <konj>

<konj> → <konj> ∧ <prim> | <prim>

<prim> → ¬ <prim> | <elTerm>

<elTerm> → (<disj>)

Wendet man Schema 1 auf den arithmetischen Teil von Tabelle 2.2.1 an, dann ergibt sich (mit geeigneten Umbenennungen):

<expr> → <dterm> (<aop> <dterm>)*

<dterm> → <term> (<dop> <term>)*

<term> → <factor> (* <factor>)*

<factor> → (-)* <pot>

<pot> → <elTerm> (** <elTerm>)*

<aop> → + | -

<dop> → / | div | mod

Dazu erhält man u.a. folgenden Strukturbaum:

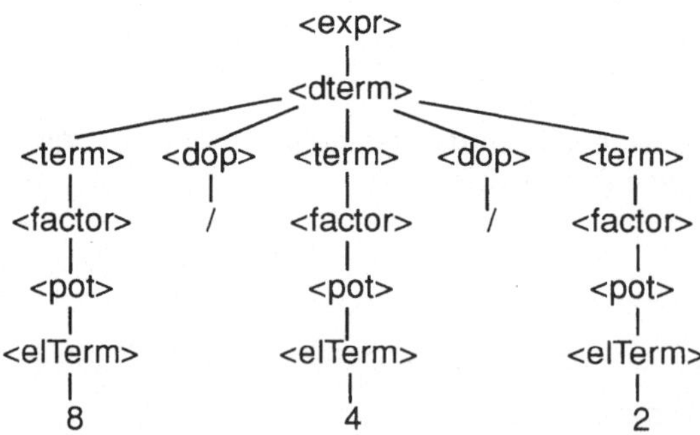

Da der Divisionsoperator nicht assoziativ ist, kann der Wert des dargestellten Ausdrucks (8/4)/2 = 1 oder 8/(4/2) = 4 sein. Wir beheben diese unbefriedigende Situation durch die folgende Modifikation von Schema 1.

Schema 1':

> Steht $\langle op_i\rangle$ für eine Menge von zweistelligen Operatoren, dann unterscheidet man zwei Fälle:
>
> Sind alle Operatoren in $\langle op_1\rangle$ assoziativ, dann enthält die Teilgrammatik die Regel
>
> > $\langle ausdruck_i\rangle \;\rightarrow\; \langle ausdruck_{i+1}\rangle \,(\; \langle op_i\rangle \,\langle ausdruck_{i+1}\rangle\;)^*$
>
> andernfalls die Regel
>
> > $\langle ausdruck_i\rangle \;\rightarrow\; \langle ausdruck_{i+1}\rangle \,[\; \langle op_i\rangle \,\langle ausdruck_{i+1}\rangle\;]$
>
> Im Beispiel ergeben sich dadurch andere Regeln für <dterm> und <pot>:
>
> > <dterm> $\rightarrow$ <term> [<dop> <term>]
> >
> > <pot> $\rightarrow$ <elTerm> [** <elTerm>]

❏

Aufgabe 2.4.3:

> Modifizieren Sie das Schema 2 entsprechend und wenden Sie es auf die oben entwickelte Teilgrammatik der arithmetischen Ausdrücke an. Zeigen Sie, daß man mit den modifizierten Regelmengen nicht mehr die Zeichenreihe „8/4/2", dafür aber „(8/4)/2" und „8/(4/2)" herleiten kann.

❏

Beispiele zur Mehrdeutigkeit und Wege zu ihrer Vermeidung zeigen wir am Ende von Kapitel 5.

2.3   Korrektheit von Grammatiken

Um sich davon zu überzeugen, daß eine aufgestellte Grammatik tatsächlich die gewünschte Sprache beschreibt, sollte man zumindest einige **Tests** machen. Dabei kann man von der Grammatik ausgehend Ableitungen und Strukturbäume konstruieren und prüfen, ob die erzeugten Zeichenreihen der intuitiven Vorstellung entsprechen, die man von der Sprache hat und mit der Grammatik zu erfassen versucht. Umgekehrt kann man mit einem Parsergenerator ein Syntaxanalyseprogramm generieren und diesem Wörter vorlegen, die zur Sprache gehören sollen. In beiden Richtungen ist Werkzeugunterstützung wichtig, da man beim manuellen Ableiten bzw. Analysieren dazu neigt, „Fehler" in der Formulierung der Grammatik unbewußt auszugleichen.

Lassen sich die Wörter einer Sprache durch eine gemeinsame Eigenschaft charakterisieren, dann ist sogar ein strenger **Beweis** der Korrektheit der Grammatik möglich. Betrachten wir als Beispiel über dem Alphabet $T = \{\, a, b\, \}$ die Sprache

$$L_{ab} = \{\; w \;\mid\; |\,w\,|_a = |\,w\,|_b \;\}$$

der Wörter, die gleich viele Zeichen a und b, enthalten. Eine Grammatik G_{ab1} zu dieser Sprache ist festgelegt durch das Startsymbol S und die Regelmenge:

$$S \to aB \mid bA \mid \varepsilon$$
$$A \to a \mid aS \mid bAA$$
$$B \to b \mid bS \mid aBB$$

Wie kann man *beweisen*, daß diese Grammatik tatsächlich die Sprache L_{ab} erzeugt, d.h. daß gilt

$$L(G_{ab1}) = L_{ab} \, ?$$

Zu zeigen ist zweierlei:

(i)   Jede Zeichenreihe w, die sich in G_{ab1} aus dem Startsymbol S herleiten läßt, enthält gleich viele Zeichen a und b.

(ii)   Jede Zeichenreihe w mit gleich vielen Zeichen a und b läßt sich aus S herleiten.

Die Aussage (i) läßt sich formal ausdrücken durch

$$S \Rightarrow^* w \quad \rangle \quad |\, w\, |_a = |\, w\, |_b \qquad (1)$$

Es bietet sich an, diese Aussage durch Induktion über die Länge i der Ableitung $S \Rightarrow^* w$ zu beweisen: Da mindestens ein Schritt erforderlich ist, um aus dem Startsymbol S eine terminale Zeichenreihe w abzuleiten, verwenden wir $i = 1$ als Induktionsanfang und betrachten im Induktionsschritt Ableitungen mit einer Länge $i > 1$.

Induktionsanfang (i = 1):

Aus $S \Rightarrow w$ ergibt sich bei gegebener Regelmenge zwingend $w = \varepsilon$. Dieses w erfüllt (1).

Induktionsschritt (i > 1):

Gegeben also $S \Rightarrow^* w$. Wir müssen zeigen, daß gilt $|\, w\, |_a = |\, w\, |_b$. Da die Ableitung von w aus S aber nicht notwendig eine Teilableitung der Form $S \Rightarrow^j w'$ mit $j < i$ enthält, läßt sich die Induktionsvoraussetzung nicht anwenden.

Der Induktionsbeweis scheitert an dieser Stelle, weil die Behauptung (1) zu wenig Information enthält! Wir verstärken die Aussage (1) über die Wörter, die sich aus S herleiten lassen, um analoge Aussagen über die Wörter, die sich aus A bzw. B herleiten lassen. Betrachtet man die ersten beiden Alternativen zu A, die Produktionsregeln

$$A \to a \text{ und } A \to aS$$

dann drängt sich die Vermutung auf, daß die aus A ableitbaren Wörter ein a mehr als b's enthalten. Formal ausgedrückt:

$$A \Rightarrow^* w \quad \rangle \quad |\, w\, |_a = |\, w\, |_b + 1$$

Die neue **Behauptung** lautet insgesamt

$$\begin{aligned} & (\, S \Rightarrow^* w \quad \rangle \quad |\, w\, |_a = |\, w\, |_b \,) \\ \wedge \quad & (\, A \Rightarrow^* w \quad \rangle \quad |\, w\, |_a = |\, w\, |_b + 1 \,) \qquad (2) \\ \wedge \quad & (\, B \Rightarrow^* w \quad \rangle \quad |\, w\, |_b = |\, w\, |_a + 1 \,) \end{aligned}$$

Man beachte, daß die Ausage (1) unmittelbar aus Aussage (2) folgt. Wir beweisen nun die verstärkte Aussage (2) durch Induktion über die Länge i der beteiligten Ableitungen.

Induktionsanfang (i = 1):

In einem Schritt läßt sich S als einziges terminales Wort $w = \varepsilon$ herleiten; dieses erfüllt die Bedingung $|w|_a = |w|_b$. Aus A erhält man in einem Schritt nun das terminale Wort $w = a$, welches der Bedingung $|w|_a = |w|_b + 1$ genügt. Das einzige terminale Wort, das sich in einem Schritt aus B herleiten läßt, ist $w = b$ und erfüllt $|w|_b = |w|_b + 1$.

Induktionsschritt (i > 1):

Wir müssen zeigen, daß alle Ableitungen der Länge i die Behauptung (2) erfüllen. Beim Beweis dürfen wir die Induktionsbehauptung verwenden, also davon ausgehen, daß für alle kürzeren Ableitungen die Behauptung (2) bereits nachgewiesen ist.

Für die Ableitung $S \Rightarrow^i w$ müssen wir zeigen, daß gilt $|w|_a = |w|_b$. Bezüglich des ersten Schritts dieser Ableitung unterscheiden wir die beiden möglichen Fälle:

Fall ($S \Rightarrow aB \Rightarrow^{i-1} w$): Dann ist w von der Form $w = aw'$ und es gilt $B \Rightarrow^{i-1} w'$. Mit der Induktionsvoraussetzung folgt, daß $|w'|_a + 1 = |w'|_b$. Wegen $w = aw'$ ergibt sich wie behauptet $|w|_a = |w|_b$.

Fall ($S \Rightarrow bA \Rightarrow^{i-1} w$): Analog.

Für die Ableitung $A \Rightarrow^i w$ müssen wir zeigen, daß gilt $|w|_a = |w|_b + 1$. Bezüglich des ersten Ableitungsschritts unterscheiden wir wieder die möglichen Fälle:

Fall ($A \Rightarrow bAA \Rightarrow^{i-1} w$): Dann ist w von der Form $w = bxy$ mit $A \Rightarrow^j x$ und $A \Rightarrow^k y$ für geeignete j und k mit $i - 1 = j + k$. Nach Induktionsvoraussetzung ergibt sich $|x|_a = |x|_b + 1$ und $|y|_a = |y|_b + 1$. Mit $w = bxy$ folgt wie behauptet $|w|_a = |w|_b + 1$.

Fall ($A \Rightarrow aS \Rightarrow^{i-1} w$): Analog, eher einfacher.

Analog weist man für die Ableitung $B \Rightarrow^i w$ nach, daß gilt $|w|_b = |w|_a + 1$.

Insgesamt haben wir damit bewiesen, daß jedes aus S herleitbare terminale Wort genauso viele Zeichen a wie b enthält.

Aufgabe 2.3.1:

> Gegeben sei die Grammatik $G_{ab2} = (\{S, A, B\}, \{a, b\}, P, S)$ mit
> $P = \{S \rightarrow AbS \mid BaS \mid \varepsilon,$
> $A \rightarrow a \mid aAB,$
> $B \rightarrow b \mid bBA\}$.
> Beweisen Sie, daß gilt $L(G_{ab2}) \subseteq L_{ab}$.

❑

Umgekehrt ist jedes Wort mit gleich vielen Zeichen a und b in G_{ab1} herleitbar:
Beim Beweis verwenden wir die folgende Umkehrung von (2).

$$(|w|_a = |w|_b \quad \rangle \ S \Rightarrow^* w)$$
$$\wedge \quad (|w|_a = |w|_b + 1 \ \rangle \ A \Rightarrow^* w) \qquad (3)$$
$$\wedge \quad (|w|_a + 1 = |w|_b \ \rangle \ B \Rightarrow^* w)$$

Die Induktion läuft diesmal nicht über die Länge der Ableitungen, sondern über die Länge $|w|$ des Wortes w.

Induktionsanfang ($|w| = 0$):

Das einzige Wort w mit $|w| = 0$ ist $w = \varepsilon$. Dieses w erfüllt die Implikation in der ersten Zeile von (3), da sowohl die Prämisse $|\varepsilon|_a = 0 = |\varepsilon|_b$ als auch die Konklusio $S \Rightarrow^* \varepsilon$ (wegen $S \to \varepsilon \in P$) wahr sind. Die beiden anderen Implikationen sind erfüllt, da jeweils die Prämisse falsch ist.

Induktionsschritt ($|w| > 0$):

Das Wort w kann entweder mit a oder mit b beginnen. Wir beschränken uns hier auf den Fall $w = aw'$. Die Argumentation für $w = bw'$ verläuft analog. Ist $w' = \varepsilon$, d.h. $w = a$, dann sind in (3) die Prämissen $|a|_a = |a|_b$ und $|a|_a + 1 = |a|_b$ falsch, die zugehörigen Implikationen also wahr. In der mittleren Implikation ist sowohl die Prämisse $|a|_a = |a|_b + 1$ als auch die Konklusio $A \Rightarrow^* a$ (wegen $A \to a \in P$) wahr.

Bleibt $w' \neq \varepsilon$ zu betrachten. Das Wort w' kann mit a oder b beginnen. Wir beschränken uns auf den Fall $w' = aw''$. Die Argumentation für den anderen Fall $w' = bw''$ verläuft wieder analog. Nach Festlegung von w' und w'' gilt

$$w = aw' = aaw''.$$

Wir untersuchen nacheinander die drei Implikationen von (3). Ist dabei die Prämisse nicht erfüllt, dann ist die Implikation wahr und nichts weiter zu zeigen. Wenn gilt $|w|_a = |w|_b$, dann folgt $|w''|_a + 2 = |w''|_b$. Das Wort w'' läßt sich daher aufspalten in zwei Wörter, x und y, so daß gilt

$$w'' = xy \ \wedge \ |x|_a + 1 = |x|_b \ \wedge \ |y|_a + 1 = |y|_b.$$

Das Wort w'' ist kürzer als w, die Teilwörter x und y erst recht. Daher läßt sich die Induktionsvoraussetzung auf x und y anwenden und ergibt

$$B \Rightarrow^* x \ \wedge \ B \Rightarrow^* y.$$

Zusammen mit $S \Rightarrow a B \Rightarrow aaBB$ folgt $S \Rightarrow^* aaxy$, d.h. $S \Rightarrow^* w$. Die erste Implikation von (3) ist also wahr.

Wenn gilt $|w|_a = |w|_b + 1$, dann folgt $|w''|_a + 1 = |w''|_b$. Da w'' kürzer ist als w, ergibt sich nach Induktionsvoraussetzung $B \Rightarrow^* w''$. Zusammen mit $A \Rightarrow aS \Rightarrow aaB$ folgt $A \Rightarrow^* aaw''$, d.h. $A \Rightarrow^* w$. Also ist auch die zweite Implikation von (3) wahr.

Wenn schließlich gilt $|w|_a + 1 = |w|_b$, dann folgt $|w''|_a + 3 = |w''|_b$. Das Wort w'' läßt sich wie folgt aufspalten:

$$w'' = xyz \ \wedge \ |x|_a + 1 = |x|_b \ \wedge \ |y|_a + 1 = |y|_b \ \wedge \ |z|_a + 1 = |z|_b$$

Die Induktionsvoraussetzung ergibt

$$B \Rightarrow^* x \ \wedge \ B \Rightarrow^* y \ \wedge \ B \Rightarrow^* z.$$

Zusammen mit $B \Rightarrow aBB \Rightarrow aaBBB$ folgt $B \Rightarrow^* Baaxyz$, d.h. $B \Rightarrow^* w$. Mit der dritten Implikation ist (3) insgesamt als wahr nachgewiesen.

Der Beweis von $L(G_{ab1}) = L_{ab}$ ist damit (endlich) abgeschlossen!

❏

Aufgabe 2.3.2:

Weisen Sie nach, daß das Wort aababb *nicht* im Sprachschatz $L(G_{ab2})$ aus
Aufgabe 2.3.1 liegt. ($L(G_{ab2})$ ist also eine echte Teilmenge von L_{ab}.)

❏

Der Beweis verlief nach folgendem **Schema**:

(i)   Charakterisiere für jede syntaktische Variable A die Menge der aus A herleitbaren Wörter w durch eine Eigenschaft P_A.

(ii) Beweise die Aussage

$$\forall\, A \in N : A \Rightarrow^* w \;\rangle\; P_A(w)$$

durch Induktion über die Länge der beteiligten Ableitungen.

(iii) Beweise die Umkehrung

$$\forall\, A \in N : P_A(w) \;\rangle\; A \Rightarrow^* w$$

durch Induktion über die Länge von w.

Dieses Vorgehen beweist nicht nur

$$w \in L(G) \;\leftrightarrow\; P_S(w),$$

es vermittelt auch Einsicht in den Aufbau der Grammatik und zeigt, in welcher Weise
die einzelnen syntaktischen Variablen zur erzeugten Sprache beitragen. Weitere Beweise dieser Bauart finden interessierte Leser in Anhang C.1.

Äquivalenz beweisen: Ein ganz anderer Weg, die Korrektheit einer Grammatik G
nachzuweisen, besteht darin zu zeigen, daß G äquivalent ist zu einer Grammatik G',
deren Korrektheit offensichtlich oder bereits erwiesen ist. *Äquivalent* heißen zwei
Grammatiken G und G', wenn gilt L(G) = L(G'). Es ist also zu zeigen, daß es zu jeder
Ableitung S $\Rightarrow^*$ w in G eine „entsprechende" Ableitung S $\Rightarrow^*$ w in G' gibt und umgekehrt. Besonders einfach ist dieser Nachweis, wenn man zu jeder Produktionsregel
A → β der einen Grammatik eine Folge von Regeln der anderen Grammatik findet, welche bei der Anwendung die gleiche Wirkung wie A → β hat.

Greifen wir noch einmal das Beispiel der „Klammergebirge" auf. Der Grammatik G_{Kl1}
mit den Produktionsregeln

$$S \rightarrow SS \mid (S) \mid \varepsilon$$

sieht man sofort an, daß sie genau die Sprache der korrekt gebauten Klammergebirge
beschreibt: Klammergebirge kann man nebeneinander setzen und ineinander schach-
teln; das einfachste Klammergebirge ist das leere Wort. Die Regeln von G_{Kl1} setzen
diese informelle Beschreibung der gewünschten Sprache unmittelbar um. Es bietet sich
daher an, die Grammatik G_{Kl1} als die formale Definition der Sprache der Klammergebirge zu betrachten und die Korrektheit anderer Klammergebirge-Grammatiken wie
G_{Kl2} über die Äquivalenz zu G_{Kl1} zu beweisen. G_{Kl2} hat folgende Produktionsregeln:

$$S \rightarrow (S)S \mid \varepsilon$$

Dazu findet man leicht Folgen von Regeln von G_{Kl1} mit gleicher Wirkung, denn in G_{Kl1}

gilt:

$$S \Rightarrow SS \Rightarrow (S)S \text{ und } S \Rightarrow \varepsilon.$$

Das beweist $L(G_{KI2}) \subseteq L(G_{KI1})$. In der umgekehrten Richtung läßt sich die Wirkung der beiden Produktionsregeln

$$S \rightarrow (S) \text{ und } S \rightarrow \varepsilon$$

von G_{KI1} in G_{KI2} durch folgende Ableitungsstücke erzielen:

$$S \Rightarrow (S)S \Rightarrow (S) \text{ und } S \Rightarrow \varepsilon.$$

Die Wirkung der dritten Produktionsregel, $S \rightarrow SS$, läßt sich nicht so einfach durch ein Ableitungsstück nachbilden. Wir betrachten das obere Ende eines beliebigen Strukturbaums B zu G_{KI1}:

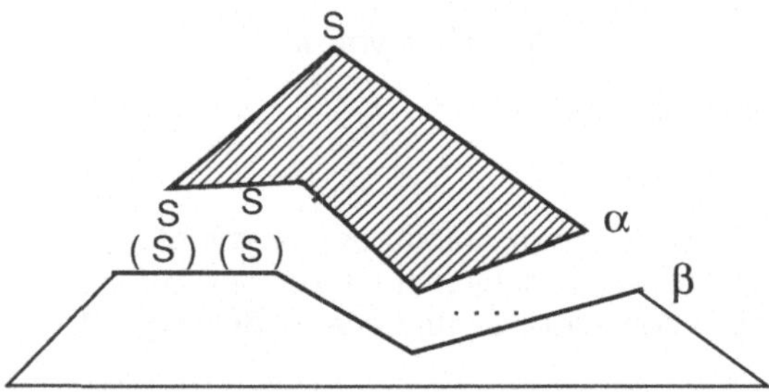

Schraffiert gezeichnet ist der größtmögliche Teil von B, der die Wurzel umfaßt und ausschließlich aus Anwendungen der Regel $S \rightarrow SS$ besteht. Der untere Rand α hat daher die Form SS...S. Auf jedes S in α wird jeweils $S \rightarrow \varepsilon$ oder $S \rightarrow (S)$ angewandt. Das ergibt $\beta = (S)(S) ... (S)$. Die gleiche Folge β kann man aber in G_{KI2} mit Hilfe der Regeln $S \rightarrow (S)S$ und $S \rightarrow \varepsilon$ erzeugen. Induktion über die Höhe von B zeigt, daß zu jedem Strukturbaum bezüglich G_{KI1} einen entsprechenden bezüglich G_{KI2} findet. Also gilt Also $L(G_{KI1}) \subseteq L(G_{KI2})$ und damit insgesamt $L(G_{KI1}) = L(G_{KI2})$.
❑

Aufgabe 2.3.3:

Beweisen Sie die Äquivalenz der beiden Grammatiken

$$G_{liste1} = (\{L\}, \{el, ;\}, \{L \rightarrow L ; el \mid el\}, L)$$

$$G_{liste2} = (\{L\}, \{el, ;\}, \{L \rightarrow L ; L \mid el\}, L).$$

❑

Häufig ist es schwieriger, eine Sprache durch eine Eigenschaft ihrer Wörter zu charakterisieren als sie durch eine Grammatik konstruktiv zu beschreiben. Ein Beispiel ist die Sprache der römischen Zahlen, deren Wörter folgende Eigenschaften besitzen:

(a) Die römischen Ziffern sind (dem Wert nach absteigend): M, D, C, L, X, V, I.

(b) Die Ziffer M kommt beliebig oft vor, die Ziffern D, L, V höchstens einmal, die übrigen Ziffern höchstens viermal „positiv" und höchstens einmal „negativ".

(c) Die Ziffernwerte nehmen in der Regel von links nach rechts nicht zu. Ausnahme sind die negativen Ziffernvorkommen, die jeweils einem Vorkommen der beiden nächsthöheren Ziffern vorangehen.

(d) Kommt eine Ziffer viermal positiv vor, dann geht ihrem letzten positiven Vorkommen eine negative Ziffer unmittelbar voran.

(e) Eine römische Zahl enthält mindestens eine Ziffer.

Besser lesbar ist eine Grammatik mit den Produktionsregeln:

<Zahl> → M <Zahl> | <H> | <H> <KH> | <KH>

<H> → CM | DCCC | DCC | DC | D | CD | CCC | CC | C

<KH> → <Z> | <Z> <E> | <E>

<Z> → XC | LXXX | LXX | LX | L | XL | XXX | XX | X

<E> → IX | VIII | VII | VI | V | IV | III | II | I

(Darin stehe <H> für „Hunderter", <KH> für „kleiner hundert", <Z> für „Zehner" und <E> für „Einer". Es handelt sich um „echte" römische Zahlen im Sinn von Aufgabe 2.1.4.)

Ähnlich verhält es sich mit der Sprache der arithmetischen Ausdrücke und mit anderen Konstrukten, die typischerweise in Programmiersprachen vorkommen: Man definiert sie am einfachsten und klarsten durch eine kontextfreie Grammatik. Stellt es sich heraus, daß die „naheliegende" Grammatik G für ein Syntaxanalyseverfahren nicht geeignet ist oder andere Nachteile aufweist, dann wird man nach einer äquivalenten Grammatik G' suchen, welche besser geeignet ist. Häufig erhält man G' aus G durch Anwendung einer der äquivalenzerhaltenden Transformationen, die Gegenstand des nächsten Abschnitts sind.

Nachfolgermengen: Der folgende Satz hilft beim Nachweis, daß bestimmte Transformationen äquivalenzerhaltend sind. Der Satz verwendet den Begriff der kompletten Nachfolgemenge, der wie folgt erklärt ist. Sei A eine syntaktische Variable. Eine Menge $N(A)$ von Zeichenreihen β mit der Eigenschaft $A \Rightarrow^* \beta$ heißt *eine Nachfolgermenge von* A. Eine Nachfolgermenge $N(A)$ von A heißt *komplett*, wenn jede Ableitung $A \Rightarrow^* x$ von der Form $A \Rightarrow^* \beta \Rightarrow^* x$ ist für irgendein β aus N. Beispiele für komplette Nachfolgermengen sind:

$$N_1(A) = \{ A \}$$
$$N_2(A) = \{ \gamma \mid A \to \gamma \in P\}$$
$$N_3(A) = \{ x \mid A \Rightarrow^* x\}$$

Satz 2.3.1

Sei $N(A)$ eine endliche, komplette Nachfolgermenge von A und $B \to \lambda A \rho$ eine Produktionsregel von G. Eine zu G äquivalente Grammatik G' entsteht, wenn man in G die Produktionsregel $B \to \lambda A \rho$ ersetzt durch die Regelmenge $\{ B \to \lambda \beta \rho \mid \beta \in N(A) \}$.

Beweis:

G' ist eine kontextfreie Grammatik, weil mit N(A) auch die resultierende Regelmenge endlich ist. Bleibt zu zeigen, daß G und G' äquivalent sind. Wir betrachten ein Wort w aus L(G) und zu diesem Wort eine Linksableitung $S = \lambda\mu \Rightarrow^*$ w. Enthält die Ableitung keine Anwendung der Regel $B \to \lambda A \rho$, dann ist die gleiche Ableitung in G' möglich, d.h. $w \in L(G')$. Andernfalls hat die Ableitung die Form

$$S = lm\Rightarrow^* uB\tau = lm\Rightarrow u\lambda A\rho\tau = lm\Rightarrow^* w.$$

Unter Verwendung eines $\beta \in N(A)$ läßt sich das letzte Stück dieser Ableitung ausführlicher beschreiben als

$$u\lambda A\rho\tau = lm\Rightarrow^* uvA\rho\tau = lm\Rightarrow uv\beta\rho\tau = lm\Rightarrow^* w$$

In einer Grammatik, welche sowohl die Regeln von G als auch die von G' enthält, gibt es dann die folgende Ableitung

$$S = lm\Rightarrow^* uB\tau = lm\Rightarrow u\lambda\beta\rho\tau = lm\Rightarrow^* uv\beta\rho\tau = lm\Rightarrow^* w.$$

In gleicher Weise eliminiert man aus dieser Ableitung alle anderen Anwendungen von $B \to \lambda A\rho$ und erhält so eine Ableitung von w aus S in G'. Also gilt $L(G) \subseteq L(G')$.

Die Umkehrung $L(G') \subseteq L(G)$ beweist man analog.

❑

Ein Beispiel für die Verwendung von Satz 2.3.1: Produktionsregeln der Form $A \to B$ heissen *Kettenregeln*. Kettenregeln strecken Strukturbäume in die Länge. Bezüglich der Grammatik G_{arith} der arithmetischen Ausdrücke mit

$$G_{arith} = (\{ E, T, F \}, \{ +, *, (,), zahl \}, P, E) \quad und$$

$$P = \{E \to E{+}T \mid T,$$
$$T \to T{*}F \mid F,$$
$$F \to (E) \mid zahl \}$$

erhält man zur Zeichenreihe „(zahl + zahl)" den Strukturbaum

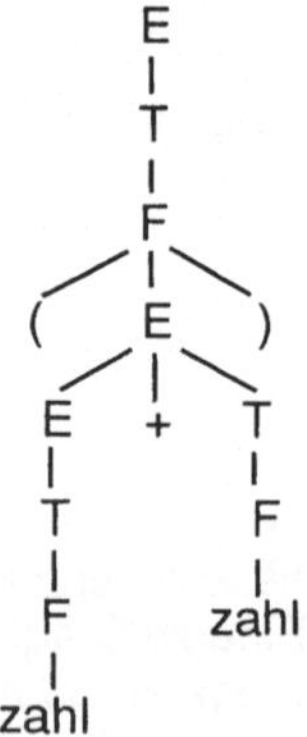

mit insgesamt 5 Kettenregelanwendungen. Wir eliminieren die Kettenregel $T \to F$. Dazu verwenden wir

$$N(F) \;=\; \{\,(E)\,,\,\text{zahl}\,\}$$

und ersetzen gemäß Satz 2.3.1 die Regel $T \to F$ durch die Regeln

$T \to (E)$ und $T \to \text{zahl}$.

Aufgabe 2.3.4:

> Eliminieren Sie in gleicher Weise die Produktionsregel $E \to T$ und zeichnen Sie den Strukturbaum zur Zeichenreihe „(zahl + zahl)" bezüglich der nach den beiden Eliminationsschritten entstandenen Grammatik.

❏

2.4   Nützliche Informationen und Transformationen

Die im folgenden beschriebenen Techniken helfen, die Eigenschaften kontextfreier Grammatiken zu analysieren und gezielt zu verändern. Damit sind sie wesentliche Voraussetzungen für die ab Abschnitt 5.2 beschriebenen Syntaxanalyseverfahren.

Wir interessieren uns für Fragen wie:

- Kann man aus der syntaktischen Variablen A das leere Wort ε herleiten?
- Kann man aus A ein terminales Wort herleiten?
- Kommt A in einer Satzform vor?
- Kann man aus A eine Zeichenreihe herleiten, die wieder A enthält?

Für jede kontextfreie Grammatik lassen sich diese Fragen alle entscheiden, d.h. per Programm beantworten. Auf der Basis der so berechneten Informationen können wir dann Grammatiken äquivalent umformen in solche, die bestimmte erstrebenswerte Eigenschaften besitzen. Die folgenden Ausführungen beziehen sich auf eine beliebige, vorgegebene Grammatik $G = (N, T, P, S)$.

Erklärung: Eine syntaktische Variable A heißt eine ε-*Variable*, wenn gilt $A \Rightarrow^* \varepsilon$. Die Frage nach den ε-Variablen einer Grammatik beantwortet die folgende *Konstruktion:*

$$EPS(1) \;:=\; \{\,A \mid A \to \varepsilon \in P\,\} \qquad (\text{„EPS" von „\textbf{eps}ilon"})$$
$$EPS(i+1) \;:=\; EPS(i) \;\cup\; \{\,A \mid \exists\,\alpha \in EPS(i)^* : A \to \alpha \in P\,\}$$

Ein Beispiel: Anwendung dieser Konstruktion auf die Regelmenge

$$P_{eps} = \{\,S \to CC \mid AE$$
$$A \to BD \mid SC,$$
$$B \to aC \mid CSA,$$
$$C \to \varepsilon,$$
$$D \to d \mid DS,$$
$$E \to bEb\,\}$$

ergibt

$$EPS(1) = \{\, C \,\}, \quad EPS(2) = \{\, C, S \,\},$$
$$EPS(3) = \{\, C, S, A \,\}, \quad EPS(4) = \{\, C, S, A, B \,\} \quad \text{und}$$
$$EPS(i) = EPS(4) \text{ für } i > 4$$

Wir beobachten, daß die Mengen $EPS(i)$ mit steigendem i anwachsen und ab $i = 4$ gleich bleiben. Der zweiten Zeile der Konstruktion entnimmt man, daß gilt:

$$EPS\,(i) \subseteq EPS(i+1) \quad \text{für alle } i.$$

Außerdem läßt sich zeigen:

$$EPS\,(i) = EPS(i+1) \quad \rangle \quad EPS(i+1) = EPS(i+2)$$

Wegen dieser Eigenschaften wird die Folge der $EPS(i)$ spätestens bei $i = INI$ stationär, d.h. $EPS(i) = EPS(INI)$ für $i \geq INI$. Die wesentliche Eigenschaft von

$$EPS := EPS\,(INI)$$

beschreibt der folgende Satz.

Satz 2.4.1

$A \Rightarrow^* \varepsilon$ genau dann, wenn $A \in EPS$.

Beweis:

Die Beweisrichtung „$A \in EPS \quad \rangle \quad A \Rightarrow^* \varepsilon$" ergibt sich durch Induktion über i in „$A \in EPS(i) \quad \rangle \quad A \Rightarrow^* \varepsilon$".

Die Umkehrung „$A \Rightarrow^* \varepsilon \quad \rangle \quad A \in EPS$" beweisen wir durch Widerspruch. Dazu nehmen wir an, es gäbe ein A mit $A \Rightarrow^* \varepsilon$ und $A \notin EPS$. Die Ableitung $A \Rightarrow^* \varepsilon$ lautet in Einzelschritten

$$A \Rightarrow \alpha_1 \Rightarrow \alpha_2 \Rightarrow ... \Rightarrow \alpha_n = \varepsilon.$$

Sei i der größte Index in dieser Folge, für den gilt $\alpha_i \notin EPS^*$. Offenbar $1 < i < n$. Wir betrachten den Schritt $\alpha_i \Rightarrow \alpha_{i+1}$ genauer:

$$\alpha_i = \lambda B \rho \Rightarrow \lambda \gamma \rho = \alpha_{i+1}$$

Wegen $\alpha_{i+1} \in EPS^*$ liegen λ, ρ und γ alle in EPS^*. Aus $\gamma \in EPS^*$ folgt $B \in EPS$ und damit insgesamt $\alpha_i = \lambda B \rho \in EPS^*$.

Widerspruch!

❏

Aufgabe 2.4.1:

Weisen Sie nach, daß gilt:

$$EPS(i) = EPS(i+1) \quad \rangle \quad EPS(i+1) = EPS(i+2)\,.$$

❏

Die Frage, ob sich aus einem Grammatiksymbol X irgendeine **term**inale Zeichenreihe herleiten läßt, beantwortet eine ähnliche Konstruktion.

$$TERM(0) := T$$
$$TERM(i+1) := TERM(i) \cup \{\, A \mid \exists \alpha \in TERM(i)^* : A \rightarrow \alpha \in P \,\}$$

Wie die $EPS(i)$ bilden die $TERM(i)$ eine wachsende Folge von Mengen, die spätestens bei $i = INI$ stationär wird. Die wesentliche Eigenschaft von

$$\text{TERM} \ := \ \text{TERM(INI)}$$

beschreibt folgender Satz.

Satz 2.4.2

Aus X läßt sich genau dann eine terminale Zeichenreihe ableiten, wenn gilt
$X \in \text{TERM}$.

Beweis: Analog zu Satz 2.4.1.

❑

Aufgabe 2.4.2:

Wandeln Sie die Definition der TERM(i) und von TERM so zu PLUSTERM(i)
und PLUSTERM ab, daß gilt:

$$\exists \, w \neq \varepsilon \colon X \Rightarrow^* w \ \leftrightarrow \ X \in \text{PLUSTERM}.$$

Berechnen Sie die Mengen TERM und PLUSTERM zur Regelmenge P_{eps}.

❑

Erklärung: Ein Symbol X heißt *nützlich*, wenn es bei der Ableitung eines Wortes L(G)
verwendet wird, d.h. wenn es λ, ρ und **w** gibt mit

$$S \Rightarrow^* \lambda \, X \, \rho \Rightarrow^* w.$$

Andernfalls heißt X *nutzlos*.

Elimination nutzloser Symbole: Entsteht eine Grammatik G' aus einer Grammatik G
durch Streichen von Produktionsregeln, die nutzlose Symbole enthalten, dann sind G
und G' äquivalent. Sicher nutzlos sind alle syntaktischen Variablen, die nicht in der
Menge TERM vorkommen, da man aus ihnen keine terminalen Zeichenreihen herleiten
kann. Ein erster Schritt, um aus einer Grammatik alle nutzlosen Symbole zu entfernen,
besteht also darin, alle Produktionsregeln zu streichen, die Symbole aus N - TERM enthalten. Wendet man diese Transformation auf P_{eps} an, dann sind wegen TERM = { S,
A, B, C, D } die Produktionsregeln

$$S \rightarrow A \, E \text{ und } E \rightarrow b \, E \, b$$

zu streichen und es bleibt

$$P_{\text{TERM}} = \{ S \rightarrow CC, A \rightarrow BD \mid SC, B \rightarrow aC \mid CSA, C \rightarrow \varepsilon, D \rightarrow d \mid DS \}.$$

Im zweiten Schritt eliminieren wir alle Produktionsregeln, deren linke Seite nicht aus
dem Startsymbol herleitbar ist. Dazu berechnen wir mit folgender *Konstruktion* die Menge ERR der vom Startsymbol S aus **err**eichbaren Symbole:

$$\text{ERR(0)} \ := \ \{ S \}$$

$$\text{ERR(i+1)} \ := \ \text{ERR(i)} \ \cup \ \{ X \mid \exists \, A \rightarrow \lambda X \rho \in P \ \wedge \ A \in \text{ERR(i)} \}$$

Wie bei den früheren Konstruktionen erhalten wir eine Folge wachsender Mengen, die
spätestens bei $i = |N|$ stationär wird.

Anwendung Auf P_{TERM} ergibt:

$$\text{ERR(0)} \ = \ \{ S \}$$

$$\text{ERR(1)} \ = \ \{ S, C \}$$

$$\text{ERR(i)} \ = \ \text{ERR(1)} \quad \text{für } i > 1$$

Nach Konstruktion enthält die Menge

$$\text{ERR} := \text{ERR}(|N|)$$

genau die von S aus durch Ableiten erreichbaren Symbole. Elimination der Produktionsregeln mit linken Seiten in N - ERR aus P_{TERM} ergibt:

$$P_{NUTZ} = \{ S \rightarrow CC, C \rightarrow \varepsilon \}$$

Aufgabe 2.4.3:

> Bei der Elimination nutzloser Symbole kommt es auf die *Reihenfolge* der beiden Schritte an. Wenden Sie auf P_{eps} zur Probe die Schritte in der umgekehrten (falschen!) Reihenfolge an.

❏

Also: Die Elimination nutzloser Symbole ist eine *Transformation*, bei der in zwei Schritten eine Grammatik in eine äquivalente Grammatik ohne nutzlose Symbole überführt wird. Im ersten Schritt werden die Produktionsregeln gestrichen, die Symbole aus N - TERM enthalten und im zweiten Schritt solche, die Symbole aus N - ERR enthalten.

Erklärung: Produktionsregeln der Form

$$A \rightarrow \varepsilon$$

heißen ε-*Produktionen.*

Elimination von ε-Produktionen: Die nächste *Transformation* hat den Zweck, ε-Produktionen zu eliminieren. Genauer: G wird in eine äquivalente Grammatik G' transformiert, die außer $S \rightarrow \varepsilon$ keine ε-Produktionen enthält. Zu jeder Produktionsregel $A \rightarrow \beta$ von G mit $\beta \neq \varepsilon$ enthält G' eine äquivalente Menge von Produktionsregeln. Die Regel $A \rightarrow \beta$ schreiben wir ausführlicher als

$$A \rightarrow \gamma_0 B_1 \gamma_1 ... B_n \gamma_n \qquad (*)$$

wobei die B_i alle ε-Variablen in β sind. Wenn ein B_i in EPS - PLUSTERM liegt, dann kann B_i an terminalen Zeichenreihen nur ε produzieren, d.h. $\{\varepsilon\}$ ist eine endliche, komplette Nachfolgermenge von B_i. Wegen Satz 2.3.1 dürfen wir solche B_i aus (*) einfach streichen (durch ε ersetzen).

Für die verbleibenden B_j in EPS $\cap$ PLUSTERM ist jeweils $\{ \varepsilon, B_j \}$ eine endliche, komplette Nachfolgermenge. Mit Satz 2.3.1 gewinnen wir aus (*) eine Menge von Regeln, in denen solche B_j auf alle möglichen Weisen gestrichen oder stehen gelassen worden sind.

Am Beispiel: P_{eps} enthält u.a. die Regel $B \rightarrow CSA$, deren rechte Seite nur aus ε-Symbolen besteht:

$$B \rightarrow \gamma_0 B_1 \gamma B_2 \gamma_2 B_3 \gamma_3$$

mit $\gamma_0 = \gamma_1 = \gamma_2 = \gamma_3 = \varepsilon$ und $B_1 = C$, $B_2 = S$ und $B_3 = A$.

Das Symbol $B_1 = C$ liegt im EPS - PLUSTERM und kann daher einfach gestrichen werden.

$$B \rightarrow SA$$

Alle Kombinationen von Streichen und Nichtstreichen der B_j aus EPS $\cap$ PLUSTERM ergeben die Regeln

$$B \rightarrow SA \mid S \mid A \mid \varepsilon$$

Wir beobachten, daß es zu jeder Ableitung

$$S \Rightarrow^* \lambda A \rho \Rightarrow^* \lambda \rho$$

aus G wegen der Streichung der ε-Symbole in G' eine entsprechende Ableitung

$$S \Rightarrow^* \lambda \rho$$

gibt. Am Ende der Transformation dürfen daher alle ε-Produktionen außer $S \to \varepsilon$ aus G' entfernt werden.

Aufgabe 2.4.4:

Wenden Sie die Transformation zur Elimination von ε-Produktionen vollständig auf P_{eps} an. Welche Regelmenge bleibt übrig, wenn man anschließend noch die nutzlosen Symbole eliminiert?

❏

Interessant ist auch die Frage, *ob der Sprachschatz L(G) von G unendlich groß ist.* Da G nur endlich viele Regeln enthält, müssen bei der Generierung von hinreichend langen Wörtern irgendwann Zyklen auftreten.

Erklärung: Eine syntaktische Variable A heißt *rekursiv,* wenn gilt:

$$\exists \lambda, \rho : A \Rightarrow^+ \lambda A \rho \qquad (\cdot)$$

A heißt *echt rekursiv,* wenn in $(\cdot)$ zusätzlich gilt:

$$\exists w \in T^+ : \lambda \rho \Rightarrow^* w.$$

A heißt *linkskursiv,* wenn gilt ($\lambda \Rightarrow^* \varepsilon$ in $(\cdot)$):

$$\exists \rho : A =lm\Rightarrow^+ A \rho$$

und *rechtskursiv,* wenn gilt:

$$\exists \lambda : A \Rightarrow^+ \lambda A.$$

A heißt *selbsteinbettend,* wenn weder $\lambda \Rightarrow^* \varepsilon$ noch $\rho \Rightarrow^* \varepsilon$ in $(\cdot)$.

Der Sprachschatz L(G) ist genau dann unendlich groß, wenn G eine echt rekursive syntaktische Variable enthält (Beweis?). Mit Hilfe der folgenden, endlichen Relationen kann man per Programm entscheiden, ob es in G eine echt rekursive syntaktische Variable gibt. Wir definieren:

$$A \Leftrightarrow B \quad \leftrightarrow_{def} \quad \exists \lambda, \rho : A \to \lambda B \rho \in P$$

$$A \rightarrow B \quad \leftrightarrow_{def} \quad \exists \lambda, \rho : A \to \lambda B \rho \in P \wedge \exists w \in T^+ : \lambda \rho \Rightarrow^* w$$

Die Relation $\Leftrightarrow$ liest man an den Produktionsregeln von G unmittelbar ab. Beim Aufstellen der Relation $\rightarrow$ muß man zusätzlich entscheiden, ob eine Zeichenreihe $\lambda \rho$ ein von ε verschiedenes terminales Wort erzeugen kann. Das ist genau dann der Fall, wenn $\lambda \rho$ ein Symbol aus PLUSTERM enthält (per Programm nachprüfbar).

Für P_{eps} ergibt sich:

$$S \Leftrightarrow C, S \Leftrightarrow A, S \Leftrightarrow E, A \Leftrightarrow B, A \Leftrightarrow D, A \Leftrightarrow S, A \Leftrightarrow C,$$

$$B \Leftrightarrow C, B \Leftrightarrow S, B \Leftrightarrow A, D \Leftrightarrow D, D \Leftrightarrow S, E \Leftrightarrow E$$

und

$$S \rightarrow E, A \rightarrow B, A \rightarrow D, B \rightarrow C, B \rightarrow S, D \rightarrow S, E \rightarrow E$$

Dagegen gilt <u>nicht</u> $B \rightarrow A$, weil C und S beide nicht in PLUSTERM liegen.

❏

Anhang B beschreibt u.a. Verfahren, nach denen man zu einer gegebenen Relation R deren transitive Hülle R^+ und deren reflexive, transitive Hülle R^* berechnen kann. Zur Erinnerung: Eine (zweistellige) *Relation* R über einer Grundmenge M ist eine Teilmenge von M × M, also eine Menge von Paaren aus M. Statt (a, b) ∈ R schreibt man meist a R b. Die *transitive Hülle* R^+ von R ist die kleinste transitive Relation, die R umfaßt. Aus a R^+ b und b R^+ c folgt daher a R^+ c. Die *reflexive transitive Hülle* hat zusätzlich die Eigenschaft:

$$\forall\ a \in M : a\ R^*\ a.$$

Das im folgenden Satz formulierte Kriterium ist wegen der Endlichkeit von V durch Abprüfen aller möglichen Kandidaten für B und C nachprüfbar. Die Aussage des Satzes ergibt sich aus den Definitionen von ⇨ und ➡.

Satz 2.3.3

> Die syntaktische Variable A ist genau dann echt rekursiv, wenn es syntaktische Variablen B und C gibt mit
>
> $$A \Rightarrow^* B \text{ und } B \twoheadrightarrow C \text{ und } C \Rightarrow^* A$$

❏ (ohne Beweis)

Im Beispiel P_{eps} finden wir

- B ⇨* A wegen B ⇨ S und S ⇨ A

- A ➡ B

- B ⇨* B nach Definition von ⇨*

Also ist nach Satz 2.3.3 die syntaktische Variable B echt rekursiv.

Wortanfänge bestimmen: Wir definieren nun auf V eine Relation „BEGIN", mit der man linksrekursive Symbole erkennen und auch wichtige Hilfsinformationen für Syntaxanalyseverfahren berechnen kann.

$$A \text{ BEGIN } X \leftrightarrow_{def} \exists\ \lambda, \rho : A \to \lambda X \rho \in P \land \lambda \Rightarrow^* \varepsilon$$

Unter Verwendung der Menge EPS der ε-Symbole der Grammatik läßt sich die Relation „BEGIN" direkt an den Produktionsregeln der Grammatik ablesen ($\lambda \Rightarrow^* \varepsilon$ genau dann, wenn λ nur aus ε-Symbolen besteht).

Nach Definition ist ein Symbol A linksrekursiv, wenn gilt

$$\exists\ \rho : A =lm\!\Rightarrow^+ A\rho$$

Diese Ableitung ergibt sich ausführlich zu ($n \geq 1$):

$$A = A_0 \ =lm\!\Rightarrow\ \lambda_1 A_1 \rho_1 \ =lm\!\Rightarrow^*\ A_1 \rho_1$$
$$=lm\!\Rightarrow\ \lambda_2 A_2 \rho_2 \rho_1 \ =lm\!\Rightarrow^*\ A_2 \rho_2 \rho_1$$
$$\ldots$$
$$=lm\!\Rightarrow\ \lambda_n A_n \rho_n \rho_{n-1} \cdots \rho_2 \rho_1 \ =lm\!\Rightarrow^*\ A_n \rho_n \rho_{n-1} \cdots \rho_2 \rho_1$$
$$= A\rho$$

Das ist gleichbedeutend mit

$$A = A_0 \text{ BEGIN } A_1 \text{ BEGIN } A_2 \ldots \text{ BEGIN } A_n = A$$

oder - kurz ausgedrückt - mit $A \text{ BEGIN}^+ A$.

Aufgabe 2.4.5:

> Berechnen Sie zu P_{eps} die Relationen „BEGIN" und „BEGIN$^+$" und lesen Sie an „BEGIN$^+$" ab, welche der syntaktischen Variablen linksrekursiv sind.

❑

Bestimmte Syntaxanalyseverfahren lassen sich auf Grammatiken mit linksrekursiven Symbolen nicht anwenden. Es bietet sich an, die Grammatik äquivalent umzuformen, indem man Linksrekursion duch Rechtsrekursion ersetzt. Wir beschreiben diese Transformation für den einfachen Fall der „direkten" Linksrekursion. (Die Transformation zur Elimination aller linksrekursiven Symbole ist erheblich komplizierter und beruht auf der Elimination direkter Linksrekursion und systematischen Anwendungen von Satz 2.2.1)

Erklärung: Ist $A \to A\gamma$ eine Produktionsregel, dann heißen diese Produktionsregel und das Symbol A *direkt linksrekursiv.*

Linksrekursion eliminieren: Seien nun

$$A \to A\gamma \quad \text{und} \quad A \to \beta$$

eine direkt linksrekursive und eine nicht direkt linksrekursive Produktionsregel. Mit diesen beiden Produktionsregeln kann man im wesentlichen Zeichenreihen der Form

$$b\gamma\gamma \dots \gamma$$

erzeugen. Das Gleiche leisten die Produktionsregeln

$$A \to \beta A' \quad \text{und} \quad A' \to \varepsilon \mid \gamma A'$$

wobei A' eine neue syntaktische Variable ist. Wie die zugehörigen Strukturbäume (auf der nächsten Seite) verdeutlichen, wird so direkte Linksrekursion durch Rechtsrekursion ersetzt:

Ein *Beispiel:* In

$$P_{ARITH} = \{\ E \to E{+}T \mid T,$$
$$T \to T{*}F \mid F,$$
$$F \to (E) \mid id\ \}$$

eliminieren wir die direkte Linksrekursion bei E, indem wir

$$E \to E{+}T \quad \text{und} \quad E \to T$$

ersetzen durch

$$E \to TE' \quad \text{und} \quad E' \to \varepsilon \mid {+}TE'$$

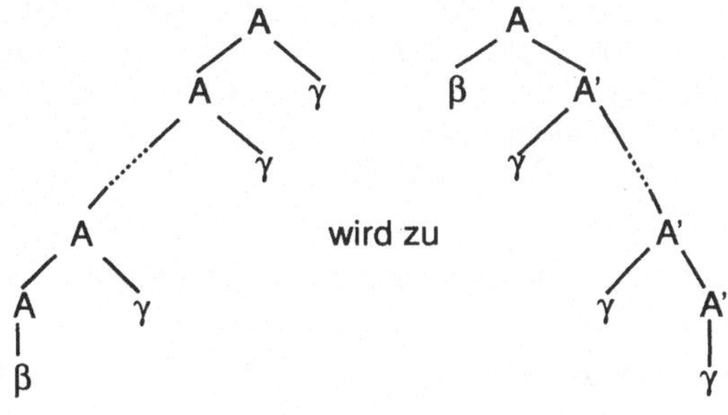

Aufgabe 2.4.6:

Eliminieren Sie aus P_{ARITH} alle direkten Linksrekursionen und vergleichen Sie die Strukturbäume zur Zeichenreihe „id + id · id" bezüglich P_{ARITH} und der entstandenen Regelmenge.

❑

Da das Spiegelbild eines arithmetischen Ausdrucks wieder ein arithmetischer Ausdruck ist, kann man die direkt linksrekursive Regel E → E+T eleganter durch E → T+E äquivalent ersetzen. Spiegeln aller Regeln ergibt die Regelmenge

$$P_{ARITH2} = \{ \; E \; \rightarrow \; T+E \; | \; T,$$
$$T \; \rightarrow \; F \cdot T \; | \; F,$$
$$F \; \rightarrow \; (E) \; | \; id \; \}$$

Bei der Regelmenge

$$\{ \; E \; \rightarrow \; E+E \; | \; E \cdot E \; | \; (E) \; | \; id \; \}$$

versagt dieser einfache Trick aber, wogegen die obige Konstruktion folgende Regelmenge ergibt:

$$\{ \; E \; \rightarrow \; (E)E' \; | \; id \; E',$$
$$E' \; \rightarrow \; \varepsilon \; | \; +EE' \; | \; \cdot EE' \; \}.$$

Linksfaktorisierung: Ebenfalls für bestimmte Syntaxanalyseverfahren ungeeignet sind Grammatiken mit Regeln

$$A \rightarrow \alpha\beta \quad \text{und} \quad A \rightarrow \alpha\gamma \quad \text{mit} \quad \alpha \neq \varepsilon \quad \text{und} \quad \beta \neq \gamma,$$

d.h. zwei verschiedene Alternativen, $\alpha\beta$ und $\alpha\gamma$, zur gleichen linken Seite A beginnen mit dem gleichen Präfix $\alpha \neq \varepsilon$. In dieser Situation hilft *Linksfaktorisierung*: Die beiden Regeln werden äquivalent ersetzt durch

$$A \rightarrow \alpha A' \quad \text{und} \quad A' \rightarrow \beta \; | \; \gamma,$$

wobei A' wieder eine neue syntaktische Variable ist.

Ein *Beispiel*: Anwendung von Linksfaktorisierung auf P_{ARITH2} ergibt

$$\{ E \rightarrow TE', \; E' \rightarrow \varepsilon \; | \; +E,$$
$$T \rightarrow FT', \; T' \rightarrow \varepsilon \; | \; \cdot T,$$
$$F \rightarrow (E) \; | \; id \; \}$$

Berechnung von first- und follow-Mengen: Die Steuerinformation moderner Syntaxanalyseverfahren berechnet man mit Hilfe sogenannter *first-* und *follow-Mengen,* die wir nun betrachten wollen. Um die Definitionen zu vereinfachen, ergänzen wir im Vorgriff auf die Erfordernisse der Syntaxanalyse die Grammatik G = (N, T, P, S) um ein neues terminales Symbol, das *Endezeichen* „#", um ein neues Startsymbol S', und eine *Startregel,* S' → S#, zur „erweiterten" Grammatik G' = (N ∪ { S' }, T ∪ { # }, P ∪ { S' → S# }, S').

Wir definieren die Menge der terminalen Zeichen, mit denen ein aus $\alpha \in V^*$ abgeleitetes Wort beginnen kann, durch:

$$\textbf{first}(\alpha) \; =_{def} \; \{ \; a \; | \; \exists \; \omega: \alpha\# \Rightarrow^* a\omega \} \; .$$

Das Endezeichen # liegt genau dann in first(α), wenn gilt $\alpha \Rightarrow^* \varepsilon$, d.h., wenn $\alpha \in$ EPS*. Mit Hilfe der oben eingeführten Relation „BEGIN" und ihrer reflexiven, transitiven Hülle „BEGIN*" kann man „first(α)" ausrechnen. Für $\alpha \in T \cup \{\, \# \,\}$ gilt nämlich:

$$a \in \text{first}(\alpha) \; \leftrightarrow \; \exists\, \lambda, X, \rho: \alpha\# = \lambda X \rho \;\wedge\; \lambda \in \text{EPS} \;\wedge\; X \text{ BEGIN* } a$$

Um first(α) auszurechnen, betrachtet man also alle auf einen EPS*-Präfix λ von α in $\alpha\#$ folgenden Zeichen X, berechnet mit BEGIN* deren terminale Anfänge und übernimmt all diese Zeichen nach first(α).

Am Beispiel P_{eps}: Es gilt $d \in$ first (CSE) wegen:

- $C \in$ EPS und daher $C \in$ EPS*

- S BEGIN A, A BEGIN D, D BEGIN d und daher S BEGIN* d

(Man wählt also $\lambda := C$ und $X := S$ und $\rho := E\#$.)

Die Menge der terminalen Zeichen, die innerhalb irgendeiner Satzform unmittelbar auf eine syntaktische Variable $A \in N$ folgen können, ist definiert durch:

$$\textbf{follow(A)} \;\; =_{\text{def}} \;\; \{\, b \mid \exists\, \lambda, \rho: S\# \Rightarrow^* \lambda A b \rho \,\}$$

Das Endezeichen # liegt genau dann in follow(A), wenn A am Ende irgendeiner Satzform zu G stehen kann.

Wie kann man die Mengen follow(A) für $A \in N$ berechnen?

Unmittelbar aus der Definition von „follow(A))" folgt:

(1) $\# \in$ follow(S) .

(Man wähle $\lambda := \varepsilon$, $A := S$, $b := \#$ und $\rho := \varepsilon$.)

Weiter gilt

(2) $A \rightarrow \sigma B \tau \in P \;\;\rangle\;\; \text{first}(\tau \,\text{follow(A)}) \;\subseteq\; \text{follow(B)},$

wie wir nun nachprüfen werden:

Wegen $A \rightarrow \sigma B \tau$ gehören Symbole $a \in$ first(τ) sicher zu follow(B).

Im Fall $\tau \Rightarrow^* \varepsilon$ haben wir zusätzlich

$$\begin{aligned}
\text{follow(A)} \;\; &= \{\, b \mid \exists\, \lambda, \rho: S\# \Rightarrow^* \lambda A b \rho \,\} \\
&= \{\, b \mid \exists\, \lambda, \rho: S\# \Rightarrow^* \lambda A b \rho \Rightarrow \lambda \sigma B \tau b \rho \Rightarrow^* \lambda \sigma B b \rho \,\} \\
&\subseteq \{\, b \mid \exists\, \lambda, \rho: S\# \Rightarrow^* \lambda B b \rho \,\} \\
&= \text{follow(B)} .
\end{aligned}$$

Beides zusammen ergibt (2).

Am Beispiel: In P_{eps} findet man z.B. $d \in$ follow(A) wie folgt:

- wegen B $\rightarrow$ CSA erhält man mit (2):

$\quad$ - first (ε follow(B)) $\subseteq$ follow(A)

Das reduziert sich unmittelbar auf:

$\quad$ - follow(B) $\subseteq$ follow(A) .$\qquad$(i)

Analog ergibt sich wegen $\quad D \rightarrow d$, daß gilt:

$\quad$ - d $\in$ first(D) .$\qquad$(ii)

Die Regel $A \rightarrow BD$ ergibt:

$\quad$ - first (D follow(A)) $\subseteq$ follow(B)$\qquad$(iii)

Stets gilt:

$\quad$ - first (D) $\subseteq$ first (D follow(A))$\qquad$(iv)

Aus (ii), (iv), (iii) und (i) folgt wie behauptet:

$\quad$ - d $\in$ follow(A) .

❑

Aufgabe 2.4.7:

$\quad$ Berechnen Sie follow(K) für alle syntaktischen Variablen K in P_{eps}.

❑

3 Attributierte Grammatiken

Eine kontextfreie Grammatik G legt fest, nach welchen Regeln Wörter einer Sprache L(G) generiert werden. Wenn G eindeutig ist, dann gibt es zu jedem Wort w aus L(G) genau einen Syntaxbaum, der den syntaktischen Aufbau von w gemäß den Regeln von G darstellt. Die hier beschriebene Methode der *Attributierung* ordnet jedem Wort der Sprache eine „Bedeutung" in Form von „Attributwerten" zu.

In *Abschnitt 3.1* führen wir grundlegende Begriffe zur Attributierung ein und demonstrieren sie an Beispielen. Die Attributierung folgt dem syntaktischen Aufbau des Wortes: Die Bedeutung (bzw. die Attributwerte der Wurzel des zugehörigen Syntaxbaums) berechnet man meist aus den Bedeutungen der unmittelbaren Teilbäume. In die Bedeutung von Teilbäumen kann aber auch die Bedeutung benachbarter Teilbäume oder die des Gesamtbaums eingehen.

Abschnitt 3.2 gibt Hinweise zum Abfassen von Attributierungsteilen. Analog zu Abschnitt 2.2 werden notationelle Varianten für attributierte Grammatiken diskutiert, typische Attributierungsschemata genannt und verschiedene Formen der Modularisierung attributierter Grammatiken betrachtet.

Von den direkten und den mittelbaren Attributabhängigkeiten handelt *Abschnitt 3.3*. Attributinformation fließt im Syntaxbaum nicht nur von unten nach oben, sondern auch von oben und von der Seite in Teilbäume hinein. Die Berechnungsabhängigkeiten zwischen den Attributwerten in Syntaxbäumen beschreibt man durch „Attributabhängigkeitsgraphen".

In *Abschnitt 3.4* geht es um die Frage, ob mit einer gegebenen Attributierung *allen* Wörtern einer Sprache eine Bedeutung zugeordnet werden kann. Zyklen in Attributabhängigkeitsgraphen bedeuten, daß die am Zyklus beteiligten Attributwerte direkt oder indirekt von sich selbst abhängen. In solchen Fällen kann die Attributauswertung in der Regel nicht vollständig durchgeführt werden.

Die Abschnitte 3.3 und 3.4 sind eher technischer Natur und können beim ersten Lesen übersprungen werden. Abschnitt 6.3 setzt die in Abschnitt 3.3 eingeführten Begriffe voraus.

3.1 Definitionen und Beispiele

Eine *attributierte Grammatik (AG)* besteht aus einer kontextfreien Grammatik G und einem *Attributierungsteil*. Zweck des Attributierungsteils ist es, jedem Knoten eines Syntaxbaums zu G eine Menge von Attributwerten zuzuordnen. Eine Funktion a, die einem Knoten k des Syntaxbaums einen Attributwert k.a zuordnet, bezeichnet man als *Attribut*. Auf Knoten, die mit dem gleichen Grammatiksymbol markiert sind, lassen sich die gleichen Attribute anwenden. Im folgenden werden wir anstelle von „Attributwerten" häufig kürzer von „Attributen" sprechen; die Bedeutung ergibt sich aus dem Kontext. Der Attributierungsteil nennt zu jedem (nichtterminalen) Grammatiksymbol X die Menge der auf X-Knoten anwendbaren Attribute.

Als laufendes Beispiel verwenden wir die Ternärzahlgrammatik mit den Regeln

    Zahl   → Folge

    Folge → Folge Ziffer | Ziffer

    Ziffer → 0 | 1 | 2

und dem Startsymbol „Zahl".

Wir sind an der Länge und dem Wert einer Ternärzahl interessiert. Die Länge ist die Anzahl ihrer Ziffern. Der Wert der Zahl ergibt sich als Summe der gewichteten Ziffernwerte. Wir führen daher für die Grammatiksymbole folgende Attribute ein:

    Zahl: länge, wert

    Folge: gewicht, länge, wert

    Ziffer: gewicht, wert

Im Syntaxbaum zur Ternärzahl „201" sind die in Abbildung 3.1.1 gezeigten Attributwerte zu erwarten.

Wie werden die Attributwerte konkret bestimmt?

Grammatiken, die nur endlich viele Syntaxbäume zu konstruieren gestatten, sind untypisch und wenig interessant. Meistens lassen sich die Elementarbäume, die den Grammatikregeln entsprechen, zu unbegrenzt vielen Syntaxbäumen kombinieren. Es liegt daher nahe, als *Berechnungskontext* für Attribute einzelne Grammatikregeln (bzw. Elementarbäume) zu verwenden. In die Berechnung eines Attributs dürfen nur solche vorher berechneten Attribute eingehen, die im gleichen Elementarbaum liegen. Diese Beschränkung bezeichnet man als *Lokalitätsprinzip* der Attributauswertung. Da außer der Wurzel und den Blättern jeder Knoten des Syntaxbaums in genau zwei solchen Berechnungskontexten liegt (einmal als Wurzel und einmal als Blatt eines Berechnungskontextes), kann die Attributinformation in der eingangs geforderten Weise durch den gesamten Syntaxbaum fließen.

Am Beispiel: Die Länge einer Folge, die nur aus einer Ziffer besteht, ist „1". Im Kontext der Grammatikregel

    Folge → Ziffer

steht daher die Attributauswertungsregel

    Folge.länge := 1

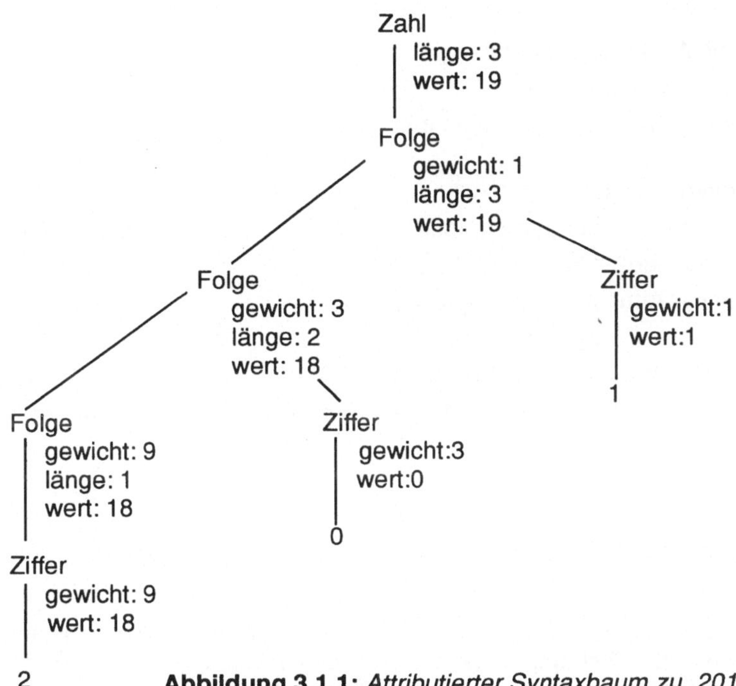

Abbildung 3.1.1: *Attributierter Syntaxbaum zu „201"*

Bei der Anwendung dieser Regel wird innerhalb eines Elementarbaums der Form

der Knoten v bestimmt, der mit „Folge" markiert ist und der Attributwert v.länge zu „1" berechnet. In Attributauswertungsregeln werden Knoten also durch die Grammatiksymbole bezeichnet, mit denen sie markiert sind. *Kommt in einer Grammatikregel das gleiche Symbol mehrfach vor, dann werden die Vorkommnisse zur Unterscheidung durchnumeriert.*

So z.B. in:

    Folge1 → Folge2 Ziffer

In diesem Kontext steht die Attributauswertungsregel

    Folge1.länge := Folge2.länge + 1 ,

die besagt, daß Folge1 um eine Ziffer länger ist als Folge2. Eine Zahl schließlich hat die gleiche Länge wie ihre Ziffernfolge. Im Kontext der Grammatikregel

Zahl → Folge

steht daher die Attributauswertungsregel:

Zahl.länge := Folge.länge

Die Berechnung der Gewichte beginnt im gleichen Kontext mit der Attributauswertungsregel:

Folge.gewicht := 1

Einer Folge ordnen wir als "gewicht" das Gewicht ihrer rechten Ziffer zu. Im Kontext

Folge1 → Folge2 Ziffer

wird vermöge der Attributauswertungsregeln

Ziffer.gewicht := Folge1.gewicht

Folge2.gewicht := 3 * Folge1.gewicht

die Gewichtsinformation in beide Unterbäume propagiert und gelangt schließlich im Kontext

Folge → Ziffer

vermöge

Ziffer.gewicht := Folge.gewicht

zur jeweiligen Ziffer.

Attributarten: Es fällt auf, daß bei den Attributen „länge" und „gewicht" die Information in entgegengesetzter Richtung durch den Syntaxbaum fließt. Attribute wie „länge", bei denen die Information zur Wurzel hin gesammelt wird, heißen **synthetisierte Attribute**. Attribute wie „gewicht", bei denen die Information von der Wurzel in Richtung Blätter verteilt wird, heißen **ererbte Attribute**. Jedes Attribut ist entweder synthetisiert oder ererbt.

Die „wert"-Attribute von Ziffer, Folge und Zahl sind synthetisiert. In den Alternativen zu „Ziffer" berechnet sich der Wert der Ziffer als Produkt aus dem Gewicht der Ziffer und der rechten Seite der Alternative. So ergibt sich im Kontext der Alternative

Ziffer → 2

die Attributauswertungsregel:

Ziffer.wert := Ziffer.gewicht * 2

Man beachte, daß hier der Wert eines synthetisierten Attributs vom Wert eines ererbten Attributs abhängt!

Wie man am vollständigen Attributierungsteil in Abbildung 3.1.2 erkennen kann, werden in den übrigen Kontexten die Werte von Ziffern und Ziffernfolgen in Richtung der Wurzel weitergereicht; wenn zwei solche Werte aufeinandertreffen, werden sie addiert. Bei der Auflistung der Attribute je Grammatiksymbol sind die synthetisierten Attribute durch einen aufwärts gerichteten Pfeil und die ererbten durch einen abwärts gerichteten Pfeil gekennzeichnet.

Zu den Regeln der Grammatik gibt es jeweils unterschiedlich viele Attributauswertungsregeln. Woran erkennt man, daß die Menge der Attributauswertungsregeln vollständig ist und zur Auswertung der Attribute eines beliebigen Syntaxbaums ausreicht?

Attribute der Grammatiksymbole:

    Zahl : länge↑, wert↑

    Folge : gewicht↓, länge↑, wert↑

    Ziffer : gewicht↓ , wert↑

Kontexte mit Auswertungsregeln:

    Zahl → Folge

        Zahl.länge := Folge.länge

        Zahl.wert := Folge.wert

        Folge.gewicht := 1

    Folge1 → Folge2 Ziffer

        Folge1.länge := Folge2.länge + 1

        Folge1.wert := Folge2.wert + Ziffer.wert

        Folge 2.gewicht := 3 * Folge1.gewicht

        Ziffer.gewicht := Folge1.gewicht

    Folge → Ziffer

        Folge.länge := 1

        Folge.wert := Ziffer.wert

        Ziffer.gewicht := Folge.gewicht

    Ziffer → 0

        Ziffer.wert := 0

    Ziffer → 1

        Ziffer.wert := Ziffer.gewicht

    Ziffer → 2

        Ziffer.wert := Ziffer.gewicht * 2

Abbildung 3.1.2: *Attributierungsteil zur Grammatik der Ternärzahlen*

Die **Vollständigkeit** läßt sich leicht nachprüfen, da in jedem Kontext genau die synthetisierten Attribute der linken Seite und die ererbten Attribute der rechten Seite ausgewertet werden. So muß es im Kontext

    Folge1 → Folge2 Ziffer

genau vier Attributauswertungsregeln geben: zwei für die synthetisierten Attribute „länge" und „wert" des Symbols „Folge1" auf der linken Seite der Regel und je eines für die ererbten Attribute „gewicht" der Symbole „Folge2" und „Ziffer" auf der rechten Seite. In gleicher Weise prüfen wir alle Kontexte und stellen fest, daß der Attributierungsteil in Abbildung 3.1.2 vollständig ist.

Auswertungskontext: Abbildung 3.1.3 zeigt den Elementarbaum, welcher der Regel

$$p : X \rightarrow X_1 \ldots X_i \ldots X_n$$

entspricht. Oberhalb eines jeden Symbols X ist (stellvertretend für mehrere) ein ererbtes Attribut $e\downarrow$ eingezeichnet und unterhalb von X ein synthetisiertes Attribut $s\uparrow$. Das Dreieck umfaßt dann genau die Attribute, deren Wert in diesem Kontext ermittelt wird und für die es daher in diesem Kontext eine Attributauswertungsregel geben muß. Attribute wie $X.e\downarrow$ und $X_i.s_i\uparrow$, die außerhalb des Dreiecks stehen, werden in benachbarten Kontexten ausgewertet. Bei $X.e\downarrow$ liegt der Auswertungskontext unmittelbar oberhalb des in Abbildung 3.1.3 gezeigten Elementarbaums, bei $X_i.s_i\uparrow$ unmittelbar unterhalb. Keinen passenden Auswertungskontext gibt es für ererbte Attribute der Wurzel des gesamten Binärbaums oder für synthetisierte Attribute der Blätter des Syntaxbaums. Aus diesem Grund darf das Startsymbol der Grammatik keine ererbten Attribute haben und die terminalen Symbole keine synthetisierten (manche Autoren lassen bei terminalen Symbolen überhaupt keine Attribute zu; auch wir werden keine benötigen).

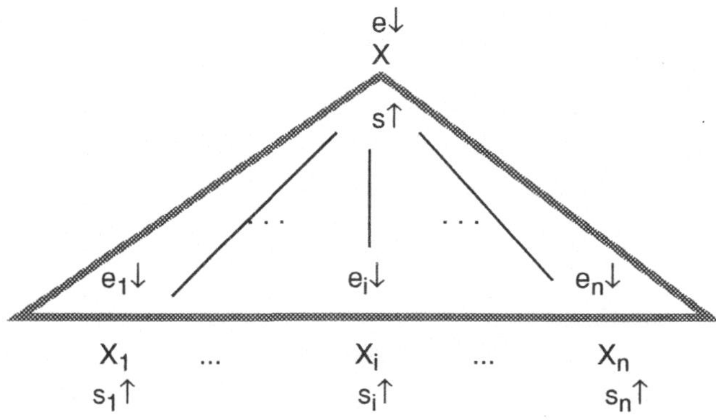

Abbildung 3.1.3: *Ein Auswertungskontext*

Folgende Begriffe und Notationen sind nützlich: ***ATT(p)*** steht für die Menge aller im Auswertungskontext p vorkommenden Attributwerte, ***DEF(p)*** für die Menge der im Kontext p zu bestimmenden Attribute. In Abbildung 3.1.3 umfaßt ATT(p) alle gezeigten Attributwerte; zu DEF(p) gehören die innerhalb des Dreiecks. Zu jedem $a \in$ DEF(p) gibt es im Kontext p genau eine Auswertungsregel; diese bezeichnen wir mit ***reg(p,a)***. Für die Menge der in einer Attributauswertungsregel r *verwendeten* Attributwerte steht ***ATTR(r)***.

Ein *Beispiel* für die Anwendung dieser Notationen:

Eine AG heißt ***normalisiert***, wenn für jeden Kontext p gilt:

$$\forall\, a \in \text{DEF(p): ATTR(reg(p,a))} \cap \text{DEF(p)} = \varnothing$$

❏

Wie schon erwähnt dürfen auf der rechten Seite von Attributauswertungsregeln *alle* Attributwerte des Auswertungskontextes verwendet werden. Da die im Kontext berechneten Attributwerte $a \in DEF(p)$ letztlich nur von den übrigen Attributwerten abhängen (also von denen, die in $ATT(p) - DEF(p)$ liegen), werden solche Attribute a auf der rechten Seite von Attributauswertungsregeln in $reg(p,a)$ nicht benötigt und können, falls doch vorhanden, durch Substitution eliminiert werden. Das Ergebnis dieses Eliminationsvorgangs, den wir in Abschnitt 3.4 genauer beschreiben werden, ist ein *normalisierter* Attributierungsteil bzw. eine *normalisierte* attributierte Grammatik. Der Attributierungsteil in Abbildung 3.1.2 ist bereits normalisiert.

Der regelbezogene Aufbau des Attributierungsteils **modularisiert** attributierte Grammatiken in einer Weise, die Ergänzung und Modifikation erleichtert. So können neue Grammatikregeln und zugehörige Attributauswertungsregeln hinzugenommen werden, ohne die bestehenden Teile zu beeinflussen.

Am Beispiel der Ternärzahlen: Nimmt man zur Grammatik die Regel

    Zahl $\rightarrow$ Folge1.Folge2

hinzu, dann gehören auch gebrochene Ternärzahlen (mit "Dezimalpunkt") zum Sprachschatz. Im Attributierungsteil sind lediglich die Auswertungsregeln für den neuen Kontext zu ergänzen. Eine dieser Auswertungsregeln lautet:

    Folge2.gewicht $:= 3^{-\text{Folge2.länge}}$

Aufgabe 3.1.1:

    Ergänzen Sie die fehlenden Attributauswertungsregeln und berechnen Sie die Attributwerte im Syntaxbaum zur gebrochenen Ternärzahl „210.012".

❏

Wir bezeichnen zwei attributierte Grammatiken als **äquivalent**, wenn sie den gleichen Sprachschatz haben und wenn sich für jedes Wort an den Wurzelknoten der beiden Syntaxbäume die gleichen Attributwerte ergeben. Abbildung 3.1.4 enthält einen zweiten, alternativen Attributierungsteil zur Grammatik der ganzen und gebrochenen Ternärzahlen. Es fällt auf, daß in diesem Attributierungsteil das ererbte Attribut „gewicht" fehlt. Die Auswertungsregeln zu „länge" sind in beiden Attributierungsteilen gleich; die zu „wert" sind sehr verschieden, was auch zu verschiedenen „wert"-Attributwerten führt. Dennoch sind die beiden attributierten Grammatiken äquivalent.

Aufgabe 3.1.2:

    Berechnen Sie die Attributwerte im Syntaxbaum zu „210.012" gemäß der zweiten Attributierung. Vergleichen Sie die berechneten Attributwerte mit denen aus Aufgabe 3.1.1.

❏

Zur **Notwendigkeit ererbter Attribute:** Aus der Literatur ist bekannt, daß es - wie in unserem Beispiel - zu jeder attributierten Grammatik eine äquivalente attributierte Grammatik *ohne* ererbte Attribute gibt: Anstatt Informationen über ererbte Attribute in die Verästelungen des Syntaxbaums hinein zu propagieren und dort zur Berechnung synthetisierter Attribute zu verwenden, kann man umgekehrt die synthetisierte Information in Richtung der Wurzel bis an die Stelle transportieren, an der die sonst ererbte Information entstanden ist, und dort die Informationen miteinander verbinden. Ganz

Attribute der Grammatiksymbole:

    Zahl: länge↑, wert↑

    Folge: länge↑, wert↑

    Ziffer: wert↑

Kontexte mit Auswertungsregeln:

    Zahl → Folge

        Zahl.länge := Folge.länge

        Zahl.wert := Folge.wert

    Zahl → Folge1 . Folge2

        Zahl.länge := Folge1.länge + Folge2.länge + 1

        Zahl.wert := Folge1.wert + Folge2.wert$* 3^{-\text{Folge2.länge}}$

    Folge1 → Folge2 Ziffer

        Folge1.länge := Folge2.länge + 1

        Folge1.wert := 3 * Folge2.wert + Ziffer.wert

    Folge → Ziffer

        Folge.länge := 1

        Folge.wert := Ziffer.wert

    Ziffer → 0

        Ziffer.wert := 0

    Ziffer → 1

        Ziffer.wert := 1

    Ziffer → 2

        Ziffer.wert := 2

Abbildung 3.1.4: *Zweiter Attributierungsteil zur Grammatik der Ternärzahlen*

auf ererbte Attribute verzichten möchte man dennoch nicht: Ererbte Attribute erlauben eine feinere Modellierung - z.B. Ziffern mit ihren richtigen Stellenwerten - und eine frühere, weil „blattnähere" Analyse von Fehlersituationen. Bei der Vermeidung von ererbten Attributen entstehen durch das Aufsammeln von Informationen in der Nähe der Wurzel leicht große Datenmengen, die umfangreichere Verarbeitungsschritte erfordern, als sie dort nötig wären, wo ererbte Informationen zur Verfügung stehen. Kleine, über den ganzen Syntaxbaum verteilte Auswertungsschritte entsprechen dem Mechanismus der Attributauswertung besser als umfangreiche, wurzelnahe Schritte. Letztere sind „gewöhnliche" Programme, die sich der Attributauswertung nur zum Zweck der Informationsaggregation bedienen.

Auch im folgenden, etwas umfangreicheren Beispiel kooperieren ererbte und synthetisierte Attribute miteinander. Es geht um Dokumente, die - wie dieses Buch - in Teile
(Kapitel, Abschnitte, Unterabschnitte u.s.w.) gegliedert sind und deren Inhalt im wesentlichen eine Folge von Zeilen ist. Die Grammatik in Abbildung 3.1.5 modelliert die
Syntax von Dokumenten bis zur Ebene von Zeilen und Überschriften, deren Inhalte jeweils „zeichenfolgen" sind. Ein Dokument ist eine Folge von Teilen. Ein Teil enthält
nach einer Überschrift und dem Text des Teils optional eine Folge von Unterteilen. Ein
Text ist eine Folge von Zeilen.

$$N = \{ \text{Dokument, Teile, Teil, Text, Zeile, Überschrift} \}$$
$$T = \{ \text{zeichenfolge, } (,) \}$$
$$S = \text{Dokument}$$
$$P = \{ \text{Dokument} \rightarrow \text{Teile} ,$$
$$\text{Teile} \rightarrow \text{Teil Teile} \mid \varepsilon ,$$
$$\text{Teil} \rightarrow (\text{Überschrift Text Teile}) ,$$
$$\text{Text} \rightarrow \text{Zeile Text} \mid \varepsilon ,$$
$$\text{Zeile} \rightarrow \text{zeichenfolge} ,$$
$$\text{Überschrift} \rightarrow \text{zeichenfolge} \}$$

Abbildung 3.1.5: *Grammatik der Dokumente*

Zweck der Attributierung in Abbildung 3.1.6/7 ist die Erstellung eines Inhaltsverzeichnisses zum vorgelegten Dokument. Dabei werden Abschnittsnummern und Seitenzah-
len automatisch generiert. Das synthetisierte Attribut „inhalt" dient zum Aufsammeln

Attribute der Grammatiksymbole:

    Dokument: inhalt↑

    Teile: inhalt↑, lfdNr↓, nrPräfix↓, preNr↓, postNr↑

    Teil: inhalt↑, lfdNr↓, nrPräfix↓, preNr↓, postNr↑

    Text: preNr↓, postNr↑

    Überschrift: titel↑

Kontexte mit Auswertungsregeln:

    Dokument → Teile

        Dokument.inhalt := Teile.inhalt

        Teile.lfdNr := 1

        Teile.nrPräfix := "

        Teile.preNr := 0

Abbildung 3.1.6: *Attributierungsteil zur Grammatik der Dokumente (Teil 1)*

Teile → ε

    Teile.inhalt := ( )

    Teile.postNr := Teile.preNr

Teile1 → Teil Teile2

    Teile1.inhalt := Teil.inhalt ⊗ Teile2.inhalt

    Teile1.postNr := Teile2.postNr

    Teil.lfdNr := Teile1.lfdNr

    Teil.nrPräfix := Teile1.nrPräfix

    Teil.preNr := Teile1.preNr

    Teile2.lfdNr := Teile1.lfdNr + 1

    Teile2.nrPräfix := Teile1.nrPräfix

    Teile2.preNr := Teile1.preNr

Teil → (Überschrift Text Teile)

    Teil.inhalt :=

        (Teile.nrPräfix||Überschrift.titel||strg(Text.preNr div 60))

          ⊗ Teile.inhalt

    Teil.postNr := Teile.postNr

    Teile.lfdNr := 1

    Teile.nrPräfix := Teil.nrPräfix||strg(Teil.lfdNr)||'.'

    Teile.preNr := Text.postNr

    Text.preNr := Teil.preNr + 1

Text1 → Zeile Text2

    Text1.postNr := Text2.postNr

    Text2.preNr := Text1.preNr + 1

Text → ε

    Text.postNr := Text.preNr

Überschrift → zeichenfolge

    Überschrift.titel := string(zeichenfolge)

Abbildung 3.1.7: *Attributierungsteil zur Grammatik der Dokumente
(Teil 2)*

des Inhaltsverzeichnisses. Die Seitennumerierung ergibt sich aus der Zeilennumerierung und der Vereinbarung, daß jede Seite genau 60 Zeilen umfaßt. Überschriften zählen der Einfachheit halber als eine Zeile. Die *Zeilennumerierung* erfolgt über das ererbte Attribut „preNr" (≅ Anzahl der vorangegangenen Zeilen) und das synthetisierte Attribut „postNr" (≅ Anzahl der Zeilen bis zum Ende des betrachteten Teils einschließlich). Sie beginnt im Kontext „Dokument → Teile" mit der Festlegung „Teile.preNr := 0"

und wird von dort aus von links nach rechts um den Baum herumgereicht, wobei ange-
troffene Zeilen und Überschriften gezählt werden. Am deutlichsten sieht man dies an
den Auswertungskontexten „Text1 → Zeile Text2" und "Text → ε", bei denen die Zeilennummer um „1" bzw. „0" hochgezählt wird. Um die Gesamtzahl der Zeilen eines Dokuments oder eines Teils davon zu bestimmen, würde ein synthetisiertes Attribut (z.B.
„zeilenZahl") ausreichen. Die hier gewählte Organisation mit den zwei Attributen
„preNr" und „postNr" ist notwendig, weil für das Inhaltsverzeichnis die genaue Position
einer Zeile innerhalb des Gesamtdokuments benötigt wird.

Abschnittsnummern wie „3.1.2" bestehen aus einem Präfix (wie „3.1") und einer laufenden Nummer (wie „2"), die von Abschnitt zu Abschnitt hochgezählt wird. Genau diese Information propagieren die ererbten Attribute „lfdNr" und „nrPräfix" in die einzelnen
Teile des Dokuments hinein. Da „lfdNr" eine Zahl und „nrPräfix" eine Zeichenkette enthält, muß beim Zusammensetzen der beiden Teile im Kontext „Teil → (Überschrift Text
Teile)" die Zahl mit der Konversionsfunktion „strg" in eine Zeichenkette umgewandelt
werden, bevor der Konkatenationsoperator „||" angewandt werden kann.

Die „inhalt"-Attribute enthalten *Inhaltsverzeichnisse* in Form von Listen von Zeichenreihen. Zu leeren Teilen gehört gemäß Kontext „Teile → ε" eine leere Liste „( )" als Inhaltsverzeichnis. Im Kontext „Teile1 → Teil Teile 2" werden zwei Teilinhaltsverzeich-
nisse mit dem Listenkonkatenationsoperator „⊗" zu einem Verzeichnis zusammengesetzt. Im Kontext „Teil → (Überschrift Text Teile)" wird ein neuer Eintrag für das Inhaltsverzeichnis erzeugt und an ein bestehendes Inhaltsverzeichnis angefügt. Um den
hierbei verwendeten Klartext der Überschrift in das Attribut „Überschrift.titel" zu bringen, ist ein Rückgriff (vermöge „string") auf die während der lexikalischen Analyse verarbeitete Information erforderlich.

Aufgabe 3.1.3:

Der Attributierungsteil in Abbildung 3.1.6/7 ist nicht normalisiert. Welche Änderungen sind erforderlich, um einen äquivalenten, normalisierten Attributierungsteil herzustellen?

❏

Aufgabe 3.1.4:

In optisch etwas anspruchsvoller gestalteten Dokumenten folgen auf eine
Überschrift auf der gleichen Seite noch mindestens drei Zeilen. Einer Überschrift geht eine Leerzeile voran. Ändern Sie den Attributierungsteil in Abbildung 3.1.6 entsprechend.

❏

Aufgabe 3.1.5: (etwas umfangreicher)

Anstelle des Inhaltsverzeichnisses soll der gesamte Text des Dokuments
aufgesammelt und auf jeder Seite eine *Kopfzeile* eingefügt werden. Auf ungeraden Seiten besteht die Kopfzeile aus der Abschnittsüberschrift, auf geraden Seiten aus der Seitennummer und dem Titel des Dokuments. Wie ist
dieser Titel in die Attributierung so einzubringen, daß durch Änderung einer
einzigen Auswertungsregel überall ein neuer Titel erscheint?

❏

Direkte Attributabhängigkeiten: Attributauswertungsregeln definieren Attributwerte in Abhängigkeit von anderen Attributwerten. Wenn der Attributwert Y.b in der Auswertungsregel zum Attributwert X.a vorkommt, dann bezeichnen wir X.a als *direkt abhängig* von Y.b. Die direkten Abhängigkeiten innerhalb eines Auswertungskontextes p beschreibt der Graph D(p). Die Knoten von D(p) sind die in p vorkommenden Attributwerte. In D(p) gibt es einen Pfeil von Y.b nach X.a genau dann, wenn X.a direkt von Y.b abhängt.

In Zeichnungen überlagern wir den Graphen D(p) dem Elementarbaum, der der Grammatikregel p entspricht. Die zu einem Grammatiksymbol gehörigen ererbten Attributwerte tragen wir links oder oberhalb des Symbols an und die synthetisierten Attributwerte rechts oder unterhalb des Symbols. Zum Kontext

    Folge1 → Folge2 Ziffer

aus Abbildung 3.1.2 ergibt sich so der Graph in Abbildung 3.1.8.

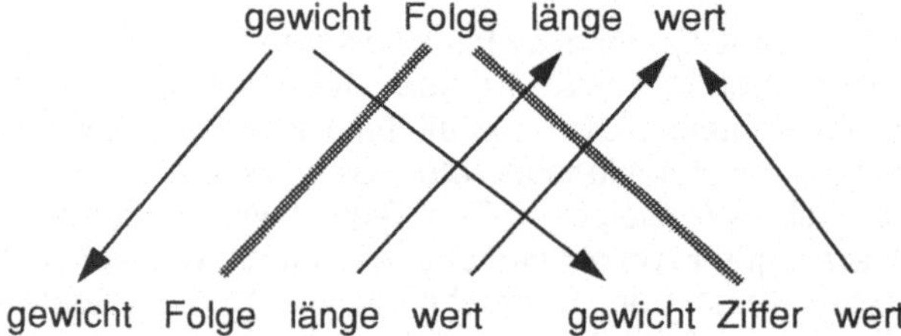

Abbildung 3.1.8: *Direkte Abhängigkeiten im Kontext „Folge1 → Folge2 Ziffer"*

Überlagert man alle Elementarbäume eines Syntaxbaums B in dieser Weise, dann entsteht der *(direkte) Attributabhängigkeitsgraph* D(B). Wir betrachten zur attributierten Grammatik der gebrochenen Ternärzahlen den Syntaxbaum B über der Zeichenreihe „2.01". In dem Attributabhängigkeitsgraphen D(B) in Abbildung 3.1.9 sind die Namen der Attribute und der Grammatiksymbole „Folge" und „Ziffer" jeweils auf ihre Anfangsbuchstaben abgekürzt.

Um die Knoten des Baums und ihre Attributwerte zu bezeichnen, verwenden wir die Folge der Grammatiksymbole auf dem Pfad von der Wurzel bis zum betreffenden Knoten. Zwischen die Grammatiksymbole wird jeweils ein Punkt gesetzt. Wie in den Kontexten unterscheiden wir gleichlautende Grammatiksymbole durch Indizes. Nach diesen Konventionen benennt

    Zahl.Folge1.Ziffer

den linken Ziffer-Knoten in Abbildung 3.1.9,

    Zahl.Folge2.Ziffer

den rechten und

    Zahl.Folge2.Folge.Ziffer

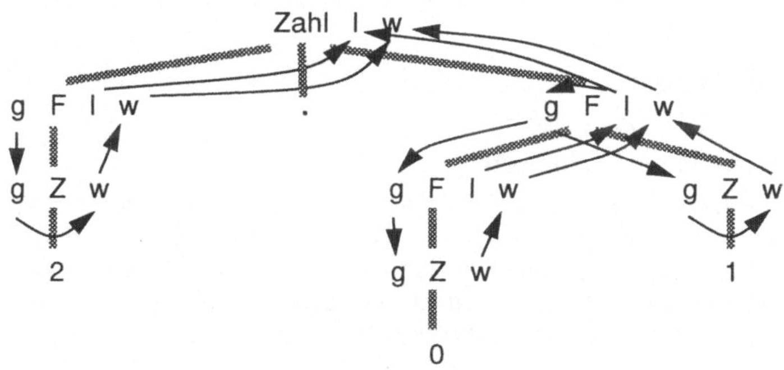

Abbildung 3.1.9: *Ein Attributabhängigkeitsgraph D(B)*

den mittleren Ziffer-Knoten.Der Attributabhängigkeitsgraph zeigt, daß der Attributwert „Zahl.Folge1.gewicht" von keinem anderen Attributwert abhängt. Tatsächlich verwendet die zugehörige Auswertungsregel

  Folge1.gewicht := 1

auf der rechten Seite keine anderen Attributwerte. Der Attributwert „Zahl.Folge2.gewicht" dagegen hängt wegen der Auswertungsregel

  Folge2.gewicht := $3^{-\text{Folge2.länge}}$

vom Attributwert „Zahl.Folge2.länge" ab. Von letzterem hängt auch der Attributwert „Zahl.länge" ab. In D(B) kann ein Attributwert also Anfangs- bzw. Endpunkt von null, einem oder mehreren Pfeilen sein.

Gibt es in D(B) einen gerichteten Pfad von einem Attributwert a zu einen Attributwert b, dann *hängt* b (direkt oder mittelbar) *von a ab.* In unserem Beispiel hängt „Zahl.wert" über einen Pfad aus vier Pfeilen von „Zahl.Folge1.gewicht" ab.

Ein Attributwert kann erst dann berechnet werden, wenn alle Attributwerte, von denen er abhängt, bereits ermittelt worden sind. Für die Attributauswertung bezeichnen wir die noch nicht berechneten Attributwerte in einem Syntaxbaum als *unbestimmt.* Bei den unbestimmten Attributwerten unterscheiden wir zwischen solchen, deren Wert sofort zu ermitteln wäre (weil alle direkten Vorgänger bereits berechnet sind), und solchen, die noch nicht auswertbar sind. Den auswertbaren ordnen wir den Wert „*", den übrigen unbestimmten den Wert „nil" zu. Dann lassen sich die Attributwerte in einem Syntaxbaum B im Prinzip nach folgendem Verfahren berechnen:

```
while { B enthält ein X.a mit X.a = * }
    do { wähle ein solches X.a und werte es aus }
```

Dieses Verfahren wird in der Literatur als der „definierende Auswerter" bezeichnet. Die genaue Auswertungsreihenfolge ist damit noch nicht festgelegt.

In Abbildung 3.1.9 kann man z.B. am Anfang einen der vier Attributwerte

„Zahl.Folge1.gewicht",

„Zahl.Folge2.länge",

„Zahl.Folge2.Folge.länge" und

„Zahl.Folge2.Folge.Ziffer.wert"

berechnen. In jedem Syntaxbaum zu dieser Grammatik sind die Wertattribute in nebeneinanderstehenden Unterbäumen unabhängig voneinander und können daher in beliebiger Reihenfolge bestimmt werden. Kapitel 6 handelt von konkreten Auswertungsstrategien und davon, wie man die vorhandenen Freiheitsgrade nutzt, um die Attribute so effizient wie möglich auszuwerten.

Problematik der Zyklen: Nicht immer lassen sich alle Attributwerte eines gegebenen Syntaxbaums berechnen. Auf die Möglichkeit, daß Attributauswertungsregeln fehlen, haben wir schon hingewiesen: Die Vollständigkeit kann man leicht nachprüfen. Wesentlich schwieriger ist es, die zweite Fehlerquelle auszuschließen: Gibt es im Attributabhängigkeitsgraphen $D(B)$ einen Zyklus, dann hängt (mindestens) ein Attributwert von sich selbst ab. Dieser Attributwert kann - wie auch alle von ihm abhängenden - nicht berechnet werden. Eine solche Situation entsteht, wenn wir in der Grammatik der gebrochenen Ternärzahlen im Kontext „Zahl $\rightarrow$ Folge1.Folge2" die Auswertungsregel für „Folge2.gewicht" ersetzen durch

Folge2.gewicht := 1 / Folge2.wert

In Abbildung 3.1.9 entsteht dadurch ein Zyklus über die vier Attributwerte „Zahl.Folge2.gewicht", „Zahl.Folge2.Ziffer.gewicht", „Zahl.Folge2.Ziffer.wert" und „Zahl.Folge2.wert". Diese vier Attribute und das von ihnen abhängende Attribut „Zahl.wert" können nicht ausgewertet werden. Mit der Größe des Syntaxbaums können Zyklen dieser Bauart zu einer beliebig großen Länge anwachsen.

Problematisch an Zyklen ist aber nicht deren Länge in einem Baum, sondern die unbegrenzte Anzahl von Bäumen: Man möchte nicht erst während der Attributauswertung feststellen, ob der gerade betrachtete Syntaxbaum überhaupt auswertbar ist. Gesucht sind vielmehr prüfbare Kriterien, die garantieren, daß *jeder* Syntaxbaum zu einer gegebenen attributierten Grammatik zyklenfrei auswertbar ist. Von solchen Kriterien und Algorithmen zu ihrer Überprüfung handelt Abschnitt 3.4.

3.2   Wie attributiert man Grammatiken?

Für die Attributierung bildet die kontextfreie Syntax den Rahmen. Im Abschnitt 2.2 haben wir eine Methodik zum Aufstellen kontextfreier Grammatiken vorgestellt: Dabei werden zuerst die syntaktischen Kategorien der betrachteten Sprache identifiziert und durch syntaktische Variablen benannt. Dann werden die Beziehungen zwischen syntaktischen Kategorien untersucht und durch Grammatikregeln beschrieben. In einem dritten Schritt wird die konkrete Schreibweise fixiert. Hier sind in ähnlicher Weise die semantischen Kategorien (der Attribute) und deren Beziehungen untereinander zu behandeln.

Beim *Aufstellen einer Attributierung* gehen wir daher wie folgt vor:

(1) Identifizieren von *semantischen Kategorien*, d.h. von Eigenschaften bzw. Werten, die für die beabsichtigte Auswertung eine Rolle spielen. Zur Benennung von semantischen Kategorien werden Attribute eingeführt. Je nach dem, ob die betrachtete Information im Syntaxbaum von unten nach oben oder in gegenläufiger Richtung fließen soll, ordnet man das Attribut der Menge der synthetisierten oder der Menge der ererbten Attribute zu.

(2) *Zuordnung* von semantischen zu syntaktischen Kategorien: Welche syntaktischen Variablen erhalten welche Attribute? Wegen des Lokalitätsprinzips ist es manchmal notwendig, syntaktische Variablen als „Zwischenträger" für bestimmte Attribute einzusetzen, auch wenn sie dort nicht benötigt werden.

(3) In jedem Kontext p die Beziehungen zwischen den Attributwerten untersuchen und den *lokalen Attributabhängigkeitsgraphen D(p) aufstellen.* Auf jedes im Kontext p definierte Attribut (synthetisierte Attribute der linken Seite von p, ererbte der rechten Seite) muß in D(p) mindestens ein Pfeil zeigen.

(4) In jedem Kontext p für alle dort definierten Attribute jeweils konkrete *Attributauswertungsregeln* angeben. Zur Berechnung eines Attributwerts X.a dürfen nur solche Attribute des Kontexts verwendet werden, von denen ein Pfeil ausgeht, der in X.a mündet.

Schritt (3) ist deswegen ein nützlicher Zwischenschritt, weil danach bereits alle für die Verarbeitung wesentlichen Informationen vorliegen, ohne daß die meist erheblich umfangreicheren Attributauswertungsregeln ausformuliert werden müßten. Die Information in den D(p) reicht aus, um die (absolute, lokale) Zyklenfreiheit einer Attributierung zu prüfen und die bei diesen Attributabhängigkeiten anwendbaren Attributauswertungsstrategien zu ermitteln. Für solche Entscheidungen muß man nur wissen, *ob* Attributwerte voneinander abhängen. Erst für die Attributauswertung konkreter Syntaxbäume muß man wissen, *wie* sie voneinander abhängen.

Bei der Untersuchung der Attributabhängigkeiten, spätestens aber bei der Formulierung der Attributauswertungsregeln kann es sich als notwendig herausstellen, weitere Attribute einzuführen oder bestehende Attribute weiteren syntaktischen Variablen zuzuordnen. Das führt dann zu Iterationen der Schritte (1) bis (4).

Am Beispiel: Wir betrachten noch einmal die textuelle Beschreibung von Bildern aus ineinandergeschachtelten Rechtecken. Eine attributierte Grammatik zu dieser Aufgabenstellung haben wir bereits in Kapitel 1 gesehen. In Abschnitt 2.2 wurde die Syntax der Beschreibungssprache revidiert. Von der dort aufgestellten Grammatik G_{Bild2} gehen wir hier aus.

Schritt (1):

Als Ergebnis der Attributauswertung erwarten wir eine Menge von achsenparallelen Rechtecken. Solche Mengen seien in „rechteck"-Attributen enthalten. Ein einzelnes achsenparalleles Rechteck ist durch die Koordinaten (x und y) seiner linken oberen (lo) und seiner rechten unteren (ru) Ecke eindeutig bestimmt. Wir schreiben

(lo: (5,11) ru: (27,33))

für ein quadratisches Rechteck der Kantenlänge 22, dessen linke obere Ecke die x-Koordinate 5 und die y-Koordinate 11 hat. Dabei setzen wir ein Koordinatensystem voraus, in dem x-Koordinaten nach unten und y-Koordinaten nach rechts hin ansteigen. Im Unterschied zur Attributierung aus Kapitel 1 wollen wir hier keine absoluten, sondern *relative Koordinaten* verwenden: Alle Koordinaten innerhalb eines Teilbildes beziehen sich auf die linke obere Ecke des Teilbildes, deren Koordinaten als (1,1) angenommen werden.

Die räumliche Ausdehnung spielt - insbesondere beim Zusammenfügen von Teilbildern - eine wichtige Rolle. Wie in Kapitel 1 verwenden wir daher Attribute „breite" für Ausdehnung in y-Koordinaten und „höhe" für Ausdehnung in x-Koordinaten. Sowohl die Menge der in einem Bild enthaltenen Rechtecke als auch seine Ausdehnung hängt von den entsprechenden Informationen aus Teilbildern ab. Alle drei Attribute „rechtecke", „breite" und „höhe" sind daher synthetisiert.

Schritt (2):

Von den syntaktischen Variablen in N_{Bild2} stehen „bild", „horizontale" und „vertikale" für (Teil-)Bilder, die sich durch ihre Ausrichtung (horizontal, vertikal oder unbestimmt) unterscheiden. Alle besitzen eine Ausdehnung und enthalten eine Menge von Rechtecken. Die syntaktischen Variablen „breite" und „höhe" haben die durch ihren Namen angedeutete Ausdehnung. Insgesamt ergibt sich damit die folgende Zuordnung von Attributen zu syntaktischen Variablen:

      bild: rechtecke↑ , breite↑ , höhe↑

      horizontale: rechtecke↑ , breite↑ , höhe↑

      vertikale: rechtecke↑ , breite↑ , höhe↑

      breite: breite↑

      hoehe: höhe↑

Schritt (3):

Die lokalen Attributabhängigkeitsgraphen zu den Regeln

      bild → [bild]

      bild → (>horizontale>)

      bild → (v vertikale v)

      horizontale → bild

      vertikale → bild

sind trivial: Die Attribute der syntaktischen Variablen auf der linken Seite hängen genau von den gleichnamigen Attributen der syntaktischen Variablen auf der rechten Seite ab.

Die Regel

      bild → [breite höhe]

definiert die textuelle Beschreibung eines Rechtecks als einziges Element eines Bildes. Sowohl „bild.breite" als auch „bild.rechtecke" hängt daher von „breite.breite" ab. Damit ergibt sich der Graph:

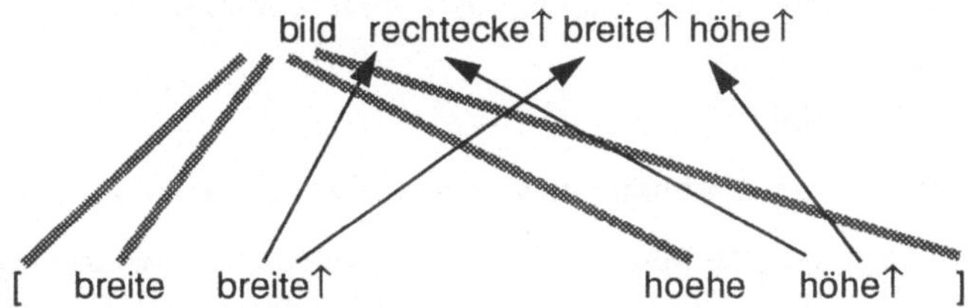

Analog erhalten wir zum Kontext

    horizontale1 → horizontale2 bild

den Attributabhängigkeitsgraphen:

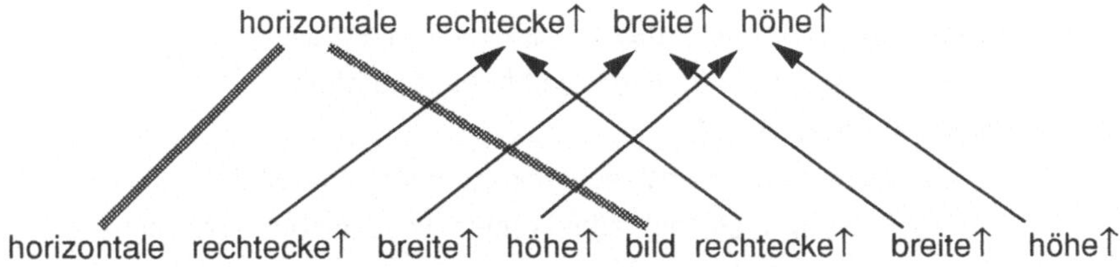

In welcher Weise genau z.B. „horizontale1.höhe" von „horizontale2.höhe" und „bild.höhe" abhängt, wird in Schritt (4) festzulegen sein.

Die Abhängigkeitsgraphen zu den Regeln

    breite → zahl

    hoehe → zahl

enthalten jeweils ein Attribut und keine Pfeile.

Schritt (4):

Den trivialen Abhängigkeiten bei Regeln wie

    bild → (vertikale)

entsprechen häufig „Transferregeln" wie

    bild.rechtecke : = vertikale.rechtecke

    bild.breite : = vertikale.breite

    bild.höhe : = vertikale.höhe ,

die Attributwerte unverändert weiterreichen. Im Kontext

    bild → [breite hoehe]

stehen die Auswertungsregeln:

bild.rechtecke : = { (lo: (1,1) ru: (hoehe.höhe, breite.breite)) }
bild.breite: = breite.breite
bild.höhe: = hoehe.höhe

Für weitere Auswertungsregeln benötigen wir ein paar Hilfsfunktionen:

nachRechts(M,x):   gibt die Menge von Rechtecken zurück, die sich ergibt, wenn man die Rechtecke aus M kopiert und x Einheiten nach rechts schiebt;

nachUnten(M,x):   analog;

$d\,(x,y) := $ if $x \geq y$ then 0 else $(y-x)$ div 2

Damit erhalten wir im Kontext

horizontale1 → horizontale2 bild

die Attributauswertungsregeln

horizontale1.breite: = horizontale2.breite + 1 + bild.breite

horizontale1.höhe: = max (horizontale2.höhe, bild.höhe)

horizontale1.rechtecke: =

   nachUnten(horizontale1.rechtecke,d(horizontale2.höhe, bild.höhe))

   ∪ nachUnten(nachRechts(bild.rechtecke, horizontale2.breite+1)),

      d(bild.höhe, horizontale2.höhe))

Zur *Erläuterung der letzten Regel*: Die Rechteckmenge der „horizontale1" ergibt sich im wesentlichen als Vereinigung der Rechteckmengen von „horizontale2" und „bild". Die Rechtecke des Bildes sind um die Breite der „horizontale2" und den Abstand „1" nach rechts zu verschieben. Um die Zentrierung in der Höhe zu erreichen, muß das weniger hohe der Bilder „horizontale2" und „bild" um die halbe Höhendifferenz nach unten geschoben werden.

Wie erhält man konkrete Breiten- und Höhenwerte?

Das Attribut „breite.breite" ist im Kontext

   breite → zahl

auszuwerten. Bezüglich der kontextfreien Grammatik G_{Bild2} ist „zahl" ein terminales Symbol. Um hier konkrete, verschiedene Zahlen einbringen zu können, überlagert man die kontextfreie Syntax der Bildbeschreibungen mit einer geeigneten regulären „zahl"-Syntax und verarbeitet diese während der lexikalischen Analyse (vgl. Kap. 4). Für die Attributauswertung können wir davon ausgehen, daß die textuelle Darstellung der konkreten Zahl in einem synthetisierten Pseudoattribut „zahl.text" zur Verfügung steht („Pseudoattribut", weil terminale Symbole keine synthetisierten Attribute besitzen). Die Attributauswertungsregel konvertiert den Text in eine Zahl:

   breite.breite := integer (zahl.text)

Analog ergeben sich die übrigen Regeln.

Aufgabe 3.2.1:

Vervollständigen Sie die Attributierung von G_{Bild2}. Wie lautet bezüglich dieser Grammatik der vollständig attributierte Syntaxbaum zur Graphik in Abbildung 1.2.6?

❏

Von den obigen vier Schritten beeinflußt der erste die entstehende Attributierung am nachhaltigsten. In beiden attributierten Grammatiken zu textuellen Darstellungen von Rechteckbildern findet sich ein Attribut „rechtecke", welches die Koordinaten einer Menge von Rechtecken enthält. Während die Attributierung aus Kapitel 1 die Koordinaten als absolute Koordinaten innerhalb des Gesamtbildes auffaßt, geht die zweite Attributierung von relativen, teilbildbezogenen Koordinaten aus. Aus diesen verschiedenen Annahmen ergeben sich fast zwangsläufig zwei sehr unterschiedliche Attributierungen für die gleiche Aufgabe. Die Unterschiede in der kontextfreien Syntax wirken sich bei diesen beiden Grammatiken dagegen kaum aus.

Um für ein Rechteck stets sofort die gesamtbildbezogenen Koordinaten angeben zu können, benötigt man das ererbte Hilfsattribut „position". Bei dieser Attributierung wird jedes Rechteck genau einmal bestimmt und dann unverändert weitergereicht. Die zweite Attributierung verschiebt bei jedem Zusammenfassen von Teilbildern die beteiligten Rechtecke. Die erste Attributierung erfordert bei der Auswertung drei Durchläufe durch den Syntaxbaum: Im ersten werden die Ausdehnungen nach oben gereicht, im zweiten die Positionen nach unten propagiert und im dritten die Rechtecke zusammengesetzt und nach oben gereicht. Bei der zweiten Attributierung dagegen läßt sich alles in einem Durchlauf von unten nach oben berechnen; dafür sind die einzelnen Schritte rechenaufwendiger. Die gleichen Unterschiede kann man übrigens auch an den beiden Attributierungen der Ternärzahlengrammatik (vgl. Abbildung 3.1.2 und 3.1.4) beobachten.

Einfluß der Syntax: Die Grammatik als Rahmen für die Attributauswertung muß bestimmte Anforderungen erfüllen: z. B. eignet sich die Grammatik G_{Bild2} nicht ohne weiteres als Grundlage für die Attributierung mit den absoluten Koordinaten und dem ererbten „position"-Attribut. Damit die Positionen in alle Teilbilder propagiert werden können, ist der (indirekt rekursiven) syntaktischen Variablen „bild" das erste ererbte Attribut „position" zuzuordnen. Als Startsymbol der Grammatik darf „bild" aber keine ererbten Attribute haben. Eine einfache Lösung dieses Konflikts besteht darin, ein neues Startsymbol „zeichnung" und eine Startregel

zeichnung → bild

mit der Attributauswertungsregel

bild.position := (1,1)

hinzuzunehmen.

Damit eine Grammatik im Sinn des Qualitätskriteriums (Q3) aus Abschnitt 2.2 als aufgabengemäß abgefaßt gelten kann, müssen Form und Inhalt bzw. Syntax und beabsichtigte Auswertung zusammenpassen. Ein Gegenbeispiel ist eine Grammatik für arithmetische Ausdrücke mit den Regeln:

Ausdruck → zahl | (Ausdruck) | Ausdruck + zahl | Ausdruck * zahl

Diese Grammatik hat den gleichen Sprachschatz wie G_{arith}. Syntaxbäume, z.B. zu „zahl + zahl * zahl", geben aber die Präzedenzen von Addition und Multiplikation nicht korrekt wieder. Die naheliegende Attributierung mit einem synthetisierten „wert"-Attribut und den Auswertungsregeln

Ausdruck1.wert := Ausdruck2.wert + integer(zahl.text)

(im Kontext „Ausdruck1 → Ausdruck2 + zahl") sowie

Ausdruck1.wert := Ausdruck2.wert * integer (zahl.text)

(im Kontext „Ausdruck1 → Ausdruck2 * zahl) würde den Gesamtwert eines Ausdrucks entsprechend falsch bestimmen.

Gängige Grammatiktransformationen wie z. B. die Elimination von Kettenregeln oder die Elimination von Linksrekursion verändern die Struktur der Grammatikregeln und blähen die Regelmenge häufig so auf, daß eine Attributierung kaum praktikabel erscheint. Andererseits kann eine sorgfältig gestaltete Grammatik nicht nur die Syntax, sondern auch die Attributauswertung positiv beeinflussen.

Aufgabe 3.2.2:

Abbildung 3.2.1 zeigt eine weitere attributierte Grammatik zu den gebrochenen Ternärzahlen.

Welche gebrochenen Ternärzahlen schließt diese Syntax aus? Berechnen Sie den attributierten Syntaxbaum für die Zahl „210.012". Wieviele Attributwerte sind bei dieser Zahl für diese Attributierung auszuwerten? Wie verhält sich diese attributierte Grammatik zu den früheren?

❑

Qualitätskriterien: Wir ergänzen die Stilregeln aus Abschnitt 2.2 um solche für Attributierungen. Die Kriterien (Q1), (Q2) und (Q4) lassen sich sinngemäß auf Attributierungen übertragen; siehe unten (Q6) bis (Q8). Die Kriterien (Q9) und (Q10) stellen die *Wohldefiniertheit* einer Attributierung sicher.

(Q6) *Die Attributierung muß die beabsichtigte Auswertung ergeben.* In der Regel wird die „beabsichtigte" Auswertung durch die Attributierung definiert; dann ist nichts zu zeigen. Wenn das beabsichtigte Auswertungsergebnis aber unabhängig von der Attributierung bekannt ist - z. B. der Wert von Zahldarstellungen oder arithmetischen Ausdrücken -, dann kann man die Beweistechniken aus Abschnitt 2.3 einsetzen, um die Korrektheit der Attributierung nachzuweisen: Induktion über den Aufbau von Syntaxbäumen oder Abhängigkeitsgraphen; Äquivalenz von Sprachen bzw. Attributierungen.

(Q7) *Die Attributierung soll einfach und natürlich formuliert sein.* Das empfiehlt sich allein schon wegen des Umfangs der Attributierung, der den der zugrundeliegenden Grammatik oft um ein Vielfaches übertrifft. Von Notationen, die diesen Umfang zu reduzieren helfen, und von der Modularisierung von Attributierungen wird weiter unten die Rede sein.

Kontextfreie Grammatik

$N = \{$ zahl, vf, hf, z, nz $\}$

$T = \{$ 0, 1 , 2 , .$\}$

$S =$ zahl

$P =$ siehe Attributierung

Attribute der Grammatiksymbole:

Alle syntaktische Variablen haben ein w$\uparrow$-Attribut (für "wert")

Kontexte mit Auswertungsregeln:

zahl $\rightarrow$ vf
    zahl.w := vf.w

zahl $\rightarrow$ vf . hf
    zahl.w := vf.w + hf.w / 3

vf $\rightarrow$ vf z
    vf1.w := 3 * vf2.w + z.w

vf $\rightarrow$ nz
    vf.w := nz.w

vf $\rightarrow$ 0
    vf.w := 0

hf $\rightarrow$ z hf
    hf1.w := z.w + hf2.w / 3

hf $\rightarrow$ nz
    hf.w := nz.w

z $\rightarrow$ i   für i = 0, 1, 2
    z.w := i

nz $\rightarrow$ j   für j = 1, 2
    nz.w := j

Abbildung 3.2.1: *Attributierte Grammatik zu den Ternärzahlen*

(Q8) *Die Attributierung muß auswertungsgeeignet sein.* Manche Attributierungen lassen sich verzahnt mit der Syntaxanalyse auswerten, andere erfordern mehrere Durchläufe durch den Syntaxbaum. Von Attributauswertungsverfahren handelt Kapitel 6.

(Q8) *Die Attributierung muß vollständig sein.* In Abschnitt 3.1 haben wir bereits erläutert, welche Attribute in welchen Kontexten auszuwerten sind. Eine Attributierung ist vollständig, wenn in jedem Kontext für jedes dort ausgewertete Attribut eine Attributsauswertungsregel zur Verfügung steht.

(Q10) *Die Attributierung muß zyklenfrei sein.* Dann gibt es in keinem Attributabhängigkeitsgraphen zu dieser attributierten Grammatik eine zyklische Abhängigkeit, die die Auswertung von Attributen verhindert. Von notwendigen
und hinreichenden Kriterien für Zyklenfreiheit und von Algorithmen, welche
diese Kriterien prüfen, handelt Abschnitt 3.4.

Eine Attributierung heißt **wohldefiniert**, wenn sie vollständig und zyklenfrei ist. Ist eine
Attributierung wohldefiniert, dann lassen sich in jedem Syntaxbaum zu dieser Grammatik sämtliche Attribute auswerten. Diese Wohldefiniertheit ist eine algorithmisch
nachprüfbare Eigenschaft.

Aufgabe 3.2.3:

Diskutieren Sie die Qualitätsmerkmale (Q6) bis (Q10) aller betrachteten
„Rechteck"-Grammatiken!

❑

Attributierungsschemata: Bei der Syntax hatten wir die Ausdrucksgrammatiken als
typische, immer wieder vorkommende Teilgrammatiken identifiziert und Schemata zur
Entwicklung solcher Teilgrammatiken aufgestellt. Auch bei der Attributierung gibt es
immer wiederkehrende Muster. Drei ebenso einfache wie typische Muster kann man
an der attributierten Grammatik der Dokumente aus Abschnitt 3.1 beobachten.

(1) *Akkumulieren* von Information in Richtung der Wurzel. Träger sind synthetisierte Attribute. Beim Akkumulieren werden die Attributwerte meist durch
Operationen wie Vereinigung, Konkatenation, Addition etc. zusammengefaßt. In der Grammatik der Dokumente wird über das „inhalt"-Attribut das
Inhaltsverzeichnis akkumuliert.

(2) *Propagieren* von Information in Richtung der Blätter. Träger sind ererbte
Attribute. In der Dokumentengrammatik wird die Abschnittsnumerierung
(also der Kapitel, Abschnitte, Unterabschnitte u.s.w.) durch Propagation über
die Attribute „nrPräfix" und „lfdNr" geleistet.

(3) *Verarbeiten* bestimmter Elemente *von links nach rechts.* Hierbei spielen
ererbte und synthetisierte Attribute zusammen. In der Dokumentengrammatik werden die Zeilen des Dokuments von Anfang bis Ende (im Syntaxbaum
von links nach rechts) durchnumeriert. Das ererbte Attribut „preNr" enthält
jeweils die Gesamtzahl der Zeilen, die vor dem betrachteten Teilbaum liegen;
das synthetisierte Attribut „postNr" enthält jeweils die Gesamtzahl der Zeilen,
die vor und im betrachteten Teilbaum liegen.

In der Rechteck-Grammatik aus Kapitel 1 werden Höhen und Breiten jeweils im Sinn
von Schema (1) akkumuliert. Die Berechnung der Positionsinformationen erfolgt nicht
durch reine Propagation: In jedem Schritt wird neben der Position des umgebenden
Elements die akkumulierte Höhen- und Breiteninformation verwendet. Sind die einzelnen Rechtecke aus Positionen, Höhe und Breite gebildet worden, dann erfolgt das
Aufsammeln der Rechteckmengen wieder durch Akkumulation.

Aufgabe 3.2.4:

Entwickeln Sie zur Rechteck-Grammatik aus Kapitel 1 eine alternative Attributierung, bei der Höhen- und Breiteninformationen nicht akkumuliert werden. Statt dessen sollen die Position des linken, rechten, unteren und oberen Randes in geeigneten Attributen von „Box"en und „Bild"ern gehalten werden. Verwenden Sie insgesamt folgende Attributzuordnung:

> Zeichnung: rechtecke↑
>
> Bild: rechtecke↑, links↓, oben↓, rechts↑, unten↑
>
> Box: rechtecke↑, links↓, oben↓, rechts↑, unten↑
>
> Breite: breite↑
>
> Höhe: höhe↑

Wenden Sie beim Aufstellen der Auswertungregeln zu „oben " und „unten "
(und analog zu „links " und „rechts ") sinngemäß Schema (3) an.

❏

Zur Notation: Der Vorteil des Lokalitätsprinzips liegt darin, daß man Berechnungen regellokal ohne Rücksicht auf weiter entfernte Knoten spezifizieren kann. Dem steht als Nachteil gegenüber, daß viele Attribute und Auswertungsregeln nur als Zwischenstationen eines globaleren Informationstransports benötigt werden. Daraus resultiert zusätzlicher Platzbedarf und Kopieraufwand. In der Literatur findet man Vorschläge, wie sich dieser zusätzliche Aufwand beim Spezifizieren der Attributierung und zur Auswertungszeit vermeiden läßt: So können z. B. im Kontext „A.B" die Auswertungsregeln „A.s↑ := B.s↑ " und „B.e↓ :=A.e↓ " übersichtlicher durch eine *Transferklausel* wie

> transfer: s↑, e↓

spezifiziert werden. Oder man nimmt Transfer immer dann an, wenn nicht explizit etwas anderes spezifiziert wird.

Fernwirkung über viele Knoten hinweg läßt sich erzielen, wenn man in Auswertungsregeln Bezüge der Form

> ererbt.e↓

zuläßt, womit der nächste ererbte „e "-Attributwert gemeint ist, den man auf dem Weg von der Wurzel des aktuellen Kontexts bis zur Wurzel des gesamten Syntaxbaums findet. Fernwirkung vom aktuellen Kontext aus in Richtung der Blätter des Gesamtbaums ergibt sich durch einen Bezug der Form

> synthetisierte.s↑

der für die Folge der „nächsten" synthetisierten „s↑ "-Attribute steht. Ein *nächster* „s "-Attributwert befindet sich an einem Knoten k, wenn k im Syntaxbaum unterhalb eines Knotens b des aktuellen Kontextes steht (der Fall b = k ist zugelassen) und wenn auf dem Pfad von b nach k kein Knoten außer k ein „s "-Attribut besitzt. Die Reihenfolge der Attributwerte in „synthetisierte.s↑" entspricht der Reihenfolge der zugehörigen Knoten im Syntaxbaum von links nach rechts.

Dazu ein **Beispiel**: Die in Abbildung 3.2.2 gezeigten Kontexte mit Auswertungsregeln sind äquivalent zu denen in Abbildung 3.1.2. Man beachte, daß nach der neuen Attributierung „Folge"-Knoten keinen „wert" und „ziffer"-Knoten kein „gewicht" besitzen. Von den „Folge"-Knoten besitzen alle ein „gewicht", einige eine „länge". Die Formulierung mit Fernwirkung betont die Stellen, an denen etwas Neues berechnet wird.

Kontexte mit Auswertungsregeln:

Zahl → Folge

$\quad$ Zahl.länge := $\Sigma_{x\in \text{synthetisierte.länge}}$X

$\quad$ Zahl.wert := $\Sigma_{x\in \text{synthetisierte.wert}}$X

$\quad$ Folge.gewicht := 1

Folge1 → Folge2 Ziffer

$\quad$ Folge 2.gewicht := 3 * Folge1.gewicht

Folge → Ziffer

$\quad$ Folge.länge := 1

Ziffer → 0

$\quad$ Ziffer.wert := 0

Ziffer → 1

$\quad$ Ziffer.wert := ererbt.gewicht

Ziffer → 2

$\quad$ Ziffer.wert := ererbt.gewicht * 2

Abbildung 3.2.2: *Fernwirkungen im Attributierungsteil*

Aufgabe 3.2.5:

Läßt sich Fernwirkung auf die Attributierung in Abbildung 3.1.4 oder auf die Rechteck-Grammatiken anwenden?

❏

Zur Attributierungssprache: In den Beispielen sind die Attributauswertungsregeln in einer Pascal-ähnlichen, programmiersprachlichen Notation abgefaßt. Aus pragmatischen Gründen wird in Compiler-Compilern hierfür häufig die Wirtssprache verwendet, in der das System implementiert ist und in der Compiler-Bestandteile wie Syntaxanalysealgorithmus und und Attributauswerter generiert werden: An diese Teile können Attributauswertungsregeln besonders einfach angebunden werden, wenn sie in der gleichen Sprache abgefaßt sind. Ist die Wirtssprache eine eingeführte Hochsprache, dann stehen neben Compilern für diese Sprache meist auch Programmbibliotheken zur Verfügung, die bei der Attributierung verwendet werden können. Oft entfällt so auch der Aufwand für das Erlernen der Attributierungssprache.

Bei einigen Compiler-Compilern wird bewußt ein anderer Weg eingeschlagen. Solche Systeme erlauben die Einbindung von Fremdkomponenten und Fremdsprachen, um eine möglichst große Flexibilität zu gewährleisten, oder sie enthalten eine eigene Attributierungssprache. Eine eigens auf diesen Verwendungszweck zugeschnittene Sprache wird die Unsauberkeiten imperativer Programmiersprachen (wie Nebeneffekte oder Verwendung globaler Variablen) vermeiden, da diese mit der Attributauswertung nicht in Einklang stehen und den Einsatz fortschrittlicher Techniken wie inkrementelle Attributauswertung bzw. Reevaluation (siehe Kapitel 6) praktisch unmöglich machen. Außerdem lassen sich in einer dedizierten Attributierungssprache geeignete Deklarationen für Attributtypen und Attributabhängigkeiten einbringen, welche die Attributauswertung erleichtern.

Zur Modularisierung: Die Zuordnung der Attributauswertungsregeln zu jeweils einer Grammatikregel als Auswertungskontext ergibt eine *natürliche Modularisierung* der Attributierung. Wie wir in Abschnitt 3.1 an der Einführung des Nachkommaanteils in die Ternärzahlengrammatik sehen konnten, ist diese Form der Modularisierung erweiterungsfreundlich.

Um das Zusammenspiel der Auswertungsregeln im gesamten Syntaxbaum zu verstehen, ist diese Modularisierung aber weniger geeignet. Hier hilft eine dazu orthogonale Modularisierung, bei der die gesamte Attributmenge in eine Folge von „Pässen" zerlegt wird: Ein *Pass* ist eine Menge von Attributen; jedes Attribut kommt in genau einem Pass vor. Die wesentliche Eigenschaft eines Passes: Die Attribute eines Passes hängen (nach den Attributauswertungsregeln) nur von Attributen des gleichen Passes oder von vorangehenden Pässen ab. Die Attributmenge der Attributierung in Abbildung 3.1.2 zerfällt demnach in eine Folge von drei einelementigen Pässen:

$$Pass1: \{ \text{länge} \uparrow \}$$
$$Pass2: \{ \text{gewicht} \downarrow \}$$
$$Pass3: \{ \text{wert} \uparrow \}.$$

Die Attribute eines Passes und die zugehörigen Auswertungsregeln bilden eine Einheit, die man für sich genommen verstehen kann. Wie die Bezeichnung „Pässe" andeutet, läßt sich die gesamte Atttributauswertung in der durch die Pässe gegebenen Reihenfolge durchführen. Die Passeinteilung ist durch obige Beschreibung nicht vollständig festgelegt. Im Zweifelsfall soll man nur inhaltlich als zusammengehörig empfundene Attribute in einem Pass zusammenfassen. Für die Attributierung in Abbildung 3.1.6 ergibt sich so die Passeinteilung:

$$Pass1: \{ \text{lfdNr} \downarrow, \text{nrPräfix} \downarrow \}$$
$$Pass2: \{ \text{preNr} \downarrow, \text{postNr} \uparrow \}$$
$$Pass3: \{ \text{titel} \uparrow, \text{inhalt} \uparrow \}.$$

Die Reihenfolge der Pässe 1 und 2 kann man vertauschen oder auch alle vier Attribute zu einem Pass zusammenfassen. Die „titel" wurden zum Pass 3 genommen, weil sie direkt in das Inhaltsverzeichnis eingehen. Formal hätte man sie in einen eigenen Pass aufnehmen oder einem der beiden vorangegangenen Pässe hinzufügen können.

Eine dritte, komplementäre Form der Modularisierung von Attributierungen besteht darin, komplexere Hilfsfunktionen (z. B. „zur Zeichenkettenverarbeitung") aus den Attributierungsregeln herauszunehmen und der Attributierung als eigenständige *Module* anzufügen. Bei der Rechteck-Grammatik vom Anfang dieses Abschnitts würde man z.B. die Funktionen „nach Rechts", „nach Unten" und „∪", die auf Mengen von Rechtecken operieren, in einem Modul zusammenfassen und Vergleichsoperationen auf ganzen Zahlen wie „max" und „d" in einem zweiten Modul.

Weitere Modularisierungsmechanismen werden in Abschnitt 8.2 bei der Beschreibung des Compiler-Compilers „Eli" besprochen.

3.3   Attributabhängigkeiten

Sowohl für die Attributauswertungsverfahren als auch für die Prüfung der Zyklenfreiheit einer attributierten Grammatik werden über die direkten Attributabhängigkeiten hinaus Informationen zu *mittelbaren* Abhängigkeiten benötigt. Solche Informationen werden wir nun bereitstellen.

Für die Zyklenfreiheit und die Reihenfolge der Attributauswertung maßgeblich sind an jedem Knoten k eines Syntaxbaums B die Abhängigkeiten zwischen den an k anliegenden Attributwerten, die am *„Transitive-Hülle-Graphen"* $D^+(B)$ unmittelbar abgelesen werden können. (Nach Definition der transitiven Hülle hat $D^+(B)$ die gleiche Knotenmenge wie $D(B)$; zu jedem Weg von a nach b in $D(B)$ enthält $D^+(B)$ eine direkte Pfeilverbindung von a nach b. Algorithmen zur Berechnung der transitiven Hülle sind im Anhang „Graphentheoretische Algorithmen" beschrieben.) Diese lokale Abhängigkeitsinformation bezeichnen wir als den ***Attributfluß*** am Knoten k von B.

Wegen der meist unbegrenzten Zahl der Syntaxbäume und ihrer Knoten ist es nicht ohne weiteres möglich, die Attributflüsse systematisch zu untersuchen. Andererseits gibt es in einer attributierten Grammatik AG zu jedem Grammatiksymbol X eine feste

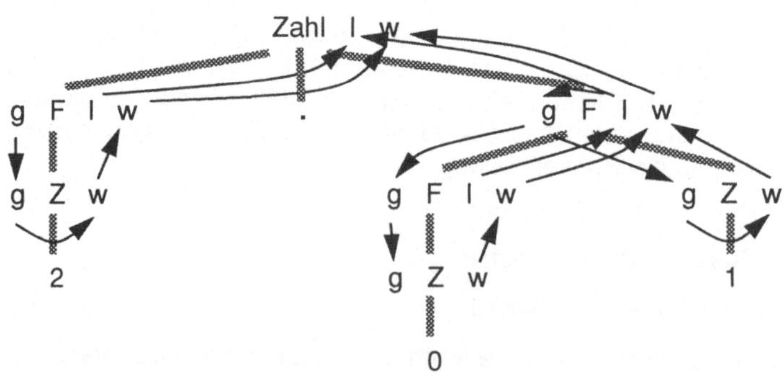

Abbildung 3.3.1: *Ein (bereits bekannter) Attributabhängigkeitsgraph*

Menge von zugeordneten Attributen: Jeder X-Knoten hat die gleiche Menge von Attributen. Zwischen endlich vielen Attributwerten gibt es nur endlich viele Pfeile. Daher
kommen an den unbegrenzt vielen X-Knoten nur endlich viele verschiedene Attributflußgraphen vor. Wie sich zeigen wird, kann man diese Attributflußgraphen für alle
Grammatiksymbole einer gegebenen AG vorausberechnen. Am Beispiel des Attributabhängigkeitsgraphen D(B) in Abbildung 3.3.1 sehen wir, daß verschiedene X-Knoten
tatsächlich verschiedene Attributflüsse haben können. Abbildung 3.3.2 zeigt die Attributflüsse der drei "Folge"-Knoten in D(B); diese sind alle verschieden. An den drei "Ziffer"-Knoten treten nur zwei verschiedene Attributflüsse auf. Alle "Ziffer"-Knoten in allen
Syntaxbäumen zu dieser Grammatik haben einen dieser beiden Attributflüsse.

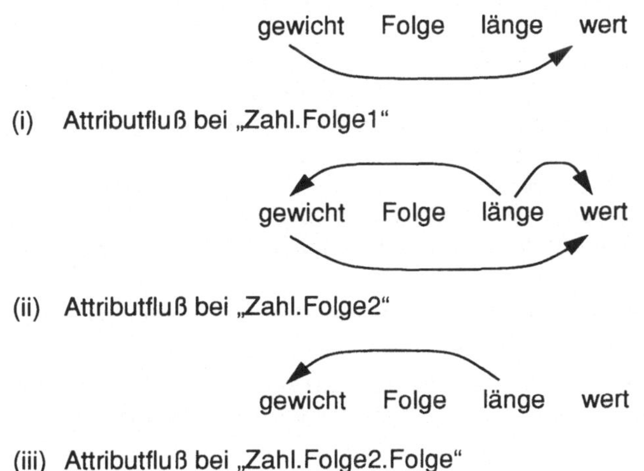

(i)   Attributfluß bei „Zahl.Folge1"

(ii)   Attributfluß bei „Zahl.Folge2"

(iii)   Attributfluß bei „Zahl.Folge2.Folge"

Abbildung 3.3.2: *Attributflüsse an „Folge"-Knoten aus Abbildung 3.3.1*

Die Berechnung der Attributflüsse für ein Grammatiksymbol X kann man weiter aufteil-
len in die Berechnung des Attributflusses **ES(X)** von ererbten zu synthetisierten Attributwerten und die Berechnung des Attributflusses **SE(X)** von synthetisierten zu
ererbten Attributen bei X. In einer normalisierten AG findet man im Attributfluß zu Pfeilen zwischen synthetisierten Attributen immer eine mittelbare Verbindung zwischen
den gleichen synthetisierten Attributen, die über ein ererbtes Attribut läuft. Ein Beispiel
ist in Abbildung 3.3.2 (ii) der Pfeil von „Folge.länge" nach „Folge.wert", zu dem es eine
äquivalente, mittelbare Verbindung über das ererbte Attribut „Folge.gewicht" gibt. Ähnlich ist es bei direkten Verbindungen zwischen ererbten Attributen. Insgesamt reichen
daher die Teilattributflüsse ES(X) und SE(X) aus, um die kompletten Attributflüsse an
X-Knoten zu beschreiben.

Im Beispiel der Ternärzahlengrammatik gibt es an "Folge"-Knoten vom ererbten Attribut „gewicht" möglicherweise eine Verbindung zum synthetisierten Attribut „wert" - in
Abbildung 3.3.2, (i) und (ii), ist sie vorhanden, in 3.3.2 (iii) nicht -, aber niemals eine

Verbindung zum synthetisierten Attribut „länge". Die Menge ES(Folge) besteht daher genau aus den beiden Graphen:

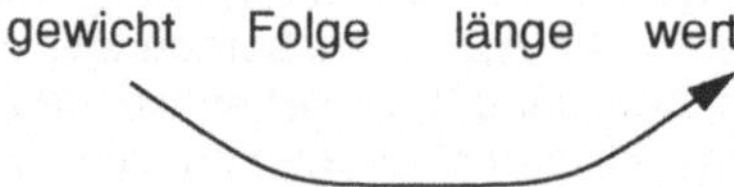

und (dieser zweite Graph besitzt *keine* Pfeilverbindungen):

gewicht   Folge   länge   wert

Bestimmung der Mengen ES(X): Die Mengen ES(X) kann man - für alle Grammatiksymbole X „gleichzeitig" - iterativ bestimmen. Im i-ten Iterationsschritt wird ES(X) durch eine Menge $ES_i(X)$ approximiert, für die gilt: $ES_i(X) \subseteq ES(X)$. Mit wachsendem i wird die Approximation immer besser, d.h. $ES_i(X) \subseteq ES_{i+1}(X)$. Nach endlich vielen (sagen wir j) Schritten wird das Verfahren stationär, und es gilt für alle X: $ES_j(X) = ES(X)$. Um dieses Verfahren genau zu formulieren, benötigt man drei Operationen auf Abhängigkeitsgraphen.

Die erste Operation, das Bilden der *transitiven Hülle* D^+ eines Graphen D, haben wir schon eingeführt.

Die zweite Operation, das Bilden der **Wurzelprojektion** wp(D) eines (elementaren) Attributabhängigkeitsgraphen, beruht auf der Baumstruktur des D zugrunde liegenden Graphen B:
Die Knoten von wp(D) sind die an der Wurzel von B anliegenden Attribute. Die Pfeile von wp(D) sind alle die Pfeile von D, deren Anfangs- und Endknoten in wp(D) liegen.

Die dritte Operation ist das **Überlagern** eines X-Knotens in einem elementaren Abhängigkeitsgraphen D(p) mit einem Attributflußgraphen für X:
Ist p von der Form $X_0 \to X_1 \ldots X_i \ldots X_{np}$ und D_i ein Attributflußgraph zu X_i, dann bezeichnet $D(X_0 \to X_1 \ldots D_i \ldots X_{np})$ den Graphen, der entsteht, wenn man in D(p) am Knoten X_i die Pfeile von D_i hinzunimmt.

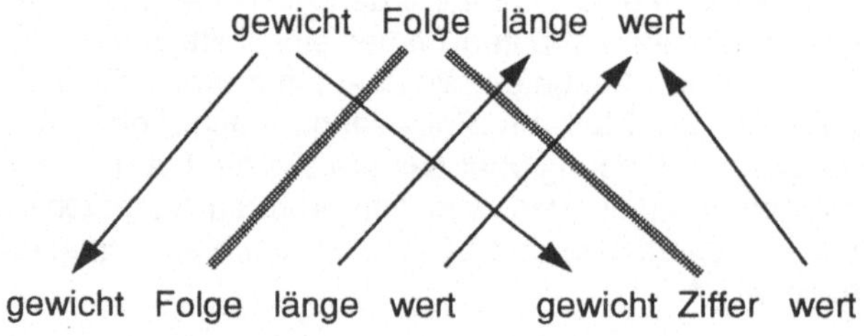

Abbildung 3.3.3: *Direkte Abhängigkeiten im Kontext „Folge1 → Folge2 Ziffer"*

Die drei Operationen an einem Beispiel: Sei D_{Folge} der Attributgraph aus Abbildung 3.3.2 (i). Im Graphen D(Folge1 → Folge2 Ziffer) aus Abbildung 3.3.3 überlagern wir den Knoten „Folge2" mit D_{Folge} und berechnen D(Folge1 → D_{Folge} Ziffer) in Abbildung 3.3.4 (i). Die transitive Hülle davon ist in Abbildung 3.3.4 (ii) dargestellt. Eine anschließende Wurzelprojektion ergibt den Attributflußgraphen in Abildung 3.3.4 (iii).

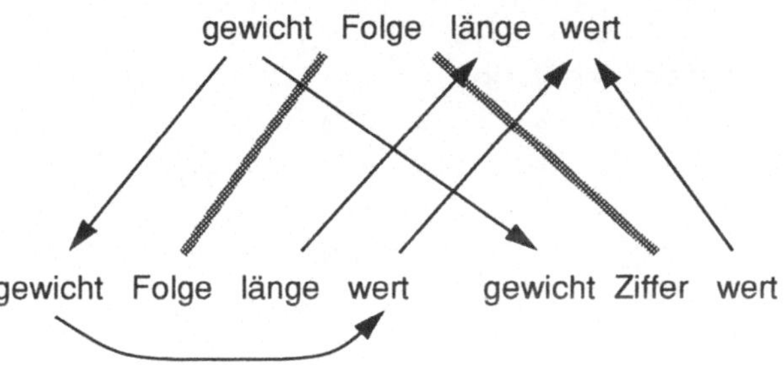

(i) D(Folge1 → D_{Folge} Ziffer)

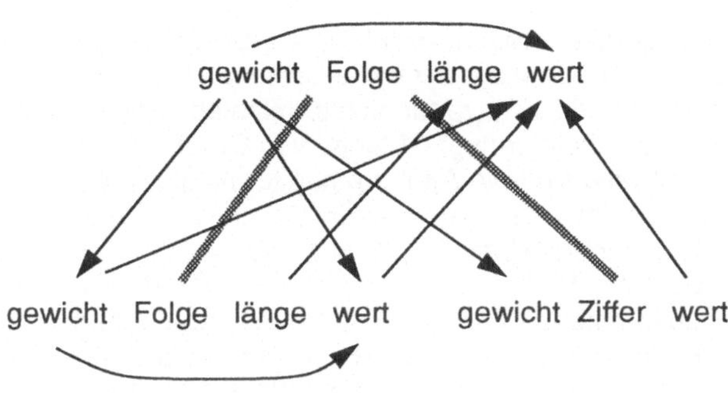

(ii) D^+(Folge1 → D_{Folge} Ziffer)

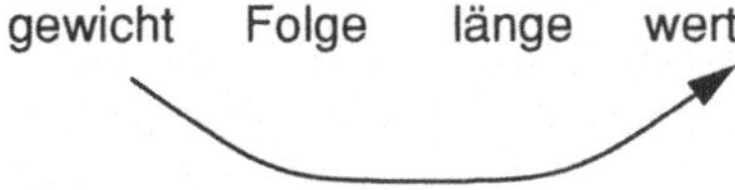

Abbildung 3.3.4: *Überlagerung, transitive Hülle und Wurzelprojektion*

```
for all A ∈ N do ES₀(A) := ∅;
for all t ∈ T do ES₀(t) := {(ATT(t), ∅)};
alt := ∅;
i := 0;
while alt ≠ ESᵢ do
   alt := ESᵢ;
   i := i + 1;
   for X ∈ V do
      ESᵢ(X) := alt(X) ∪
         {wp(D⁺(X → D₁ ... Dₙₚ)) |
            X → X₁ ... Xₙₚ ∈ P ∧
            ∀ 1 ≤ j ≤ np: Dⱼ ∈ alt(Xⱼ)}
   od
od
```

Abbildung 3.3.5: *Berechnung der ES(X)*

Abbildung 3.3.5 zeigt das Iterationsverfahren zur Berechnung der Mengen ES(X) von Attributflußgraphen. Ein Durchlauf der while-Schleife entspricht einem Iterationsschritt. Vor der Iteration werden die $ES_0(X)$ für nichtterminales X mit der leeren Menge und für terminales X mit einer einelementigen Menge von Graphen vorbesetzt; die Knoten dieses Graphen ohne Pfeile sind die Attribute des terminalen Symbols. Während der Iteration enthält „alt" die im vorangegangenen Schritt berechneten ES-Mengen und „i" den Iterationsindex. Der erste Teil „$ES_i(X)$:= alt(X)" der Zuweisung an $ES_i(X)$ sorgt dafür, daß vorher berechnete Attributflußgraphen in die aktuelle Iteration übernommen werden. Die hinzukommende Menge besteht aus neuen Attributflußgraphen für ein nichtterminales X; diese entstehen dadurch, daß man in D(X → ...) alle Symbole der rechten Seite mit vorher berechneten Attributflußgraphen überlagert, die entstandenen Verbindungen durch Bildung der transitiven Hülle „kurzschließt" und das Ergebnis durch Wurzelprojektion herauslöst.

Am Beispiel: Wir wenden das Verfahren auf die Grammatik der Ternärzahlen an. Da die terminalen Symbole dieser Grammatik keine Attribute besitzen, haben die Graphen in den $ES_0(t)$ leere Knotenmengen und leere Pfeilmengen und bewirken bei Überlagerung keine Veränderungen. Für A ∈ {Zahl, Folge, Ziffer} ist nach Definition $ES_0(A) = ∅$. Die $ES_0(t)$ enthalten also jeweils *einen leeren* Graphen, die $ES_0(A)$ dagegen *keinen* Graphen. Für i = 1 ergibt sich (betrachtet werden ja nur Verbindungen von ererbten zu synthetisierten Attributen):

$ES_1(\text{Zahl})$ = $ES_0(\text{Zahl})$ (= ∅)

$ES_1(\text{Folge})$ = $ES_0(\text{Folge})$ (= ∅)

$ES_1(\text{Ziffer})$ = $ES_0(\text{Ziffer})$ ∪ {gewicht   Ziffer   wert}

Für i = 2 berechnen wir

ES_2(Zahl)   = ES_1(Zahl)

ES_2(Folge)   = ES_1(Folge) $\cup$ {gewicht   Folge   länge   wert}

ES_2(Ziffer)   = ES_1(Ziffer)

Im nächsten Schritt wird das Verfahren stationär: Für X $\in$ {"Folge", "Ziffer", "Zahl"} gilt
$ES_3(X) = ES_2(X)$ und daher auch $ES(X) = ES_2(X)$.
❏

Nach Definition ist jedes ES(X) eine Menge von Graphen, die jeweils die gleichen Kno-
ten-, aber verschiedene Pfeilmengen besitzen. Greift man aus einem beliebigen Syntaxbaum zur betrachteten Grammatik einen beliebigen X-Knoten heraus und streicht
aus dem zugehörigen Attributflußgraphen alle Pfeile heraus, die *nicht* von einem ererbten zu einem synthetisierten Attribut führen, dann erhält man einen der endlich vielen Graphen aus ES(X).

Die Mengen SE(X) berechnet man analog. Die Bestimmung der Mengen ES(X) und
SE(X) mit der genauen Attributflußinformation ist sehr aufwendig (exponentielle Komplexität). Wesentlich leichter (in polynomieller Zeit) lassen sich vergröbernde Informationen *es(X)* und *se(X)* berechnen, die jeweils aus nur *einem* Graphen bestehen. Die
Knotenmenge von es(X) und se(X) stimmt wie die aller Graphen in ES(X) $\cup$ SE(X) mit
der Knotenmenge der Attributflußgraphen an X-Knoten überein. Die Pfeilmenge von
es(X) ist die Vereinigung aller Pfeilmengen von Graphen aus ES(X); analog ergibt sich
die Pfeilmenge von se(X) als Vereinigung aller Pfeilmengen von Graphen aus SE(X).

Aufgabe 3.3.1:

Wenden Sie auf die folgende Grammatik das Verfahren zur Berechnung der
Mengen ES(X) an und bestimmen Sie daraus den Graphen es(X).

$S \rightarrow A$

$A.a{\downarrow} := A.c{\uparrow}$

$A.b{\downarrow} := A.d{\uparrow}$

$A \rightarrow 0$

$A.d{\uparrow} := 47$

$A.c{\uparrow} := A.b{\downarrow}$

$A \rightarrow 00$

$A.d{\uparrow} := A.a{\downarrow}$

$A.c{\uparrow} := 11$

❏

Aufgabe 3.3.2:

Formulieren Sie ein effizientes Iterationsverfahren zur Berechnung der
es(X)-Graphen (ohne den Umweg über die Berechnung der ES(X)).
❏

3.4 Zyklenfreiheit

In diesem Abschnitt betrachten wir drei Kriterien im Zusammenhang mit Zyklenfreiheit: lokale Zyklenfreiheit, Zyklenfreiheit und absolute Zyklenfreiheit. Diese Kriterien lassen sich per Programm nachprüfen.

Von *lokaler Zyklenfreiheit* sprechen wir, wenn zu jedem Auswertungskontext p der lokale Attributabhängigkeitsgraph D(p) zyklenfrei ist. Ein Test auf lokale Zyklenfreiheit ergibt sich als "Nebenprodukt" des folgenden Normalisierungsverfahrens. Das Verfahren in Abbildung 3.4.1 normalisiert nacheinander alle Kontexte p der Grammatik. Für jedes p werden zwei Mengen berechnet: Die Menge NORM der Attribute aus DEF(p), deren Attributauswertungsregel bereits normalisiert ist, und die Menge AKT der Attributwerte aus DEF(p), deren Attributauswertungsregel im nächsten Schritt durch Substitutionen normalisiert werden kann. In der while-Schleife werden diese Substitutionen vorgenommen, dann AKT zur NORM hinzugefügt und AKT wie oben neu bestimmt. Beim Verlassen der while-Schleife ist keine Substitution mehr möglich. Alle dann noch nicht normalisierten Auswertungsregeln verwenden einen Attributwert, der durch eine dieser Auswertungsregeln zu berechnen wäre. Durch Rückverfolgen dieser Abhängigkeiten findet man in wenigen Schritten einen lokalen Zyklus in D(p). Das rechtfertigt die Meldung „Zyklus in Grammatik" und den Abbruch des Verfahrens. Werden dagegen alle Kontexte erfolgreich bearbeitet, dann ist anschließend die Grammatik gemäß der Definition in Abschnitt 3.1 normalisiert.

```
for all p ∈ P
do
    NORM:={a∈ DEF(p)  |  ATT(reg(p,a))  ∩DEF(p)  =∅}
    AKT:={a∈ DEF(p)-NORM |  ATT(reg(p,a)) ∩ DEF(p)  ⊆ NORM}
    while AKT ≠∅
    do
        {Ersetze für alle a∈ AKT in der rechten
         Seite von reg(p,a) alle b∈ NORM durch
         die rechte Seite von reg(p,b)};
        NORM:=NORM ∪ AKT;
        AKT:={a∈ DEF(p)-NORM | ATT(reg(p,a))  ∩ DEF(p)  ⊆ NORM}
    od;
    if DEF(p) ≠ NORM
    then „Zyklus in Grammatik" ; stop fi
od
```

Abbildung 3.4.1: *Das Normalisierungsverfahren*

Dazu als (künstliches) Beispiel der Kontext

  p : A → B

mit den Attributauswertungsregeln:

$$A.a\uparrow := 2*B.d\uparrow$$
$$A.b\uparrow := 5+A.a\uparrow$$
$$A.c\uparrow := A.a\uparrow - A.b\uparrow$$
$$B.e\downarrow := A.b\uparrow$$

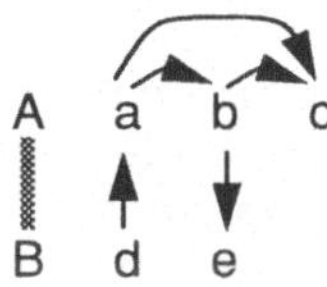

Die Anwendung des Normalisierungsverfahrens auf diesen Kontext ergibt zu Beginn NORM := {A.a↑} und AKT = {A.b↑}. Im ersten Durchlauf der while-Schleife wird in der Auswertungsregel zu A.b↑ der Attributwert A.a↑ ersetzt durch 2*B.d↑. So entsteht durch Substitution die Auswertungsregel

$$A.b\uparrow := 5+2*B.d\uparrow .$$

Danach berechnet man NORM = {A.a↑, A.b↑} und AKT = {A.c↑, B.e↑}.

Aufgabe 3.4.1:

Führen Sie die Anwendung des Normalisierungsverfahrens am Beispiel ganz durch. Was würde sich am Ablauf ändern,

(i) wenn die Auswertungsregel zu A.c↑ lauten würde:

$$A.c\uparrow := A.a\uparrow - A.b\uparrow + B.e\downarrow\ ?$$

(ii) wenn die Auswertungsregel zu A.a.↑ lauten würde:

$$A.a\uparrow := B.d\uparrow + B.e\downarrow\ ?$$

❏

Erfolgreiche Normalisierung einer AG schließt lokale Zyklen innerhalb eines D(p) also aus, nicht aber Zyklen in D(B). An der transitiven Hülle $D^+(B)$ von D(B) lassen sich Zyklen in D(B) unmittelbar ablesen: *Der Attributabhängigkeitsgraph D(B) enthält Zyklen genau dann, wenn $D^+(B)$ Schlingen* (Pfeile von einem Knoten zu sich selbst) *enthält.* Berechnet man die transitive Hülle des Graphen D(B) aus Abbildung 3.2.2, dann kommen zu den Pfeilen noch viele hinzu - z.B. von „Zahl.Folge1.gewicht" nach „Zahl.wert" und von „Zahl.Folge2.Folge.länge" nach „Zahl.Folge2.Ziffer.gewicht" - , aber darunter sind keine Schlingen. Dieser Attributabhängigkeitsgraph ist also zyklenfrei.

Wir gehen im weiteren davon aus, daß die betrachtete attributierte Grammatik AG bereits normalisiert und damit lokal zyklenfrei ist.

Eine solche Grammatik ist *nicht* zyklenfrei, wenn es zu ihr irgendeinen Syntaxbaum B gibt, dessen Attributabhängigkeitsgraph D(B) einen Zyklus enthält. Wir betrachten einen *obersten* Kontext $A \rightarrow X_1 ... X_{np}$, in dem ein Attribut des Zyklus zu berechnen wäre. Als „oberste" Attribute auf dem Zyklus kommen demnach die in diesem Kontext zu bestimmenden Attribute in Frage: synthetisierte Attribute von A und ererbte von den X_i. Da AG normalisiert ist, gibt es im gleichen Kontext keine Attribute, die von einem der genannten Attribute direkt abhängen. Synthetisierte Attribute von A können nur in dem Kontext q verwendet werden, in dem der A-Knoten ein Blatt ist. Dieser Kontext liegt oberhalb des obersten Auswertungskontexts des Zyklus. Also können synthetisierte Attribute von A nicht auf dem Zyklus liegen. Im obersten Kontext $A \rightarrow X_1 ... X_{np}$ wird daher ein ererbtes Attribut eines der X_i bestimmt, kurz: $X_{i1}.e1\downarrow$.

Wovon hängt das Attribut $X_{i1}.e1\downarrow$ ab?

Direkte Abhängigkeit von einem ererbten Attribut von A ist innerhalb des Zyklus nicht möglich, da diese ererbten Attribute in dem oberhalb von $A \to X_1 \dots X_{np}$ gelegenen Kontext q (s.o.) ausgewertet werden. Da die AG normalisiert ist, bleibt nur direkte Abhängigkeit von einem synthetisierten Attribut eines der X_i, kurz $X_{i2}.s2\uparrow$. In $D(A \to X_1 \dots X_{np})$ muß es also einen Pfeil von $X_{i2}.s2\uparrow$ nach $X_{i1}.e1\downarrow$ geben.

Im *Fall $X_{i1} = X_{i2}$* findet man wegen des Zyklus eine (direkte oder mittelbare) Abhängigkeit des Attributs $X_{i2}.s2\uparrow$ vom Attribut $X_{i1}.e1\downarrow$ ($\cong X_{i2}.e2\downarrow$): Einer der Graphen aus ES(X_{i2}) enthält einen Pfeil von $X_{i2}.e2\downarrow$ nach $X_{i2}.s2\uparrow$.

Im *Fall $X_{i1} \neq X_{i2}$* liegt der angenommene Zyklus nicht vollständig im Teilbaum mit der Wurzel X_{i2}, weil der Knoten X_{i1} außerhalb liegt. Von den Attributen eines Teilbaums können nur die ererbten Attribute der Wurzel von einem Attribut außerhalb des Teilbaums abhängen. Damit der Zyklus den Teilbaum bei X_{i2} verlassen kann, muß er ein ererbtes Attribut von X_{i2}, kurz $X_{i2}.e2\downarrow$, umfassen. Von $X_{i2}.e2\downarrow$ hängt $X_{i2}.s2\uparrow$ ab: In einem der Graphen aus ES(X_{i2}) gibt es einen Pfeil von $X_{i2}.e2\downarrow$ nach $X_{i2}.s2\uparrow$. Wie oben finden wir auf dem Zyklus ein synthetisiertes Attribut $X_{i3}.s3\uparrow$, von dem $X_{i2}.e2\downarrow$ direkt abhängt. In $D(A \to X_1 \dots X1_{np})$ gibt es einen Pfeil von $X_{i3}.s3\uparrow$ nach $X_{i2}.e2\downarrow$.

Argumentiert man in dieser Weise weiter, dann ergibt sich die in Abbildung 3.4.2 gezeigte Aufgliederung des Zyklus. Im obersten Auswertungskontext $A \to X_1 \dots X_{np}$ werden die ererbten Attribute $X_{ij}.ej\downarrow$ ausgewertet und hängen jeweils direkt von einem synthetisierten Attribut ab. Jeder dieser direkten Abhängigkeiten entspricht ein Pfeil in $D(A \to X_1 \dots X_{np})$. Vom ererbten Attribut $X_{ij}.ej\downarrow$ hängt jeweils direkt oder mittelbar der Wert von $X_{ij}.sj\uparrow$ ab: In einem der Graphen aus ES(X_{ij}) gibt es einen Pfeil von $X_{ij}.sj\uparrow$ nach $X_{ij}.ej\downarrow$. Diese Pfeile sind in Abbildung 3.4.2 grau gezeichnet, die direkten Abhängigkeiten schwarz. Die X_i aus dem Kontext $A \to X_1 \dots X_{np}$ kommen in Abbildung 3.4.2 jeweils null-, ein- oder mehrmals vor. Bei mehrmaligem Vorkommen eines X_i ist jeweils der gleiche Graph aus ES(X_i) zu verwenden: Ein Zyklus setzt sich aus Pfeilen zusammen, die in *einem* Baum auftreten, nicht aus den Abhängigkeiten in mehreren Bäumen.

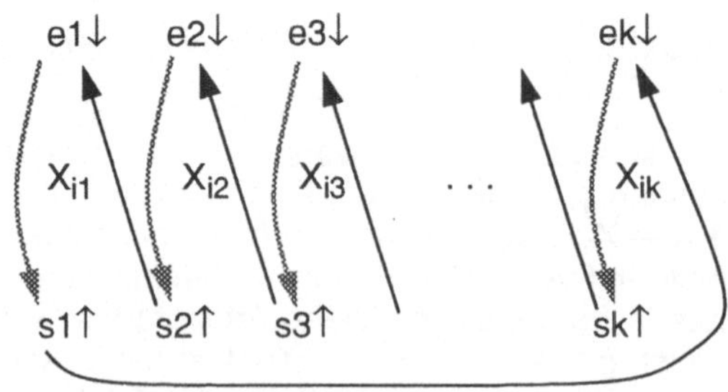

Abbildung 3.4.2: *Aufbau eines Zyklus*

Beim Algorithmus zum *Test der Zyklenfreiheit* einer attributierten Grammatik in Abbildung 3.4.3 werden nacheinander alle Produktionsregeln p der Grammatik als mögliche oberste Auswertungskontexte in einem Zyklus betrachtet. Nach den vorangestellten Überlegungen wäre der Zyklus - falls vorhanden - in der Überlagerung des produktionslokalen Attributflußgraphen D(p) mit entsprechenden ES-Graphen zu beobachten. Ein Zyklus in einem Graphen G offenbart sich in dessen transitiver Hülle G^+ als Schlinge.

```
for all p : A → X₁ ... X_np
do
    for all tuples (D₁, ...,D_np) with Dᵢ∈ ES(Xi)
    do
        if D⁺(A → D1 ... Dnp) enthält Schlinge
        then „AG zyklisch"; stop fi
    od
od;
„AG zyklenfrei"
```

Abbildung 3.4.3: *Zyklenfreiheitstest*

Das Verfahren in Abbildung 3.4.3 ist relativ aufwendig, weil es die kompliziert zu berechnenden ES-Mengen verwendet und weil für jede Produktionsregel sämtliche Überlagerungsmöglichkeiten systematisch durchprobiert werden.

Wesentlich einfacher nachzuprüfen ist die *„absolute Zyklenfreiheit"*, aus der Zyklenfreiheit folgt. Das entsprechende Verfahren in Abbildung 3.3.4 verwendet anstelle der ES-Mengen von Graphen die es-Graphen aus Abschnitt 3.3 und benötigt je Produktionsregel nur eine Überlagerung.

```
for all p : A → X1 ... X_np
do
    if D⁺(A → es(X₁)...es(X_np)) enthält Schlinge
    then „AG zyklisch"; stop fi
od;
„AG zyklenfrei"
```

Abbildung 3.4.4: *Test auf absolute Zyklenfreiheit*

Wir vergleichen die beiden Verfahren: Die Graphen $D_i \in ES(X_i)$, die beim Zyklenfreiheitstest verwendet werden, sind Teilgraphen (d.h. enthalten möglicherweise weniger Pfeile) der Graphen $es(X_i)$, die beim absoluten Zyklenfreiheitstest verwendet werden. Wenn $D^+ (A \to D_1 ... D_{np})$ eine Schlinge enthält, dann gibt es die gleiche Schlinge auch in $D^+(A \to es(X_1) ... es(X_{np}))$ - aber nicht unbedingt umgekehrt. Wenn der Zyklenfreiheitstest einen Zyklus meldet, dann auch der Test auf absolute Zyklenfreiheit. Wenn der Test auf absolute Zyklenfreiheit Erfolg meldet, dann kann man sicher sein, daß die Grammatik auch zyklenfrei ist. Wenn der Test auf absolute Zyklenfreiheit einen möglichen Zyklus meldet, dann läßt sich u.U. mit dem Verfahren aus Abbildung 3.4.3 dennoch Zyklenfreiheit nachweisen. Da in der Praxis zyklenfreie Grammatiken häufig auch absolut zyklenfrei sind, bietet es sich an, eine Grammatik erst auf absolute Zyklenfreiheit zu überprüfen und nur bei Mißerfolg den aufwendigen Zyklenfreiheitstest durchzuführen. Die Eigenschaften „lokal zyklenfrei", „zyklenfrei" und „absolut zyklenfrei" wachsen der Stärke nach an: Aus „absolut zyklenfrei" folgt „zyklenfrei" und aus „zyklenfrei" folgt „lokal zyklenfrei".

Am Beispiel: Wir prüfen die Grammatik der Ternärzahlen auf absolute Zyklenfreiheit. Der Graph es(Zahl) enthält keine Pfeile; die beiden anderen es-Graphen sind:

Überlagerung von D(Zahl → Folge.Folge) mit es(Folge) (zwei Mal!) ergibt den Graphen D(Zahl → es(Folge).es(Folge)):

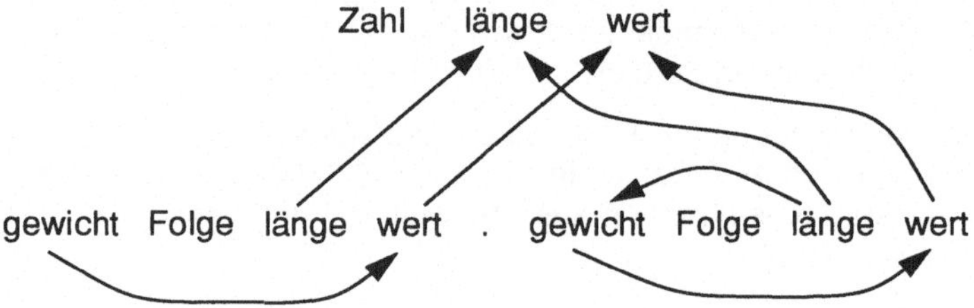

Dessen transitive Hülle D^+(Zahl → es(Folge) . es(Folge)) ist schlingenfrei:

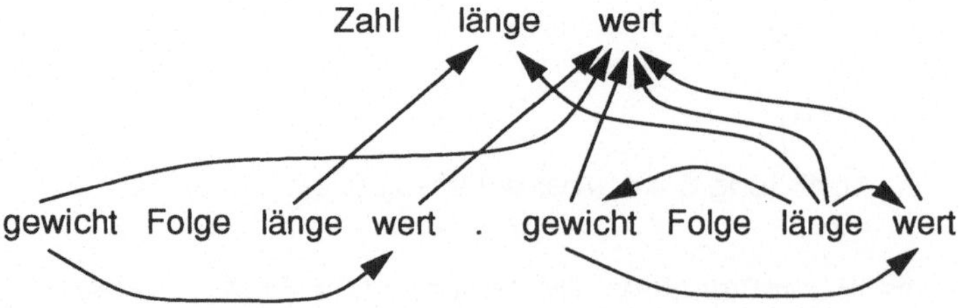

Auch für die anderen Produktionsregeln p ist D^+(p) jeweils schlingenfrei, die gesamte Grammatik daher absolut zyklenfrei und damit auch (lokal) zyklenfrei.

Ist die Grammatik der Dokumente ebenfalls absolut zyklenfrei?

Teil II
Abarbeitungsmechanismen

4 Lexikalische Analyse

Die in *Abschnitt 4.1* eingeführten endlichen Automaten spielen in diesem Buch zwei verschiedene, wichtige Rollen: Zum einen akzeptieren sie als Analysemechanismen genau die durch reguläre Ausdrücke beschriebenen Sprachen und bilden damit das Fundament der lexikalischen Analyse. Zum anderen verwendet eine wichtige Klasse von Syntaxanalyseverfahren endliche Automaten als zentrale Steuerinformation. Die in beiden Anwendungen benötigte Transformation nicht-deterministischer in deterministische endliche Automaten wird ebenfalls in Abschnitt 4.1 bereitgestellt.

Abschnitt 4.2 zeigt, wie man zu regulären Ausdrücken systematisch die zugehörigen endlichen Automaten konstruiert. Da während der lexikalischen Analyse gleichzeitig mit verschiedenen regulären Ausdrücken gearbeitet wird, sind Regeln notwendig, welche den Einsatz der entsprechenden endlichen Automaten koordinieren.

Die „Praktischen Gesichtspunkte" in *Abschnitt 4.3* betreffen:

- die Notation für reguläre Ausdrücke;
- Transformationen, welche den Speicherplatz für endliche Automaten verringern und deren Laufzeitverhalten verbessern;
- Aktionen, welche aus dem Analyse- einen Übersetzungs- bzw. Verarbeitungsvorgang machen.

Mit „Aktionen" lassen sich eigenständige, recht nützliche Werkzeuge konstruieren (vgl. Abschnitt 8.1). Abschnitt 4.3 wendet sich an Leser, die solche Werkzeuge oder Scanner(generatoren) bauen möchten.

4.1 Endliche Automaten

Endliche Automaten sind besonders einfache Analysemechanismen. Sie können nur endlich viele verschiedene interne Zustände annehmen - daher der Name. Endliche Automaten verarbeiten eine vorgelegte Zeichenreihe w einzelzeichenweise von links nach rechts. Zu Beginn der Verarbeitung befindet sich der endliche Automat in seinem Anfangszustand. Beim Lesen eines Zeichens geht der Automat in einen Zustand über, der nur vom letzten Zustand und vom gelesenen Zeichen abhängt. Befindet sich der Automat nach vollständiger Abarbeitung von w in einem seiner Endzustände, dann akzeptiert er das Wort w. Kann der Automat das Wort w nicht vollständig abarbeiten oder befindet er sich nach Abarbeitung nicht in einem Endzustand, dann akzeptiert er w nicht.

Erklärungen: Die Bestimmungsstücke eines *deterministischen endlichen Automaten* $A = (Q, T, q_0, \delta, F)$ sind:

   Q: eine endliche Menge von *Zuständen*

   T ein Alphabet terminaler Zeichen

   q_0:   der *Anfangszustand* $q_0 \in Q$

   F: Eine Menge $F \subseteq Q$ von *Endzuständen*

   δ: eine partielle *Zustandsübergangsfunktion* $\delta \mid Q \times T \to Q$

Da δ partiell ist, muß es nicht zu jedem Paar (q, t) aus Zustand q und Eingabezeichen t einen Folgezustand $\delta (q, t)$ geben.

Den Verarbeitungszustand einer Zeichenreihe durch einen endlichen Automaten beschreibt eine *Konfiguration*

   $$K = (q, x)$$

Darin ist q der *aktuelle Zustand* und x der *Eingaberest*, d.h. der noch nicht verarbeitete Teil der Eingabezeichenreihe.

Die Verarbeitung eines Worts $w \in T^*$ durch den Automaten A beginnt in der *Anfangskonfiguration*

   $$K_0 = (q_0, w).$$

Zu einer Konfiguration (q, ax) legt $\delta(q, a) = p$ eine *Folgekonfiguration* (p, x) fest. Wir schreiben

   $$(q, ax) \vdash (p, x)$$

für einen solchen Schritt. Folgen von mehreren Schritten kürzt man ab durch

   $$(q, xz) \vdash^i (p, z) \qquad (*)$$

Dabei muß u.a. gelten $|x| = i$. Im Fall $i = 0$ ist (q, xz) gleich (p, z). Im Fall $i > 0$ ist x von der Form $x = ay$ und es gibt eine Zwischenkonfiguration (q_1, yz) mit

   $$(q, xz) = (q, ayz) \vdash (q_1, yz) \vdash^{i-1} (p, z).$$

Wenn (*) für irgendein $i \geq 0$ zutrifft, dann schreibt man

   $$(q, xz) \vdash^* (p, z).$$

Wenn (∗) für ein $i \geq 1$ zutrifft (also mindestens ein Schritt ausgeführt wird), dann schreibt man

$$(q, xz) \vdash^+ (p, z).$$

Die Menge L(A) der vom Automaten A akzeptierten Wörter (oder der *Sprachschatz von A*) ist definiert durch:

$$L(A) =_{def} \{\, w \in T^* \mid \exists\, p \in F: (q_0, w) \vdash^* (p, \varepsilon) \,\}$$

Beispiele: Der Automat $A_1 = (Q, T, q_0, F, \delta)$ ist bestimmt durch

$$Q = \{p1, p2, p3, p4, p5\}$$
$$T = \{a, b\}$$
$$q_0 = p1$$
$$F = \{p1, p3\}$$

δ	a	b
p1	p2	-
p2	p3	-
p3	p4	p3
p4	-	p5
p5	p1	-

Einfacher zu verstehen ist die folgende graphische Darstellung, in der allgemein

für $\delta(p, c) = q$

steht, der Anfangszustand durch ein Kreuz und die Endzustände durch doppelte Umrandung gekennzeichnet sind.

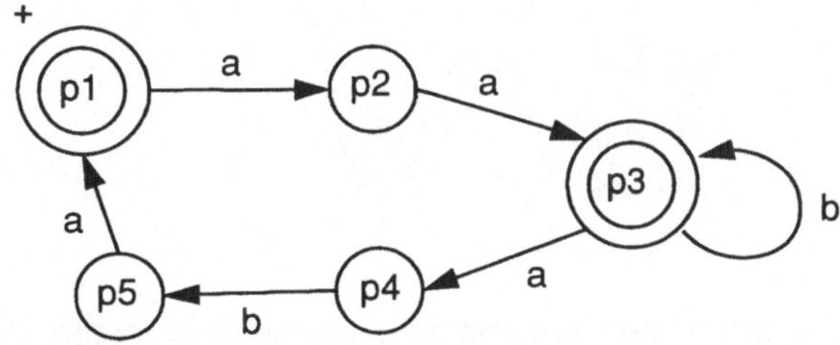

Man erkennt, daß Wörter in $L(A_1)$ eine gerade Anzahl von a's enthalten. In jedem Zyklus von vier a's folgt auf das dritte a genau ein b und auf das zweite beliebig viele b's. Damit liegt z.B. das leere Wort in $L(A_1)$; formal folgt das aus

$(p1, \varepsilon) \vdash^* (p1, \varepsilon)$ und $p1 \in F$.

Wegen $(p1, aab)$

$\vdash (p2, ab)$

$\vdash (p3, b)$

$\vdash (p3, \varepsilon)$ und $p3 \in F$

liegt auch das Wort aab in $L(A_1)$. Dagegen liegt das Wort aabaab nicht in $L(A_1)$

Der Automat A_2, der sich von A_1 nur durch die Menge $F = \{p2, p4, p5\}$ der Endzustände unterscheidet, akzeptiert Wörter mit einer ungeraden Anzahl von a's (und den gleichen Eigenschaften bezüglich der b's wie A_1).

Automaten mit leerer Endzustandsmenge F haben auch einen leeren Sprachschatz!

Den Sprachschatz der MORSEZEICHEN (vgl. Kap. 2.1) akzeptiert der folgende Automat::

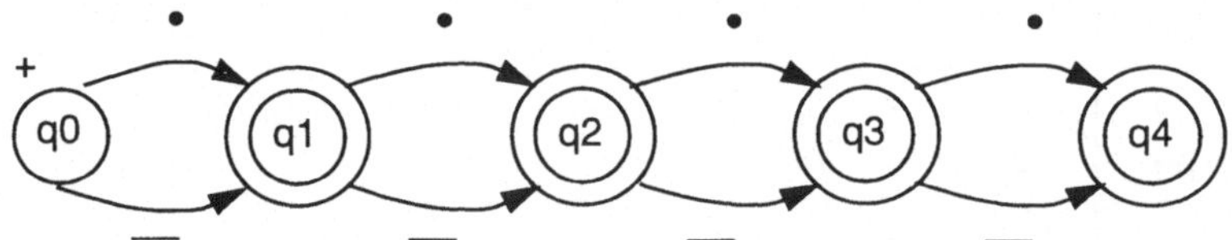

Der nächste Automat akzeptiert die römischen Zahlen mit Werten zwischen eins und zehn:

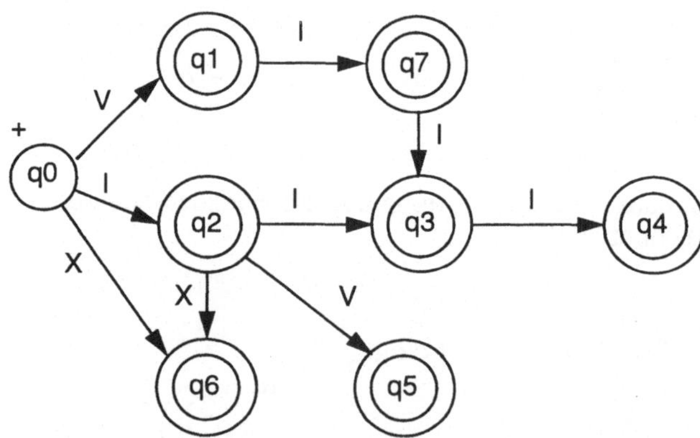

Aufgabe 4.1.1:

Ergänzen Sie den letzten Automaten zu einem Automaten, der *alle* römischen Zahlen akzeptiert. *Hinweis:* Die graphische Darstellung eines solchen Automaten wird sehr unübersichtlich. Konstruieren Sie besser die Tabelle der Zustandsübergangsfunktion δ.

❏

Die oben definierten endlichen Automaten sind *deterministisch* in dem Sinn, daß es in jedem Zustand zu jedem Eingabezeichen höchstens einen Folgezustand gibt.

Nicht-deterministische endliche Automaten: In der graphischen Darstellung des endlichen Automaten sind je zwei aus dem gleichen Knoten auslaufende Kanten mit verschiedenen Zeichen aus T markiert.Manchmal ist es praktisch, diese Bedingung zu verletzen und einen einfacher gebauten, *nicht-deterministischen* Automaten anzugeben. Ein Beispiel dafür ist der folgende Automat A_{2oder3} über dem Alphabet $T = \{a\}$, der genau die Folgen von a's akzeptiert, deren Länge durch 2 oder duch 3 ohne Rest teilbar ist:

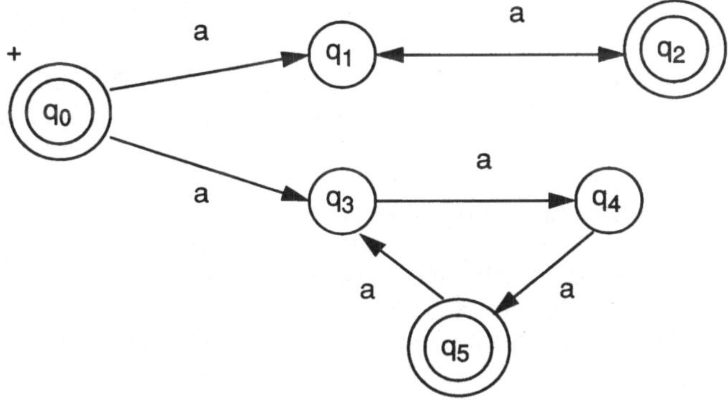

Wenn man von q_0 aus der oberen a-Kante nach q_1 folgt, dann werden Wörter gerader Länge erkannt; wenn man die untere a-Kante nach q_3 wählt, dann sind es Wörter mit einer duch drei teilbaren Länge. Akzeptiert wird ein Wort w von einem nicht-deterministischen Automaten, wenn es eine Übergangsfolge

$$(q_0, w) \vdash^* (p, \varepsilon)$$

gibt, die nach Abarbeitung von w in einen Endzustand p endet. Gemäß dieser Erklärung akzeptiert der folgende Automat A_{ohne1} über $T = \{a\}$ alle Wörter aus T* außer a:

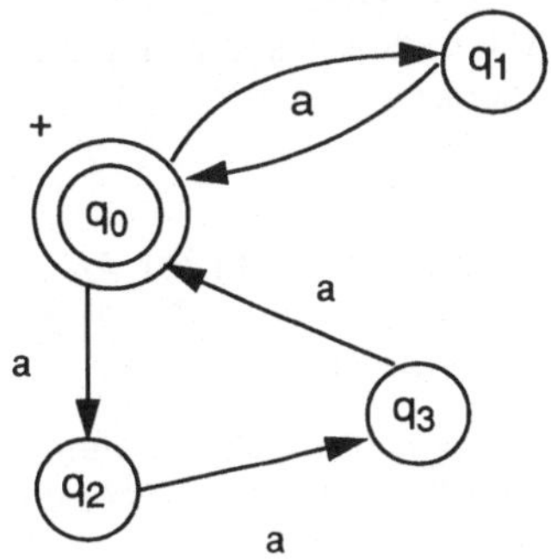

Um beispielsweise das Wört w = aaaaaaa zu akzeptierten, muß man von q_0 aus zwei mal die Kante nach q_1 und einmal die Kante nach q_2 durchlaufen.

Die Funktionswerte der Zustandsübergangsfunktion δ sind bei nicht-deterministischen Automaten Mengen von Zuständen. So gehört zum Automaten A_{ohne1}:

δ	a
q_0	$\{q_1, q_2\}$
q_1	$\{q_0\}$
q_2	$\{q_3\}$
q_3	$\{q_0\}$

Die Funktionalität von δ ist also $\delta \mid Q \times T \rightarrow 2^Q$ (2^Q bezeichnet die Potenzmenge von Q). Es stellt sich heraus, daß nichtdeterministische Automaten nicht mächtiger sind als die deterministischen. *Wir können nämlich zu jedem nicht-deterministischen endlichen Automaten A_{ND} einen deterministischen endlichen Automaten A_D mit gleichem Sprachschatz konstruieren.* Ausgangspunkt für diese Konstruktion ist die Beobachtung, daß sich ein nicht-deterministischer Automat nach Abarbeitung eines Teilworts zwar nicht in einem eindeutig bestimmten Zustand befindet, aber in einem Zustand aus einer eindeutig bestimmten Menge von Zuständen. So ergeben sich für A_{2oder3} und die Anfangsstücke von w = aaaaa folgende Zustandmengen:

ε $\{q_0\}$

a $\{q_1, q_3\}$

aa $\{q_2, q_4\}$

aaa $\{q_1, q_5\}$

aaaa $\{q_2, q_3\}$

aaaaa $\{q_1, q_4\}$

Da weder q_1 noch q_4 ein Endzustand ist, akzeptiert A_{2oder3} das Wort aaaaa nicht, ebensowenig das Anfangsstück a. Alle anderen Anfangsstücke werden akzeptiert, da sich in den zugeordneten Zustandsmengen jeweils ein Endzustand befindet.

Man beachte, daß mit der Zustandsmenge Q auch die Menge 2^Q aller Teilmengen von Q endlich ist! In der folgenden Konstruktion werden wir die erreichbaren Zustandmengen eines nicht-deterministischen Automaten als Zustände eines deterministischen Automaten auffassen. Nach ihrem Erfinder benannt ist die

Myhillsche Teilmengenkonstruktion:

Gegeben ein nicht-deterministischer endlicher Automat A_{ND} = $(Q_{ND}, T, q_{ND}, \delta_{ND}, F_{ND})$. Ein deterministischer endlicher Automat A_D = $(Q_D, T, q_D, \delta_D, F_D)$ mit gleichem Sprachschatz ergibt sich nach folgender Vorschrift:

(i)   Der Anfangszustand q_D := $\{q_{ND}\}$, d.h. die einelementige Menge mit dem Anfangszustand von A_{ND}als Element. Alle Zustände von A_D sind Mengen von Zuständen von A_{ND}, d.h. $Q_D \subseteq 2^{Q_{ND}}$.

(ii) Ausgehend von q_D wird δ_D zeilenweise gemäß ($a \in T$)

$$\delta_D(q, a) := \bigcup_{p \in q} \delta_{ND}(p, a)$$

berechnet und dabei neue Tabelleneinträge nach Q_D übernommen.

(iii) Endzustände von A_{ND} sind solche, die einen Endzuständ von A_{ND} enthalten, d.h.

$$F_D = \{\, q \in Q_D \mid q \cap F_{ND} \neq \varnothing \,\}$$

Am Beispiel: Anwendung der Myhillschen Teilmengenkonstruktion auf den nicht-deterministischen Automaten A_{ohne1} ergibt:

(i)　　　$q_D = \{q_0\}$

(ii)　　　Die erste Zeile von δ_D lautet

δ_D	a
$\{q_0\}$	$\{q_1, q_2\}$

Für den neuen Tabelleneintrag $\{q_1, q_2\}$ ergibt sich die nächste Zeile

	a
$\{q_1, q_2\}$	$\{q_0, q_3\}$

und in entsprechender Weise der Rest der Tabelle:

	a
$\{q_0, q_3\}$	$\{q_0, q_1, q_2\}$
$\{q_0, q_1, q_2\}$	$\{q_0, q_1, q_2, q_3\}$
$\{q_0, q_1, q_2, q_3\}$	$\{q_0, q_1, q_2, q_3\}$

Die Zustandsmenge Q_D enthält den Anfangszustand q_D und alle daraus berechneten Nachfolgezustände, also:

$$Q_D = \{\, \{q_0\}, \{q_1, q_2\}, \{q_0, q_3\}, \{q_0, q_1, q_2\}, \{q_0, q_1, q_2, q_3\} \,\}$$

(iii) Wegen $F_{ND} = \{q_0\}$ ergibt sich:

$$F_D = \{\, \{q_0\}, \{q_0, q_3\}, \{q_0, q_1, q_3\}, \{q_0, q_1, q_2, q_3\} \,\}$$

Mit den Abkürzungen

$$p_0 = \{q_0\}, \; p_1 = \{q_1, q_2\}, \; p_2 = \{q_0, q_3\},$$

$$p_3 = \{p_0, q_1, q_2\} \text{ und } p_4 = \{q_0, q_1, q_2, q\}$$

erhalten wir folgende graphische Darstellung des deterministischen Automaten:

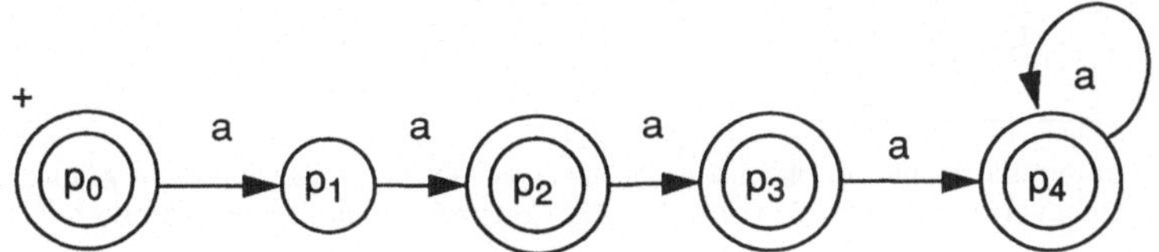

Offensichtlich akzeptiert der ebenfalls deterministische endliche Automat:

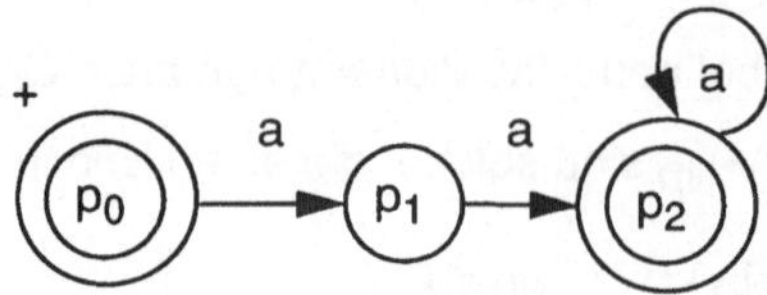

den gleichen Wortschatz.[1]

Aufgabe 4.1.2:

Wenden Sie die Myhillsche Teilmengenkonstruktion auf den Automaten $A_{2 oder 3}$ an.

❏

Nicht-deterministische endliche Automaten mit ε-Übergängen: Eine weitere nützliche Ergänzung endlicher Automaten sind ε-*Kanten* der Form

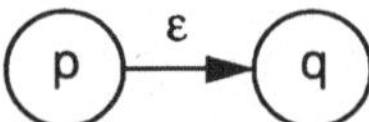

Sie erlauben *„spontane Übergänge"* wie

$$(p, x) \vdash (q, x)$$

bei denen kein Zeichen gelesen wird und sich nur der Zustand der Konfiguration verändert.

Beispiel: Der folgende Automat über $T = \{0, 1, 2, 3, 4, 5, 6, 7, 8, 9\}$ akzeptiert alle Zeichenreihen aus T^*, in denen die Ziffern aufsteigend angeordnet sind, da von jedem Zustand aus spontane Übergänge bis in den Endzustand q_9 möglich sind.

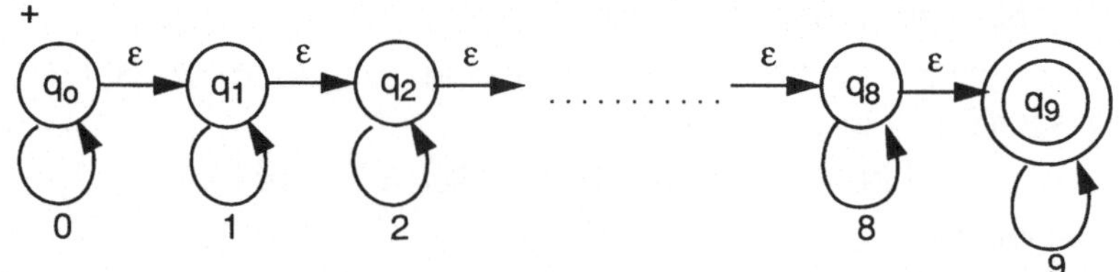

Wegen

$$(q_0, 2448 \vdash (q_1, 2448) \vdash (q_2, 2448)$$
$$\vdash (q_2, 448) \vdash (q_3, 448) \vdash (q_4, 448)$$
$$\vdash (q_4, 48)$$

---

1. Zu jedem deterministischen endlichen Automaten gibt es einen äquivalenten Automaten mit einer minimalen Anzahl von Zuständen. Die einschlägige Konstruktion von Myhill-Nerode beschreiben wir in Abschnitt 4.3.

$$\vdash (q_4, 8) \vdash (q_5, 8) \vdash (q_6, 8) \vdash (q_7, 8) \vdash (q_8, 8)$$
$$\vdash (q_8, \varepsilon) \vdash (q_9, \varepsilon)$$

liegt das Wort 2448 im Sprachschatz dieses Automaten. Das Wort 90 wird dagegen nicht akzeptiert, weil es im Zustand q_9 keinen Übergang mit 0 gibt.

Um zu zeigen, daß es zu jedem nicht-deterministischen endlichen Automaten mit ε-Übergängen einen äquivalenten deterministischen endlichen Automaten *ohne* ε-Übergänge gibt, genügt die folgende Modifikation der Myhillschen Teilmengenkonstruktion.

Die Menge der Zustände, die man von einem gegebenen Zustand q aus über null oder mehr ε-Kanten erreicht, bezeichnen wir als ε-**Hülle** von q, in Zeichen: $\mathbf{h_\varepsilon(q)}$.

In Schritt (i) der Myhillschen Teilmengenkonstruktion ersetzt man

$$\{q_{ND}\} \quad \text{durch} \quad h_\varepsilon(q_{ND})$$

und in Schritt (ii) die Zeile

$$\delta_D(q, a) := \bigcup_{p \in Q} \delta_{ND}(p, a)$$

durch

$$\delta_D(q, a) := \bigcup_{p \in Q} h_\varepsilon(\delta_{ND}(p, a))$$

Am Beispiel: Für den zuletzt betrachteten Automaten mit ε-Übergängen berechnen wir:

$$h_\varepsilon(q_0) = \{q_0, q_1, q_2, q_3, q_4, q_5, q_6, q_7, q_8, q_9\}$$
$$= \{q_i \in Q \mid i \geq 0\}$$
$$h_\varepsilon(q_1) = \{q_1, q_2, q_3, q_4, q_5, q_6, q_7, q_8, q_9\}$$
$$= \{q_i \in Q \mid i \geq 1\}$$

Für diesen Automaten gilt allgemein

$$h_\varepsilon(q_j) = \{q_i \in Q \mid i \geq j\}.$$

Der Anfangszustand des deterministischen endlichen Automaten ergibt sich demnach zu

$$q_D = h_\varepsilon(q_0) = \{q_i \in Q \mid i \geq 0\} = Q$$

In Schritt (ii) der Konstruktion erhalten wir folgende Nachfolger dieses Anfangszustands:

$$\delta_D(q_D, 0) = \bigcup_{p \in q_D} h_\varepsilon(\delta_{ND}(p, 0)) = h_\varepsilon(q_0)$$
$$\delta_D(q_D, 1) = \bigcup_{p \in q_D} h_\varepsilon(\delta_{ND}(p, 1)) = h_\varepsilon(q_1)$$

u.s.w.

Die Nachfolger des Anfangszustands erfüllen bei diesem Automaten:

$$\delta_D(q_D, i) = h_\varepsilon(q_i)$$

Fährt man in dieser Weise fort, dann stellt sich heraus, daß hier die Zustände des deterministischen Automaten gerade die ε-Hüllen der Zustände des gegebenen Automaten sind und daß die Übergangsfunktion δ_D folgender Gleichung genügt:

$$\delta(h_\varepsilon(q_i), j) = \text{if } i \leq j \text{ then } h_\varepsilon(q_j) \text{ else undef}.$$

Alle Zustände des deterministischen Automaten enthalten den Endzustand q_9 des gegebenen Automaten und sind damit selber Endzustände.

Aufgabe 4.1.3:

> Vervollständigen Sie diese Konstruktion und zeigen Sie, wie der entstandene deterministische Automat das Wort 2448 akzeptiert und das Wort 90 nicht akzeptiert.

❑

Ein Beispiel mit weniger regelmäßiger Struktur ist folgende Variante $A_{2/3}$ von A_{2oder3}:

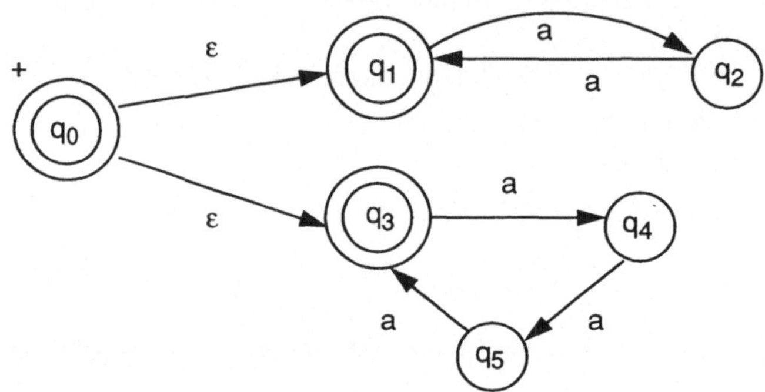

Als Anfangszustand des zugehörigen deterministischen Automaten erhalten wir

$$q_D = h_\varepsilon(q_0) = \{q_0, q_1, q_3\}.$$

Die Zustandsübergangsfunktion δ_D des deterministischen Automaten ergibt sich zu:

δ_D	a
$\{q_0, q_1, q_3\}$	$\{q_2, q_4\}$
$\{q_2, q_4\}$	$\{q_1, q_5\}$
$\{q_1, q_5\}$	$\{q_2, q_3\}$
$\{q_2, q_3\}$	$\{q_1, q_4\}$
$\{q_1, q_4\}$	$\{q_2, q_5\}$
$\{q_2, q_5\}$	$\{q_1, q_3\}$
$\{q_1, q_3\}$	$\{q_2, q_4\}$

Alle Zustände außer $\{q_2, q_4\}$ und $\{q_2, q_5\}$ sind Endzustände. An der Folge

$$(\{q_0, q_1, q_3\}, aaaaa)$$
$$\vdash (\{q_2, q_4\}, aaaa)$$
$$\vdash (\{q_1, q_5\}, aaa)$$
$$\vdash (\{q_2, q_3\}, aa)$$
$$\vdash (\{q_1, q_4\}, a)$$
$$\vdash (\{q_2, q_5\}, \varepsilon)$$

kann man ablesen, daß das Wort aaaa nicht akzeptiert wird, weil $\{q_2, q_5\}$ kein Endzustand ist, das Anfangsstück aaaa dagegen schon, weil der damit erreichte Zustand $\{q_1, q_4\}$ ein Endzustand ist.

Aufgabe 4.1.4:

Konstruieren Sie zu den folgenden drei Automaten jeweils einen äquivalenten deterministischen Automaten und wenden Sie den jeweils entstandenen Automaten auf alle Anfangsstücke von aaaaa an.

(1)

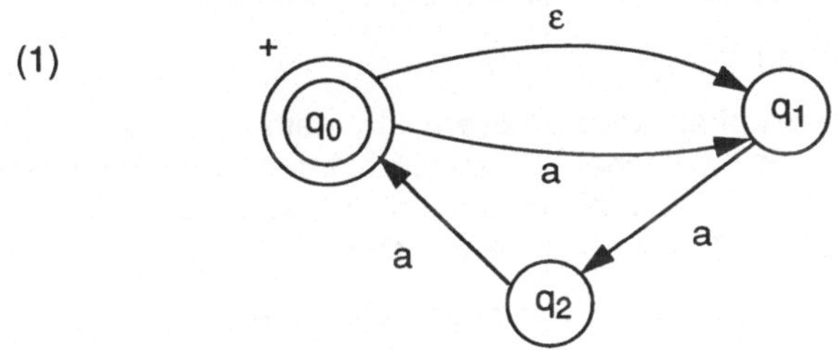

(2)   der Automat, der ensteht, wenn man in $A_{2/3}$ eine ε-Kante von q_2 nach q_4 hinzufügt.

(3)   der Automat, der entsteht, wenn man in $A_{2/3}$ eine ε–Kante von q_2 nach q_0 hinzufügt.

❏

4.2   Analyse mit regulären Ausdrücken

Reguläre Ausdrücke und endliche Automaten sind gleichwertig in dem Sinn, daß es zu jeder durch einen regulären Ausdruck definierten Sprache einen endlichen Automaten gibt, der genau diese Sprache akzeptiert und umgekehrt zu jedem endlichen Automaten einen „entsprechenden" regulären Ausdruck. Beide Behauptungen weist man durch Konstruktion nach. Wir beschreiben hier nur die eine Richtung: die Konstruktion eines endlichen Automaten als Akzeptor zu einer durch einen regulären Ausdruck gegebenen Sprache. Zunächst eine Vorüberlegung. Gegeben sei ein regulärer Ausdruck r und ein Wort w. Wie prüft man nach, ob w in L(r) liegt? Als Beispiel verwenden wir den regulären Ausdruck

$$(1 + 2) (0 + 1 + 2)^*$$

für vorzeichenlose, ganze Ternärzahlen ohne führende Nullen und das Wort 2021, das „offenbar" dieser Beschreibung entspricht. Um die Entsprechung zwischen r und w nachzuprüfen, vergleichen wir beide Zeichen für Zeichen. Die Stelle, an der wir uns gerade in r bzw. in w befinden, markieren wir mit einem Sonderzeichen (dem fett gedruckten Punkt •). Der Punkt steht am Anfang oder unmittelbar hinter dem zuletzt erfolgreich verglichenen terminalen Zeichen. Während der Punkt in w schrittweise von links nach rechts weitergesetzt wird, sind in r bei Alternativen Verzweigungen und bei Iterationen Rücksprünge erforderlich. In unserem Beispiel ergibt sich:

$$\bullet\,(1 + 2)\,(0 + 1 + 2)^* \qquad \bullet\,2021$$
$$(1 + 2\,\bullet)\,(0 + 1 + 2)^* \qquad 2\,\bullet\,021$$
$$(1 + 2)\,(0\,\bullet + 1 + 2)^* \qquad 20\,\bullet\,21$$
$$(1 + 2)\,(0 + 1 + 2\,\bullet)^* \qquad 202\,\bullet\,1$$
$$(1 + 2)\,(0 + 1\,\bullet + 2)^* \qquad 2021\,\bullet$$

Woran erkennt man, daß der reguläre Ausdruck damit komplett abgearbeitet ist? Und nach welchen Regeln wird der Punkt innerhalb des regulären Ausdrucks versetzt? Schließlich: Welcher Zusammenhang besteht mit endlichen Automaten?

Wir beginnen mit der letzten Frage.

Automaten zu regulären Ausdrücken konstruieren: In einem regulären Ausdruck gibt es endlich viele mögliche Punktstellungen. Da der Punkt den Verarbeitungsstand auf Seiten des regulären Ausdrucks eindeutig charakterisiert, liegt es nahe, die verschiedenen Punktstellungen in r als Zustände zu verwenden.

Formal ergibt sich die *Zustandsmenge* Q des endlichen Automaten zu

$$Q = \{\lambda \bullet \rho \mid \lambda\rho = r\}$$

Anfangszustand ist

$$q_0 = \bullet\,r$$

Die *Zustandsübergangsfunktion* δ ist so festzulegen, daß der obigen Vergleichsfolge die Konfigurationsfolge

$$(\bullet\,(1 + 2)\,(0 + 1 + 2)^*,\,\bullet\,2021)$$
$$\vdash^+ ((1 + 2\,\bullet)\,(0 + 1 + 2)^*,\,2\,\bullet\,021)$$
$$\vdash^+ ((1 + 2)\,(0\,\bullet + 1 + 2)^*,\,20\,\bullet\,21)$$
$$\vdash^+ ((1 + 2)\,(0 + 1 + 2\,\bullet)^*,\,202\,\bullet\,1)$$
$$\vdash^+ ((1 + 2)\,(0 + 1\,\bullet + 2)^*,\,2021\,\bullet)$$

entspricht. Die möglichen Übergänge hängen ab von dem kleinsten regulären Teilausdruck, der dem Punkt folgt oder ihn einschließt. Wir unterscheiden Übergänge mit einem terminalen Zeichen a und spontane (oder ε-)Übergänge. Alle Übergänge erfolgen in einem beliebigen Links- und Rechtskontext (λ und ρ). Da sich insgesamt ein nichtdeterministischer Automat ergeben wird, notieren wir die Übergänge in der Form $\delta(...,...) = \{...\}$. Nach dem Aufbau regulärer Ausdrücke konstruiert man die Übergänge gemäß den Regeln:

(1) Wenn der Punkt vor einem terminalen Zeichen a steht, dann ist ein a-Übergang möglich, nach dem der Punkt hinter a steht:

$$\delta\,(\lambda \bullet a\,\rho, a) = \{\lambda\,a \bullet \rho\}$$

(2) Wenn der Punkt vor ε steht, dann ergibt sich analog der spontane Übergang

$$\delta\,(\lambda \bullet \varepsilon\,\rho, \varepsilon) = \{\lambda\,\varepsilon \bullet \rho\}$$

(3) Wenn der Punkt vor $\varnothing$ steht, dann ist kein Übergang möglich:

$$\delta\,(\lambda \bullet \varnothing\,\rho, ...) = \varnothing$$

(4) Im Zusammenhang mit einer Alternative (s + t) gibt es die Unterfälle:

> (4.1) Der Punkt steht vor der Alternative und verzweigt in einem spontanen Übergang in einen der Äste.
>
> $$\delta\,(\lambda \bullet (s + t)\,\rho,\,\varepsilon) = \{\lambda\,(\bullet\,s + t)\,\rho,\,\lambda\,(s + \bullet\,t)\,r\}$$
>
> (4.2) Der Punkt steht am Ende eines Astes und verläßt die Alternative nach einem spontanen Übergang. Also
>
> $$\delta\,(\lambda\,(s \bullet + t)\,\rho,\,\varepsilon) = \delta\,(\lambda\,(s + t\bullet)\,\rho,\,\varepsilon) = \{\lambda\,(s + t) \bullet \rho\}$$

(5) Eine Konkatenation (s t) wird in spontanten Übergängen betreten und verlassen:

$$\delta\,(\lambda \bullet (s\,t\,)\,\rho,\,\varepsilon) = \{\lambda\,(\bullet\,s\,t)\,\rho\}$$
$$\delta\,(\lambda\,(s\,t\ \bullet\,)\,\rho,\,\varepsilon) = \{\lambda\,(s\,t) \bullet \rho\}$$

(6) Im Zusammenhang mit der Iteration (s*) gibt es die Unterfälle

> (6.1) Die Iteration wird spontan betreten oder übersprungen:
>
> $$\delta\,(\lambda \bullet (s^*)\,\rho,\,\varepsilon) = \{\lambda\,(\bullet\,s^*)\,\rho,\,\lambda\,(s^*) \bullet \rho\}$$
>
> (6.2) Auf einen Durchlauf folgt spontan der nächste oder das Verlassen der Iteration:
>
> $$\delta\,(\lambda\,(s \bullet {}^*)\,\rho,\,\varepsilon) = \{\lambda\,(\bullet\,s^*)\,\rho,\,\lambda\,(s^*) \bullet \rho\}$$

Schließlich zurück zur Frage, woran man das Ende der Ableitung von r erkennt. Der reguläre Ausdruck r ist vollständig abgearbeitet, wenn sich der Punkt am Ende befindet. Unser Automat hat demnach den einzigen *Endzustand* r $\bullet$, d.h. F = {r $\bullet$ }.

Am Beispiel: Da der reguläre Ausdruck (1+2) (0+1+2)* aus insgesamt 13 Zeichen besteht, gibt es 14 mögliche Punktstellungen darin und damit insgesamt 14 Zustände:

> $\bullet$ (1 + 2) (0 + 1 + 2)*
>
> ($\bullet$ 1 + 2) (0 + 1 + 2)*
>
> (1 $\bullet$ + 2) (0 + 1 + 2)*
>
> . . . .
>
> (1 + 2) (0 + 1 + 2) $\bullet$ *
>
> (1 + 2) (0 + 1 + 2)* $\bullet$

Wir numerieren diese Zustände wie folgt:

$$p_i := \lambda \bullet \rho \text{ mit } |\lambda| = i \text{ und } \lambda\rho = (1{+}2)\,(0{+}1{+}2)^*$$

Dann ist $q_0 = p_0 = \bullet$ (1+2) (0+1+2)* der Anfangszustand und p_{13} = (1+2) (0+1+2)* $\bullet$ der einzige Endzustand des Automaten. Die ersten Zeilen der Zustandsübergangsfunktion δ ergeben sich zu:

δ	ε	0	1	2
p_0	$\{p_1,\,p_3\}$	$\varnothing$	$\varnothing$	$\varnothing$
p_1	$\varnothing$	$\varnothing$	$\{p_2\}$	$\varnothing$
p_2	$\{p_5\}$	$\varnothing$	$\varnothing$	$\varnothing$

Aufgabe 4.2.1:

Vervollständigen Sie die Tabelle der Zustandsübergangsfunktion und zeigen Sie, wie der berechnete Automat das Wort 2021 akzeptiert.

❏

Besonders aufmerksame Leser werden bemerkt haben, daß sich die Konstruktionsregeln streng genommen nur auf vollständig geklammerte reguläre Ausdrucke anwenden lassen. Im Beispiel müßte man also zunächst übergehen zu

((1+2) ((0+1)+2)*))

Tatsächlich führen überflüssige Klammern um Iterationen und Konkatenationen nur zu zusätzlichen ε-Übergängen. Auch ergibt die strenge Umsetzung geschachteter Alternativen wie ((0+1)+2) nur zusätzliche, überflüssige Zwischenzustände. Wir dürfen also die Konstruktionsregeln sinngemäß auf unvollständig geklammerte reguläre Ausdrücke anwenden.

Aufgabe 4.2.2:

Das Ergebnis der letzten Aufgabe ist die Zustandsübergangsfunktion eines nicht-deterministischen endlichen Automaten mit ε-Übergängen. Wenden Sie die Techniken aus Abschnitt 4.1 an, um dazu einen äquivalenten deterministischen Automaten ohne ε-Übergänge zu konstruieren und setzen Sie diesen Automaten wieder auf das Wort 2021 an.

❏

Darstellung von Zustandsmengen: Die Zustände des zu einem regulären Ausdruck konstruierten nicht-deterministischen Automaten sind reguläre Ausdrücke mit einem eingestreuten Punkt. Beim Übergang zum deterministischen endlichen Automaten erhalten wir als Zustände Mengen gepunkteter regulärer Ausdrücke. Alle diese gepunkteten regulären Ausdrücke unterscheiden sich nur in der Punktstellung, nicht im regulären Ausdruck. Es bietet sich daher an, eine solche Menge gepunkteter Ausdrücke zu einem einzigen Ausdruck mit entsprechend vielen Punkten zusammenzufalten, z.B.

• (1+0)*0,   (• 1+0)*0,   (1+ • 0)*0,   (1+0)* • 0

zu

• (• 1 + • 0)* • 0

Hält man sich vor Augen, daß das Bilden der ε-Hülle hier darin besteht, die vorhandenen Punkte überall dahin zu propagieren, wohin man sie mit ε-Übergängen bewegen könnte, dann läßt sich der deterministische Automat zu einem gegebenen regulären Ausdruck direkt angeben. Als Beispiel betrachten wir den regulären Ausdruck $(1 + 0)^* \, 0$, der die Sprache der geraden Binärzahlen beschreibt. Es gilt:

h_ε(• (1+0)*0)

= {• (1+0)*0,   (• 1+0)*0,   (1+ • 0)*0,   (1+0)* • 0 }

Also ist der Anfangszustand des deterministischen Automaten:

• (• 1 + • 0)* • 0

Fährt man in dieser Weise fort, dann ergibt sich der deterministische Automat:

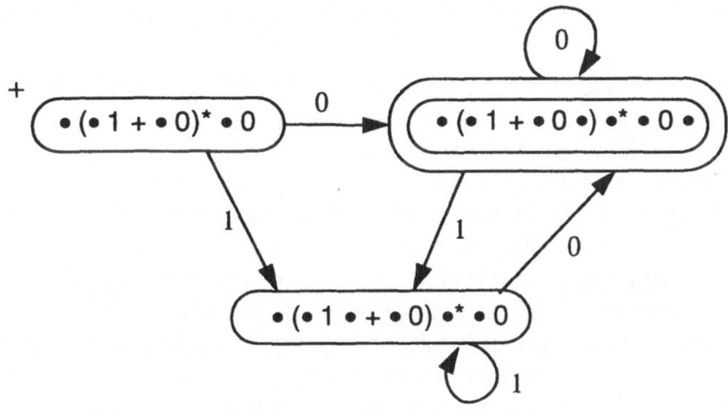

Aufgabe 4.2.3:

Erläutern Sie die Berechnung von

$$\delta\,(•\,(•\,1 + •\,0)^* • 0,\,0) = •\,(•\,1 + •\,0\,•)\,•^*\,•\,0\,•$$

im Detail.

❏

Analyse mit mehreren Zielen: Während der lexikalischen Analyse als erster, der Syntaxanalyse vorangehender Verarbeitung der Eingabezeichenfolge wird in der Regel nicht nach Wörtern gesucht, die *einem* regulären Ausdruck entsprechen, sondern gleichzeitig mit *mehreren* regulären Ausdrücken gearbeitet. Bei einer Programmiersprache gehören dazu typischerweise reguläre Ausdrücke für Zahlkonstanten, Operatorsymbole, Bezeichner und Wortsymbole. Die zugehörigen Sprachschätze können Wörter enthalten, die Teilzeichenreihen von Wörtern anderer Sprachschätze sind (z.B. die Zahl „60" als Teilzeichenreihe des Bezeichners „alpha60") oder sogar überlappen (z.B. sind alle Wortsymbole auch Bezeichner). Einzelne gültige Wörter können Präfixe anderer Wörter sein (z.B. „<„ von „<=", beides Operatorsymbole).

Die naheliegende Lösung, alle beteiligen regulären Ausdrücke r_1, r_2, ... , r_n einfach zu einer Alternative $r_1 + r_2 + ... + r_n$ zu verbinden, ist deswegen unbefriedigend, weil man schon wissen möchte, ob das gerade erkannte Symbol eine Zahl ist, ein Wortsymbol, ein Operator oder was sonst.

Ein weiteres Problem: Wann soll man ein Wort erkannt betrachten, wenn z.B. die bisher aufgereihten Zeichen ein gültiges Wort darstellen, aber auch noch Fortsetzungen des Wortes möglich sind? Da jedes nichtleere Präfix eines Bezeichners selbst ein gültiger Bezeichner und fast jedes Präfix einer Zahlkonstanten selbst eine Zahlkonstante ist, liegt es nahe, nach folgender Regel zu verfahren:

(R1) Die Analyse mit eine endlichen Automaten wird solange wie möglich fortgesetzt. Danach gilt das längste Präfix als akzeptiert, bei dem ein Endzustand erreicht wurde.

Am Beispiel: Der zuletzt konstruierte deterministische endliche Automat für gerade Binärzahlen bricht nach 6 Schritten ab, wenn er auf die Zeichenfolge 101011a010 angewendet wird. Als akzeptiert gilt das Präfix 1010, bei dem zuletzt der Endzustand erreicht wurde.

Die **Koordination der Automaten** bei der Analyse mit mehreren Zielen beschreibt die folgende Regel:

(R2) Stets ist innerhalb der Eingabezeichenreihe ein *Aufsetzpunkt* eindeutig festgelegt: zu Beginn das erste Zeichen der Eingabe bzw. später das erste Zeichen nach dem zuletzt erkannten Wort. Am Aufsetzpunkt werden alle verwendeten Automaten angesetzt und die Eingabe gemäß (R1) mit jedem Automaten zeichenweise abgearbeitet. Als *erfolgreich erkannt* gilt das längste von einem der Automaten erkannte Wort. Der Name dieses Automaten (bzw. des regulären Ausdrucks, aus dem er entstanden ist) wird zusammen mit dem Wort als Ergebnis gemeldet. Falls mehrere Automaten das längste Wort akzeptieren, wird unter ihnen der Automat mit der höchsten Priorität ausgewählt. Zu diesem Zweck werden vorab alle Automaten (bzw. regulären Ausdrücke) zu einer linearen (Prioritäts-)Ordnung aufgereiht.

Beispielsweise wird man Wortsymbolen durch höhere Priorität Vorrang vor den Bezeichnern einräumen.

Ein Beispiel: Um die Anwendung der Regeln (R1) und (R2) demonstrieren zu können, haben wir in die folgenden regulären Ausdrücke bewußt und gehäuft Überlappungen eingebaut, die im Einzelnen aber nicht unrealistisch sind. Inhaltlich geht es um die Auswertung arithmetischer Ausdrücke. Operanden sind Variablenbezeichner, Registernamen und Zahlkonstanten. Variablenbezeichner sind wie üblich gegeben durch:

$$\text{bez} = \text{Bu (Bu + Zi)}^* ,$$

wobei Bu Abkürzung für (a + b + ... + y + z) und Zi Abkürzung für (0 + 1 + 2 + ... + 9) ist. Registernamen bestehen aus dem Buchstaben r, gefolgt von einer Ziffer

$$\text{reg} = \text{r Zi}$$

Das optionale Präfix „r2:" an einer Zahlkonstanten zeigt an, daß es sich um eine Binärzahl handelt; ansonsten wird die nichtleere Ziffernfolge als Dezimalzahl interpretiert. Also

$$\text{zahl} = \text{(r2: + } \varepsilon \text{) zi Zi}^*$$

Als Operatoren lassen wir nur Zuweisung und Division zu

$$\text{op} = \text{(:= + :)}$$

Schließlich legen wir fest, daß die *Prioritäten* in der Folge

$$\text{bez, reg, zahl, op}$$

wachsen, d.h. bez hat die niedrigste Priorität.

Die Anfangszustände der zugehörigen deterministischen endlichen Automaten sind

- • Bu (Bu + Zi)*
- • r Zi
- • (• r2: + • ε •) • Zi Zi*
- • (• := + • :)

Wir wenden nun diese Automaten alle zusammen auf die Eingabezeichenreihe

$$\text{r20 := r2: r2: 2}$$

an und notieren tabellarisch:

• r20 := r2: r2: 2	Anfangszustände (s.o.)
r • 20 := r2: r2: 2	Bu • (• Bu + • Zi)* • r • Zi (r • 2 : + ε) Zi Zi*
r2 • 0 := r2: r2: 2	Bu • (• Bu + • Zi •) • * • r Zi • (r2 • : + ε) Zi Zi*
r20 • := r2: r2: 2	Bu • (• Bu + • Zi •) • * •
r20 : • = r2: r2: 2	Alle Automaten ausgeschieden Erfolgreich erkannt: „r20"als „bez". Rücksetzen ergibt:
r20 • := r2: r2: 2	Anfangszustände
r20 : • = r2: r2: 2	(: • = + : •) •
r20 := • r2: r2: 2	(:= • + :) •
r20 := r • 2: r2: 2	Alle Automaten ausgeschieden Erfolgreich erkannt: „:=" als „op". Rücksetzen ergibt:
r20 := • r2: r2: 2	Anfangszustände
r20 := r • 2: r2: 2	Bu • (• Bu + • Zi)* • r • Zi (r • 2: + ε) Zi Zi*
r20 := r2 • r2: 2	Bu • (• Bu + • Zi •) * • r Zi • (r2 • : + ε) Zi Zi*
r20 := r2: • r2: 2	(r2: • + ε)• Zi Zi*
r20 := r2: r • 2: 2	Alle Automaten ausgeschieden Endzustände zuletzt erreicht für Präfix „r2", Wegen höherer Priorität gegenüber „bez" erkannt als „reg". Zurücksetzen ergibt:
r20 := r2: • r2: 2	Anfangszustände
r20 := r2: r • 2: 2	Bu • (• Bu + • Zi)* r • Zi (r • 2: + ε) Zi Zi*
r20 := r2: r2 • :2	Bu • (• Bu + • Zi •) • * • r Zi • (r2 • : + ε) Zi Zi*
r20 := r2: r2: • 2	(r2: • := • + ε) • Zi Zi*
r20 := r2: r2: 2 •	(r2: + ε) Zi Zi* •
	Erkannt „r2: 2" als „zahl"
	Eingabe abgearbeitet

Aufgabe 4.2.4:

Wenden Sie das gleiche Verfahren an auf die umgekehrte Zeichenreihe

2: 2r: 2r = : 0 2 r

und auf das Eingabewort

: := 20r: r2: 20: =:

❏

4.3   Praktische Erwägungen

Die in Kapitel 2 eingeführte Notation für reguläre Ausdrücke stammt aus der Theorie der formalen Sprachen. Wegen ihrer Einfachheit ist sie besonders gut geeignet zur Darstellung von Konstruktionen (wie z.B. die Überführung in endliche Automaten im letzten Abschnitt). Für den praktischen Einsatz sind notationelle Varianten und Erweiterungen von Vorteil, die man im Zusammenhang mit Scannergeneratoren findet:

(N1) Reguläre Ausdrücke bestehen aus terminalen Zeichen (aus T) und aus *Metazeichen* (Klammern, + *, ε und $\varnothing$). Probleme gibt es, wenn Metazeichen gleichzeitig als terminale Zeichen der betrachteten Sprache auftauchen, wie in Aufgabe 2.1.5 das ε. Die Metazeichen als terminale Zeichen zu verbieten ist kein Weg, zumal wir noch mehr Metazeichen einführen werden. Um terminale Zeichen von Metazeichen zu unterscheiden, kann man

- jedes terminale Zeichen in Apostrophe o.a. einschließen wie in: '+' + '-';
- jedem terminalen Zeichen ein Fluchtsymbol (z.B. \ oder $) voranstellen; für das Vorzeichen einer Zahl hätte man dann den regulären Ausdruck: \+ + \-;
- terminale Zeichen grundsätzlich durch ihre Nummer in einem Code darstellen; unter Verwendung des ASCII-Codes lautet der Ausdruck für Vorzeichen: #43 + #45.

Apostrophe, Fluchtsymbole und das Nummernzeichen „#" sind Metasymbole.

(N2) Offenbar ist es lästig und führt auch in der Implementierung zu Ineffizienz, wenn man die Ziffern in der Form

Zi = '0' + '1' + '2' + '3' + '4' + '5' + '6' + '7' + '8' + '9'

spezifiziert und analog die Buchstaben durch

Bu = 'a' + 'b' + 'c' + ... + 'y' + 'z'

(natürlich ausgeschrieben ohne Pünktchen und eventuell um die Großbuchstaben erweitert). Man nutzt hier die Tatsache, daß Zusammengehöriges wie die Ziffern bzw. Buchstaben in Codes wie dem ASCII-Code meist auch nebeneinander liegt. Wir können daher die Ziffern als Intervall

Zi = '0' - '9'

beschreiben und die Buchstaben (mit Großbuchstaben) analog durch:

Bu = ('a' - 'z') + ('A' - 'Z')

Der Bindestrich ist hier ein weiteres Metazeichen.

(N3) Anstelle von „+" verwendet man häufig (wie in Grammatiken) den senkrechten Strich „I". *Optionen* werden meist nicht als als Alternativen mit eine leeren Alternative „+ ε" geschreiben, sondern durch die eckigen Optionsklammern gekennzeichnet. Ein optionales Vorzeichen beschreibt demnach der Ausdruck

Vz = ['+' I '-']

Eine andere Schreibweise für *Wiederholungen* verwendet geschweifte Klammern anstelle des Sterns. Bezeichner, die mit einem Buchstaben beginnen, auf den beliebig viele weitere Buchstaben bzw. Ziffern folgen können, beschreibt der reguläre Ausdruck

Bezeichner = Bu {Bu I Zi}

Durch nachgestellte *Bereichsangaben* der Form

{<min>, <max>}

in denen <min> und<max> ganze Zahlen mit

$0 \leq$ <min> $\leq$ <max>

sind, kann man die Anzahl der Wiederholungen auf einen gewünschten Bereich einschränken. Ein Beispiel:

Morsezeichen = {Kurz I Lang} {1, 4}

Weitere Metazeichen sind hier die eckigen und die Mengenklammern, der senkrechte Strich und das Komma.

(N4) Neben den „bedeutungstragenden" Symbolen gibt es noch eine Gruppe von *„bedeutungslosen Symbolen"*, zu denen meist Tabulatoren, der Zwischenraum und der Zeichenwechsel gehören. Terminale Zeichen sind stets bedeutungstragend. Bezüglich der bedeutungslosen Symbole gibt es zwei Interpretationen:

(i) Es macht keinen Unterschied, ob ein bedeutungsloses Zeichen steht oder weggelassen wird.

(ii) Bedeutungslose Zeichen haben Trennwirkung.

In der Eingabzeichenfolge

¢¢ein¢Satz¢¢¶

auf¢¢¢2¢Zeilen¢

stehe ¢ für Zwischenraum und ¶ für Zeichenwechsel. Nach Interpretation (i) reduziert sich die Eingabezeichenfolge auf einen Bezeichner, der zu

einSatzauf2Zeilen

äquivalent ist. Nach Interpretation (ii) erhält man eine Folge von vier Bezeichnern, in die eine Zahl eingestreut ist:

ein, Satz, auf, 2, Zeilen

In Programmiersprachen werden Kommentare in ähnlicher Weise als „bedeutungslos" betrachtet.

Aufgabe 4.3.1:

In einem populären Betriebssystem sind als Dateinamen nur nichtleere Zeichenfolgen von höchstens acht Zeichen (aus „Zei") zugelassen. Optional darf eine Extension mit einem Punkt mit bis zu drei weiteren Zeichen folgen. Vervollständigen Sie die Definition:

Dateiname = ...

❏

Aufgabe 4.3.2:

Vereinfachen Sie alle regulären Ausdrücke aus den Kapiteln 1 und 4 mit den oben eingeführten notationellen Erweiterungen.

❏

Warum lassen sich Intervalle (z.B. für die Buchstaben) effizienter implementieren als die äquivalenten Beschreibungen durch Alternativen?

Effizienzsteigernde Maßnahmen: Es geht darum, Speicherplatz und Laufzeit zu sparen. Wegen der Laufzeiteffizienz kommen nur deterministische Automaten in Betracht. Speicherplatz spart man, indem man:

(i)   Zustände so kompakt wie möglich darstellt;

(ii)   die Anzahl der Spalten der Übergangsfunktion reduziert;

(iii)   die Anzahl der Zustände ($\cong$ Anzahl der Zeilen in der tabellarischen Darstellung der Übergangsfunktion) minimiert.

Zu (i): In Abschnitt 4.2 haben wir zum regulären Ausdruck $(0 + 1)^* \, 0$ einen deterministischen endlichen Automaten mit der Zustandsmenge

$\{\bullet \, (\bullet \, 1 + \bullet \, 0)^* \, \bullet,$

$\bullet \, (\bullet \, 1 + \bullet \, 0 \, \bullet) \, \bullet^* \, \bullet \, 0 \, \bullet,$

$\bullet \, (\bullet \, 1 \, \bullet + \bullet \, 0) \bullet^* \, \bullet \, 0\}$

konstruiert. Diesen Zuständen sieht man ihre Entstehung und ihre Rolle beim Verarbeiten von Wörtern an. Einfaches Durchnumerieren der Zustände reduziert die Darstellung der Zustandsmenge auf $\{q_0, q_1, q_2\}$ und die graphische Darstellung des Automaten auf (vgl. Aufgabe 4.2.3):

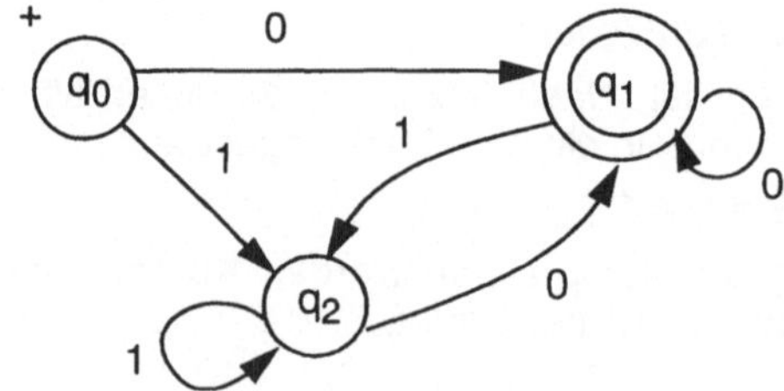

Zu (ii): In der Tabelle der Übergangsfunktion können Spalten gleichen Inhalts zusammengefaßt werden, indem man die Spaltenüberschriften zusammenfaßt. Bei Bezeichnern werden z.B. die Spalten für die Buchstaben a, b, c, ... alle gleichen Inhalt haben und können daher zu einer Spalte mit der Überschrift „Bu" zusammengefaßt werden. Abkürzungen wie „Bu" oder Intervalle wie 'a' - 'z' sind naheliegende Kandidaten für zusammengefaßte Spaltenüberschriften.

Zu (iii) ***Konstruktionen des Minimalautomaten nach Myhill-Nerode:*** Wir betrachten zwei beliebige Zustände, q und p, eines endlichen Automaten. Wenn sich q und p beim Akzeptieren von Wörtern gleich verhalten, dann kann man sie zu einem Zustand qp zusammenfassen. Wann verhalten sich q und p beim Akzeptieren von Wörtern gleich? Antwort: Wenn jedes beliebige Wort w von q aus genau dann zu einem Endzustand führt, wenn das gleiche w von p aus auch in einen Endzustand führt. Formal ausgedrückt sind q und p *gleichwertig*, wenn gilt

$$\forall\, w \in T^* : (\delta\,(q, w) \in F \leftrightarrow \delta\,(p, w) \in F)$$

Wir wenden dieses Kriterium paarweise auf die Zustände des folgenden Automaten (mit dem Alphabet $T = \{a\}$) an.

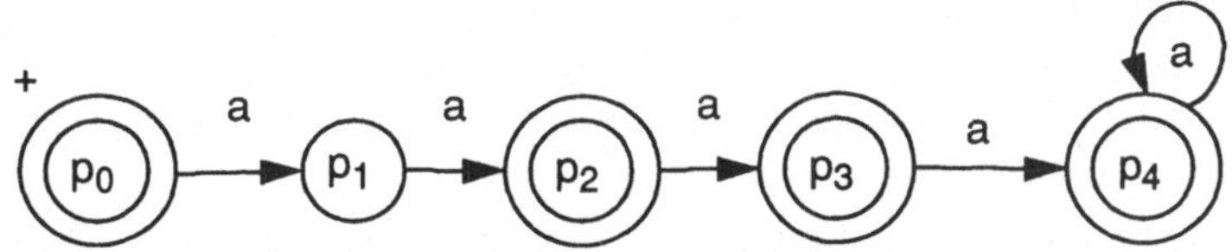

p_0 und p_1 sind nicht gleichwertig, denn für $w = \varepsilon$ ergibt sich $\delta\,(p_0, \varepsilon) = p_0 \in F$, aber $\delta\,(p_1, \varepsilon) = p_1 \notin F$. Ebenso ergibt sich, daß p_1 und p_2 nicht gleichwertig sind. Auch p_0 und p_2 sind nicht gleichwertig, weil sich für $w = a$ ergibt $\delta(p_0, a) = p_1 \notin F$, aber $\delta(p_2, a) = p_3 \in F$. Für jedes $w \in T^*$ liegen $\delta(p_2, w)$, $\delta(p_3, w)$ und $\delta(p_4, w)$ in F. Also sind p_2 und p_3 gleichwertig und auch p_3 und p_4.

Durch Zusammenfassen gleichwertiger Zustände erhalten wir den *Minimalautomaten*:

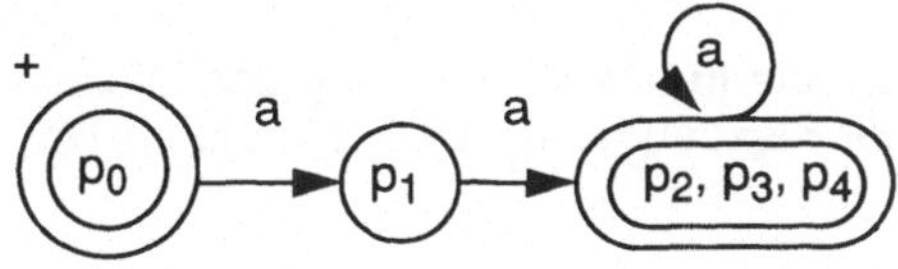

Da T^* nicht endlich ist, läßt sich das angegebene Kriterium nicht direkt per Programm nachprüfen. Mit dem folgenden **Approximationsverfahren** stellt sich die Gleichwertigkeit von Zuständen aber in höchstens IQI Schritten heraus. Dabei wird im Kriterium die Menge T^* ersetzt durch die Menge der Wörter, deren Länge höchstens gleich i ist:

$$T^{*i} =_{\text{def}} \{\, w \in T^* \mid |w| \le i \,\}$$

Im i-ten Approximationsschritt verwenden wir das *Gleichwertigkeitskriterium:*

$$\forall\, w \in T^{*i} : (\delta\,(q, w) \in F \leftrightarrow \delta(p, w) \in F).$$

Erfüllen q und p dieses Kriterium, dann notieren wir das mit $q \equiv_i p$. Jedes $\equiv_i$ ist eine Äquivalenzrelation, die die Menge der Zustände aufteilt in Klassen potentiell gleichwertiger Zustände.

Die **gröbste Aufteilung** erhalten wir für $i = 0$; diese Aufteilung wird dann schrittweise verfeinert.

Bezüglich $\equiv_0$ zerfällt die Menge der Zustände in genau zwei Klassen: die Klasse der Endzustände und die Klasse der übrigen Zustände. Im Beispiel erhalten wir bezüglich $\equiv_0$ die Klassen

$$F = \{p_0, p_2, p_3, p_4\} \text{ und } Q - F = \{p_1\}.$$

Nun der **Schritt von i nach i + 1:** Voraussetzung für $q \equiv_{i+1} p$ ist $q \equiv_i p$; außerdem muß für alle $a \in T$ und $w \in T^{*i}$ gelten:

$$\delta\,(q, a\,w) \in F \leftrightarrow \delta\,(q, a\,w) \in F$$

Äquivalent dazu ist die Bedingung:

$$\forall\, a \in T: \delta(q, a) \equiv_i \delta(p, a)$$

Zwei Zustände, q und p, fallen also in dieselbe Klasse bezüglich $\equiv_{i+1}$, wenn sie in der gleichen Klasse bezüglich $\equiv_i$ liegen und wenn für jedes $a \in T$ ihre a-Nachfolger $\delta(q, a)$ und $\delta(p, a)$ in der gleichen Klasse bezüglich $\equiv_i$ liegen.

Im Beispiel spalten wir die Klasse F bezüglich $\equiv_0$ wie folgt in Klassen bezüglich $\equiv_1$ auf: Wegen $\delta\,(p_0, a) = p_1 \in Q - F$ und $\delta(p_2, a) = p_3 \in F$ fallen p_0 und p_2 in verschiedene Klassen bezüglich $\equiv_1$. Wegen $\delta(p_2, a) = p_3 \in F$ und $\delta(p_3, a) = p_4 \in F$ fallen p_2 und p_3 in die gleiche Klasse bezüglich $\equiv_1$. Wegen $\delta(p_4, a) = p_4$ fällt auch p_4 in diese Klasse. Insgesamt ergeben sich bezüglich $\equiv_1$ die Klassen:

$$\{p_0\}, \quad \{p_2, p_3, p_4\}, \quad \{p_1\}$$

Bezüglich $\equiv_2$ ergibt sich keine weitere Aufspaltung dieser Klassen: Das Verfahren wird im Beispiel also bereits bei $i = 1$ stationär. Den resultierenden Minimalautomaten haben wir oben schon gesehen.

Aufgabe 4.3.3:

> Erläutern Sie, warum die für die Bestimmung des Minimalautomaten benötigte Berechnung der Klassen bezüglich $\equiv_i$ spätestens bei $i = |Q|-1$ stationär wird.

❏

Aufgabe 4.3.4:

> Konstruieren Sie den Minimalautomaten zum Automaten auf der nächsten Seite.
>
> Welche Eigenschaft charakterisiert die akzeptieren Binärzahlen?

❏

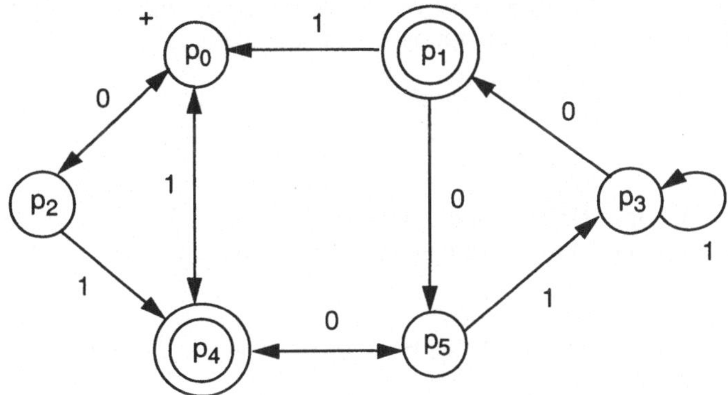

Produktautomaten: Bei der Analyse mit mehreren Zielen kann man zur Erhöhung der Effizienz die verschiedenen beteiligten Automaten zu einem *Produktautomaten* zusammenfügen. Ohne Beschränkung der Allgemeinheit seien die Zustandsmengen der beteiligten Automaten paarweise disjunkt (das kann man durch Umbenennen erzwingen). Die Zustände des Produktautomaten sind Mengen von Zuständen der beteiligten Automaten - von jedem Automaten höchstens ein Zustand. Der Anfangszustand des Produktautomaten ist die Menge der Anfangszustände der beteiligten Automaten. Ist $p = \{p_1, p_2, ..., p_n\}$ ein Zustand des Produktautomaten, dann erhält man den Folgezustand $\delta(p, a)$, indem man auf jeden enthaltenen Zustand die zugehörige Zustandsübergangsfunktion anwendet:

$$\delta(p, a) = \{\delta_i(p_i, a) \mid 1 \leq i \leq n\}$$

Ist in einem der beteiligten Automaten der Folgezustand $\delta_i(p_i, a)$ nicht definiert, dann ist $|\delta(p, a)|$ kleiner als $|p|$. Der gesamte Produktautomat wird berechnet, indem man ausgehend vom Anfangszustand jeweils alle möglichen Nachfolger bildet. Diese Konstruktion bricht nach endlich vielen Schritten ab (warum?).

Wir betrachten das Beispiel vom Ende des Abschnitts 4.2. Die vier dort beteiligten deterministischen endlichen Automaten hatten (in Klartextdarstellung) folgende vier Anfangszustände:

- Bu (Bu + Zi)*

- r Zi

- (•r2:+ • ε •) • Zi Zi*

- (• := + • :)

Der Anfangszustand q_0 des Produktautomaten dazu ist also eine vierelementige Menge. Die Nachfolger von q_0 unter dem Buchstaben „a", dem Doppelpunkt, der Ziffer „2" und dem Buchstaben „r" sind:

$$\delta(q_0, a) \quad = \quad \{Bu \bullet (\bullet Bu + \bullet Zi)^* \bullet\}$$
$$\delta(q_0, :) \quad = \quad \{ (: \bullet = + : \bullet) \bullet\}$$
$$\delta(q_0, 2) \quad = \quad \varnothing$$
$$\delta(q_0, r) \quad = \quad \{ Bu \bullet (\bullet Bu + \bullet Zi)^* \bullet, r \bullet Zi, (r \bullet 2: + \varepsilon) Zi Zi^* \}$$

Numeriert man diese Zustände des Produktautomaten einfach durch als q_1 bis q_4, dann lautet die erste Zeile der Zustandsübergangstabelle:

δ	'a'-'q' | 's'-'z'	'r'	'0' | '1' | '3'-'9'	'2'	':'	'='
q_0	q_1	q_4	q_3	q_3	q_2	q_3

Das Vorausberechnen des Produktautomaten (und das Durchnumerieren der Zustände) spart während der Analyse Laufzeit und Speicherplatz.

Aufgabe 4.3.5:

Vervollständigen Sie die für das Beispiel begonnene Berechnung des Produktautomaten.

❏

Erkennungstabelle: Bei der Verwendung des Produktautomaten ist die Regel (R2) aus Abschnitt 4.2 zu berücksichtigen. Zu diesem Zweck ergänzen wir den Produktautomaten um eine *Zwischenergebnisanzeige* ZE = (L, A), welche die Länge L und die Art A des längsten aktuell erkannten Präfixes enthält. Der Produktautomat wird im Anfangszustand mit ZE = (0,?) auf die Eingabefolge angesetzt. Enthält der Anfangszustand oder ein später erreichter Zustand des Produktautomaten einen Endzustand, dann wird L mit der Länge der seit dem letzten Aufsetzen verarbeiteten Eingabefolge besetzt und A mit dem Namen des zum Endzustand gehörigen Automaten. Von mehreren gleichzeitig erreichten Endzuständen ist gemäß (R2) der mit der höchsten Priorität auszuwählen. Zur Aktualisierung der Zwischenergebnisanzeige verwenden wir eine vorberechnete *Erkennungstabelle*, die zu jedem Zustand q des Produktautomaten den Namen des Automaten angibt, zu dem q einen Endzustand enthält (und von mehreren solchen den mit der höchsten Priorität). Im Beispiel enthielte diese Tabelle zum Anfangszustand einen leeren Eintrag (weil kein Endzustand enthalten ist), zum Zustand $\delta(q_0, r2)$ mit

$$\delta(q_0, r2) = \{\, Bu \bullet (\bullet Bu + \bullet Zi) \bullet {}^* \bullet,\ r\, Zi \bullet,\ (r2 \bullet : + \varepsilon)\, Zi\, Zi^* \,\}$$

den Eintrag „reg", weil „reg" eine höhere Priorität hat als „bez". Beim Erreichen des leeren Zustands des Produktautomaten (oder am Ende der Eingabe) gilt gemäß (R2) der durch die Zwischenergebnisanzeige beschriebene Präfix als erkannt. Ist zu diesem Zeitpunkt ZE noch gleich (0, ?), dann wird nach einer Fehlermeldung die Bearbeitung abgebrochen oder aber der Aufsetzpunkt ein Zeichen weiter geschoben und die Bearbeitung dort im Anfangszustand fortgesetzt.

Aufgabe 4.3.6:

Vervollständigen Sie die Erkennungstabelle zu dem in Aufgabe 4.3.5 berechneten Produktautomaten. Verwenden Sie den Produktautomaten und die Tabelle zur Bearbeitung der drei Eingabefolgen

    r20 := r2 : r2 : 2

    2 : 2r : 2r =: 02r

    ::= 20r : r2 : 20 :=:

❏

Aktionen: Es ist möglich und sinnvoll, mit dem Erkennen von Token während der lexikalischen Analyse das Ausführen bestimmter Aktionen zu verbinden. Im Zusammenhang mit einer programmiersprachlichen Übersetzung werden solche Aktionen meist Einträge in eine sogenannte Symboltabelle (des Compilers) betreffen. Bei der Verwendung von Scannern als eigenständigen Übersetzungsmechanismen sind vielfältige Anwendungen denkbar. Wir beschreiben zunächst den Mechanismus und dann seine Anwendung auf eine bekannte Programmieraufgabe, das Telegrammproblem.

Aktionen sind Programmstücke, die in der Scannerdefinition mit den verschiedenen regulären Ausdrücken verbunden sind und die während der lexikalischen Analyse immer dann ausgeführt werden, wenn ein dem zugehörigen Ausdruck entsprechendes Token erkannt wird. Die Programmiersprache, in der die Aktionen beschrieben sind, ist häufig die Sprache, in der der Scanner (bzw. der Scannergenerator) implementiert wurde. Innerhalb der Aktionen ist Zugriff auf den Klartext des gerade erkannten Tokens möglich; in den Beispielen setzen wir voraus, daß der Scanner eine Variable „tokentext" entsprechend belegt. Weitere für die Aktion standardmäßig bereitgestellte Informationen können sein: die Stelle (Zeile und Spalte) innerhalb des Eingabetextes, wo das Token beginnt und die Stelle, wo es endet. In einer *Anfangsaktion*, die zu Beginn der lexikalischen Analyse ausgeführt wird, sind die Deklarationen globaler Variablen und geeignete Initialisierungsanweisungen zusammengefaßt. Die in den globalen Variablen aufgesammelten Zwischenergebnisse können am Ende der lexikalischen Analyse in einer *Abschlußaktion* ausgewertet werden.

Nun zum **„Telegrammproblem":** Es geht darum, zu einem gegebenen Telegrammtext die Gebühr zu berechnen, die sich aus einer Grundgebühr (hier 100 Pf), den Kosten je Satz (hier 20 Pf), je Wort (hier 10Pf) und je Buchstabe (hier 1 Pf) zusammensetzt. Der Satztrenner „STOP" soll dabei nicht als Wort zählen.

In der folgenden Anfangsaktion werden geeignete Zähler vereinbart und initialisiert.

    var saetze, woerter, buchstaben : integer;
    saetze := 0;
    woerter := 0
    buchstaben := 0;

Die Abrechnung erfolgt in der Abschlußaktion:

    writeln ('Gebühren ='100 + 20 * saetze + 10 * woerter + buchstaben, 'Pf');

Im Telegrammtext sind Wörter Buchstabenfolgen oder Zahlen (nicht gemischt!):

    wort = {'A'-'Z'} {1,} | {'0'-'9'} {1, 20}

Die weggelassene obere Grenze bei den Buchstaben bedeutet, daß Buchstabenfolgen beliebig lang sein dürfen; Ziffernfolgen dagegen haben wir willkürlich auf maximal 20 Ziffen beschränkt. Die zugehörige *Aktion* lautet:

    woerter := woerter + 1;
    buchstaben := buchstaben + length (tokentext);

Das Satzende „STOP" soll nicht als Wort zählen und kommt daher in einen eigenen regulären Ausdruck mit einer höheren Priorität als „wort":

    satzende = 'S' 'T' 'O' 'P'

Die zugehörige Aktion ist

    saetze := saetze + 1;

Aufgabe 4.3.7:

Welche Gebühr ergibt folgendes Telegramm?

    NEUER RASIERER OK STOP

    ALLE STOPPELN WEG STOP

    GRUSS UND KUSS PETER

Nach einer Gebührenreform entfallen die Grundgebühr und die Kosten je Satz und Wort; dafür steigen die Kosten je Buchstabe auf 5 Pf und 'STOP' ist ein normales Wort. Geben Sie die entsprechend vereinfachten regulären Ausdrücke an! Würde Peter mit seinem Telegramm von dieser Reform profitieren?

❏

Aufgabe 4.3.8:

Ein Schankwirt um Christi Geburt hat die Zeche, eine Folge römischer Zahlen, ohne trennende Zwischenräume und ohne Interpunktion hintereinander in den Sand geschrieben. Helfen Sie ihm, indem Sie mit regulären Ausdrükken einen Scanner definieren, der die relevanten Zahlteile erkennt und über geeignete Aktionen die korrekte Gesamtsumme bestimmt. Das Ergebnis muß nicht als römische Zahl bestimmt werden: Es reicht, die arabische Zahl zu drucken.

Hinweis: Man kann zwar mit einem einzigen regulären Ausdruck den Aufbau römischer Zahlen beschreiben; es ist hier aber geschickter, kleinere Teile (wie z.B. „Tausenderanteil") zu identifizieren, deren Wert leichter zu berechnen ist und aus denen sich die Gesamtsumme durch Aufaddieren ergibt.

❏

5 Syntaxanalyse

In diesem Kapitel sei stets $G = (N,T,S,P)$ eine reduzierte, kontextfreie Grammatik. Zweck der Syntaxanalyse ist es, von einem vorgelegten Eingabewort w über T zu entscheiden, ob es zum Sprachschatz von G gehört. Ist das der Fall, dann soll außerdem die Struktur von w bezüglich G in Form eines Strukturbaums ermittelt werden. Andernfalls soll ein Hinweis darauf gegeben werden, wo „der Fehler steckt".

Aus einem gemeinsamen, anschaulichen Ansatz heraus entwickeln wir Syntaxanalyseverfahren, die in modernen, syntaxbasierten Werkzeugen eingesetzt werden. In *Abschnitt 5.1* wird dieser Ansatz vorgestellt und wichtige Begriffe eingeführt, z.B. was man unter einem „korrekten" Analyseverfahren versteht.

Die gebräuchlichsten Analyseverfahren sind die LL-Analyse, die LR-Analyse und ihre Varianten, wie sie in den *Abschnitten 5.2 bis 5.4* eingehend diskutiert werden. Von einer „besten Methode" kann man nicht sprechen, da die verschiedenen Verfahren zueinander komplementäre Vorzüge und Nachteile haben: Die LL-Analyse ist besonders leicht zu durchschauen, einfacher auch von Hand zu implementieren und in naheliegender Weise mit Attributauswertern zu verbinden. Die LR-Verfahren sind mächtiger in dem Sinn, daß sie auf mehr Grammatiken anwendbar sind und in vielen Fällen „natürlichere" Formulierungen erlauben. Beide Arten von Verfahren unterscheiden sich nicht wesentlich in ihrer Laufzeiteffzienz.

In Kapitel 2 haben wir gesehen, wie man Grammatiken so abfaßt, daß sie den gewünschten Sprachschatz beschreiben und jedem Wort eine eindeutige Struktur zuordnen. Dennoch werden bei der Konstruktion von Analysatoren noch häufig Unverträglichkeiten mit der gewählten Syntaxanalysestrategie offenbar. Welche Arten von Konflikten auftreten können und wie man sie behebt, zeigt *Abschnitt 5.5* an Beispielen. Außerdem wird auf prinzipielle Grenzen der Anwendbarkeit der dargestellten Strategien hingewiesen.

In *Abschnitt 5.6* setzen wir uns mit praktischen Fragestellungen auseinander:

> Wie behandelt man Fehler, die während der Syntaxanalyse auftreten?
>
> Wie implementiert man Syntaxanalysatoren effizient?
>
> Wie geht man vor, wenn kein Generator für Analysatoren verfügbar ist?

5.1 Ein gemeinsamer Ansatz

Syntaxanalyseverfahren lesen in der Regel die vorgelegte Zeichenreihe w zeichenweise (bzw. tokenweise) von links nach rechts, prüfen, ob w in L(G) liegt und ermitteln dabei gegebenfalls den zugehörigen Strukturbaum. Alle in diesem Kapitel beschriebenen
Verfahren ergeben sich aus dem folgenden, gemeinsamen **Ansatz**:

> *Durchlaufe „gleichzeitig" alle zu G bildbaren Strukturbäume von
> links nach rechts und vergleiche sie dabei zeichenweise mit w.*
> *Bäume scheiden aus, sobald sie in einem Zeichen nicht mit w über-
> einstimmen. Ist nach dem Abarbeiten von w ein Baum B gerade
> vollständig durchlaufen, dann liegt das Wort w in L(G) und B ist ein
> Strukturbaum zu w - bei Eindeutigkeit von G sogar der einzige.*
> *Das Verfahren bricht vorher ab, wenn alle Bäume ausgeschieden
> sind. Das Wort w liegt dann nicht in L(G).*

Die betrachtete Menge „aller zu G bildbaren Strukturbäume" ist in der Regel unendlich.
Wenn es gelingt, diese Menge endlich darzustellen und die repräsentierten Bäume alle
gleichzeitig von links nach rechts mit dem gegebenen Wort zu vergleichen, dann leistet
dieses *abstrakte* Verfahren offenbar das Gewünschte. Denn: Der gelesene Teil von w
ist stets gemeinsames Anfangsstück („Präfix") der Wörter aus dem Sprachschatz, deren Strukturbäume noch nicht ausgeschieden sind. Auf dem Weg zu *konkreten*, praktisch einsetzbaren Syntaxanalysealgorithmen sind also noch folgende drei Fragen zu
klären:

1) Wie vergleicht man einen Strukturbaum zeichenweise von links nach rechts
   mit einem Eingabewort w?

2) Wie stellt man die (meist unendliche) Menge der gleichzeitig durchlaufenen
   Strukturbäume endlich und effizient dar?

3) Was ist überhaupt unter „gleichzeitigem Durchlaufen" einer Menge verschieden geformter Strukturbäume zu verstehen?

Zunächst die erste Frage.

Vergleich von Strukturbaum und Wort: Wie bei der lexikalischen Analyse verwenden
wir ein Sonderzeichen, den „Punkt", um einen bereits erkannten, d.h. als mit einem Anfangsstück der Eingabe übereinstimmend gefundenen Teil eines Baums, von dem noch
zu erkennenden Teil abzugrenzen. Der Punkt befindet sich stets vor oder hinter einem
Knoten des Baums. Am Anfang wird er vor den Wurzelknoten gesetzt. Einen Strukturbaum mit Punkt nennen wir eine *Baumposition*. Die beiden Baumpositionen, bei denen
sich der Punkt links bzw. rechts an der Wurzel befindet, heißen *Anfangs-* bzw. *Endposition*. In einer Baumposition kann der Punkt nach folgenden Regeln weitergesetzt werden:

(i) Wenn der Punkt vor einem Knoten mit einem nichtterminalen Symbol steht,
    dann wird er nach unten vor den ersten Nachfolgerknoten geschoben (da bei
    einer epsilon-Regel das epsilon im Baum durch einen Knoten dargestellt
    wird, gibt es stets Nachfolger). Wir sprechen von einer *Expansion*.

(ii) Wenn der Punkt vor einem Knoten mit einem terminalen Symbol a steht,
      dann wird das nächste Zeichen der Eingabe w mit a verglichen und bei Über-
      einstimmung der Punkt nach rechts hinter den Knoten geschoben. Dies ist
      ein *lesender Übergang*.

(iii) Wenn der Punkt hinter dem letzten Nachfolgerknoten eines Knotens K steht
      (K enthält dann ein nichtterminales Symbol), dann wird der Punkt nach oben
      hinter den Knoten K geschoben. Wir sprechen von einer *Reduktion*.

(iv) Steht der Punkt hinter einem Knoten, der noch einen rechten Bruder K
      besitzt, dann wird der Punkt nach rechts vor den Knoten K geschoben. Steht
      der Punkt vor einem ε-Knoten, dann wird er hinter diesen geschoben. Über-
      gänge dieser Art gelten als *spontan* und werden nicht eigens erwähnt.

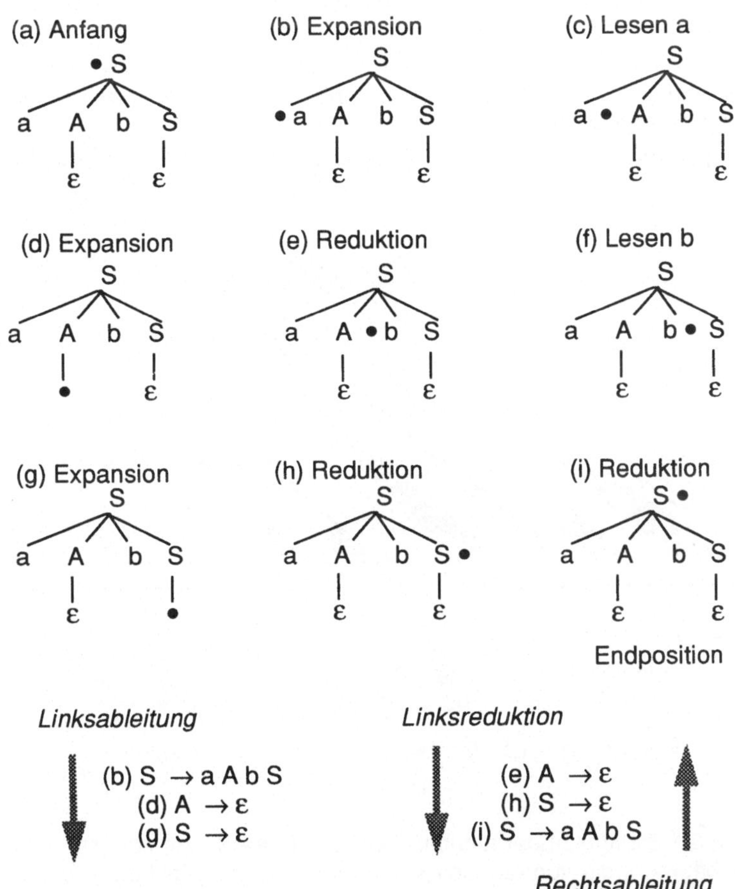

Abbildung 5.1.1: *Durchlaufen eines Strukturbaums*

Abbildung 5.1.1 zeigt einen vollständigen Durchlauf durch einen Strukturbaum von der Anfangs- bis zur Endposition. Wenn man, wie dort ausgeführt, die zu den Expansions- bzw. Reduktionsschritten gehörigen Produktionsregeln mitprotokolliert, dann erhält man eine Linksableitung bzw. eine Linksreduktion (gleich einer umgekehrten Rechts- ableitung). Da sowohl Links- als auch Rechtsableitung den Strukturbaum eindeutig re- präsentieren, genügt es, entweder alle Expansionsschritte aufzuzeichnen oder alle Reduktionen, um den Strukturbaum als Analyseergebnis festzuhalten.

Aufbau von Baumpositionen: Betrachten wir nun innerhalb des zu einer Baumposi- tion gehörigen Strukturbaums B alle elementaren Teilbäume T; diese entsprechen jeweils einer Produktion von G. Wir sagen, der Punkt „befindet sich" in T, wenn er in T an einem von der Wurzel verschiedenen Knoten steht. Der Punkt teilt B in drei Teile:

- Der *vollständig durchlaufene Teil* von B besteht aus den Teilbäumen, in denen sich während des Durchlaufs der Punkt schon befand, in die er im weiteren Durchlauf aber nicht mehr zurückkehren wird.

- Der *aktuelle Teil* von B besteht aus den Teilbäumen, in denen sich der Punkt während des Durchlaufs schon befand und entweder noch befindet oder später wieder befinden wird.

- Die übrigen Teilbäume bilden den *noch zu durchlaufenden Teil* von B.

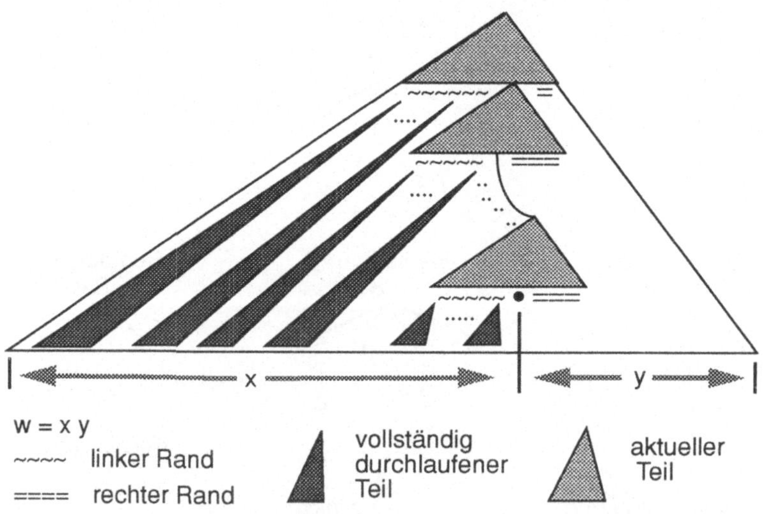

Abbildung 5.1.2: *Bestandteile einer Baumposition*

Wie Abbildung 5.1.2 zeigt, ist der aktuelle Teil von B (grau) eine zusammenhängende Kette von Teilbäumen, die von der Spitze von B bis zu dem Teilbaum reicht, welcher den Punkt enthält. Die Folge der Blätter des aktuellen Teils bezeichnen wir den *(aktu- ellen) Rand*. Der Punkt teilt diesen in einen *linken* und einen *rechten* Rand. Der voll- ständig durchlaufene Teil (dunkelgrau) ist eine Folge von Bäumen, deren Wurzeln den linken Rand bilden. Analog ist der noch zu durchlaufende Teil eine Folge von Bäumen, deren Wurzeln den rechten Rand bilden. Aus dem linken Rand läßt sich nach den Regeln von G der bisher erkannte Teil x der Eingabe ableiten; aus dem rechten Rand ist der Rest der Eingabe abzuleiten.

Nun zur zweiten Frage: Wie findet man für die in der Regel unendlichen Mengen von gleichzeitig betrachteten Baumpositionen endliche Darstellungen?

Endliche Darstellung unendlicher Mengen von Baumpositionen: Wie sich zeigen wird, gelingt dies nur für eingeschränkte (aber für praktische Zwecke ausreichende) Grammatikklassen. Von großer Bedeutung ist die folgende Eigenschaft: Ein Analyseverfahren heißt *durchlaufeindeutig*, wenn je zwei gleichzeitig betrachtete Baumpositionen in ihren vollständig durchlaufenen Teilen übereinstimmen.

Wir werden uns stets auf durchlaufeindeutige Analyseverfahren beschränken. Ein Vorteil daraus: Von allen gleichzeitig durchlaufenen Bäumen brauchen wir uns nur die aktuellen Teile aufzuheben und zusätzlich ein Exemplar des (in allen Bäumen gleichen) vollständig durchlaufenen Teils. Der noch zu durchlaufende Teil, der bislang nicht in den Analyseprozess eingegangen ist, wird erst beim Betreten stückweise expandiert, d.h. genau in dem Moment und in dem Umfang, in dem er zum aktuellen Teil wird. Dadurch wird die darzustellende Informationsmenge zwar erheblich reduziert, bleibt aber vorerst potentiell unendlich.

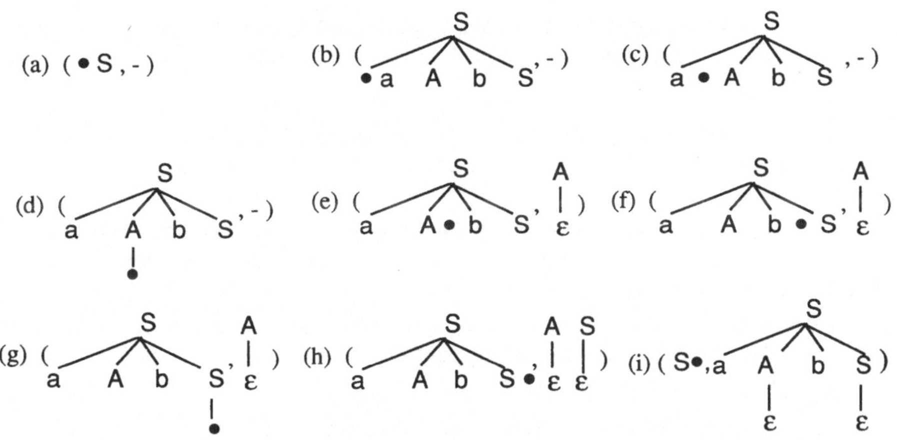

Abbildung 5.1.3: *Durchlauf mit reduzierten Baumpositionen*

Abbildung 5.1.3 zeigt zu dem schon in Abbildung 5.1.1 dargestellten Durchlauf die reduzierte Darstellung der Baumposition (durch den aktuellen Teil) und dazu jeweils auch den (nur einmal benötigten) vollständig durchlaufenen Teil als Sequenz von Bäumen. Die Übergänge verändern jeweils den Rand in der Umgebung des Punktes: Reduktionsschritte betreffen nur den linken Rand des aktuellen Teils, Expansionsschritte nur den rechten Rand und lesende Übergänge beide Ränder.

Es bietet sich an, den aktuellen Teil in einem Keller zu speichern, da er aus einer Folge von Elementarbäumen besteht und da diese Folge nur an einem Ende (da, wo sich der Punkt befindet) verändert wird. Wie wir später sehen werden, genügt es unter bestimmten Voraussetzungen, entweder den linken Rand oder den rechten Rand des aktuellen Teils zu speichern, um damit eindeutig die Positionen von allen gleichzeitig betrachteten Strukturbäumen festzuhalten. Dazu eine kurze Vorüberlegung: Der linke Rand des aktuellen Teils ist (als Folge seiner Wurzeln) durch den vollständig durchlaufenen Teil festgelegt. Nach Definition stimmen bei durchlaufeindeutiger Analyse die vollständig durchlaufenen Teile der betrachteten Baumpositionen überein, also auch deren linke Ränder.

Verfahren, die den linken Rand des aktuellen Teils im Keller halten, werden wir ab Abschnitt 5.3 kennenlernen. Diese Verfahren führen ausschließlich Schritte aus, die den linken Rand verändern, d.h. lesende Übergänge und Reduktionen. Durch die Folge der mitprotokollierten Reduktionen wird der Strukturbaum von unten nach oben aufgebaut. Man spricht daher von **Bottom-Up-Verfahren**.

Weniger kompliziert, aber auch auf weniger Grammatiken anwendbar sind die in Abschnitt 5.2 behandelten Verfahren, die den rechten Rand des aktuellen Teils im Keller halten. Dieses Verfahren führen ausschließlich Schritte aus, die den rechten Rand verändern, d.h. lesende Übergänge und Expansionen. Durch die Folge der mitprotokollierten Reduktionen wird der Strukturbaum von oben nach unten aufgebaut. Man spricht daher von **Top-Down-Verfahren**.

Man beachte: Bottom-Up-(bzw. Top-Down-)Verfahren speichern mit dem linken (bzw. rechten) Rand des aktuellen Teils eine endliche Darstellung der unendlichen Menge der aktuellen Baumpositionen.

Formale Beschreibung von Syntaxanalyseverfahren: Für die genaue Beschreibung der Syntaxanalyseverfahren und ihrer Eigenschaften führen wir folgende Begriffe und Notationen ein:

Den augenblicklichen Zustand eines Analyseverfahrens beschreiben wir durch eine **Konfiguration** $\Gamma = (K, x, \pi)$. Darin ist K ein Kellerinhalt, x der Rest des Eingabeworts und π der bisher aufgesammelte Teil einer Links- bzw. Rechtsableitung.

Einen **Übergang** (lesend, expandierend oder reduzierend) von einer Konfiguration Γ_1 zu einer Konfiguration Γ_2 notieren wir in der Form

$$\Gamma_1 \vdash \Gamma_2 ,$$

eine Folge von null oder mehr Übergängen zwischen Γ_1 und Γ_2 in der Form

$$\Gamma_1 \vdash \ast \Gamma_2 .$$

Die Syntaxanalyse beginnt in einer *Anfangskonfiguration*

$$\Gamma_\alpha = (K_\alpha, w\#, \varepsilon)$$

und endet im Erfolgsfall in einer *Endkonfiguration*

$$\Gamma_\Omega = (K_\Omega, \#, \pi_w) ,$$

wobei die Form von K_α und K_Ω von der Art (Top-Down oder Bottom-Up, s.u.) des gewählten Verfahrens abhängt.

Das Sonderzeichen „#" wird aus technischen Gründen benötigt.

Wir sagen, das durch $\vdash$ beschriebene Verfahren **akzeptiert** das Eingabewort w, wenn gilt:

$$(K_\alpha, w\#, \varepsilon) \ \vdash^* (K_\Omega, \#, \pi_w),$$

d.h. wenn $\vdash$ ausgehend von einer Anfangskonfiguration unter Verarbeitung von w in eine Endkonfiguration führt.

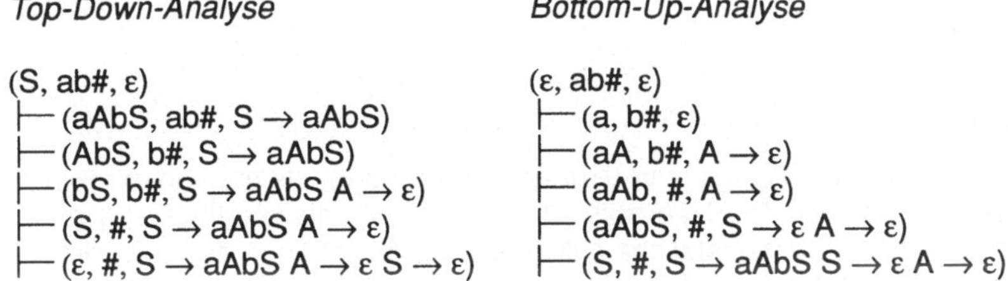

Abbildung 5.1.4: *Analyse des Wortes "ab"*

Abbildung 5.1.4 zeigt, wie Top-Down- und Bottom-Up-Analysatoren das Wort „ab" akzeptieren. Dabei wurde als Top-Down-Analysator das LL(1)-Verfahren aus Abschnitt 5.2 und als Bottom-Up-Analysator das LR(1)-Verfahren aus Abschnitt 5.4 verwendet. Durch Vergleich mit den Abbildungen 5.1.1 und 5.1.3 prüft man nach, daß sich bei der Top-Down-Analyse tatsächlich stets der rechte Rand des aktuellen Teils im Keller befindet und daß Reduktionen übersprungen werden. Analog findet man bei der Bottom-Up-Analyse stets den linken Rand im Keller; hier werden Expansionen übersprungen.

Wünschenswerte Eigenschaften von Syntaxanalyseverfahren können wir nun formal beschreiben:

$\vdash$ heißt **korrekt**, wenn jede von $\vdash$ akzeptierte Zeichenfolge w im Sprachschatz der Grammatik G liegt, d.h. wenn aus

$$(K_\alpha, w\#, \varepsilon) \ \vdash^* (K_\Omega, \#, \pi)$$

folgt

$$S \ =\!/r\!\Rightarrow^\pi w \ .$$

Dabei steht „$=\!/r\!\Rightarrow$" bei der Top-Down-Analyse für die Linksableitung „$=\!lm\!\Rightarrow$" und bei der Bottom-Up-Analyse für die Rechtsableitung „$=\!rm\!\Rightarrow$".

$\vdash$ heißt **vollständig**, wenn umgekehrt jedes w aus L(G) von $\vdash$ akzeptiert wird, d.h. wenn aus

$$S \ =\!/r\!\Rightarrow^\pi w$$

folgt, daß

$$(K_\alpha, w\#, \varepsilon) \ \vdash^* (K_\Omega, \#, \pi) \ .$$

$\vdash$ heißt **präfixkorrekt**, wenn $\vdash$ ausschließlich Anfänge (Präfixe) von Wörtern aus L(G) liest, d.h. wenn aus

$$(K_\alpha, xy\#, \varepsilon) \vdash^* (K, y\#, \pi)$$

folgt

$$\exists z: xz \in L(G).$$

$\vdash$ **arbeitet in linearer Zeit**, wenn die Anzahl der Analyseschritte durch eine lineare Funktion der Länge der eingelesenen Zeichenfolge beschränkt ist, d.h. wenn es ein $f(x) = a * x + b$ gibt, so daß aus

$$(K_\alpha, xy\#, \varepsilon) \vdash^n (K, y\#, \pi)$$

folgt

$$n \le f(|x|).$$

Korrektheit und Vollständigkeit sind Grundanforderungen, die man an ein Syntaxanalyseverfahren stellen muß. Präfixkorrektheit ist nützlich für die Lokalisierung von Fehlern. Lineare Laufzeit ist eine wesentliche Effizienzanforderung, aus der auch die Terminierung folgt. Die hier betrachteten Verfahren besitzen all diese Eigenschaften. In einigen Fällen werden wir dafür exemplarische Beweise angeben.

Deterministische Syntaxanalyse: Die dritte eingangs gestellte Frage - was unter dem „gleichzeitigen Durchlaufen" einer Menge verschieden geformter Strukturbäume zu verstehen ist - läßt sich dann leicht beantworten, wenn nach jedem Schritt alle durchlaufenen Baumpositionen durch die gleiche Konfiguration beschrieben werden. Davon handelt die folgende Definition:

Ein Analyseverfahren $\vdash$ heißt **deterministisch**, wenn es zu jeder Konfiguration höchstens einen möglichen Übergang gibt, d.h. wenn aus

$$\Gamma_1 \vdash \Gamma_2 \text{ und } \Gamma_1 \vdash \Gamma_3$$

folgt

$$\Gamma_2 = \Gamma_3.$$

Die Menge von Grammatiken, für die ein bestimmtes Analyseverfahren $\vdash_X$ deterministisch ist, bezeichnet man als **Klasse der X-Grammatiken**.

Sind $\vdash_A$ und $\vdash_B$ zwei Analyseverfahren, von denen das zweite, $\vdash_B$, alle Übergänge erlaubt, die für $\vdash_A$ definiert sind, dann drücken wir dies formal aus durch die *Inklusion:*

$$\vdash_A \subseteq \vdash_B$$

In diesem Fall ist $\vdash_B$ dann vollständig, wenn $\vdash_A$ vollständig ist; das ergibt sich unmittelbar aus den Definitionen. Umgekehrt ist $\vdash_A$ (präfix)korrekt bzw. deterministisch, wenn $\vdash_B$ (präfix)korrekt bzw. deterministisch ist.

Ein praktisches Verfahren zum Nachweis der **Eindeutigkeit** einer großen Menge von kontextfreien Grammatiken ergibt sich aus folgendem Satz:

Satz 5.1.1

> Ist $\vdash_X$ ein vollständiges Syntaxanalyseverfahren und G eine X-Grammatik, dann ist G eindeutig.

Beweis:

Angenommen, G wäre nicht eindeutig, die Voraussetzungen des Satzes aber erfüllt. Dann gibt es ein Wort w aus L(G) mit zwei verschiedenen Strukturbäumen und daher auch zwei verschiedenen Links- bzw. Rechtsableitungen, $S =\!/r\!\!\Rightarrow^{\pi_1} w$ und $S =\!/r\!\!\Rightarrow^{\pi_2} w$. Wegen der Vollständigkeit von $\vdash$X- finden wir Übergangsfolgen

$$\Gamma = (K_\alpha, w\#, \varepsilon) \vdash\text{X-}^* (K_\Omega, \#, \pi_1) = \Gamma_1$$

und

$$\Gamma = (K_\alpha, w\#, \varepsilon) \vdash \text{X-}^* (K_\Omega, \#, \pi_2) = \Gamma_2$$

Wegen $\Gamma_1 \neq \Gamma_2$ kann $\vdash$X- nicht deterministisch sein. Also ist G eindeutig.

❑

Im nächsten Abschnitt werden wir beweisen, daß die LL(1)-Analyse vollständig ist. Daher sind LL(1)-Grammatiken eindeutig. Gleiches gilt für die Klasse der LR(1)-Grammatiken, die man häufig verwendet, um die Syntax von Programmiersprachen zu spezifizieren.

5.2 Die LL(1)-Analyse

Die LL(1)-Analyse ist eine Spezialisierung der Top-Down-Analyse, die wir zunächst betrachten: Bei der *Top-Down-Analyse* wird der gesuchte Strukturbaum zu w von der Wurzel des Baums her in Expansionsschritten konstruiert und in Leseschritten mit w verglichen. Die Expansionsschritte werden mitprotokolliert und beschreiben (als Linksableitung) nicht nur den vollständigen Teil des Strukturbaums, sondern auch dessen aktuellen Teil (vgl. Abbildung 5.1.2).

Die Top-Down-Analyse: Ob der nächste Schritt eine Expansion oder ein lesender Übergang sein wird, hängt vom ersten Symbol des rechten Randes ab, d.h. von dem Symbol Z, vor dem der Punkt steht: Ist Z ein nichtterminales Symbol, dann folgt eine Expansion, ist Z terminal, dann ein Leseschritt. Zur Steuerung der Analyse halten wir daher den rechten Rand im Keller.

In der Anfangsposition besteht der rechte Rand genau aus dem Startsymbol S, also $K_\alpha = S$ und die *Anfangskonfiguration* ist

$$\Gamma_\alpha = (S, w\#, \varepsilon).$$

Da in der Endposition der rechte Rand leer ist, ergibt sich als *Endkonfiguration*

$$\Gamma_\Omega = (\varepsilon, \#, \pi_w).$$

Die zwei Arten von $\vdash$TD- -Übergängen sind formal beschrieben durch

$$(A\rho, y, \pi) \vdash\text{TD-} (\gamma\rho, y, \pi \oplus A \to \gamma) \quad \text{für } A \to \gamma \in P \qquad \textbf{\textit{„Expansion"}}$$

und

$$(a\rho, ay, \pi) \vdash\text{TD-} (\rho, y, \pi) \quad \text{für } a \in T \qquad \textbf{\textit{„Lesender Übergang"}}$$

Den Operator „⊕", der Folgen von Produktionsregeln und einzelne Produktionen zusammengefügt zu einer verlängerten Folge, lassen wir meist weg.

Am Beispiel: Die Grammatik $G_{a\text{-}b}$ sei gegeben durch

$$G = (\ \{S, A, B\}, \{a, b\}, S, P\ ) \quad \text{und}$$

$$P = \{\, S \to aAbS \mid bBaS \mid \varepsilon,$$
$$A \to aAbA \mid \varepsilon,$$
$$B \to bBaB \mid \varepsilon \,\}.$$

Zu $G_{a\text{-}b}$ gibt es nach Definition von $\vdash$TD- folgende Übergänge (für beliebige $\rho \in V^*$, $y \in T^*$ und $\pi \in P^*$):

(1) $(S\rho, y, \pi)$ $\vdash$TD- $(aAbS\rho, y, \pi \oplus S \to aAbS)$

(2) $(S\rho, y, \pi)$ $\vdash$TD- $(bBaS\rho, y, \pi \oplus S \to aBaS)$

(3) $(S\rho, y, \pi)$ $\vdash$TD- $(\rho, y, \pi \oplus S \to \varepsilon)$

(4) $(A\rho, y, \pi)$ $\vdash$TD- $(aAbA\rho, y, \pi \oplus A \to aAbA)$

(5) $(A\rho, y, \pi)$ $\vdash$TD- $(\rho, y, \pi \oplus A \to \varepsilon)$

(6) $(B\rho, y, \pi)$ $\vdash$TD- $(bBaB\rho, y, \pi \oplus B \to bBaB)$

(7) $(B\rho, y, \pi)$ $\vdash$TD- $(\rho, y, \pi \oplus B \to \varepsilon)$

Ausgehend von der Anfangskonfiguration $(S, ab\#, \varepsilon)$ ergibt sich die Übergangsfolge:

$(S, ab\#, \varepsilon)$

$\vdash$TD- $(aAbS, ab\#, S \to aAbS)$ mit (1)

$\vdash$TD- $(AbS, b\#, S \to aAbS)$ mit (8)

$\vdash$TD- $(bS, ab\#, S \to aAbS\ A \to \varepsilon)$ mit (5)

$\vdash$TD- $(S, \#, S \to aAbS\ A \to \varepsilon)$ mit (9)

$\vdash$TD- $(\varepsilon, \#, S \to aAbS\ A \to \varepsilon\ S \to \varepsilon)$ mit (3)

Das entspricht genau der Top-Down-Analyse aus Abbildung 5.1.4.

❏

Aufgabe 5.2.1:

Führen Sie für die Grammatik $G_{abcd} = (\ \{S\},\ \{a, b, c, d\},\ S,\ P\ )$ mit der Regelmenge $P = \{\ S \to bScSd \mid bSd \mid a\ \}$ und das Eingabewort „bbbadcad" eine Top-Down-Analyse durch und zeichnen Sie den zugehörigen Syntaxbaum.

❏

Eigenschaften der Top-Down-Analyse: Wir beweisen nun, daß $\vdash$TD- korrekt und vollständig ist.

Satz 5.2.1

$\vdash$TD- ist korrekt, d.h. aus

$$(S, w\#, \varepsilon)\ \vdash\text{TD-}^*\ (\varepsilon, \#, \pi)$$

folgt $S =\!lm\!\Rightarrow^{\pi} w$.

Beweis

Wir beweisen durch Induktion über i die allgemeinere Aussage

$$(S, xy, \varepsilon)\ \vdash\text{TD-}^{i}\ (\gamma, y, \pi)\ \rangle\ \ S =\!lm\!\Rightarrow^{\pi} x\gamma$$

woraus die Behauptung folgt, wenn man $w = x$ und $\gamma=y=\varepsilon$ wählt.

i=0:   Dann liegt folgende Situation vor:

$$(S, xy, \varepsilon) = (\gamma, y, \pi) .$$

Es folgt $S = \gamma \wedge x = \varepsilon \wedge \pi = \varepsilon$

sowie $S = \gamma = lm\Rightarrow^{\varepsilon} \gamma = x\gamma$

i>0:   Der letzte Schritt ist entweder ein Leseschritt oder eine Expansion.

Fall 1: Bei einem *Leseschritt* ist $x = x'a$ und die Übergangsfolge hat dieForm:

$$(S, x'ay, \varepsilon) \vdash TD^{i-1} (a\gamma, ay, \pi) \vdash TD\ (\gamma, y, \pi)$$

Nach Induktionsvoraussetzung folgt $S = lm\Rightarrow^{\pi} x'a\gamma = x\gamma$.

Fall 2: Bei einer *Expansion* vermöge $A\to\beta$ erhalten wir für geeignete γ' und π':

$$(S, xy, \varepsilon) \vdash TD^{i-1} (A\gamma', y, \pi') \vdash TD\ (\beta\gamma', y, \pi' \oplus A\to\beta) = (\gamma, y, \pi)$$

Nach Induktionsvoraussetzung folgt $S = lm\Rightarrow^{\pi'} xA\gamma' = lm\Rightarrow x\beta\gamma' = x\gamma$.

❏

Satz 5.2.2

$\vdash TD$ ist vollständig, d.h. aus $S = lm\Rightarrow^{\pi} w$ folgt

$$(S, w\#, \varepsilon) \vdash TD^* (\varepsilon, \#, \pi).$$

Beweis

Wir beweisen durch Induktion über die Länge von π die allgemeinere Aussage

$$\gamma = lm\Rightarrow^{\pi} w \quad \rangle \quad (\gamma, w, \tau) \vdash TD^* (\varepsilon, \varepsilon, \tau \oplus \pi)$$

woraus die Behauptung für $\gamma = S$ und $\tau = \varepsilon$ folgt.

$|\pi| = 0$: Dann gilt $\gamma = w$ und

$$(\gamma, w, \tau) = (w, w, \tau) \vdash TD^{|w|} (\varepsilon, \varepsilon, \tau) = (\varepsilon, \varepsilon, \tau \oplus \pi)$$

$|\pi| > 0$: Wir spalten den ersten Ableitungsschritt ab und erhalten

$\pi = A\to\beta \oplus \pi'$ sowie für geeignete x und ρ folgende Situation:

$\gamma = xA\rho = lm\Rightarrow x\beta\rho = lm\Rightarrow^{\pi'} xy = w$,

daher auch $\beta\rho = lm\Rightarrow^{\pi'} y$.

Nach Induktionsvoraussetzung folgt $(\beta\rho, y, \sigma) \vdash TD^* (\varepsilon, \varepsilon, \sigma \oplus \pi')$,

also insgesamt: (γ, w, τ)

$$
\begin{aligned}
&= &&(xA\rho, xy, \tau)\\
&\vdash TD^{|x|} &&(A\rho, y, \tau)\\
&\vdash TD &&(\beta\rho, y, \tau \oplus A\to\beta)\\
&= &&(\beta\rho, y, \sigma)\\
&\vdash TD^* &&(\varepsilon, \varepsilon, \sigma \oplus \pi')\\
&= &&(\varepsilon, \varepsilon, \tau \oplus A\to\beta \oplus \pi')\\
&= &&(\varepsilon, \varepsilon, \tau \oplus \pi)
\end{aligned}
$$

❏

Ein Blick auf die Top-Down-Analyse im Beispiel vor Satz 5.2.1 belegt, daß das das Verfahren ⊢TD- nicht immer deterministisch ist: So hätte man anstelle des letzten Übergangs, der die Analyse erfolgreich beendet, auch den Übergang

$$(S, \#, S{\rightarrow}aAbS\ A{\rightarrow}\varepsilon) \vdash_{TD} (aAbS, \#, S{\rightarrow}aAbS\ A{\rightarrow}\varepsilon\ S{\rightarrow}aAbS)$$

wählen können, wonach die Analyse ohne Erfolg beendet wäre.

Allgemeiner gibt es bei jedem ⊢TD- -Expansionsschritt so viele Möglichkeiten wie G Alternativen γ zu dem expandierten Symbol A besitzt. Die ⊢TD- -Leseschritte dagegen sind eindeutig festgelegt. Da in jeder Konfiguration das oberste (linke) Kellersymbol bestimmt, ob eine Expansion oder ein lesender Übergang folgen kann, ist ⊢TD- für solche Grammatiken deterministisch, für die jeder Expansionsschritt eindeutig festgelegt ist, d.h. die zu jedem nichtterminalen Symbol A genau eine Produktionsregel A→γ enthalten. Solche Grammatiken sind aber uninteressant, da man aus ihnen jeweils nur ein einziges Wort herleiten kann.

Die LL(1)-Analyse: Insgesamt ist die Top-Down-Analyse also korrekt und vollständig, aber für alle praktisch relevanten Grammatiken nicht deterministisch. Eine Spezialisierung ⊢LL1- von ⊢TD- , die für eine wesentlich größere Klasse von Grammatiken deterministisch ist, erhält man, indem man bei Expansionsschritten das nächste Eingabezeichen a hinzuzieht, um von den möglichen Alternativen die richtige herauszufinden. Wir nennen a die *aktuelle Vorschau*. (Damit stets ein nächstes Vorschauzeichen zur Verfügung steht - insbesondere auch gegen Ende der Analyse - haben wir die Eingabe w rechts um ein Endezeichen # zu w# ergänzt. Wir erinnern an die Definition von first und follow in Kapitel 2 und daran, daß definitionsgemäß gilt $\# \in$ follow(S).)

Angenommen, für die Expansion von A stehen genau zwei Alternativen,

$$A \rightarrow \beta \text{ und } A \rightarrow \gamma$$

zur Wahl. Dann wird man sich für die erste Möglichkeit entscheiden, wenn die aktuelle Vorschau a in first(β) liegt, für die zweite Möglichkeit, wenn a in first(γ) liegt. Das führt zu der folgenden (noch nicht ganz vollständigen) Definition der *LL(1)-Analyse*:

$$(A\rho, ay, \pi) \vdash_{LL1} (\gamma\rho, ay, \pi \oplus A \rightarrow \gamma)$$

$$\text{für } A \rightarrow \gamma \in P \text{ und } a \in \text{first}(\gamma) \quad \text{„Expansion”}$$

und

$$(a\rho, ay, \pi) \vdash_{LL1} (\rho, y, \pi) \quad \text{für } a \in T \qquad \textbf{„Lesender Übergang”}$$

Liegt die aktuelle Vorschau a weder in first(β) noch in first(γ), dann bricht ⊢LL1- mit Fehler ab. Liegt dagegen a sowohl in first(β) als auch in first(γ), dann reicht die gegenüber ⊢TD- zusätzlich verwendete Vorschauinformation nicht aus, um ⊢LL1- deterministisch zu machen. Nach obiger Definition würde niemals nach einer Produktion der Form A → ε expandiert, denn kein a $\in$ T liegt in first (ε), einer leeren Menge. In diesem Fall sollte a ein Symbol sein, welches auf A folgen kann, d.h. in follow(A) liegt. Die endgültige Definition von LL(1)-Expansionsschritten berücksichtigt ε-Regeln in dieser Weise:

$$(A\rho, ay, \pi) \vdash_{LL1}(\gamma\rho, ay, \pi \oplus A \rightarrow \gamma)$$

$$\text{für } A \rightarrow \gamma \in P \text{ und } a \in \text{first}(\gamma \text{ follow}(A)) \quad \textbf{„Expansion”}$$

Eigenschaften der LL(1)-Analyse: $\vdash$LL1- erbt alle guten Eigenschaften von $\vdash$TD- : Die LL(1)-Analyse ist, wie wir im folgenden nachprüfen werden, korrekt, präfixkorrekt, vollständig und linear.

Satz 5.2.3

Die LL(1)-Analyse ist korrekt.

Beweis

Die lesenden Übergänge der LL(1)-Analyse sind genauso definiert wie die der Top-Down-Analyse. Alle für die LL(1)-Analyse erlaubten Expansionen sind auch bei der Top-Down-Analyse erlaubt. Also folgt aus der Korrektheit der Top-Down-Analyse (Satz 5.2.1) die der LL(1)-Analyse.

❑

Umgekehrt ist die LL(1)-Analyse auch vollständig, da gegenüber der vollständigen Top-Down-Analyse nur solche Schritte ausgeschlossen werden, die ohnehin nicht zu einem erfolgreichen Abschluß der Analyse führen können, nämlich:

$$(A\rho, ay, \pi) \vdash_{TD} (\gamma\rho, ay, \pi \oplus A \to \gamma)$$
$$\text{für } A \to \gamma \in P \text{ und } a \notin \text{first}(\gamma \text{ follow}(A))$$

Das anstehende Vorschauzeichen kann nach solchen Übergängen niemals gelesen werden, da weder γ mit a beginnt noch (falls $\gamma \Rightarrow^* \varepsilon$) das, was nach γ kommt (weil sonst a in follow(A) liegen würde). Also gilt:

Satz 5.2.4

Die LL(1)-Analyse ist vollständig.

❑

Beim Beweis der Korrektheit von $\vdash$TD- in Satz 5.2.1 haben wir gezeigt, daß aus

$$(S, xy, \varepsilon) \vdash_{TD}^i (\gamma, y, \pi)$$

folgt

$$S =_{lm}\!\Rightarrow^\pi x\gamma$$

d.h. $\vdash$TD- ist präfixkorrekt. Da $\vdash$LL1- nicht mehr Übergänge erlaubt als $\vdash$TD- , ergibt sich unmittelbar:

Satz 5.2.5

Die LL(1)-Analyse ist präfixkorrekt.

❑

Bei der LL(1)-Analyse entscheidet die Art des obersten Kellerelements, ob ein lesender Übergang oder eine Expansion folgen muß. Die LL(1)-Analyse ist für eine Grammatik G deterministisch, wenn anhand eines Vorschauzeichens zwischen verschiedenen möglichen Expansionen unterschieden werden kann, d.h. wenn folgendes Kriterium zutrifft:

LL(1)-Kriterium

Aus

$$A \to \beta \in P \;\land\; A \to \gamma \in P \;\land\; \beta \neq \gamma$$

folgt stets

$$\text{first } (\beta \text{ follow}(A)) \cap \text{ first } (\gamma \text{ follow}(A)) = \varnothing$$

❏

Grammatiken, welche das LL(1)-Kriterium erfüllen, heißen (nach der Vereinbarung über X-Grammatiken aus Abschnitt 5.1) **LL(1)-Grammatiken**. Der Name „LL(1)" steht für „Links-nach-rechts-Analyse, die **L**inksableitungen erzeugt und **1** Zeichen Vorschau verwendet".

Aus den Sätzen 5.1.1 und 5.2.4 folgt:

Korollar 5.2.5

LL(1)-Grammatiken sind eindeutig.

❏

An dieser Stelle wird also nicht das Verfahren weiter verfeinert, so daß es sich auf mehr Grammatiken anwenden läßt, sondern stattdessen die Klasse der Grammatiken so gewählt, daß sich das Verfahren eindeutig anwenden läßt. Das LL(1)-Kriterium kann man per Programm nachprüfen.

Am Beispiel: Bei der Grammatik $G_{a\text{-}b}$ findet man

für die Alternativen von S:

$$\text{first } (aAbS \text{ follow}(S)) = \{a\}$$
$$\text{first } (bBaS \text{ follow}(S)) = \{b\}$$
$$\text{first } (\varepsilon \text{ follow}(S)) = \{\#\}$$

für die Alternativen von A:

$$\text{first } (aAbA \text{ follow}(A)) = \{a\}$$
$$\text{first } (\varepsilon \text{ follow}(A)) = \{b\}$$

für die Alternativen von B:

$$\text{first } (bBaA \text{ follow}(B)) = \{b\}$$
$$\text{first } (\varepsilon \text{ follow}(B)) = \{a\}$$

Da für jedes nichtterminale Symbol die zu den verschiedenen Alternativen gehörenden Mengen disjunkt sind, erfüllt die Grammatik das LL(1)-Kriterium. Für das Eingabewort „ab" ergibt sich die in Abbildung 5.1.4 gezeigte Analysesequenz eindeutig.

❏

Aufgabe 5.2.2:

Die Grammatiken

$$G_{K1} = (\,\{S\}, \{\,(\,,)\,\}, S, \{\,S \to (S) \mid SS \mid \varepsilon\,\}\,)$$

und

$$G_{K2} = (\,\{S\}, \{\,(\,,)\,\}, S, \{\,S \to (S)S \mid \varepsilon\,\}\,)$$

erzeugen jeweils die Sprache der „Klammergebirge".

Weisen Sie nach, daß eine der beiden Grammatiken LL(1) ist und die andere Grammatik nicht.

❏

Grenzen der LL(1)-Analyse: Leider erfüllen nicht alle „praktisch relevanten" Grammatiken das LL(1)-Kriterium. *Keine* LL(1)-Grammatik ist z.B. die bekannte Grammatik der arithmetischen Ausdrücke. Wir finden nämlich für $E \to T$ und $E \to E + T$:

- id $\in$ first(T) wegen T $\Rightarrow$ F $\Rightarrow$ id

- first(T) $\subseteq$ first(E) wegen der Regel E $\to$ T

daher auch

id $\in$ first(T follow(E)) $\cap$ first(E+T follow(E)).

Wenden wir dennoch die LL(1)-Analyse auf diese Grammatik und das Eingabewort „id + id" an, dann ist bereits der erste Schritt nicht eindeutig bestimmt:

(E, id+id#, ε) $\vdash$LL1- (T, id+id#, E→T)

oder

(E, id+id#, ε) $\vdash$LL1- (E+T, id+id#, E→E+T)

Richtig wäre die zweite Alternative; die erste führt in eine Sackgasse. Anhand des einen Vorschauzeichens „id" sind beide Wege nicht voneinander zu unterscheiden.

Aus der Literatur ist bekannt, daß Grammatiken mit *linksrekursiven* Symbolen nicht LL(1) sein können. Die Grammatik der arithmetischen Ausdrücke hat mit E und T zwei linksrekursive Symbole. An „Verzweigungen"

A $\to$ β | γ mit $\gamma \Rightarrow$* A ...

kann die LL(1)-Analyse nicht entscheiden, welcher der beiden Wege (über β oder über γ) einzuschlagen ist, da alle Zeichen a $\in$ first(β) offenbar auch in first(γ) liegen. Auf einen formalen Beweis, der auf dieser Tatsache beruht, aber auch Fälle wie L(β) = {ε} berücksichtigen muß, verzichten wir und halten nur fest:

Satz 5.2.6

Reduzierte LL(1)-Grammatiken enthalten keine linksrekursiven Symbole.

❏

Herstellen der LL(1)-Eigenschaft durch Grammatiktransformationen: Bei der Grammatik der arithmetischen Ausdrücke bietet es sich an, Linksrekursion durch Rechtsrekursion zu ersetzen. Damit ergibt sich die Regelmenge:

E $\to$ T+E | T

T $\to$ F*T | F

F $\to$ id | (E)

Diese Grammatik ist ebenso wenig LL(1) wie die ursprüngliche, denn offenbar gilt:

first (T+E follow(E)) $\cap$ first (T follow (E)) $\neq \emptyset$

Durch *Linksfaktorisierung* (vgl. Abschnitt 2.4) erhalten wir schließlich folgende Regelmenge

$E \to TE'$, $E' \to +E \mid \varepsilon$

$T \to FT'$, $T' \to *T \mid \varepsilon$

$F \to id \mid (E)$

Wir finden

follow $(E') = \{ \#,) \}$

follow $(T') = \{ \#,), + \}$

und weiter

first $(+ E\ follow(E')) \cap$ first $(\varepsilon\ follow(E')) = \{ + \} \cap \{ \#,) \} = \varnothing$

first $(* T\ follow(T')) \cap$ first $(\varepsilon\ follow(T')) = \{ * \} \cap \{ \#,), + \} = \varnothing$

first $(id\ follow(F)) \cap$ first $((E)\ follow(F)) = \{ id \} \cap \{ (\} = \varnothing$

d.h. die entstandene Grammatik ist LL(1).

Am Beispiel: Wir wenden ⊢LL1- auf die Eingabe „id*id" an:

(E, id*id#, ε)

⊢LL1-   (TE', id*id#, E→TE')

⊢LL1-   (FT'E', id*id#, E→TE' T→FT')

⊢LL1-   (id T'E', id*id#, E→TE' T→FT' F→id)

⊢LL1-   (T'E', *id#, E→TE' T→FT' F→id)

⊢LL1-   (*TE', *id#, E→TE' T→FT' F→id T'→*T)

⊢LL1-   (TE', id#, E→TE' T→FT' F→id T'→*T)

⊢LL1-   (FT'E', id#, E→TE' T→FT' F→id T'→*T T→FT')

⊢LL1-   (idT'E', id#, E→TE' T→FT' F→id T'→*T T→FT' F→id)

⊢LL1-   (T'E', #, E→TE' T→FT' F→id T'→*T T→FT' F→id)

⊢LL1-   (E', #, E→TE' T→FT' F→id T'→*T T→FT' F→id T'→ε)

⊢LL1-   (ε, #, E→TE' T→FT' F→id T'→*T T→FT' F→id T'→ε E'→ε)

Die Linksableitung in der Endkonfiguration beschreibt den Syntaxbaum:

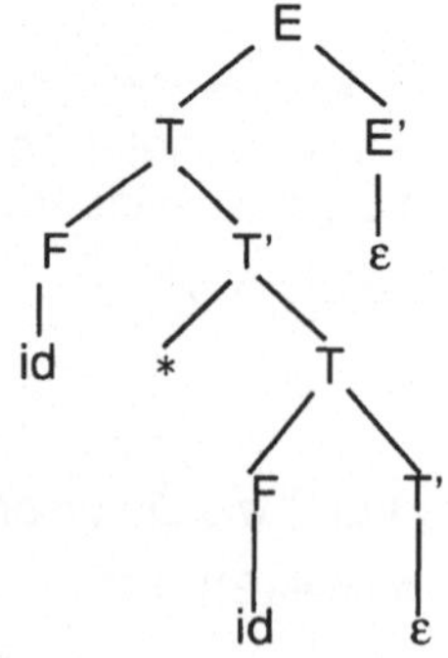

Aufgabe 5.2.3:

Die Grammatik G_{abcd} aus Aufgabe 5.2.1 ist nicht LL(1). Warum?

Geben Sie eine äquivalente LL(1)-Grammatik G' an.

Führen Sie mit G' für das das Eingabewort „bbbadcad" eine LL(1)-Analyse durch und zeichnen Sie den zugehörigen Syntaxbaum.

Vergleichen Sie das Ergebnis mit dem von Aufgabe 5.2.1.

❑

Aufgabe 5.2.4:

Geben Sie zur Sprache der römischen Zahlen eine LL(1)-Grammatik an.

❑

Zur Effizienz der LL(1)-Analyse: Um nachzuweisen, daß das |-LL1- -Verfahren für LL(1)-Grammatiken (wenn also die Analyse deterministisch abläuft) nur eine linear von der Länge des Eingabewortes abhängige Anzahl von Schritten benötigt, stellen wir folgende Überlegungen an:

Bei der Analyse eines Worts $w \in L(G)$ wird je Eingabezeichen genau ein Leseschritt ausgeführt. Expansionsschritte hängen ab von dem zu expandierenden Symbol A und dem aktuellen Vorschauzeichen a. Zwischen je zwei Leseschritten ändert sich die Vorschau nicht. Würde ein Symbol A ohne dazwischenliegenden Leseschritt zwei Mal expandiert, dann geriete die deterministische LL(1)-Analyse in einen Zyklus und könnte w nicht akzeptieren. Widerspruch zur Vollständigkeit des LL(1)-Verfahrens! Also gibt es zwischen je zwei Leseschritten höchstens |V| Expansionsschritte.

Bei der Analyse eines Worts $w \notin L(G)$ könnte die deterministische LL(1)-Analyse nach Abarbeitung des längsten korrekten Präfixes von w in einen Zyklus geraten, ohne daß dies der Vollständigkeit von |-LL1- widerspräche. Da der längste korrekte Präfix bereits gelesen ist, kann wegen der Präfixkorrektheit kein weiterer lesender Übergang folgen. Expansionen mit $A \rightarrow \gamma$ und $a \in first(\gamma)$ würden zum Lesen von a führen. Also kann es nur Expansionen mit Regeln $A \rightarrow \varepsilon$ geben. Damit ergäben sich aber beliebig große Bäume, was der Eindeutigkeit der Grammatik widerspräche. Also tritt der befürchtete Zyklus nicht ein.

Beim Lesen von $w \in T^*$ bleibt |-LL1- daher spätestens nach $(|V|+1) * |w|$ Schritten stehen. Daraus folgt:

Satz 5.2.7

Für LL(1)-Grammatiken arbeitet die LL(1)-Analyse in linearer Zeit.

❑

Wie verhält sich die LL(1)-Analyse zu dem **gemeinsamen Ansatz** aus Abschnitt 5.1?

Anhand eines Zeichens Vorschau werden Regeln des Strukturbaums bereits beim ersten Betreten (in Expansionsschritten) erkannt. In Abbildung 5.1.2 ist nicht nur der vollständig durchlaufende Teil, sondern auch der aktuelle Teil eindeutig bestimmt; das Verfahren ist damit mehr als durchlaufeindeutig. Allerdings gilt das nur für LL(1)-Grammatiken, d.h. wenn die LL(1)-Analyse deterministisch durchgeführt werden kann. Am Beispiel der Grammatik der arithmetischen Ausdrücke haben wir gesehen, daß nicht alle praktisch relevanten Grammatiken dieser strengen Anforderung genügen.

Die dort erfolgreich zur Konstruktion einer äquivalenten LL(1)-Grammatik angewandten Transformationen sind leider *nicht* strukturerhaltend: Strukturbäume bezüglich der Ausgangsgrammatik und solche zur transformierten Grammatik haben eine völlig verschiedene Form. Man ist daher an Syntaxanalyseverfahren interessiert, die sich ohne Strukturveränderungen auf eine größere Klasse von Grammatiken anwenden lassen und die gleichzeitig all die positiven Eigenschaften besitzen, die wir für die LL(1)-Analyse nachgewiesen haben:

- Korrektheit
- Vollständigkeit
- Präfixkorrektheit
- Linearität

Solche Verfahren sind Gegenstand der beiden folgenden Abschnitte.

5.3 LR-Analyse ohne Vorschau

Während bei der LL(1)-Analyse von den durchlaufenden Baumpositionen sowohl der vollständig durchlaufene wie auch der aktuelle Teil jeweils eindeutig bestimmt waren, erfordert die LR(0)-Analyse nur Durchlaufeindeutigkeit. Bei der LR(0)-Analyse versucht man außerdem, zwischen möglichen Übergängen zu entscheiden, *ohne* dazu das nächste Eingabezeichen (die aktuelle Vorschau) heranzuziehen.

Items und ihre Eigenschaften: Betrachten wir noch einmal Abbildung 5.1.2. Mit dem vollständig durchlaufenden Teil steht - wie schon mehrfach bemerkt - auch der linke Rand des aktuellen Teils fest. Dieser allen gleichzeitig durchlaufenden Baumpositionen gemeinsame Teil steht beim LR-Analyseverfahren im Keller; das *rechte,* dem Punkt am nächsten stehende Symbol des linken Randes ist das *oberste* Kellersymbol. Ähnlich wie *Reduktionen* bei der LL(1)-Analyse keinen Einfluß auf den dort im Keller gehaltenen rechten Rand haben und daher ignoriert werden, so haben bei den LR-Verfahren *Expansionen* keinen Einfluß auf den im Keller gehaltenen linken Rand und werden daher übergangen. Die Regel, in der sich der Punkt befindet, nebst dem eingestreuten Punkt bezeichnen wir als **aktuelles Item;** die Notation für Items ist

$$[A \rightarrow \lambda \bullet \rho].$$

Auch hier trennt der Punkt den bereits durchlaufenden Teil λ der rechten Seite von dem noch zu durchlaufenden Teil ρ. (λ ist das rechte Endstück des linken Randes, ρ das linke Endstück des rechten Randes.)

Damit es in der Anfangs- und in der Endposition auch ein aktuelles Item gibt, ergänzen wir die Grammatik um ein neues *Startsymbol* S' und eine *Startregel* S' $\rightarrow$ S. Dann gehört das aktuelle Item [S' $\rightarrow$ • S] zur Anfangsposition und das aktuelle Item [S' $\rightarrow$ S •] zur Endposition. Die gleichzeitig durchlaufenden Baumpositionen haben zwar alle den gleichen linken Rand, unterscheiden sich aber oft im aktuellen Item. Mit

$$\Delta_{LR0}(\gamma)$$

bezeichnen wir die **Menge aller aktuellen Items in Baumpositionen mit linkem Rand** γ. An dieser Menge läßt sich die nächste Aktion eines Bottom-Up-Parsers ablesen: Man beachte, daß immer dann, wenn ein Item $[A \rightarrow \lambda \bullet \rho]$ in $\Delta_{LR0}(\gamma)$ liegt, der linke Rand γ auf λ endet, d.h. es gibt ein σ, so daß gilt: $\gamma = \sigma\lambda$. Unmittelbar vor einem *Reduktionsschritt* enthält $\Delta_{LR0}(\sigma\lambda)$ ein Item $[A \to \lambda \bullet]$; nach der Reduktion entsprechend diesem Item ist σA der neue linke Rand. Ein *lesender Übergang* mit a ist möglich, wenn $\Delta_{LR0}(\gamma)$ ein Item der Form $[A \to \lambda \bullet a\rho]$ enthält; nach diesem lesenden Übergang ist γa der neue linke Rand.

Da es in einer Grammatik nur endlich viele Produktionsregeln gibt, lassen sich nur endlich viele Items bilden. Jede der Mengen $\Delta_{LR0}(\gamma)$ ist also endlich. Wir werden bald sehen, wie man diese Mengen berechnet.

Formale Beschreibung der LR(0)-Analyse:

LR-Konfigurationen sind Tripel der Form

$$(\gamma, w\#, \pi) \,.$$

Darin ist $\gamma \in V^*$ ein *Keller* von Grammatiksymbolen mit dem oberen Ende rechts; $w \in T^*$ ist der aktuelle Rest der *Eingabe*; $\pi \in P^*$ ist die bisher aufgesammelte *Rechtsableitung*. Am Anfang eines Durchlaufs ist der linke Rand die Zeichenreihe ε, am Ende die Zeichenreihe „S". Also ist

$$\Gamma_\alpha = (\varepsilon, w\#, \varepsilon)$$

die A*nfangskonfiguration* und

$$\Gamma_\Omega = (S, \#, \pi_w)$$

die *Endkonfiguration* einer LR(0)-Analyse.

Das **LR(0)-Analyseverfahren** $\vdash$LR0- ist definiert durch

$$(\sigma\lambda, w\,\#, \pi) \vdash\text{LR0-} (\sigma A, w\#, A \to \lambda \oplus \pi)$$
$$\text{falls } [A \to \lambda \bullet] \text{ in } \Delta_{LR0}(\sigma\lambda)$$

„Reduktion"

$$(\gamma, aw\#, \pi) \vdash\text{LR0-} (\gamma a, w\#, \pi)$$
$$\text{falls } [A \to \lambda \bullet a\rho] \text{ in } \Delta_{LR0}(\gamma) \text{ für irgendein } A \to \lambda a\rho \in P$$

„ Lesender Übergang "

Den Konkatenationsoperator „$\oplus$" werden wir im folgenden wieder weglassen. Man beachte, daß die Regel „$A \to \lambda$", nach der reduziert wurde, *links* an die aufgesammelte Rechtsabteilung angefügt wird - rechts anfügen ergäbe eine Linksreduktionsfolge. Analog zu LL(1) liest man LR(0) als „Links-nach-rechts-Analyse, bei der **R**echtsableitungen unter Verwendung von **0** Zeichen Vorschau erzeugt werden".

Mit der informellen Erklärung von Δ_{LR0} kann man nachvollziehen, daß sich mit $\vdash$LR0- die in Abbildung 5.1.4 gezeigte Bottom-Up-Analyse ergibt. Wie Abbildung 5.1.3 belegt, erlauben die aktuellen Items in (b) und (e) jeweils den ausgeführten lesenden Übergang und die Items in (d), (g) und (h) jeweils die ausgeführte Reduktion.

Praktisch kann man aber nicht so vorgehen, da der zu bestimmende Strukturbaum während der Analyse noch nicht zur Verfügung steht. Wie also lassen sich die Mengen $\Delta_{LR0}(\gamma)$ vorab berechnen?

Berechnung des LR(0)-Automaten (Schritt 1): wir konstruieren zunächst einen nicht-deterministischen endlichen Automaten mit ε-Übergängen, dessen Zustände die aktuellen Items sind, die während der Bottom-Up-Analyse vorkommen können. Ein solcher Automat heißt **Itemautomat** zu G.

Startzustand des Itemautomaten ist das Item [S' → • S].

Von einem Zustand der Form [A → λ • Xρ] gibt es einen ε-*Übergang* in den Zustand [A → λX • ρ]. Für jede Regel B → γ gibt es von jedem Item der Form [A → λ • Bρ] einen ε-Übergang nach [B → • γ].

Die Menge der *Endzustände* des Itemautomaten spielt keine Rolle und wird daher als definitionsgemäß leer angenommen.

Am Beispiel: Zur Grammatik G_{abcd} mit

$$G_{abcd} = (\ \{S\},\ \{a, b, c, d\},\ S,\ \{S \to bSd \mid bScSd \mid a\}\ )$$

aus Aufgabe 5.2.1 erhält man den Itemautomaten in Abbildung 5.3.1. Der Anfangszustand ist doppelt umrandet. (Der „Verteilerknoten" in der graphischen Darstellung des Automaten vermeidet unschöne Überschneidungen der Pfeile.)

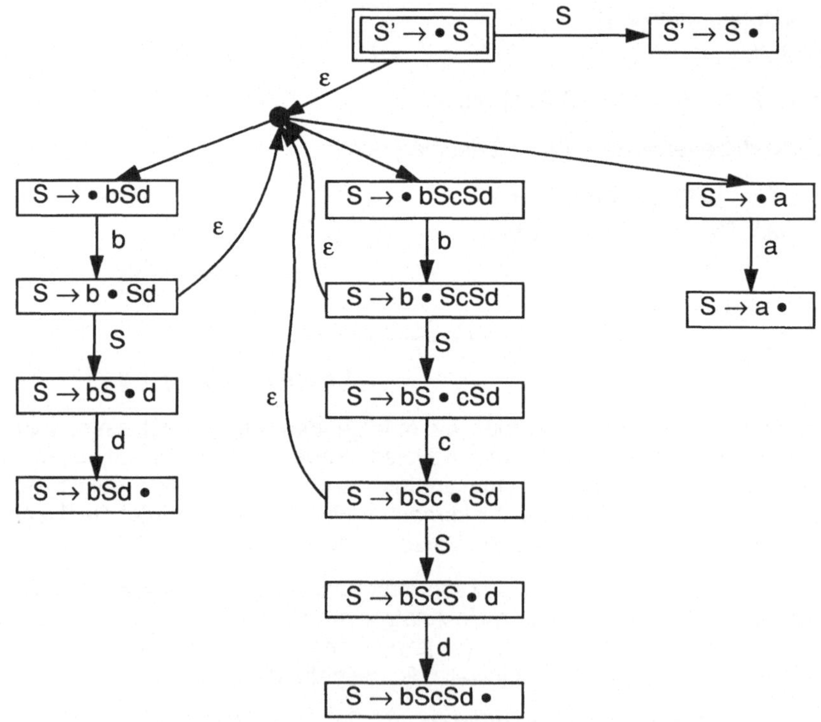

Abbildung 5.3.1: *Itemautomat zu* G_{abcd}

Berechnung des LR(0)-Automaten (Schritt 2): Mit Hilfe der Myhillschen Teilmengenkonstruktion (vgl. Abschnitt 4.1) erhält man zu einem nicht-deterministischen endlichen Automaten mit ε-Übergängen einen gleichwertigen deterministischen. Die Zustände des deterministischen Automaten sind Mengen von Zuständen des nicht-deterministischen Automaten.

Anwendung dieser Konstruktion auf den nicht-deterministischen Itemautomaten einer Grammatik G ergibt einen deterministischen Automaten, der als **LR(0)-Automat** zu G bezeichnet wird. Die Zustände des LR(0)-Automaten sind nach Konstruktion Mengen von Items. Der Anfangszustand des LR(0)-Automaten ist die ε-Hülle des Anfangszustands des Itemautomaten, bei G_{abcd} also:

$$h_{\varepsilon}(\,[S' \to \bullet\, S]\,) = \{\ [S' \to \bullet\, S],\ [S \to \bullet\, bScSd],\ [S \to \bullet\, bSd],\ [S \to \bullet\, a]\ \}$$

Fährt man in dieser Weise fort, dann erhält man den in Abbildung 5.3.2 gezeigten LR(0)-Automaten zu G_{abcd}. (In Abbildungen lassen wir die eckigen Klammern um Items meist weg.)

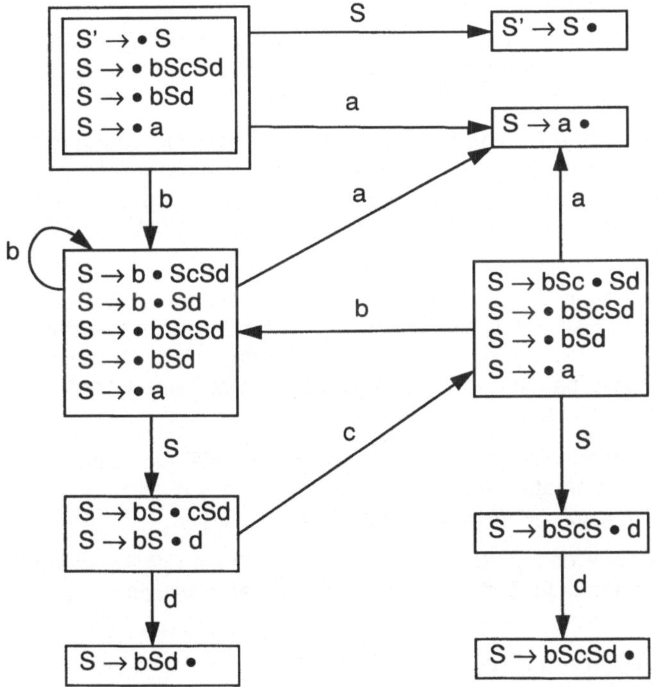

Abbildung 5.3.2: *LR(0)-Automat zu G_{abcd}*

LR(0)-Automat und LR(0)-Analyse: Die zur Definition von $\vdash$LR0- verwendeten Mengen $\Delta_{LR0}(\gamma)$ lassen sich am LR(0)-Automaten unmittelbar ablesen: es sind die Zustände des LR(0)-Automaten. Genauer ist $\Delta_{LR0}(\varepsilon)$ der Anfangszustand des Automaten und allgemein $\Delta_{LR0}(\gamma)$ der Zustand, den man vom Anfangszustand aus mit Übergängen gemäß γ erreicht.

Am Beispiel: Abbildung 5.3.2 kann man u.a. entnehmen, daß gilt:

$$\Delta_{LR0}(b) = \Delta_{LR0}(bbScbb)$$

und

$$\Delta_{LR0}(a) = \Delta_{LR0}(bba) = \Delta_{LR0}(bScbSca)$$

❏

LR(0)-Grammatiken: Wir überlegen uns, unter welchen Bedingungen die LR(0)-Analyse deterministisch ist: Kurz gesagt dann, wenn in keinem LR(0)-Zustand Items vorkommen, die (in gleichen Konfigurationen) verschiedene Übergänge erlauben. Solche Items bezeichnet man als *in Konflikt stehend*, einen Zustand mit wenigstens zwei in Konflikt stehenden Items als *Konfliktzustand*. Zwischen zwei Items sind je nach den durch sie definierten Übergängen drei Arten von Konflikten denkbar:

(a) Beide Items, $[A \rightarrow \alpha \bullet]$ und $[B \rightarrow \beta \bullet]$, definieren Reduktionen. Im Fall $A \rightarrow \alpha \neq B \rightarrow \beta$ liegt ein *Reduktionen-Konflikt (engl.: „reduce-reduce-conflict")* vor.

(b) Das eine Item, $[A \rightarrow \lambda \bullet a\rho]$, definiert einen lesenden Übergang mit a, das andere Item, $[B \rightarrow \beta \bullet]$, eine Reduktion. In einer Konfiguration der Form (..., ax#,...) sind beide Übergänge möglich. Man spricht von einem *Lese-Reduktions-Konflikt (engl.: „shift-reduce-conflict")*.

(c) Beide Items, $[A \rightarrow \lambda \bullet a\rho)]$ und $[B \rightarrow \sigma \bullet b\tau]$, definieren lesende Übergänge. Im Fall $a = b$ handelt es sich um den gleichen Übergang. Im Fall $a \neq b$ kommt von den beiden Items nach Definition von $\vdash$LR0- höchstens ein Item zum Zug. Also gibt es keinen Konflikt zwischen Lese-Items.

Wie in Anhang C.2 bewiesen wird, ist die LR(0)-Analyse vollständig. Eine Grammatik heißt daher eine LR(0)-Grammatik, wenn der zugehörige LR(0)-Automat konfliktfrei ist (und die LR(0)-Analyse folglich deterministisch abläuft).

Am Beispiel: Alle Zustände des LR(0)-Automaten in Abbildung 5.3.2 sind konfliktfrei. Für die zugehörige Grammatik G läuft die LR(0)-Analyse deterministisch ab: G ist eine LR(0)-Grammatik.

Anwendung der LR(0)-Analyse mit dem LR(0)-Automaten aus Abbildung 5.3.2 auf die Zeichenfolge

„bbadcad"

ergibt die Übergangsfolge:

$$ (\varepsilon,\ bbadcad\#,\ \varepsilon) $$

$\vdash_{LR0}$ $(b,\ badcad\#,\ \varepsilon)$

$\vdash_{LR0}$ $(bb,\ adcad\#,\ \varepsilon)$

$\vdash_{LR0}$ $(bba,\ dcad\#,\ \varepsilon)$

$\vdash_{LR0}$ $(bbS,\ dcad\#,\ S \to a)$

$\vdash_{LR0}$ $(bbSd,\ cad\#,\ S \to a)$

$\vdash_{LR0}$ $(bS,\ cad\#,\ S \to bSd\ S \to a)$

$\vdash_{LR0}$ $(bSc,\ ad\#,\ S \to bSd\ S \to a)$

$\vdash_{LR0}$ $(bSca,\ d\#,\ S \to bSd\ S \to a)$

$\vdash_{LR0}$ $(bScS,\ d\#,\ S \to a\ S \to bSd\ S \to a)$

$\vdash_{LR0}$ $(bScSd,\ \#,\ S \to a\ S \to bSd\ S \to a)$

$\vdash_{LR0}$ $(S,\ \#, S \to bScSd\ S \to a\ S \to bSd\ S \to a)$

Der erste Übergang beruht auf den (Lese-) Items $[S \to \bullet\ b\ ...]$ in $\Delta_{LR0}(\varepsilon)$, der zweite auf den Items $[S \to \bullet\ b...]$ in $\Delta_{LR0}(b)$, der dritte auf dem Item $[S \to \bullet\ a]$ in $\Delta_{LR0}(bb) = \Delta_{LR0}(b)$, der vierte auf dem Reduktionsitem $[S \to a\ \bullet]$ in $\Delta_{LR0}(bba)$. Hier wird der S-Nachfolger $\Delta_{LR0}(bbS)$ des Vorgängers $\Delta_{LR0}(bb)$ von $\Delta_{LR0}(bba)$ aktuell. Das Item $[S \to bS \bullet d]$ erlaubt den nächsten lesenden Übergang, u.s.w.

Vergleich von LL(1) und LR(0): Die gerade betrachtete Grammatik G_{abcd} ist LR(0), aber - wie wir aus Abschnitt 5.2 wissen - nicht LL(1). Umgekehrt gibt es Grammatiken, die LL(1), aber nicht LR(0) sind. Dazu gehört die Grammatik $G_{a\text{-}b}$ mit den Regeln:

$S \to aAbS \mid bBaS \mid \varepsilon$

$A \to aAbA \mid \varepsilon$

$B \to bBaB \mid \varepsilon$

Bereits der Anfangszustand des zugehörigen LR(0)-Automaten:

$$
\boxed{\begin{array}{l}
S' \to \bullet\ S \\
S \to \bullet \\
S \to \bullet\ aAbS \\
S \to \bullet\ bBaS
\end{array}}
$$

enthält zwei Lese-Reduktions-Konflikte.

Die Grammatik der arithmetischen Ausdrücke ist weder LL(1) noch LR(0). Der Zustand $\Delta_{LR0}(T)$ des zugehörigen LR(0)-Automaten ist ein Konfliktzustand:

$$
\boxed{\begin{array}{l}
E \to T\ \bullet \\
E \to T \bullet *F
\end{array}}
$$

Wie wir in Abschnitt 5.4 sehen werden, läßt sich dieser Konflikt und andere mit Hilfe eines Zeichens Vorschau auflösen.

Formale Eigenschaften der LR(0)-Analyse: Am Ende von Abschnitt 5.2 haben wir erwähnt, daß die LR-Analyse die gleichen positiven Eigenschaften besitzt wie die LL(1)-Analyse. In Anhang C.2 wird neben der Vollständigkeit der LR(0)-Analyse der sogenannte „Itemsatz" bewiesen, der den Zusammenhang zwischen den Items der Zustände des LR(0)-Automaten und den Ableitungsschritten einer Rechtsableitung herstellt. Die Korrektheit und die Präfixkorrektheit ergeben sich aus der Herleitung von $\vdash_{LR0}$- und aus dem Itemsatz. Ausführliche Beweise dieser Eigenschaften sowie der Linearität der LR(0)-Analyse findet man in der Literatur (siehe Anhang A).

Aufgabe 5.3.1:

Die Grammatik $G_{abcd2} = (\{S\}, \{a, b, c, d\}, S, \{S \rightarrow bSR \mid a , R \rightarrow cSd \mid d \})$ ergibt sich aus G_{abcd} durch Linksfaktorisierung. Ist G_{abcd2} ebenso LR(0) wie G_{abcd} ?

❑

Aufgabe 5.3.2:

Wieviele Konflikte enthält der LR(0)-Automat zu $G_{a\text{-}b}$?

❑

Aufgabe 5.3.3:

Ein Item der Form $[A \rightarrow \lambda X \bullet \rho]$ heißt ein *wesentliches Item*, das Symbol $X \in V$ das *Eingangssymbol* des Items.

a) Warum enthält kein Zustand eines LR(0)-Automaten zwei wesentliche Items mit verschiedenen Eingangssymbolen?

b) Sei G eine LL(1)-Grammatik ohne ε-Symbole. Warum enthält jeder Zustand des zugehörigen LR(0)-Automaten höchstens ein wesentliches Item?

c) Konstruieren Sie eine (möglichst kleine) LL(1)-Grammatik, deren zugehöriger LR(0)-Automat einen Zustand mit zwei wesentlichen Items enthält.

❑

5.4   LR-Analyse mit Vorschau

Lesende Übergänge sind bei der LR(0)-Analyse nur dann möglich, wenn das Vorschauzeichen a in einem Item $[A \rightarrow \lambda \bullet a\rho]$ des aktuellen LR(0)-Zustands $\Delta_{LR0}(\gamma)$ unmittelbar auf den Punkt folgt. Insofern wird die aktuelle Vorschau beim Lesen berücksichtigt. Anders bei der Reduktion, die von der Existenz eines Items der Form $[A \rightarrow \beta \bullet]$ in $\Delta_{LR0}(\gamma)$ abhängt: Hier spielt das Vorschauzeichen a keine Rolle.

Items mit Vorschau: Um die Vorschau bei Reduktionen geeignet berücksichtigen zu können, ergänzen wir im Itemautomaten die LR(0)-Items der Form $[A \rightarrow \lambda \bullet \rho]$ zu *LR(1)-Items* der Form $[A \rightarrow \lambda \bullet \rho, b]$; darin heißt das terminale Zeichen b ein (zulässiger) **Rechtskontext**. Eine Reduktion mit $A \rightarrow \beta$ soll bei aktueller Vorschau a nur dann erlaubt sein, wenn der aktuelle LR-Zustand das Item $[A \rightarrow \beta \bullet, a]$ enthält. Wir müssen also die LR(0)-Items um solche Rechtskontexte erweitern, die bei einer Reduktion nach der zugehörigen Regel als Vorschauzeichen anstehen dürfen.

Das **_LR(1)-Start-Item_** ist

$$[S' \rightarrow \bullet\, S, \#] \,,$$

da nach dem Erkennen von S nur genau das Endezeichen # anstehen darf.

Davon ausgehend wird die Konstruktion des nicht-deterministischen Itemautomaten aus Abschnitt 5.3 wie folgt zur Konstruktion eines **_nicht-deterministischen Itemautomaten mit Rechtskontexten_** erweitert:

Bei der Bildung des **_X-Nachfolgers_** werden Rechtskontexte weitergereicht: der X-Nachfolger des Zustands $[A \rightarrow \lambda \bullet X\rho, a]$ ist der Zustand $[A \rightarrow \lambda X \bullet \rho, a]$.

Wie ist der Rechtskontext b eines Items $[B \rightarrow \bullet\, \beta, b]$ bestimmt, welches durch _Expansion_ aus dem Item $[A \rightarrow \lambda \bullet B\rho, a]$ hervorgeht?

Nach der Reduktion von β auf B soll es weitergehen mit $[A \rightarrow \lambda B \bullet \rho, a]$; also sollte b ein Zeichen sein, mit dem ρa beginnen kann, d.h. formal

$$b \in \mathrm{first}(\rho a) \,.$$

ε-**_Nachfolger_** des Zustands $[A \rightarrow \lambda \bullet B\rho, a]$ sind also alle Zustände $[B \rightarrow \bullet\, \beta, b]$ mit $B \rightarrow \beta \in P$ und $b \in \mathrm{first}(\rho a)$.

Am Beispiel: Im Itemautomaten _ohne_ Rechtskontexte aus Abbildung 5.3.1 stimmen die ε-Nachfolger der Zustände $[S' \rightarrow \bullet\, S]$, $[S \rightarrow b \bullet Sd]$, $[S \rightarrow b \bullet ScSd]$ und $[S \rightarrow bSc \bullet Sd]$ alle überein: es sind die Zustände $[S \rightarrow \bullet\, bSd]$, $[S \rightarrow \bullet\, bScSd]$ und $[S \rightarrow \bullet\, a]$.

Im Itemautomaten _mit_ Rechtskontexten hat der Zustand $[S' \rightarrow \bullet\, S, \#]$ die ε-Nachfolger $[S \rightarrow \bullet\, bSd, \#]$, $[S \rightarrow \bullet\, bScSd, \#]$ und $[S \rightarrow \bullet\, a, \#]$.

Die ε-Nachfolger von $[S \rightarrow b \bullet Sd, \#]$ und $[S \rightarrow bSc \bullet Sd, \#]$ sind jeweils die Zustände $[S \rightarrow \bullet\, bSd, d]$, $[S \rightarrow \bullet\, bScSd, d]$ und $[S \rightarrow \bullet\, a, d]$ (und stimmen überein mit den ε-Nachfolgern von $[S \rightarrow b \bullet Sd, d]$ und $[S \rightarrow bSc \bullet Sd, d]$).

Die ε-Nachfolger von $[S \rightarrow b \bullet ScSd, \#]$ sind $[S \rightarrow \bullet\, bSd, c]$, $[S \rightarrow \bullet\, bScSd, c]$ und $[S \rightarrow \bullet\, a, c]$.

Aufgabe 5.4.1:

 Zeichnen Sie den nicht-deterministischen Itemautomaten mit Rechtskontexten zur Grammatik G_{abcd} .

❑

Der kanonische LR(1)-Automat und die LR(1)-Analyse: Wie der LR(0)-Automat Δ_{LR0} aus dem Itemautomaten ohne Rechtskontexte ergibt sich der kanonische LR(1)-Automat Δ_{LR1} aus dem Itemautomaten mit Rechtskontexten.

Das **_LR(1)-Analyseverfahren_** $\vdash_{LR1}$- ist definiert durch

  $(\sigma\gamma,\ w\#,\ \pi)\ \vdash_{LR1}\text{-}\ (\sigma A,\ w\#,\ A \rightarrow \gamma \oplus \pi)$

   falls für $a \in \mathrm{first}\,(w\#)$ gilt $[A \rightarrow \gamma \bullet\, , a] \in \Delta_{LR1}(\sigma\gamma)$

                 „Reduktion”

$(\sigma, aw\ \#, \pi) \vdash_{LR1}$- $(\sigma a, w\#, \pi)$

    falls $[A \to \lambda \bullet a\rho, b] \in \Delta_{LR1}(\sigma)$

    für irgendwelche $A \to \lambda a\rho \in P$ und $b \in T$

„Lesender Übergang"

Die Bezeichnung „LR(1)" steht für „Links-nach-rechts-Analyse, bei der **R**echtsableitungen unter Verwendung von **1** Zeichen Vorschau erzeugt werden".

LR(1)-Grammatiken: Auch in die Definition der Konflikte sind die Rechtkontexte einzubeziehen: Enthält ein LR(1)-Zustand zwei Items der Form

    $[A \to \lambda \bullet a\rho, \beta]$ und $[B \to \beta \bullet, a]$

dann liegt ein *Lese-Reduktions-Konflikt* vor, denn bei aktueller Vorschau a kann entweder ein lesender Übergang (wegen des ersten Items) oder eine Reduktion (nach dem zweiten Item) erfolgen.

Ein *Reduktionen-Konflikt* liegt vor, wenn ein LR(1)-Zustand zwei Items der Form

    $[A \to \alpha \bullet, a]$ und $[B \to \beta \bullet, a]$

mit $A \to \alpha \neq B \to \beta$ enthält.

Die LR(1)-Analyse ist *deterministisch* und damit G eine *LR(1)-Grammatik* , wenn alle Zustände des kanonischen LR(1)-Automaten konfliktfrei sind

Beispiele: Der Anfangszustand des kanonischen LR(1)-Automaten zur Grammatik $G_{a\text{-}b}$ ist:

$S' \to \bullet\ S, \#$
$S \to \bullet\ , \#$
$S \to \bullet\ aAbS, \#$
$S \to \bullet\ bBaS, \#$

Die durch das Item $[S \to \bullet\ , \#]$ definierte Reduktion kann nur dann erfolgen, wenn die aktuelle Vorschau gleich dem Rechtskontext # ist. Diese Reduktion ist damit unterscheidbar von den für Vorschau a und b definierten lesenden Übergängen. Das ist, wie wir schon festgestellt haben, im LR(0)-Automaten nicht der Fall. Die Grammatik ist also nicht LR(0). Da alle 18 Zustände des zugehörigen LR(1)-Automaten konfliktfrei sind, ist die Grammatik aber LR(1).

$S' \to \bullet\ E, \#$
$E \to\ \bullet\ E+T, \#,+$
$E \to\ \bullet\ T, \#, +$
$T \to\ \bullet\ T*F, \#,+,*$
$T \to\ \bullet\ F, \#,+,*$
$F \to\ \bullet\ (E), \#,+,*$

Auch die Grammatik der arithmetischen Ausdrücke hatte sich in Abschnitt 5.3 als nicht LR(0) erwiesen. Wendet man die LR(1)-Konstruktion an, dann erhält man den kanonischen LR(1)-Automaten mit 22 Zuständen, die wie der oben gezeigte Startzustand allesamt konfliktfrei sind. Also ist die Grammatik der arithmetischen Ausdrücke LR(1). Im Bild sind Items, die sich nur im Rechtskontext unterscheiden, in einer Zeile zusammengefaßt, z.B.

$$[T \to \bullet\, T*F, \#], [T \to \bullet\, T*F , +] \text{ und } [T \to \bullet\, T*F, *] \quad \text{zu} \quad [T \to \bullet\, T*F, \#, +, *].$$

Wir werden das immer so halten. Im übrigen ist $[T \to \bullet\, T*F, *]$ durch Expansion aus $[T \to \bullet\, T*F, \#]$ bzw. $[T \to \bullet\, T*F, +]$ hervorgegangen.

Aufgabe 5.4.2:

Konstruieren Sie die kanonischen LR(1)-Automaten zu $G_{a\text{-}b}$ und zur Grammatik der arithmetischen Ausdrücke.

☐

Kernbeschränkte Automaten: Die Korrektheit der LR(1)-Analyse ergibt sich, wie wir sehen werden, aus der Korrektheit der LR(0)-Analyse. Um den Zusammenhang zwischen den zugrundeliegenden LR-Automaten herstellen zu können, benötigen wir einige Begriffe.

Als **Kern** eines LR(1)-items $[A \to \lambda \bullet \rho, \alpha]$ bezeichnet man das entsprechende LR(0)-Item $[A \to \lambda \bullet \rho]$, bei dem der Rechtskontext a entfallen ist:

kern $([A \to \lambda \bullet \rho, a]) =_{\text{def}} [A \to \lambda \bullet \rho]$.

Der *Kern* einer Menge M von LR(1)-Items ist die Menge ihrer Kerne:

kern $(M) =_{\text{def}} \{\text{kern } (J) \mid J \in M\}$

Ein Automat Δ, dessen Zustände $\Delta(\gamma)$ Mengen von LR(1)-Items sind, heißt ein **LR(1)-Automat**. Der kanonische LR(1)-Automat Δ_{LR1} erfüllt offenbar diese Bedingung.

Ein LR(1)-Automat heißt **kernbeschränkt**, wenn für alle seine Zustände $\Delta(\gamma)$ gilt:

kern $(\Delta (\gamma)) = \Delta_{LR0} (\gamma)$,

d.h., wenn die Kerne seiner Zustände gerade die entsprechenden LR(0)-Zustände sind. Einen einzelnen Zustand mit dieser Eigenschaft nennen wir auch kernbeschränkt.

Am Beispiel: Berechnet man für die Grammatik der arithmetischen Ausdrücke die Automaten Δ_{LR0} und Δ_{LR1}, so erhält man beim LR(0)-Automaten 12 Zustände und beim kanonischen LR(1)-Automaten 22 Zustände. Vergleicht man diese Automaten, dann stellt sich heraus, daß der kanonische LR(1)-Automat kernbeschränkt ist.

☐

Wir überlegen uns, daß *alle* kanonischen LR(1)-Automaten kernbeschränkt sind: Sei IA_0 der nicht-deterministische Itemautomat ohne Rechtskontexte und IA_1 der mit Rechtskontexten. Die Konstruktionen von IA_1 beginnt dem Item $[S' \to \bullet\, S, \#]$, die von IA_0 mit dem Kern $[S' \to \bullet\, S]$ dieses Items. Bei einem Expansionsschritt (ε-Übergang) ergibt sich in IA_0 aus $[A \to \lambda \bullet B\rho]$ das Item $[B \to \bullet\, \beta]$, in IA_1 aus $[A \to \lambda \bullet B\rho, a]$ das Item $[B \to \bullet\, \beta, b]$, wenn zusätzlich gilt $b \in$ first (ρa). Da die Mengen first (ρa) niemals leer sind, sind die Menge der Kerne der Items, die sich aus einem LR(1)-Item J durch LR(1)-Expansionen ergeben, gleich der Menge der Items, die man aus kern (J) durch

LR(0)-Expansionen erhält. Bei der Bildung von Nachfolgerzuständen werden in IA_1 Rechtskontexte einfach nur weitergereicht. Induktion über die Länge von Schrittfolgen zeigt, daß es zu jedem Item J_1 von IA_1 ein Item J_0 von IA_0 gibt, das man mit der gleichen Schrittfolge vom Anfangszustand aus erreicht (und umgekehrt) und daß dabei J_0 der Kern von J_1 ist. Diese Eigenschaft bleibt erhalten, wenn man nach der Myhillschen Teilmengenkonstruktion Δ_{LR1} aus IA_1 und Δ_{LR0} aus IA_0 errechnet. Insgesamt erhalten wir (ohne ausführlichen Beweis):

Satz 5.13

Kanonische LR(1)-Automaten sind kernbeschränkt.

❏

Eigenschaften kernbeschränkter Automaten: Wegen der Kernbeschränktheit von Δ_{LR1} folgt unmittelbar, daß $\vdash_{LR1}\dashv$ genau die gleichen Leseschritte erlaubt wie $\vdash_{LR0}\dashv$ und daß jeder Reduktionsschritt von $\vdash_{LR1}\dashv$ sicher auch mit $\vdash_{LR0}\dashv$ möglich ist - i.a. aber nicht umgekehrt! Formal beschreiben wir diesen Sachverhalt durch die Inklusion:

$$\vdash_{LR1}\dashv \;\subseteq\; \vdash_{LR0}\dashv$$

Da $\vdash_{LR0}\dashv$ korrekt und präfixkorrekt ist, folgt daraus sofort:

Satz 5.4.1

$\vdash_{LR1}\dashv$ ist korrekt und präfixkorrekt.

❏

Die *Vollständigkeit* von $\vdash_{LR1}\dashv$ weist man ähnlich nach wie die von $\vdash_{LR0}\dashv$. Es stellt sich heraus, daß bei $\vdash_{LR1}\dashv$ Reduktionsschritte genau dann möglich sind, wenn anschließend noch ein Leseschritt mit dem anstehenden Vorschauzeichen erfolgen kann. Im Fehlerfall bleibt $\vdash_{LR1}\dashv$ daher unmittelbar nach dem letzten möglichen Leseschritt stehen. Im Unterschied dazu würde ein deterministischer $\vdash_{LR0}\dashv$-Analysator noch so viele Reduktionen wie vor einem weiteren (nicht mehr erlaubten) Leseschritt möglich durchführen. Damit ist $\vdash_{LR1}\dashv$ nicht nur präfixkorrekt, sondern vermeidet auch alle unnützen Reduktionen.

Wegen $\vdash_{LR1}\dashv \subseteq \vdash_{LR0}\dashv$ und da diese beiden Verfahren korrekt, präfixkorrekt und vollständig sind, erhalten wir:

Satz 5.4.2

Alle Analyseverfahren $\vdash_{LR}\dashv$ mit $\vdash_{LR1}\dashv \subseteq \vdash_{LR}\dashv \subseteq \vdash_{LR0}\dashv$ sind korrekt, präfixkorrekt und vollständig.

❏

Praktische LR-Verfahren: Für die Praxis bedeutsame Grammatiken - wie die der arithmetischen Ausdrücke - sind häufig nicht LR(0), aber LR(1). Andererseits enthalten kanonische LR(1)-Automaten oft viele kerngleiche Zustände, so daß bei umfangreicheren Grammatiken die *LR(1)-Analyse wegen des hohen Speicherbedarfs wenn nicht unpraktikabel, so doch ineffizient* wird.

Satz 5.4.2 weist darauf hin, daß es Automaten Δ_{LR} geben könnte, die weniger Zustände als Δ_{LR1} haben, im Unterschied zu Δ_{LR0} aber konfliktfrei sind. Das zugehörige Verfahren $\vdash_{LR}$ kann allerdings nur dann deterministisch sein, wenn G eine LR(1)-Grammatik ist: Ist $\vdash_{LR1}$ nicht deterministisch, dann ist sicher auch jedes Verfahren $\vdash_{LR}$ mit $\vdash_{LR1} \subseteq \vdash_{LR}$ nicht deterministisch.

Um solche Automaten Δ_{LR} leichter zu finden, wandeln wir zunächst Δ_{LR0} in einen „gleichwertigen" LR(1)-Automaten $\Delta_{\underline{LR0}}$ um: Da die LR(0)-Analyse Reduktionen unabhängig von der aktuellen Vorschau zuläßt, ergänzen wir jedes LR(0)-Item um alle möglichen terminalen Zeichen als zulässige Rechtskontexte, formal:

$$\Delta_{\underline{LR0}}(\gamma) =_{def} \{ [A \to \lambda \bullet \rho, b] \mid [A \to \lambda \bullet \rho] \in \Delta_{LR0}(\gamma) \text{ und } b \in T \}$$

Der LR(1)-Automat $\Delta_{\underline{LR0}}$ ist offenbar kernbeschränkt.

Ein beliebiger LR(1)-Automat $\Delta_?$ legt mit Hilfe der folgenden Definition ein **Analyseverfahren** $\vdash_?$ fest:

$$(\sigma\gamma, \text{w\#}, \pi) \quad \vdash_? \quad (\sigma A, \text{w\#}, A \to \gamma \oplus \pi)$$

falls $[A \to \gamma \bullet, a] \in \Delta_?(\sigma\gamma)$ für $a \in \text{first (w\#)}$ gilt

„Reduktion"

$$(\sigma, \text{aw\#}, \pi) \quad \vdash_? \quad (\sigma a, \text{w\#}, \pi)$$

falls $(A \to \lambda \bullet a\rho, b] \in \Delta_?(\sigma)$

für irgendwelche $A \to \lambda a\rho \in P$ und $b \in T$

„lesender Übergang"

Setzt man statt $\Delta_?$ den kanonischen LR(1)-Automaten ein, dann erhält man das LR(1)-Verfahren. Setzt man $\Delta_{\underline{LR0}}$ ein, dann ergibt sich das Verfahren $\vdash_{\underline{LR0}}$, welches sich exakt so verhält wie $\vdash_{LR0}$.

Nun die wesentliche Idee: Wir wählen Δ_{LR} so, daß für alle γ gilt:

$$\Delta_{LR1}(\gamma) \subseteq \Delta_{LR}(\gamma) \subseteq \Delta_{\underline{LR0}}(\gamma) \qquad (*)$$

Ebenso wie die „linke Grenze" Δ_{LR1} der Inklusion und die „rechte Grenze" $\Delta_{\underline{LR0}}$ ist Δ_{LR} ein LR(1)-Automat und kernbeschränkt. Einsetzen aller drei Automaten in obige Definition eines Analyseverfahrens zeigt, daß solche $\vdash_{LR}$ die Voraussetzung

$$\vdash_{LR1} \subseteq \vdash_{LR} \subseteq \vdash_{\underline{LR0}} \quad (= \vdash_{LR0})$$

von Satz 5.4.2 erfüllen und somit korrekte, präfixkorrekte und vollständige Analyseverfahren sind.

Die folgende Hilfsaussage enthält eine wichtige Beobachtung über die Rechtskontexte von LR(1)-Items.

Hilfsaussage 5.4.3

Für jedes Item $[C \to \sigma \bullet \tau, c]$ des kanonischen LR(1)-Automaten gilt $c \in \text{follow(C)}$.

Beweis:

Da definitionsgemäß $\# \in \text{follow(S')}$, trifft die Behauptung auf das Start-Item $[S' \to \bullet S, \#]$ zu. Entsteht ein Item $[B \to \bullet \beta, b]$ aus einem Item $[A \to \lambda \bullet B\rho, a]$, welches der Behauptung entspricht, dann gilt:

$$b \in \text{first } (\rho a) \subseteq \text{first } (\rho \text{ follow}(A))$$
$$\subseteq \text{follow } (B),$$

d.h. auch $[B \to \bullet \, \beta, b]$ erfüllt die Behauptung.

Da bei der Bildung von Nachfolgezuständen der Punkt weitergeschoben, die Rechtskontexte aber nicht verändert werden, folgt die Behauptung durch Induktion über die Anzahl der Expansionen und Nachfolgebildungen.

❏

SLR(1)- und LALR(1)-Automaten: Die beiden folgenden, verschiedenen Konstruktionen ergeben Automaten, welche die Inklusionen (∗) erfüllen. Die zuhörigen Analyseverfahren sind zwei der in der Praxis am häufigsten eingesetzten Strategien.

(a) $\Delta_{LR} := \Delta_{SLR}$ ist festgelegt durch

$$\Delta_{SLR}(\gamma) =_{\text{def}} \{[A \to \lambda \bullet \rho, a]\} \mid [A \to \lambda \bullet \rho] \in \Delta_{LR0}(\gamma) \wedge a \in \text{follow}(A)\}$$

für alle γ.

Nach Konstruktionen ist der LR(1)-Automat Δ_{SLR} kernbeschränkt und erfüllt damit die rechte Inklusion in (∗). Die linke Inklusion folgt wegen der Kernbeschränktheit von Δ_{LR1} und Δ_{SLR} aus der folgenden Hilfsaussage, die wir sogleich beweisen:

(b) $\Delta_{LR} := \Delta_{LALR}$ ist definiert durch

$$\Delta_{LALR}(\gamma) =_{\text{def}} \bigcup_{\text{kern } (\Delta_{LR1}(\alpha)) = \text{kern } (\Delta_{LR1}(\gamma))} \Delta_{LR1}(\alpha)$$

für alle γ.

Es werden also jeweils alle kerngleichen Zustände von Δ_{LR1} durch Vereinigung verschmolzen. Der entstehende Zustand $\Delta_{LALR}(\gamma)$ hat den gleichen Kern wie $\Delta_{LR1}(\gamma)$ und ist ebenso wie dieser kernbeschränkt. Das ergibt die rechte Inklusion von (∗). Außerdem ist $\Delta_{LR1}(\gamma)$ einer der Zustände, aus denen $\Delta_{LALR1}(\gamma)$ durch Vereinigung hervorgegangen ist. Also gilt auch die linke Inklusion von (∗).

❏

Die Bezeichnung „SLR" steht für *„Simple LR"*, die Bezeichnung „LALR" für *„Look-Ahead LR"*. Man beachte, daß aufgrund ihrer Konstruktion Δ_{SLR} und Δ_{LALR} stets gleich viele Zustände haben wie der Automat Δ_{LR0} - und damit in der Regel erheblich weniger als Δ_{LR1} !

Mit Hilfsaussage 5.4.3 ergibt sich für alle γ die Inklusion:

$$\Delta_{LALR}(\gamma) \subseteq \Delta_{SLR}(\gamma)$$

Zusammen mit den bereits bekannten Inklusionen erhalten wir:

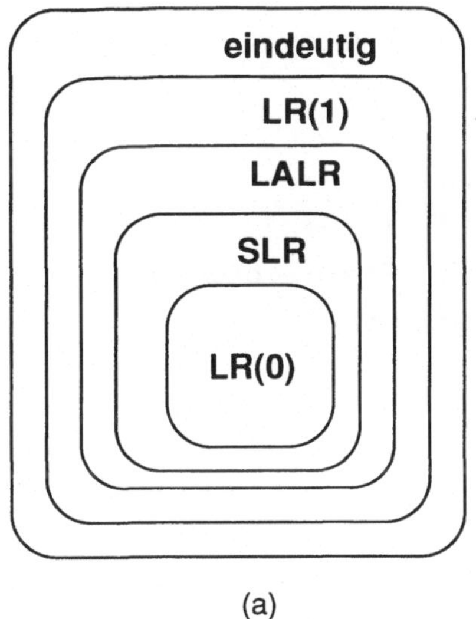

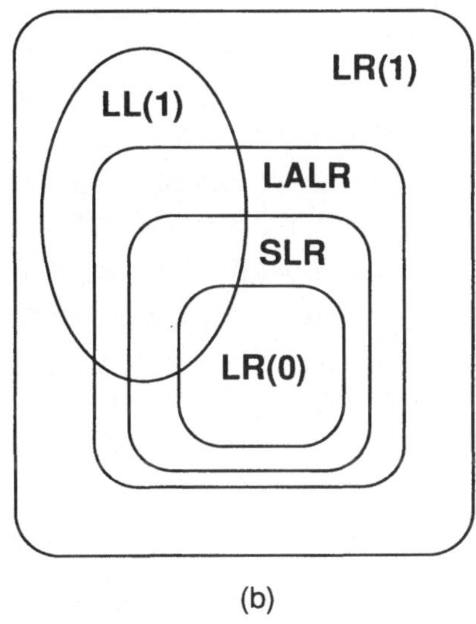

Abbildung 5.4.1: *Mächtigkeit von Grammatikklassen bezüglich der Syntaxanalyse*

$$\Delta_{LR1}(\gamma) \subseteq \Delta_{LALR}(\gamma) \subseteq \Delta_{SLR}(\gamma) \subseteq \Delta_{LR0}(\gamma)$$

Praktische Konsequenz: Ist Δ_{LR0} konfliktfrei, dann auch Δ_{SLR}, Δ_{LALR} und Δ_{LR1}. Aus der Konfliktfreiheit von Δ_{SLR} folgt die von Δ_{LALR} und daraus die von Δ_{LR1}. Anders ausgedrückt:

- Jede LR(0)-Grammatik ist SLR.
- Jede SLR-Grammatik ist LALR.
- Jede LALR-Grammatik ist LR(1).

Für die zugehörigen Grammatikklassen ergibt sich das Inklusionsdiagramm in Abbildung 5.4.1 (a). Aus der Literatur wissen wir außerdem, daß die Klasse der LL(1)-Grammatiken eine (echte) Teilmenge der Klasse der LR(1)-Grammatiken ist, zu den Klassen LALR, SLR und LR(0) aber „windschief" liegt: Es gibt jeweils Elemente im Durchschnitt, aber die Klassen umfassen einander nicht vollständig. Das zeigt Abbildung 5.4.1 (b).

Alle hier beschriebenen Verfahren lassen sich so erweitern, daß mehr als ein Zeichen Vorschau berücksichtigt wird. So gibt es u.a. LL(k) -Verfahren und LR(k) - Verfahren mit k > 1. Wir haben uns auf den praktisch relevanten Fall k = 1 beschränkt, um die Beweise so einfach wie möglich zu halten. Außerdem gibt es zu jeder LR(k)-Grammatik eine LR(1)-Grammatik mit gleichem Sprachschatz.

Die in Abbildung 5.1.4 dargestellten Inklusionen sind echt. Einige Beispiele, die dies belegen, findet man in den folgenden Aufgaben.

Aufgabe 5.4.3:

Überprüfen Sie die folgenden Grammatiken jeweils darauf, ob sie die

LR(0)-, SLR(1)-, LALR(1)- und LR(1)-

Eigenschaften besitzen.

a) $G_1 = (\{S,A,B\}, \{a,b,c,d,e\}, S, P_1)$ mit
$P_1 = \{ S \to aAd \mid bBd \mid aBe \mid bAe, A \to c, B \to c \}$

b) $G_2 = (\{S,A\}, \{a,b,c\}, S, \{ S \to bAcS \mid bS \mid a, A \to bAcA \mid a \})$

c) $G_3 = (\{S\}, \{a,b,c\}, S, \{ S \to bScS \mid bS \mid a \})$

d) $G_4 = (\{S,A,B,F\}, \{a,b,c,d\}, S, P_4)$ mit
$P_4 = \{ S \to F \mid Bd \mid cAd \mid dF, A \to B \mid a, B \to b, F \to Ac \}$

❑

Aufgabe 5.4.4:

Stellen Sie fest (am besten mit Hilfe eines Parser-Generators), warum die Grammatik PROG nicht LR(1) ist und erzeugen Sie durch äquivalente Umformung eine SLR(1)- oder LALR(1)-Grammatik.

Die Grammatik PROG ist bestimmt durch die Produktionsregeln:

Prog → Block

Block → begin DeclList StmtList end

DeclList → Decl DeclList | ε

StmtList → StmtList Stmt | Stmt

Decl → id : Type ;

Type → id | array (bound) of Type

Bound → id | Expr

Stmt → id := Expr | Block | Label : Stmt

Expr → Expr + Factor | Factor

Factor → (Expr) | id | + id

Label → id

❑

5.5   Grammatiken analysegeeignet formulieren

Eine neu aufgestellte Grammatik prüft man am besten mit Hilfe eines *Parser-Generators*; das ist ein Programm, welches zu einer Grammatik ein Syntaxanalyseprogramm erzeugt. Ist die Grammatik nicht ganz trivial, dann wird sich dabei vermutlich eine Reihe von Konflikten herausstellen - je nach Art des verwendeten Parser-Generators LL-Konflikte oder LR-Konflikte. Wie soll man die Grammatik umformulieren, um diese Konflikte zu beseitigen?

Konflikte beschreiben erreichbare Konfigurationen, in denen die im Keller aufgesammelte Information und ein Blick auf das nächste Vorschauzeichen nicht ausreichen, um zwischen zwei oder mehr ausführbaren Schritten den richtigen zu bestimmen. Die möglichen Ursachen solcher Konflikte und damit die Wege zu ihrer Behebung sind recht verschieden. Häufig und relativ leicht zu durchschauen sind Ursachen, die mit der Ablaufsteuerung des zu konstruierenden Analysators zu tun haben.

Zu frühe Entscheidungen: Ein typischer Fehler aus dieser Kategorie ist es, dem Analysator *Entscheidungen zu früh* abzuverlangen. Als Beispiel betrachten wir eine (Programmiersprachen-)Grammatik, die u.a. die beiden Regeln

> Fallunterscheidung
>
> →   if Bedingung then Anweisung fi |
>
>   if Bedingung then Anweisung else Anweisung fi

enthält. Ein LL(1)-Analysator für diese Grammatik kann in einer Konfiguration, in der das Symbol „Fallunterscheidung" zu expandieren ist, anhand des anstehenden Vorschauzeichens („if") nicht entscheiden, welche der beiden Alternativen die richtige ist. Durch Faktorisierung des gemeinsamen Anfangsstücks beider Alternativen kann man die Entscheidung aufschieben, bis sie eindeutig zu treffen ist. Wir erhalten

> Fallunterscheidung
>
> →   if Bedingung then Anweisung Rest
>
> Rest
>
> →   fi |
>
>   else Anweisung fi

Der LL(1)-Konflikt ist damit beseitigt. Konstruiert man für die ursprüngliche Grammatik einen LR(0)-Analysator, dann ergeben sie im LR(0)-Automaten u.a. folgende Zustände (Nichtterminale abgekürzt durch ihre Anfangsbuchstaben).

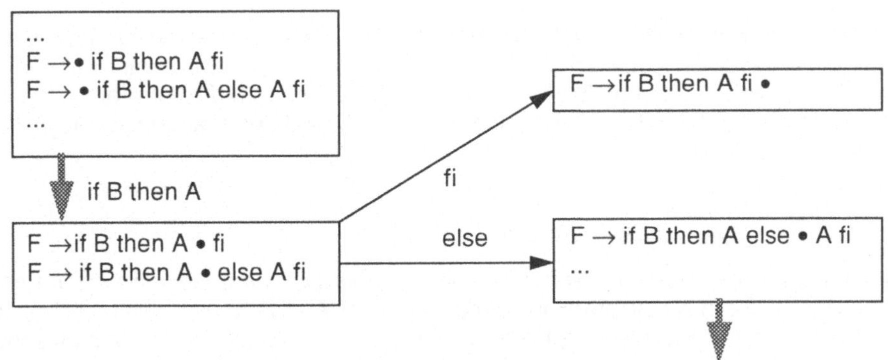

Der LR(0)-Analysator (und damit alle Arten von LR-Analysatoren) hat also mit dieser Konstruktion keine Probleme; mit der faktorisierten Version übrigens auch nicht:

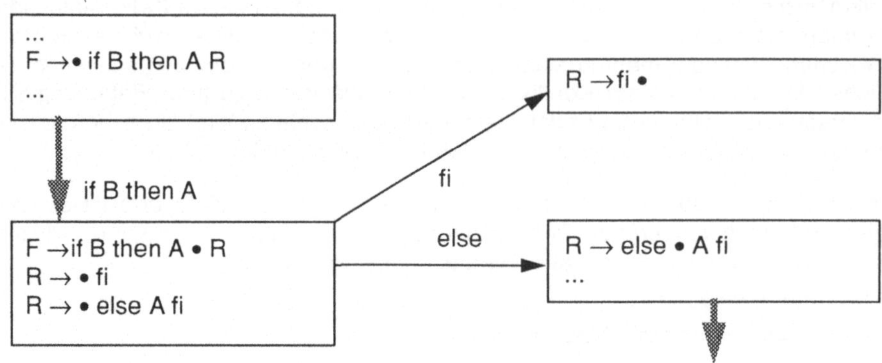

Faßt man bei der Faktorisierung auch den gemeinsamen Schluß zusammen

    Falluntersuchung

    →   if Bedingung then Anweisung Rest fi

    Rest

    →   ε |

    else Anweisung

dann ist der LL(1)-Konflikt ebenfalls beseitigt. Im LR(0)-Automaten dagegen ergibt sich ein Lese-Reduktions-Konflikt:

$$
\begin{array}{l}
F \rightarrow \text{if B then A} \bullet \text{R fi}\\
R \rightarrow \bullet\\
R \rightarrow \bullet \text{ else A}
\end{array}
$$

Soll „ε" auf R reduziert oder „else" gelesen werden? Die Rechtsfaktorisierung hat für den LR(0)-Analysator die Entscheidung zwischen den beiden R-Alternativen früher notwendig gemacht. Zu früh! Ergänzt man schließlich das Reduktionsitem um den Rechtskontext „fi" (wie es beim Übergang zum SLR-, LALR oder kanonischen LR(1)-Automaten geschieht) zu

    [R → . , fi]

dann ist dieser Konflikt wieder behoben.

Es kommt also - bei gleichem Sprachschatz - auf die Form der Regeln und auf den Typ des verwendeten Analysators an: je mächtiger der Analysatortyp, desto leichter ist die Grammatik zu formulieren. In diesem Sinn am mächtigsten ist der (kanonische) LR(1)-Analysator.

Zu kurze Vorschau: In die gleiche Kategorie gehört das *Problem der zu kurzen Vorschau.* Betrachten wir dazu folgende Regeln:

Zuweisung

→   Marke : Zuweisung | name : = Ausdruck

Marke

→   name

Der zugehörige SLR-Automat enthält dann folgende Zustände:

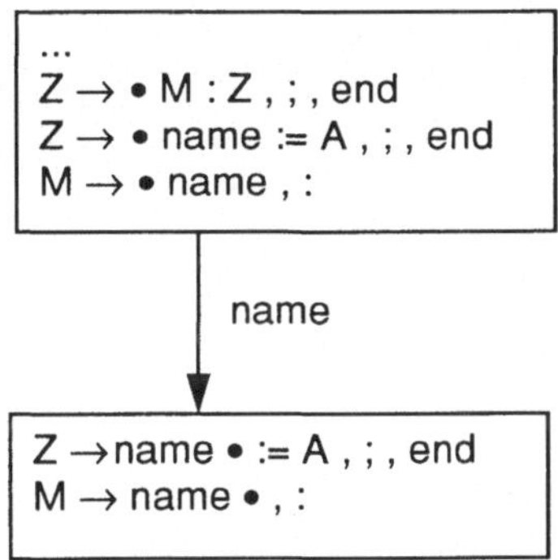

Anhand des Vorschauzeichens „:" läßt sich nicht entscheiden, ob ein lesender Übergang oder eine Reduktion vorzunehmen ist. Eine Lösung wäre, zwei Zeichen Vorschau zu verwenden: Dann müßte man bei Vorschau „:=" lesen, bei Vorschau „:name" reduzieren. Adäquater ist es, bereits während der lexikalischen Analyse die Zeichenreihe „:=" zu einem einzigen Token zusammenzufassen, das dann bei der Syntaxanalyse als *ein* terminales Zeichen „:=" auftritt.

Um in diesem Beispiel die LL(1)-Analyse einsetzen zu können, muß man *zusätzlich* die Regeln umformen wie z.B. nach

Zuweisung

→   name Rest

Rest

→   : Zuweisung | := Ausdruck

Man beachte, daß diese Umformung zwar den Sprachschatz nicht verändert, aber die Unterscheidung zwischen „marke" und „name" (als linker Seite einer Zuweisung) verflacht.

Semantische Überfrachtung: Letzteres weist auf das *Problem der semantischen Überfrachtung* hin: Im Interesse besserer Lesbarkeit werden häufig „sprechende Bezeichnungen" verwendet, um syntaktisch Gleichwertiges zu unterscheiden, z.B. oben Marken und linke Seiten von Zuweisungen - syntaktisch ist beides ein „name". Wenn der verwendete Analysatortyp mächtig genug ist, dann lassen sich solche Unterscheidungen manchmal aufgrund verschiedener Stellungen im Kontext vornehmen. In anderen Fällen sind sie prinzipiell nicht auf syntaktischer Ebene möglich, wenn nämlich die Grammatik dadurch mehrdeutig ist. Ein schönes Beispiel dafür findet man in der

Definition der Programmiersprache Ada: in Ada kann ein Bezeichner „f" u.a. für eine einfache Variable oder für einen Aufruf einer parameterlosen Funktionsprozedur stehen, beides im Kontext von Ausdrücken. Weiter kann „f(i)" eine Reihungskomponente oder den Aufruf einer Funktionsprozedur bezeichnen. Weder syntaktisch noch aufgrund der Stellung im Kontext sind diese Elemente voneinander zu trennen. Nun der Ausschnitt aus der Ada-Syntax (in unserer Notation und etwas verkürzt):

Name

→   identifier | IndexedComponent | ...

IndexedComponent

→   Prefix (Expressions)

Prefix

→   Name | FunctionCall

FunctionCall

→   Name | Name (Expressions)

Unter Umgehung fünf syntaktischer Zwischenstufen erhalten wir weiter:

Expression

→   Name | FunctionCall | ...

Die Syntaxbäume

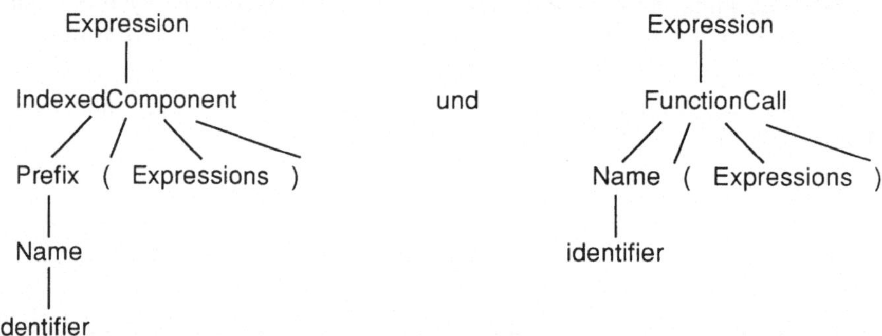

weisen eine der behaupteten Mehrdeutigkeiten nach.

Eliminiert man aus dieser Teilgrammatik unter Beibehaltung des Sprachschatzes von „Expression" die semantischen Überfrachtungen, dann erhält man:

Expression

→   Name | ...

Name

→   identifier | Name (Expressions)

Die letzten beiden Syntaxbäume fallen damit zusammen zu

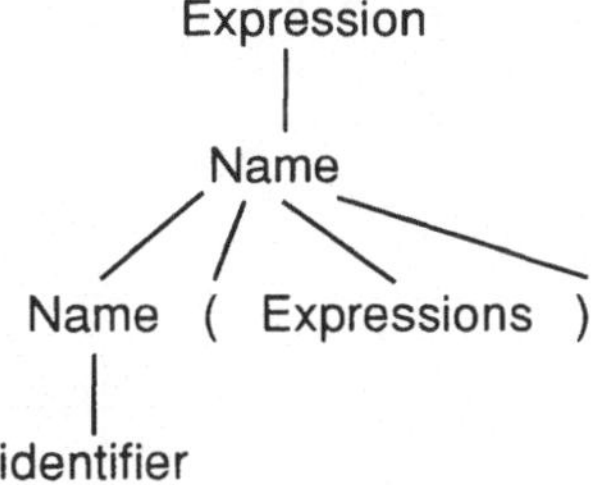

Die Interpretation dieser syntaktischen Struktur als „Funktionsaufruf" oder „Zugriff auf Reihungskomponente" ist nun ganz aus der Syntaxanalyse herausgelöst und bleibt in nachfolgenden Verarbeitungsschritten zu erledigen.

Bei *zeitlicher Verzahnung* der Syntaxanalyse mit der nachfolgenden semantischen Analyse hätte man auch die ursprüngliche Grammatik beibehalten und syntaktische Mehrdeutigkeiten durch Rückgriff auf Deklarationsinformationen auflösen können. Eine strikte Trennung der Syntaxanalyse von anderen Phasen der Übersetzung erleichtert aber den Einsatz von syntaxbasierten Werkzeugkästen. Auch können mit verschiedenen Werkzeugen generierte Parser dann leichter gegeneinander ausgetauscht werden.

Grenzen der LR(1)-Analyse: In diesem Abschnitt haben wir bislang Sprachen betrachtet, zu denen es neben analyseungeeigneten Grammatiken jeweils auch geeignete (sprich: LR(1)-Grammatiken) gab. Daneben gibt es aber auch *inhärent analyseungeeignete Sprachen*: solche, die durch keine LR-Grammatik beschrieben werden können. Diese Sprachen heben sich von den oben betrachteten also ebenso ab wie die inhärent mehrdeutigen Sprachen von den durch mehrdeutige Grammatiken beschriebenen, eindeutigen Sprachen. Natürlich sind alle inhärent mehrdeutigen Grammatiken auch inhärent analyseungeeignet; das folgt direkt aus den Definitionen. Mehrdeutigkeit von Grammatiken und deren Vermeidung haben wir in Abschnitt 2.5 ausführlich behandelt. Überraschender ist es, daß verhältnismäßig einfach gebaute, eindeutige Grammatiken inhärent analyseungeeignete Sprachen beschreiben können. Ein Beispiel dafür ist die Grammatik mit den Regeln

$$S \to aSa \mid bSb \mid \varepsilon$$

Die mit dieser Grammatik herleitbaren Wörter sind *Palindrome* gerader Länge über a und b, d.h. Wörter aus a's und b's, die von rechts nach links gelesen genauso lauten wie von links nach rechts. Durch Induktion beweist man leicht, daß es zu jedem Palindrom genau einen Strukturbaum gibt, die Grammatik daher eindeutig ist. Der zugehörige kanonische LR(1)-Automat in Abbildung 5.5.1 enthält aber Konflikte, d.h. die Grammatik ist nicht LR(1). Alle Konflikte sind Lese-Reduktionskonflikte, an denen eine Reduktion nach $S \to \varepsilon$ beteiligt ist: Der LR(1)-Analysator kann aufgrund der ihm verfügbaren Information nicht entscheiden, ob die Mitte des Palindroms erreicht ist oder nicht.

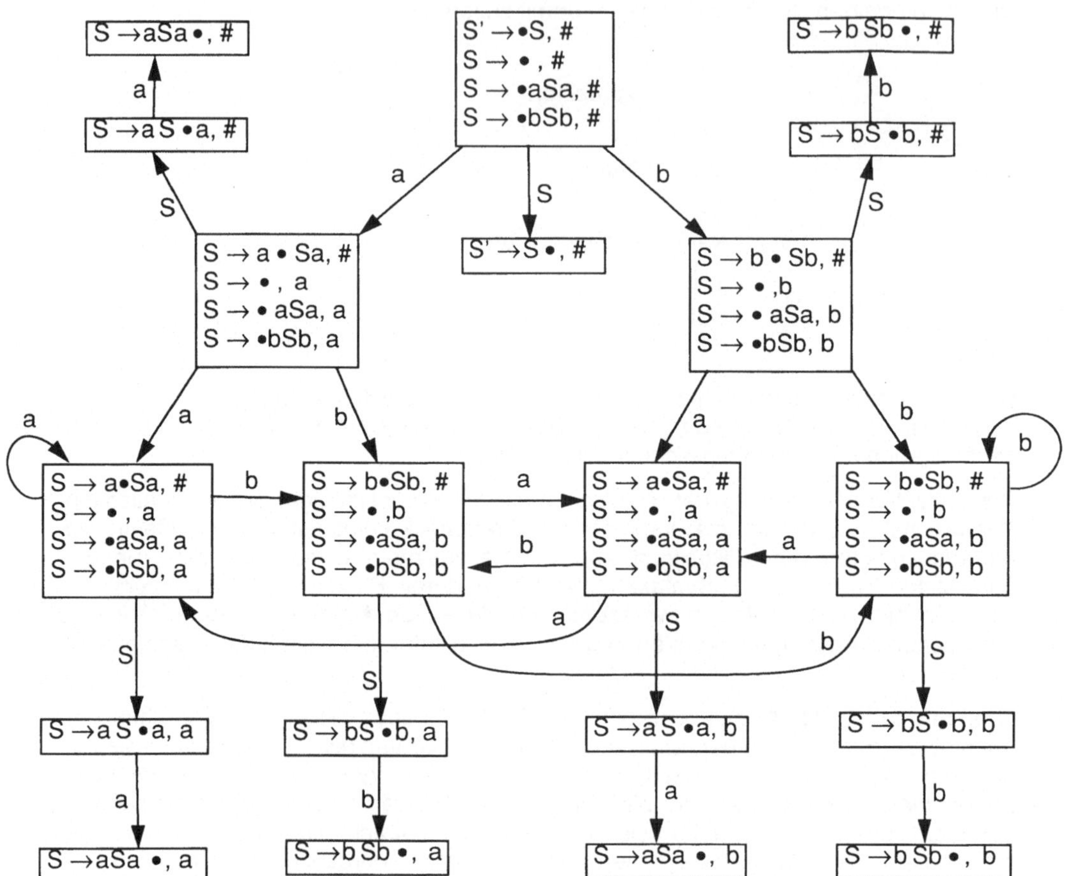

Abbildung 5.5.1: *LR(1)-Automat zur Grammatik der Palindrome*

Da die Palindromeigenschaft kontextfrei nur durch Regeln der Art S → aSa oder sehr
ähnliche Konstruktionen zu fassen ist und da während eines Durchlaufs von links nach
rechts die Mitte erst am Ende eindeutig festliegt, erscheint plausibel, daß die Sprache
der Palindrome gerader Länge überhaupt nicht Sprachschatz einer LR(1)-Grammatik
ist. Ein Beweis dieser aus der Theorie bekannten Tatsache würde den Rahmen unserer Darlegungen sprengen.

Nützlich wären *Kriterien*, mit denen man prüfen kann, ob eine vorgelegte Grammatik
mehrdeutig, die zugehörige Sprache inhärent mehrdeutig bzw. inhärent analyseungeeignet ist. Leider besagen einschlägige Ergebnisse der Entscheidbarkeitstheorie, daß
diese Eigenschaften prinzipiell nicht für alle kontextfreien Grammatiken bzw. Sprachen
entscheidbar sind: In vielen Einzelfällen schon, aber eben nicht immer.

Allgemeine Kontextfreie Analyse: Findet man zu einer Sprache keine LR(1)-Grammatik, dann bleibt als mächtigstes Mittel das Syntaxanalyseverfahren von *Earley*, das sich auf jede kontextfreie Grammatik anwenden läßt, aber erheblich mehr Speicher und Laufzeit erfordert als die LL- und LR-Verfahren. Das Earley-Verfahren entspricht dem in Abschnitt 5.1 beschriebenen, gemeinsamen Ansatz und ist daher präfixkorrekt. Wie die LR-Verfahren verwendet es Items, bildet aus diesen aber keine Zustände, sondern Einträge in eine rechte, obere Dreiecksmatrix. Abbildung 5.5.2 zeigt als Beispiel die zum Palindrom "abba" berechnete Earley-Matrix M. Ist $w = w_1\ w_2\ ...\ w_{|w|}$ das Eingabewort, dann enthält ein Matrixelement $M_{i,j}$ mit $0 \leq i \leq j \leq |w|$ genau die Items $A \to \alpha \bullet \beta$, für die gilt:

$$\exists \rho: S \Rightarrow^* w_1\ ...\ w_i\ A\ \rho \quad und \quad \alpha \Rightarrow^* w_{i+1}\ ...\ w_j$$

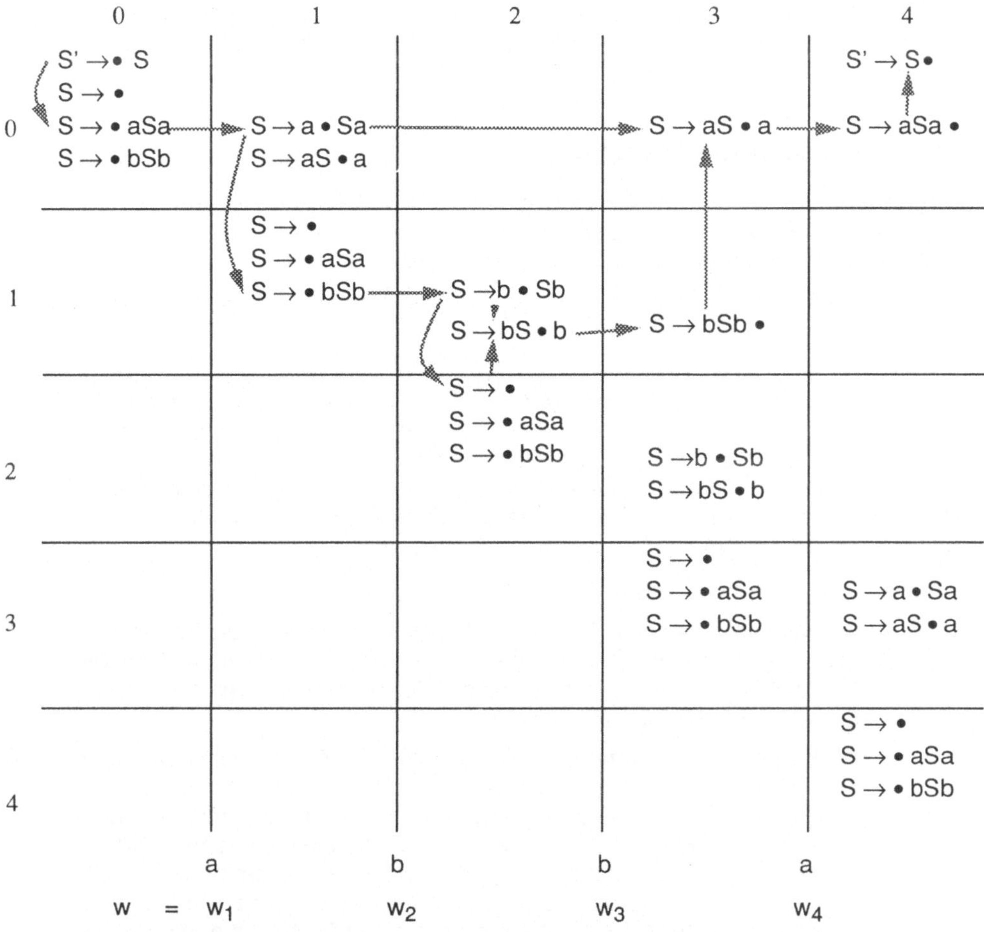

Abbildung 5.5.2: *Analyse des Palindroms „abba" mit dem Earley-Verfahren*

Die erste Bedingung verlangt, daß der Anfang $w_1 \ldots w_i$ der Eingabezeichenreihe in einer Ableitung *vor* dem Item kommt. Die zweite Bedingung verlangt, daß aus dem Teil α vor dem Punkt die davon anschließenden Eingabezeichen $w_{i+1} \ldots w_j$ herleitbar sind. Das betrachtete Wort liegt genau dann im Sprachschatz der Grammatik, wenn - wie im Beispiel - das Item $[S' \rightarrow S \bullet]$ im rechten oberen Matrixelement $M_{0,|w|}$ enthalten ist.

Die Berechnung der Matrix beginnt beim Element $M_{0,0}$, das stets den Anfangszustand des LR(0)-Automaten umfaßt, und schreitet dann spaltenweise von links nach rechts fort. In Abbildung 5.11 sind die Items, die zum erfolgreichen Ende der Analyse beigetragen haben, durch Pfeile verbunden: Ein Pfeil von einer Spalte zur nächsten gehört zu einem lesenden Übergang; zwei Pfeilspitzen zeigen auf ein Item, das nach einer Reduktion erreicht wird; die übrigen Pfeile entsprechen Expansionsschritten. Die genauen Details dieses Verfahrens (sowie Varianten davon) finden interessierte Leser in [May 77] oder [N&L 94]. Wie das Beispiel zeigt, benötigt man zur Analyse eines Wortes $w = w_1 \ldots w_n$ Speicherplatz in der Größenordnung $O(n^2)$. Die Laufzeit bewegt sich in ungünstigen Fällen zwischen $O(n^2)$ und $O(n^3)$.

5.6 Praktische Erwägungen

Fehlerbehandlung: Im *Fehlerfall* bleiben unsere Analyseverfahren wegen ihrer Präfixkorrektheit stehen, nachdem sie das längste Präfix gelesen haben, das sich noch zu einem Wort ergänzen läßt. Wie das Beispiel

<pre>
id   +   id   )   *   id
             ^
</pre>

       Fehlerhalt!

zeigt, muß das nicht die Stelle sein, an der sich der Fehler befindet: Hier hätte vermutlich der ganze Ausdruck mit einer öffnenden Klammer beginnen sollen. Läuft die Syntaxanalyse interaktiv ab, kann man die richtige Korrektur vom Benutzer erfragen. Andernfalls wird man entweder an der angegebenen Stelle mit einer entsprechenden Fehlermeldung abbrechen oder versuchen, nach einer plausiblen Fehlerkorrektur neu aufzusetzen, um so eventuell noch weitere Fehler zu finden.

Naheliegende Strategien zur *Fehlerkorrektur* sind:

(i)   Lösche und / oder füge Zeichen an der erreichten Stelle ein, so daß sich mit „möglichst wenigen" Veränderungen (Hamming-Abstand minimal) die Analyse fortsetzen läßt. In obigem Beispiel würde man (fälschlich?) die schließende Klammer löschen.

(ii)   Da lokale Verbesserungen leicht zu Folgefehlern und damit zu einem Wust von überflüssigen Fehlermeldungen führen können, wird manchmal der „Grobaufbau" des Eingabeworts, der sich in Klammerstrukturen wie begin ... end ausdrückt, verwendet, um (nach einer endenden Klammer) geeignet wieder aufzusetzen. Fehlen (wie in obigem Beispiel) Teile der Klammerstruktur, dann sind Fehler auch so schwer eindeutig zu erkennen. In manchen Programmiersprachen (z.B. Ada) fügt man daher an schließende Klammern häufig den Namen des abgeschlossenen Konstrukts an:

```
... end loop
... end if
... end fibonacci
```

Fazit: Fehlererkennung und -korrektur sind wichtige, aber inhärent nicht eindeutig lösbare Probleme, zu denen es viele pragmatische Lösungsansätze gibt.

Nicht-deterministische Analyse: Ist die gewählte Analysestrategie für die betrachtete Grammatik G nicht deterministisch, dann gibt es verschiedene Möglichkeiten, mit diesem *Nondeterminismus* umzugehen:

   (i)   Backtracking einsetzen; abbrechen bei zyklischem Erreichen der gleichen Situation ohne Fortschritt auf der Eingabe.

   (ii) Entscheidung vom Benutzer einholen: bei interaktiven Systemen ein sinnvoller Weg.

   (iii) Informationen aus der semantischen Analyse heranziehen (z.B. „bezeichnet x eine Variable oder eine parameterlose Prozedur?")

   (iv) Prioritäten zwischen Aktionen festlegen, etwa grundsätzlich dem Lesen Vorrang einräumen (wie z.B. bei „yacc").

Recursive-Descent-Analyse : Ist ein Syntaxanalysator „von Hand" zu erstellen, weil keine Werkzeuge verfügbar sind, und läßt sich die Grammatik mit vertretbarem Aufwand in LL(1)-Form bringen, dann ist die Methode des rekursiven Abstiegs die Implementierungstechnik der Wahl. Dabei formuliert man zu jeder syntaktischen Variablen X eine (ähnlich benannte) rekursive Prozedur, welche Elemente aus L(X) erkennt. Alle Prozeduren teilen sich eine globale Variable „vorschau" mit dem aktuellen Vorschauzeichen. Zu der Grammatik mit den Regeln

$$S \rightarrow A\,b \mid b\,S$$
$$A \rightarrow a \mid c\,S$$

berechnet man

$$\text{first}\,(A) = \{a, c\}\,,$$

daher

$$\text{first}\,(Ab\ \text{follow}(S)) \cap \text{first}\,(bS\ \text{follow}(S)) = \{a, c\} \cap \{b\} = \varnothing$$

sowie

$$\text{first}\,(a\ \text{follow}(A)) \cap \text{first}\,(cS\ \text{follow}(A)) = \{a\} \cap \{c\} = \varnothing$$

d.h die Grammatik ist LL(1).

Wir erhalten die rekursiven Prozeduren:

```
procedure S
    begin case vorschau is
            when a | c => A;
                if vorschau = b
                then vorschau := next(input) fi;
            when b => vorschau := next(input); S;
            when others => fehler;
    end case;
end S;
```

```
procedure A
    begin case vorschau is
            when a => vorschau := next(input);
            when c => vorschau := next(input); S;
            when others =>  fehler
    end case;
end A;
```

Im Hauptprogramm wird die Syntaxanalyse durch die Anweisungen

```
vorschau := first(input); S;
```

gestartet. Die Bedeutung der globalen Variablen „input" und der auf ihr operierenden Funktionen „first" und „next" ist offensichtlich.

Parser-Tabellen: Die Darstellung der LR-Automaten Δ in den beiden letzten Abschnitten ist für den Zweck der Syntaxanalyse ziemlich redundant. Abhängig vom aktuellen Zustand $\Delta(\gamma)$ und der aktuellen Vorschau a sind für den Analysator („Parser") vier Reaktionen denkbar:

shift	- lies das Zeichen a
reduce	- reduziere mit einer Regel $A \to \beta$
accept	- erfolgreiches Ende bei Reduktion mit $S' \to S$
error	- kein Übergang möglich

Diese Information wird in einer *(„action"-) Aktionstafel* festgehalten, die zu jedem Knoten eine Zeile und jedem terminalen Symbol einschließlich # eine Spalte hat. Weiter wird von Δ die Kanteninformation benötigt und in einer („goto-") *Übergangstafel* festgehalten, die zu jedem Symbol aus V (ohne #) eine Spalte besitzt.

Numerieren wir die Zustände des LR-Automaten in Abbildung 5.6.1 wie folgt durch:

$$K_1 = \Delta (\varepsilon), \qquad K_2 = \Delta (id) \quad K_3 = \Delta (E), \quad K_4 = \Delta (E+)$$
$$K_5 = \Delta (E+T) \quad K_6 = \Delta (T) \quad K_7 = \Delta (T*) \quad K_8 = \Delta (T*id)$$

dann ergibt sich die Aktionstafel

	id	+	*	#
K_1	shift	error	error	error
K_2	error	red($T \to$ id)	red ($T \to$ id)	red ($T \to$ id)
K_3	error	shift	error	accept
K_4	shift	error	error	error
K_5	error	red($E \to$ E+T)	shift	red($E \to$ E + T)
K_6	error	red($E \to$ T)	shift	red($E \to$ T)
K_7	shift	error	error	error
K_8	error	red($T \to$ T*id)	red($T \to$ T*id)	red($T \to$ T*id)

und die Übergangstafel:

	id	+	*	E	T
K_1	K_2	-	-	K_3	K_6
K_2	-	-	-	-	-
K_3	-	K_4	-	-	-
K_4	K_2	-	-	-	K_5
K_5	-	-	K_7	-	-
K_6	-	-	K_7	-	-
K_7	K_8	-	-	-	-
K_8	-	-	-	-	-

Auch diese Tabellen sind redundant und können durch verschiedene Maßnahmen kompakter gespeichert werden. Eine dieser Maßnahmen ist das Zusammenlegen gleicher Zeilen bzw. Spalten

Im Beispiel sind gleich:

- die Zeilen K1, K4, K7 der Aktionstafel
- die Zeilen K2, K8 der Übergangstafel
- die Zeilen K5, K6 der Übergangstafel.

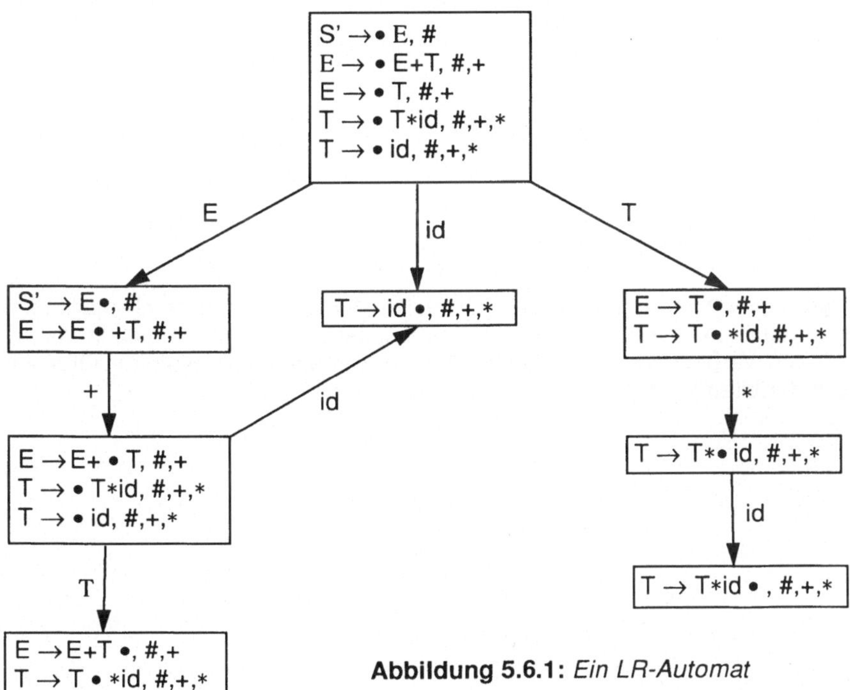

Abbildung 5.6.1: *Ein LR-Automat*

Bei diesen Verbesserungen wird Speicherplatz gespart. Die Anzahl der Schritte bleibt gleich, wenn man davon absieht, daß im Fehlerfall eventuell ein paar unnötige Reduktionen mehr gemacht werden.

Elimination überflüssiger Schritte: Eine Verbesserung, welche die Anzahl der erforderlichen Übergänge verringert, besteht darin, shift-Schritte mit sicher darauf folgenden Reduktionen zu verschmelzen. Im Beispiel ergibt sich dazu bei allen shifts mit „id" Gelegenheit. Man spricht von **shift-reduce-Aktionen**. Eine Verbesserung, die in manchen (praktisch relevanten) Fällen etwa die Hälfte der notwendigen Übergänge einspart, ist die **Elimination von Kettenregeln** A → B. Diese Elimination wird nicht an der Grammatik vorgenommen (weil dabei die Anzahl der Produktionsregeln explosionsartig ansteigen würde), sondern durch Modifikation der LR-Automaten mit dem Ziel, Reduktionen mit Kettenregeln einfach zu überspringen. Konkret für G_{arith} ergäbe sich bei Eingabe „id = id + id $*$ id"

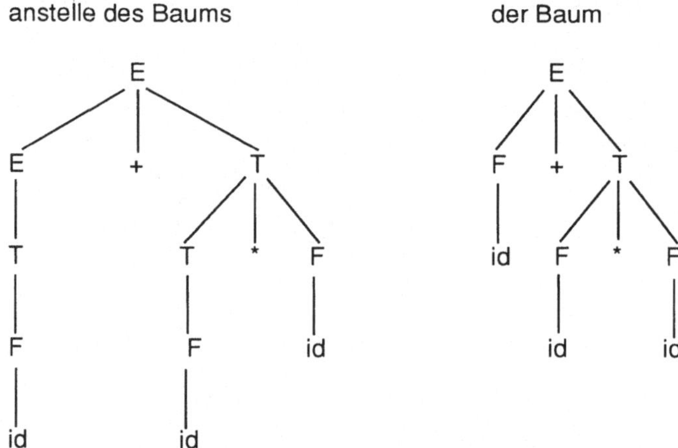

Strenggenommen ist der rechte Baum kein Strukturbaum, sondern allenfalls eine verkürzte Darstellung (aber nützlich!). Da die Elimination von Kettenregeln in Verbindung mit anderen Verbesserungen manchmal zu unkorrekten Analysatoren führt, gibt es hierzu in der Literatur eine Fülle mathematischer Untersuchungen.

6 Attributauswertung

Aus der Fülle der in der Literatur beschriebenen Attributauswertungsverfahren greifen wir vier Gruppen heraus, die in unterschiedlichen Situationen anwendbar sind.

Stets anwendbar, aber auch am wenigsten effizient sind die allgemeinen Verfahren in *Abschnitt 6.1*: der datengetriebene und der bedarfsgetriebene Auswerter. Der datengetriebene Auswerter ist *dynamisch* in dem Sinn, daß sich die Reihenfolge der Attributauswertung erst zur Laufzeit ergibt. *Statische* Auswerter dagegen berechnen die Auswertungsreihenfolge einmal für die attributierte Grammatik und werten jeden Syntaxbaum zur Grammatik in dieser gleichen, vorberechneten Reihenfolge aus.

Am effizientesten ist eine Attributauswertung, die (wie in *Abschnitt 6.2* gezeigt) verzahnt mit der Syntaxanalyse ausgeführt wird. Dann braucht man den Syntaxbaum nicht explizit aufzubauen: Die Attribute der während der Syntaxanalyse gekellerten Knoten reichen aus, um die Auswertung voranzutreiben. Allerdings schränkt dieses Vorgehen die Auswahl der einsetzbaren Syntaxanalyseverfahren und die erlaubten Attributabhängigkeiten stark ein.

Ein statisches Verfahren, welches sich auf eine große Klasse praktisch relevanter attributierter Grammatiken anwenden läßt, beschreiben wir in *Abschnitt 6.3*. Bei diesem Verfahren können Teilbäume mehrfach und in verschiedenen Richtungen durchlaufen werden. Man muß daher den Syntaxbaum explizit aufbauen und mit den berechneten Attributwerten im Speicher halten.

Will man die eingegebene Zeichenreihe nachträglich modifizieren - was sich natürlich auf den Syntaxbaum und seine Attribute auswirken kann - oder die Zeichenreihe in einem syntaxgesteuerten Editor bei laufender Attributauswertung schrittweise interaktiv aufbauen, dann benötigt man die Techniken der inkrementellen Auswertung, auf die wir in *Abschnitt 6.4* kurz eingehen.

Die „praktischen Gesichtspunkte" in *Abschnitt 6.5* betreffen die Speichereffizienz, von der wegen des enormen möglichen Umfangs von Syntaxbäumen die Anwendbarkeit attributierter Grammatiken in konkreten Fällen entscheidend abhängen kann.

6.1 Allgemeine Attributauswerter

In diesem Abschnitt betrachten wir zwei Attributauswertungsverfahren, die sich auf beliebige Syntaxbäume zu einer attributierten Grammatik anwenden lassen. Als „Nebeneffekt" erhält man *dynamische Tests* auf Zyklenfreiheit: Gibt es zwischen den Attributen des auszuwertenden Syntaxbaums zyklische Abhängigkeiten, dann wird dies beim Versuch der Auswertung festgestellt und die Auswertung mit einer entsprechenden Fehlermeldung abgebrochen. Dynamische Tests sind überflüssig, wenn die attributierte Grammatik vorab durch einen *statischen Test* als zyklenfrei nachgewiesen wurde. Da der in Abschnitt 3.4 beschriebene, statische Zyklenfreiheitstest von exponentieller Komplexität ist, wird man beim Erproben einer neu entwickelten Attributierung u.U. gern auf einen allgemeinen Auswerter mit dynamischem Zyklenfreiheitstest zurückgreifen. Das Adjektiv „dynamisch" steht also für „während der Attributauswertung (an *einem* Syntaxbaum) berechnet"; „statisch" steht für „vor der ersten Attributauswertung für alle Syntaxbäume aus der attributierten Grammatik vorberechnet".

Wir bezeichnen einen Attributwert als *„direkt auswertbar"*, wenn er von keinem anderen Attributwert abhängt oder wenn die Attributwerte, von denen er abhängt, bereits berechnet sind.

Das erste der beiden Attributauswertungsverfahren wird als **datengetriebener Auswerter** bezeichnet und besteht aus folgenden Schritten:

(i) Man sucht (in einem Baumdurchlauf) alle direkt auswertbaren Attribute. Direkte Auswertbarkeit ist eine statische Eigenschaft von Attributauswertungsregeln.

(ii) Die Werte aller direkt auswertbaren Attribute werden berechnet und im Baum gespeichert.

(iii) Durch die Auswertung in Schritt (ii) werden eventuell andere Attribute direkt auswertbar. Diese haben mit den gerade ausgewerteten einen Auswertungskontext gemeinsam.

(iv) Gibt es noch direkt auswertbare Attribute, dann fahre fort mit Schritt (ii).

(v) Sind nun alle Attribute des Baums berechnet, dann ist die Ausführung *erfolgreich beendet*. Anderenfalls gibt es einen Zyklus auf einigen der noch nicht berechneten Attribute.

Der datengetriebene Auswerter ist offenkundig eine Verfeinerung des definierenden Auswerters aus Abschnitt 3.1. Für das Ergebnis des Verfahrens ist es ohne Bedeutung, ob in Schritt 2 *alle* direkt auswertbaren Attribute oder nur *eines* davon berechnet und im Baum gespeichert werden. Die Formulierung in Schritt (ii) ist auf größtmögliche Parallelität bei der Auswertung angelegt.

Am Beispiel: Wir betrachten den Syntaxbaum zur Ternärzahl „201" in Abbildung 3.1.1. An den zugehörigen Attributauswertungsregeln in Abbildung 3.1.2 kann man ablesen, welche Attribute des Baums zu Beginn direkt auswertbar sind: Diejenigen, in deren Attributauswertungsregel keine anderen Attribute verwendet werden wie z.B. im Kontext „Zahl $\rightarrow$ Folge" das Attribut Folge.gewicht mit der Auswertungsregel „Folge.gewicht := 1". Anfangs sind demnach im Syntaxbaum die Attribute

   Zahl.Folge.gewicht

   Zahl.Folge.Folge.Folge.länge

   Zahl.Folge.Folge.Ziffer.wert

direkt auswertbar. Nachdem diese in Schritt (ii) ihre Werte erhalten haben, sind anschließend die Attribute

   Zahl.Folge.Folge.gewicht

   Zahl.Folge.Ziffer.gewicht

   Zahl.Folge.Folge.länge

direkt auswertbar, u.s.w.

Aufgabe 6.1.1:

   Führen Sie die begonnene Auswertung mit Hilfe des datengetriebenen Auswerters vollständig durch.

❑

Wie läßt sich dieses Verfahren **effizient implementieren**? Die Ähnlichkeit mit einem Algorithmus zum „topologischen Sortieren" legt einige Implementierungsdetails nahe, die wir nun beschreiben. Dabei spielen zwei Hilfsinformationen, die man zu jedem Attribut k.a des Baums hält, eine wichtige Rolle: VOR(k.a) ist die Anzahl der noch nicht ausgewerteten Attribute, von denen k.a. direkt abhängt. NACH(k.a) ist die Menge der Attribute, die direkt von k.a abhängen.

- In Schritt (i) werden für jedes Attribut k.a des Syntaxbaums die Anfangswerte von VOR(k.a) und NACH(k.a) bestimmt. Im Fall VOR(k.a) = 0 ist k.a anschließend direkt auswertbar.

- In Schritt (ii) werden alle direkt auswertbaren Attribute k.a berechnet und dabei die VOR-Zähler aktualisiert: Für jedes k'.a' in NACH(k.a) ist VOR(k'.a') um 1 zu verringern. Ergibt sich für ein VOR(k'.a') dadurch der Wert 0, dann gehört dieses k'.a' zu den in Schritt (iii) zu bestimmenden Attributen, die im nächsten Schritt (ii) ausgewertet werden können. Die Schritte (ii) und (iii) sind also verschränkt.

- Der dynamische Zyklenfreiheitstest in Schritt (v) durchläuft wie Schritt (i) den Baum vollständig - beim Antreffen des ersten Attributs k.a mit VOR(k.a) > 0 wird ein Zyklus gemeldet und abgebrochen.

Insgesamt erfordert das Verfahren für ein Attribut k.a, das von m anderen Attributen abhängt, m + 2 Operationen an VOR(k.a): Eine Initialisierung in Schritt (i); m Dekrementierungen in Schritt (iii) und ein Test in Schritt (v). Jedes NACH(k.a) wird einmal mit ∅ initialisiert und danach während Schritt (i) |NACH(k.a)| mal um ein Element erweitert. Um die direkt auswertbaren Elemente in Schritt (ii) schnell aufzählen zu können und für den Test in Schritt (iv) wird man zweckmäßigerweise in einer Variablen die aktuell auswertbaren und in einer zweiten Variablen die danach auswertbaren Attribute halten.

Aufgabe 6.1.2:

Verfeinern Sie den datengetriebenen Auswerter in der oben beschriebenen Weise und wenden Sie das verfeinerte Verfahren auf den Syntaxbaum zu „210.012" gemäß der attributierten Grammatik in Abbildung 3.2.1 an.

❏

Das Gegenstück zum datengetriebenen Auswerter ist der **bedarfsgetriebene Auswerter**. Während der datengetriebene Auswerter mit den sofort auswertbaren Attributen beginnt, dann die danach auswertbaren Attribute berechnet u.s.w., versucht der bedarfsgetriebene Auswerter gleich, die das Gesamtergebnis enthaltenden „Zielattribute" auszuwerten - das sind in der Regel die synthetisierten Attribute der Wurzel des Syntaxbaums. Wird bei der Auswertung eines Attributs a ein anderes, noch nicht ausgewertes Attribut b benötigt, dann unterbricht der bedarfsgetriebene Auswerter die Auswertung von a, um den Wert von b zu bestimmen und danach mit der Berechnung von a fortzufahren.

Für die Beschreibung des Verfahrens denken wir uns eine Produktionsregel wie folgt geschrieben:

$$p: X_{p,0} \to X_{p,1}...X_{p,n(p)}$$

Die Länge der rechten Seite von p ist demnach n(p).

Die Struktur des auszuwertenden Syntaxbaums sei in Form folgender Informationen gegeben, die an jedem Knoten v verfügbar sind.

X(v):   das Grammatiksymbol, mit dem v markiert ist.

p(v):   (für v mit $X(v) \in N$) die bei v angewandte Produktionsregel der Grammatik, deren linke Seite daher X(v) ist.

f(v):   der Vaterknoten von v.

s(v):   die Folge der Söhne von v (von links nach rechts).

si(v):   der Index von v in der Folge der Söhne des Vaters von v.

Mit diesen Bezeichnungen kann man prägnant Eigenschaften von Strukturbäumen beschreiben. So besagt z.B.

$$|s(v)| = n(p(v)) ,$$

daß die Anzahl der Söhne eines Knoten v mit der Länge der rechten Seite der bei v angewandten Regel p(v) übereinstimmt. Die Gleichung

$$s(f(v))(si(v)) = v$$

drückt aus, daß definitionsgemäß ein Knoten v in der Folge s(f(v)) der Söhne des Vaters f(v) von v an si(v)-ter Stelle steht.

Weiter gebe es zu jedem Attributvorkommen v.a im Strukturbaum ein Markierungsfeld m(v.a), das vor der Attributauswertung mit „undef" vorbesetzt sei. Während der Attributauswertung nimmt das Markierungsfeld nacheinander die Werte „in Arbeit" und „liegt vor" an. Die Markierung „in Arbeit" besagt, daß die Berechnung dieses Attributwerts begonnen wurde, aber noch nicht abgeschlossen ist , weil andere Attributwerte, die in seine Berechnung eingehen, noch nicht vorliegen. Der Wert eines mit „liegt vor" markierten Attributs ist im Baum gespeichert.

Die zur Berechnung des Attributs $v.a \cong X_{p,i}.a$ verwendete Attributauswertungsregel $f_{p,i,a}$ benötigt ihrerseits Werte von Attributen $X_{p,j}.b$. Die Funktionsprozedur zum Beschaffen von Attributwerten in Abbildung 6.1.1 ist daher rekursiv.

```
function get (v:knoten, att:attribut) is
    var regel, index: integer; wert: attributwert
begin
    if m(v.att) = „liegt vor"
    then return v.att fi;
    if m(v.att) = „in Arbeit"
    then {Zyklus melden und stop} fi;
    m(v.att) := „in Arbeit";
    if att ∈ inherited (X(v))
    then regel := p(f(v)); index := si(v)
    else regel := p(v); index := 0
    fi
    case (regel, index, att) is

        .
        .

        .
        (r,i,a): „Rumpf von f_{r,i,a}, berechnet wert"
        .
        .

        .
    ende case;
    v.att := wert; {im Baum speichern) ...}
    m(v.att) := „liegt vor";
            {...und als berechnet markieren}
    return wert
end get;
```

Abbildung 6.1.1: *Der bedarfsgetriebene Auswerter*

Die case-Anweisung enthält für jede Attributauswertungsregel der Grammatik je einen Fall; darin wird jeweils der Attributwert von v.att berechnet und in der lokalen Variablen „wert" hinterlassen. Bezüge auf benötigte, andere Attribute $X_{p,j}.b$ werden innerhalb des „Rumpfs von $f_{r,i,a}$" wie folgt in rekursive Aufrufe von „get" umgesetzt:

- get(f(v), b)   ,falls a ererbt ist und b ein Attribut des Vaterknotens
- get(s(f(v))[j], b)   ,falls a ererbt ist und b ein Attribut von v oder eines Bruders von v
- get(s(v)[j], b)   ,falls a synthetisiert ist und b Attribut eines Sohnes von v
- get(v, b)   ,falls a synthetisiert ist und b Attribut von v

Am Beispiel: Um mit dem bedarfsbetriebenen Auswerter den Attributwert „Zahl.wert" in Abbildung 3.1.1 zu bestimmen, ruft man „get(wurzel, wert)" auf. Im Rumpft von „get" wird anhand von „m(wurzel, wert) = undef" festgestellt, daß dieser Wert anfangs noch nicht vorliegt. Die folgenden Zuweisungen bewirken, daß „m(wurzel, wert) = in Arbeit", „regel = Zahl $\to$ Folge" und „index = 0". Die case-Anweisung verzweigt also zu dem Fall, der der Attributauswertungsregel „Zahl.wert := Folge.wert" aus dem Kontext „Zahl $\to$ Folge" entspricht. Da a = Zahl.wert synthetisiert ist und b = Folge.wert Attribut des einzigen Sohnes von v = wurzel, lautet die entsprechende Programmzeile:

    wert := get(s(v)[1], wert);

Der bedarfsbetriebene Auswerter hat folgende Eigenschaften:

(i)   Die Art der rekursiven Aufrufe von get läßt sich *statisch* aus der Attributauswertungsregel bestimmen, da die Indizes (oben i und j) nicht vom aktuellen Knoten v abhängen.

(ii)   Das Verfahren ist auch auf nicht normalisierte Attributierungen anwendbar. Die angegebenen rekursiven Aufrufe decken z.B. auch den Fall ab, daß ein synthetisiertes Attribut $X_{p,o}$.a von einem anderen synthetisierten Attribut $X_{p,o}$.b des gleichen Knotens abhängt.

(iii) Eine entdeckte zyklische Abhängigkeit geht durch den aktuellen Knoten v; alle am Zyklus beteiligten Knoten und Attribute befinden sich ganz oben im Aufrufkeller.

(iv) Da Attributwerte erst bei Bedarf durch rekursive Aufrufe beschafft werden, bleiben dynamisch nicht benötigte Attribute unausgewertet. Läßt man z.B. im Attributierungsteil zur Grammatik der Ternärzahlen (Abbildung 3.1.2) beim Startsymbol „Zahl" das Attribut „länge$\uparrow$" weg, dann berechnet der bedarfsgetriebene Auswerter auch für „Folge"-Knoten keine „länge$\uparrow$"-Werte mehr.

Auf die Verwandschaft zwischen dem datengetriebenen Auswerter und einem bekannten Algorithmus zum topologischen Sortieren haben wir schon hingewiesen. Ähnlich ist die Beziehung zwischen bedarfsgetriebenem Auswerten und einem Topologischen-Sortier-Verfahren auf der Basis des Tiefensuche-Algorithmus von Tarjan (vgl Anhang B). Diese Analogien sind kein Zufall. Die Hauptaufgabe bei der Attributauswertung ist es ja, eine mit den Attributabhängigkeiten verträgliche Auswertungsreihenfolge zu finden, sprich: die Attribute bezüglich der Abhängigkeiten topologisch zu sortieren.

Zur Effizienz: Beim bedarfsgetriebenen Auswerter kann der Laufzeitkeller im ungünstigsten Fall eine Tiefe annehmen, die der Anzahl aller Attribute im Syntaxbaum entspricht. Beim datengetriebenen Auswerter kann theoretisch die gleiche Größe bei der Menge der auswertbaren Attribute erreicht werden. Dann gibt es aber nur trivial auswertbare, nicht voneinander abhängige Attribute. Da solche Extremfälle wenig realistisch sind, wird diese Menge (ebenso wie der Laufzeitkeller des bedarfsgetriebenen Auswerters) in der Praxis um Größenordnungen kleiner sein. In der Literatur werden die Verfahren dieses Abschnitts als unpraktikabel bezeichnet, zumindest nicht für den Einsatz in Produktionscompilern geeignet. Bei der Entwicklung einer attributierten Grammatik oder in kleinen Anwendungen, bei denen Flexibilität wichtiger ist als Effizienz, können diese allgemein anwendbaren, einfachen Auswerter aber durchaus nützliche Werkzeuge sein.

6.2   Attributauswertung während der Syntaxanalyse

Attributauswertungsverfahren, die mit der Syntaxanalyse fortschreitend in einem Durchlauf durch den Syntaxbaum alle Attribute berechnen, sind besonders effizient: Man speichert die noch benötigten Attribute bei den zugehörigen Einträgen im Parser-Keller und erspart sich so vollständig die Konstruktion und Speicherung des Syntaxbaums. Außerdem können bei der Verzahnung von Syntaxanalyse und Attributauswertung bereits berechnete Attribute herangezogen werden, um syntaktische Mehrdeutigkeiten aufzulösen. Beispielsweise erleichtert es die syntaktische Analyse von Anweisungen einer Programmiersprache, wenn (aufgrund von Deklarationen) bekannt ist, ob ein bestimmter Name eine Variable, eine Prozedur oder eine Reihung bezeichnet. Von dieser Möglichkeit wird allerdings selten Gebrauch gemacht.

Wie wir in Kapitel 5 gesehen haben, wird der aufzubauende Syntaxbaum sowohl beim LL- als auch beim LR-Verfahren einmal (ausgehend von der Wurzel) „Tiefe zuerst" von links nach rechts durchlaufen. Wir betrachten einen beliebigen Teilbaum T des Syntaxbaums. Die mit der Syntaxanalyse verzahnte Attributauswertung berechnet bei Eintritt in T die ererbten Attribute der Wurzel von T und bei Austritt aus T deren synthetisierte Attribute. Enthält T nur einen einzigen Knoten, dann ist dieser mit einem terminalen Symbol markiert, hat daher keine synthetisierten Attribute und ist bezüglich der Auswertungsreihenfolge unkritisch. Andernfalls gibt es eine Produktionsregel

$$p: X_{p,0} \rightarrow X_{p,1} \dots X_{p,n(p)}$$

so, daß T den in Abbildung 6.2.1 gezeigten Aufbau hat: die Wurzel von T ist mit $X_{p,0}$ markiert, die Wurzel des i-ten direkten Unterbaums mit $X_{p,i}$. Nach dem Durchlauf durch den letzten Unterbaum von T (den mit der Wurzel $X_{p,n(p)}$) liegen zusätzlich zu den bei Eintritt berechneten ererbten Attributen von $X_{p,0}$ sämtliche Attribute der $X_{p,i}$ mit $1 \leq i \leq n(p)$ vor. Also können bei der anschließenden Reduktion gemäß p auch die synthetisierten Attribute von $X_{p,0}$ ausgewertet werden, ohne daß weitere Anforderungen an die Attributierung gestellt werden müssen. Damit ein ererbtes Attribut $X_{p,i}.b$ (bei Eintritt in den entsprechenden Unterbaum) verträglich mit dieser Auswertungsstrategie berechnet werden kann, darf es nur von bereits ausgewerteten Attributen abhängen. Das sind die ererbten Attribute von $X_{p,0}$ und die synthetisierten Attribute der $X_{p,j}$ mit $1 \leq j < i$. Wenn die Attributierung nicht in Normalform vorliegt, müssen auch die ererbten Attribute der $X_{p,j}$ mit $1 \leq j < i$ berücksichtigt werden. Eine parallel zur Syntaxanalyse auswertbare Attributierung muß daher der folgenden Bedingung „L-attributiert" genügen.

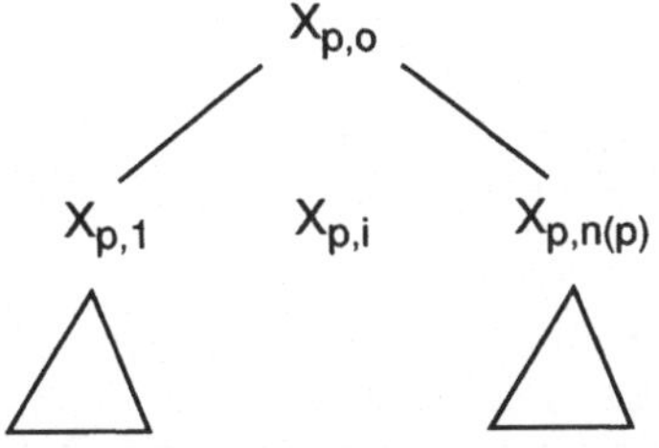

Abbildung 6.2.1: *Aufbau von T*

Definition:

Eine attributierte Grammatik heißt **L-attributiert**, wenn für jede ihrer Produktionsregeln

$$p: X_{p,o} \rightarrow X_{p,1} \dots X_{p,n(p)}$$

gilt: Ererbte Attribute von $X_{p,1}$ mit $1 \leq i \leq n(p)$ hängen ausschließlich von den ererbten Attributen von $X_{p,o}$ und von beliebigen Attributen der $X_{p,j}$ mit $1 \leq j < i$ ab.

❏

Für die Attributauswertung während der LL-Analyse sind keine weitergehenden Anforderungen an die Attributierung zu stellen. Die zur Attributauswertung benötigten Teile des Syntaxbaums liegen stets vor. Das LL-Syntaxanalyseverfahren, das definitionsgemäß nur aus Expansions- und Schiebeschritten besteht, ist geeignet so zu ergänzen, daß auch die Reduktionsschritte sichtbar werden: Mit dem Verlassen von Teilbäumen - also mit den Reduktionsschritten - ist ja die Auswertung von synthetisierten Attributen verbunden. Dies ist aber leicht zu bewerkstelligen, insbesondere wenn man die LL-Analyse nach der Methode des rekursiven Abstiegs durch ein System rekursiver Prozeduren implementiert (siehe Abschnitt 5.6). Damit ergibt sich:

Definition:

Eine attributierte Grammatik AG mit zugrundeliegender kontextfreier Grammatik G heißt **LL-attributiert**, wenn gilt

    - G ist LL(1) und

    - AG ist L-attributiert.

❏

Aufgabe 6.2.1:

Untersuchen Sie, ob die attributierten Grammatiken der Ternärzahlen (Abbildung 3.1.2) und der Dokumente (Abbildung 3.1.6) L-attributiert bzw. LL-attributiert sind.

❏

Da sich das Kriterium für „L-attributiert" ausschließlich auf ererbte Attribute bezieht, ist eine Grammatik ohne solche Attribute automatisch L-attributiert. Wir erhalten:

Lemma 6.2.1

Sei G der kontextfreie Anteil einer attributierten Grammatik AG ohne ererbte Attribute. Dann gilt:

(i)   AG ist L-attributiert

(ii)   Ist G LL(1), dann ist AG LL-attributiert.

(iii) Ist G LR(1), dann ist AG LR-attributiert (analog für SLR(1) und LALR(1)).

❏

Offenbar lassen sich beim Fehlen von ererbten Attributen die synthetisierten Attribute während einer LR-Analyse jeweils bei Reduktionsschritten auswerten. Das begründet (iii) aus Lemma 6.2.1, wofür wir allerdings noch die Definition von „LR-attributiert" nachreichen müssen.

Was bedeutet „LR-attributiert"?

Erstes Problem: Bei der LR-Analyse steht erst nach dem vollständigen Abarbeiten der rechten Seite einer Produktionsregel eindeutig fest, daß man sich in dieser Produktionsregel und nicht in einer anderen befunden hat. Die linke Seite der Regel und damit der Auswertungskontext für ererbte Attribute ist erst zu spät bekannt.

Beispiele: Ein Zustand q eines LR-Automaten enthalte folgende Items:

$$A \to b \bullet CD, \ldots$$

$$B \to Eb \bullet C, \ldots$$

$$C \to \bullet c, \ldots$$

Befindet sich der LR-Analysator im Zustand q, dann ist b das zuletzt gelesene Zeichen und die Analyse befindet sich „gleichzeitig" in den Regeln $A \to bCD$ und $B \to EbC$ an den durch die Punkte gekennzeichneten Stellen. In beiden Fällen ist als nächstes eine Zeichenfolge zu verarbeiten, die sich auf C reduzieren läßt.

Nun angenommen, C hätte ein ererbtes Attribut $C.z{\downarrow}$, welches im Kontext p_1 : $A \to bCD$ gemäß r_1: $C.z{\downarrow} := A.y{\downarrow}$ von einem ererbten Attribut von A abhängt und im Kontext p_2 : $B \to EbC$ gemäß r_2 : $C.z{\downarrow} := E.x{\uparrow}$ von einem synthetisierten Attribut von E. Zu dem Zeitpunkt, zu dem der Teilbaum

betreten wird, befindet sich der Analysator im Zustand q. Es ist daher nicht bekannt, ob C im Kontext p_1 steht und daher $C.z{\downarrow}$ gemäß r_1 zu berechnen ist oder ob C im Kontext p_2 steht und $C.z{\downarrow}$ dort gemäß r_2 zu berechnen ist.

Ein **verwandtes Problem** tritt im Zusammenhang mit linksrekursiven Produktionsregeln auf: Angenommen im Kontext $p : A \to Ab$ steht die Attributauswertungsregel r : $A2.x{\downarrow} := A1.x{\downarrow}$. Enthält nun während der LR-Analyse der aktuelle Zustand das Item

$$A \to \bullet A\, b$$

dann wird unbestimmt oft ein Teilbaum der Form

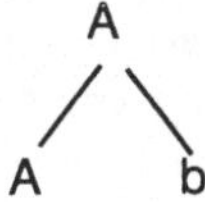

betreten; ebenso oft müßte die Auswertungsregel r angewandt werden. (Auf der syntaktischen Ebene vermeidet die LR-Analyse dieses Dilemma, indem sie Expansionen nicht explizit ausführt und Entscheidungen auf den Zeitpunkt der entsprechenden Reduktion verschiebt. Die LL-Analyse, die Expansionen explizit ausführt, ist eben wegen dieses Dilemmas nicht auf Grammatiken mit linksrekursiven Symbolen anwendbar.)

Dieses Beispiel zeigt, daß beim Einsatz von LR-Analysatoren zum Kriterium der L-Attributierung i.a. andere Einschränkungen hinzukommen müssen, im Extremfall bis hin zur Vermeidung von ererbten Attributen. Andererseits erlaubt ein einfacher Trick die Auswertung einer LL-attributierten Grammatik während einer LR-Analyse. (Mit dem gleichen Trick weist man übrigens nach, daß jede LL(1)-Grammatik auch LR(1) ist.)

Der Rest von Abschnitt 6.2 ist ziemlich technisch und kann beim ersten Lesen übersprungen werden. Wer sich speziell für „yacc" interessiert, fahre fort bei „Simulation ererbter Attribute" (nach Abbildung 6.2.4).

Auswertung LL-attributierter AGs während der LR-Analyse: Gegeben sei also eine LL-attributierte Grammatik. Wir ergänzen jede Produktionsregel

$$p: X_{p,o} \to X_{p,1} \dots X_{p,n,(p)}$$

wie folgt um ein neues nichtterminales Symbol A_p.

$$p: X_{p,o} \to A_p X_{p,1} \dots X_{p,n,(p)}$$

und die Grammatik um die Regeln

$$A_p \to \varepsilon \text{ für } p \in P .$$

Dadurch verändert sich der Sprachschatz der Grammatik offenbar nicht. Aus der LL(1)-Eigenschaft der Grammatik folgt, daß es in jedem Zustand des zugehörigen LR(1)-Automaten höchstens ein Item der Form $[A \to \lambda \bullet \rho, \dots]$ mit $\lambda \neq \varepsilon$ gibt. In Zuständen mit einem Item der Form

$$[X_{p,o} \to A_p X_{p,1} \dots X_{p,i-1} \bullet X_{p,i} \dots X_{p,n(p)}, \dots]$$

kann daher wegen der L-Attributiertheit die Berechnung der ererbten Attribute von $X_{p,i}$ eindeutig erfolgen.

Aufgabe 6.2.2:

> Wenden Sie obige Konstruktion auf die Grammatik der Dokumente in Abbildung 3.1.5 an. Konstruieren Sie zur so entstandenen Grammatik den SLR(1)-Automaten. *Hinweis:* ε-Symbole brauchen nur dort eingeführt zu werden, wo es zur gleichen linken Seite mehrere Alternativen gibt.

❏

Verallgemeinerung auf nicht LL-attributierter AGs: Wir haben oben die ε-Symbole eingeführt, um während der LR-Analyse Produktionsregeln genauso früh eindeutig zu erkennen wie bei der LL-Analyse, nämlich bei Eintritt in den entsprechenden Teilbaum. Für die mit der LR-Analyse verzahnte Attributauswertung reicht es aus, wenn eine Produktionsregel nicht schon zum Zeitpunkt der Expansion eindeutig erkannt wird, sondern erst unmittelbar vor dem ersten Symbol $X_{p,i}$ der rechten Seite, welches ererbte Attribute hat. Das ε-Symbol A_p wird also nicht vor $X_{p,1}$, sondern vor diesem $X_{p,i}$ eingefügt:

$$p: X_{p,o} \to X_{p,1} X_{p,i-1} A_p X_{p,i} \dots X_{p,n(p)}$$

Auf diese Weise läßt sich für eine echte Obermenge der LL-attributierten Grammatiken die Attributauswertung während der LR-Analyse durchführen. Dazu gehören u.a. alle attributierten Grammatiken *ohne* ererbte Attribute, deren zugrundeliegende kontextfreie Grammatik LR(1) ist (und damit auch linksrekursive Symbole enthalten kann).

Attribute der Grammatiksymbole:

Dokument: postNr↑

Teile: preNr↓, postNr↑

Teil: preNr↓, postNr↑

Kontexte mit Auswertungsregeln:

Dokument → Teile

     r1: Dokument.postNr := Teile.postNr

     r2: Teile.preNr := 0

Teile1 → Teile2 Teil

     r3: Teile1.postNr := Teil.postNr

     r4: Teile2.preNr := Teile1.preNr

     r5: Teil.preNr := Teile2.postNr

Teile → ε

     r6: Teile.postNr := Teile.preNr

Teil → irgendwas

     r7: Teil.postNr := Teil.preNr + 1

Abbildung 6.2.2: *Modifizierte Dokumententeilgrammatik*

Eine Grammatik, für die sich die Attributauswertung *nicht* auf diese Weise mit der LR-Analyse verbinden läßt, zeigt Abbildung 6.2.2: ein modifizierter Ausschnitt aus der Grammatik der Dokumente. Da „Teile" ein ererbtes Attribut besitzt, müßte man die Produktionsregel

    Teile → Teile Teil

ersetzten durch

    Teile → A Teile Teil

und

    A → ε.

Die so entstehende Grammatik ist nicht LR(1), da der folgende Zustand des LR(1)-Automaten in den beiden letzten Zeilen einen Reduktionen-Konflikt enthält.

<table>
<tr><td>Teile → A • Teile Teil</td><td>, #,irgendwas</td></tr>
<tr><td>Teile → • A Teile Teil</td><td>, irgendwas</td></tr>
<tr><td>Teile → •</td><td>, irgendwas</td></tr>
<tr><td>A → •</td><td>, irgendwas</td></tr>
</table>

Dennoch werden wir die Grammatik aus Abbildung 6.2.2 als „LR-attributiert" nachweisen. Dazu betrachten wir den LR(1)-Automaten zu dieser Grammatik in Abbildung 6.2.3.

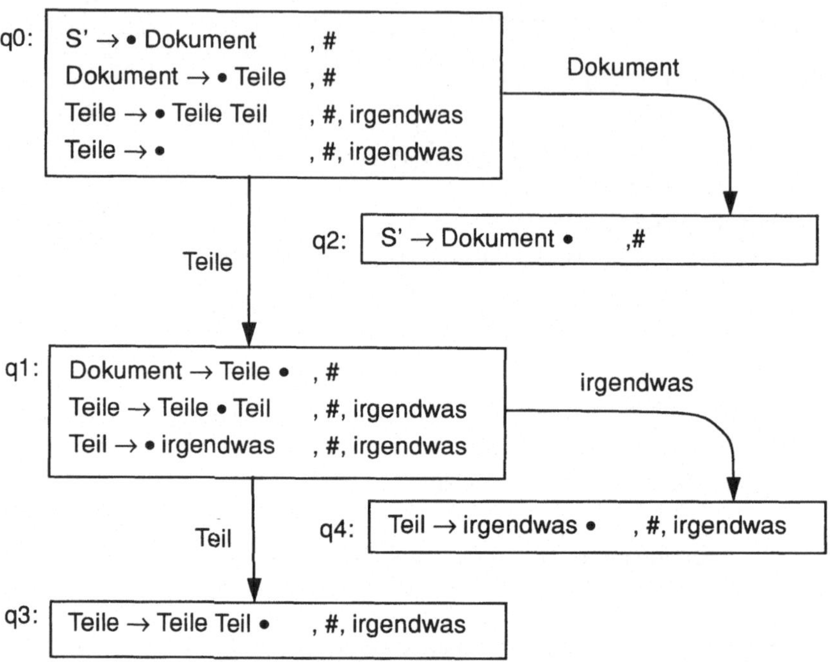

Abbildung 6.2.3: *Kanonischer LR(1)-Automat zur Dokumententeilgrammatik*

Entwicklung des Begriffs „LR-attributiert" : Wir überlegen uns, in welchem LR-Zustand welche Attributauswertungsregeln anzuwenden sind. Die Berechnung synthetisierter Attribute (hier „postNr") erfolgt bei den entsprechenden Reduktionen:

gemäß Auswertungsregel	im Zustand	bei Vorschau
r1	q1	#
r3	q3	#, irgendwas
r6	q0	#, irgendwas
r7	q4	#, irgendwas

Diese synthetisierten Attributwerte werden im Keller des Parsers bei dem nach der Reduktion obersten Kellerelement gespeichert.

Bei LL-attributierten Grammatiken erfolgt die Berechnung ererbter Attributwerte im Zusammenhang mit Expansionsschritten. Da LR-Parser Expansionsschritte nicht explizit ausführen, kann die Berechnung ererbter Attribute dort nur „innerhalb" von Zuständen erfolgen. Am Beispiel: Steht im Zustand q1 das Vorschauzeichen „irgendwas" an, dann wird *innerhalb* von q1 in einem Expansionsschritt ein Teilbaum der Form

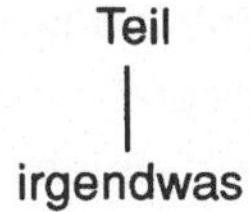

betreten und dabei das ererbte Attribut Teil.preNr gemäß r5 ausgewertet. Den Wert des von r5 benötigten synthetisierten Attributs Teile2.postNr findet man beim obersten Kellerelement gespeichert.

Wohin aber mit dem berechneten ererbten Attribut?

Die zugehörige syntaktische Variable befindet sich ja nicht im Parserkeller. Hierzu vereinbaren wir: ***Ererbte Attribute werden zusammen mit dem Namen der zugehörigen syntaktischen Variablen beim obersten Kellerelement gespeichert***; im betrachteten Fall das Attribut „preNr" mit dem Namen „Teil" der zugehörigen syntaktischen Variablen beim aktuellen obersten Kellerelement „Teile".

Versucht man, in gleicher Weise im Zustand q_0 das ererbte Attribut Teile.preNr zu bearbeiten, dann stößt man auf zwei technische Probleme:

(i) Im Zustand q_0 ist der Parser-Keller noch leer. Es gibt also kein oberstes Kellerelement, bei dem man das berechnete Attribut Teile.preNr speichern könnte.

Lösung dazu: Bei der Implementierung von LR-Parsern werden im Keller anstelle der Grammatiksymbole jeweils die aktuellen Zustände gespeichert. Das zugehörige Grammatiksymbol ergibt sich eindeutig aus dem Zustand: Es ist das *Eingangssymbol*, das in mindestens einem Item dem Punkt unmittelbar vorausgeht. Das Eingangssymbol von q1 ist Teile, das von q3 ist Teil, u.s.w. Nur der Anfangszustand besitzt kein Eingangssymbol.

(ii) Im Zustand q_0 gibt es zwei verschiedene Attributauswertungsregeln, nach denen das Attribut Teile.preNr zu berechnen ist, r2 und r4. Welche davon soll man nehmen?

Lösung dazu: Es gibt nur scheinbar verschiedene Werte. Bei der zustandsinternen Expansion, die vom Startsymbol „Dokument" ausgeht, ist zunächst im Kontext

Dokument → Teile

die Regel r2 anzuwenden und ergibt Teile.preNr = 0. Dieser Wert geht dann in die folgenden Expansionen nach

Teile1 → Teile2 Teil

in die Regel r4 als Teile1.preNr ein und ergibt bei Auswertung immer wieder Teile.preNr = 0.

Benötigte ererbte Attribute findet man bei dem Kellereintrag unmittelbar unterhalb der Kellereinträge, die zur betrachteten rechten Seite gehören, für r7 also beim zweitobersten Kellereintrag, für r6 und r4 beim obersten.

Am Beispiel: Die Verarbeitung der Zeichenreihe „irgendwas irgendwas" mit dem LR-Parser aus Abbildung 6.2.3 und gleichzeitiger Attributauswertung ergibt:

$(q_0$ {Teile.preNr=0} , irgendwas irgendwas #)

$\vdash (q_0$ {...} q_1 {Teile.postNr=0, Teil.preNr=0} , irgendwas irgendwas #)

$\vdash (q_0$ {...} q_1 {...} q_4 {Teil.preNr=0}, irgendwas #)

$\vdash (q_0$ {...} q_1 {...} q_3 {Teil.postNr=1}, irgendwas #)

$\vdash (q_0$ {...} q_1 {Teile.postNr=1, Teil.preNr=1} , irgendwas #)

$\vdash (q_0$ {...} q_1 {...} q_4 {Teil.preNr=1}, #)

$\vdash (q_0$ {...} q_1 {...} q_3 {Teil.postNr=2}, #)

$\vdash (q_0$ {...} q_1 {Teile.postNr=2, Teil.preNr=2} , #)

$\vdash (q_0$ {...} q_2 {Dokument.postNr=2} , #)

$\vdash$ accept

Damit haben wir gezeigt, wie sich die Attributauswertung für die Grammatik aus Abbildung 6.2.2 während der LR-Analyse durchführen läßt. Wir präzisieren nun den Begriff „LR-attributiert" so, daß auf LR-attributierte Grammatiken die gerade demonstrierte Auswerterkonstruktion anwendbar ist.

Erklärungen: Ein Item $[A \rightarrow \lambda \bullet \rho, ...]$ in einem Zustand q eines LR-Automaten heißt *wesentlich*, wenn entweder $\lambda \neq \varepsilon$ oder wenn q der Anfangszustand des Automaten und A das Startsymbol der Grammatik ist.

Als *Eingangsattribute* eines LR-Zustands q bezeichnet man die synthetisierten Attribute von Symbolen B, für die q ein Item der Form $[A \rightarrow \lambda B \bullet \rho, ...]$ enthält und die ererbten Attribute der linken Seiten A der wesentlichen Items $[A \rightarrow \lambda \bullet \rho, ...]$ von q. Die Werte der Eingangsattribute liegen vor, wenn q aktueller Zustand wird.

Mit Hilfe der Eingangsattribute lassen sich alle in q anfallenden Attributauswertungen durchführen. Man kann daher alle im Zusammenhang mit q zu berechnenden Attributwerte durch Ausdrücke beschreiben, die nur von Konstanten und Eingangsattributen von q abhängen (vgl. das Normalisierungsverfahren in Abschnitt 3.4). Diese Darstellung heiße ein *normierter Attributwert*.

An die synthetisierten Attribute ist über L-Attributiertheit hinaus keine Forderung zu stellen. Nach dem am Beispiel beschriebenen Verfahren werden ererbte Attribute den Zuständen des LR-Automaten zugeordnet. Genauer: Enthält q ein Item $[A \rightarrow \lambda \bullet B\rho,...]$ dann sind dem Zustand q u.a. alle ererbten Attribute $B.x\downarrow$ von B und deren im Kontext $A \rightarrow \lambda B\rho$ sich ergebenden normierten Attributwerte zugeordnet. Diese Menge $NW(B.x\downarrow, q)$ kann einelementig sein, mehrelementig (wenn B in mehreren Items von q hinter dem Punkt steht) oder sogar unendlich groß (wenn B linksrekursives Symbol ist und ererbte Attributwerte nicht nur unverändert weitergereicht werden). Damit die mit der LR-Analyse verzahnte Attributauswertung eindeutig fortschreiten kann, dürfen alle diese NW-Mengen nicht mehrelementig sein. Das ergibt:

Definition

Sei AG eine attributierte Grammatik mit zugrundeliegender kontextfreier Grammatik G. AG heißt *SLR(1)-* (bzw. *LALR(1)-* bzw. *LR(1)-*) *attributiert*, wenn gilt:

(i)   G ist SLR(1) (bzw. LALR(1) bzw LR(1)).

(ii) AG ist L-attributiert.

(iii) Für alle Zustände q des SLR(1)-Automaten , für alle darin enthaltenen Items der Form $[A \rightarrow \lambda \bullet B\rho, ...]$ und alle ererbten Attribute $x\downarrow$ von B ist die Menge $NW(B.x\downarrow, q)$ genau einelementig.

Eine attributierte Grammatik heißt **LR-attributiert**, wenn sie SLR(1)- oder LALR(1)- oder LR(1)-attributiert ist.

❏

Als **zweites Beispiel** betrachten wir die Grammatik AG_T in Abbildung 6.2.4. Die zugrundeliegende Grammatik ist LR(1). AG_T ist L-attributiert: offensichtlich lassen sich stets alle Attribute in einem Links-Rechts-Durchlauf durch einen Syntaxbaum auswerten. Dennoch ist AG_T *nicht* LR-attributiert, wie man am Anfangszustand des zugehörigen SLR(1)-Automaten erkennt. Dieser enthält u.a. die beiden Items ([Zahl$\rightarrow \bullet$ Folge,#] und [Folge $\rightarrow \bullet$ Folge Ziffer, #,0,1,2]. Für das ererbte Attribut Folge.gewicht berechnet man im Kontext „Zahl $\rightarrow$ Folge" gemäß der Auswertungsregel r2 den Wert 1. Da 1 konstant ist, folgt

$$1 \in NW(Folge.gewicht, q_0).$$

Im Kontext „Folge1 $\rightarrow$ Folge2 Ziffer" berechnet man den Wert von Folge2.gewicht gemäß r4 zu Folge2.gewicht := 3 * Folge1.gewicht. Den Wert von Folge1.gewicht darf

Attribute der Grammatiksymbole:

    Zahl: wert$\uparrow$

    Folge: gewicht$\downarrow$, wert$\uparrow$

    Ziffer: wert$\uparrow$

Kontexte mit Auswertungsregeln

    Zahl $\rightarrow$ Folge

        r1: Zahl.wert := Folge.wert

        r2: Folge.gewicht := 1

    Folge1 $\rightarrow$ Folge2 Ziffer

        r3: Folge1.wert := Folge2.wert + Folge1.gewicht * Ziffer.wert

        r4: Folge2.gewicht := 3 * Folge1.gewicht

    Folge $\rightarrow$ Ziffer

        r5: Folge.wert := Folge.gewicht * Ziffer.wert

    Ziffer $\rightarrow$ i   für i = 0,1,2

        r6: Ziffer.wert := integer(i)

Abbildung 6.2.4: *Die Grammatik AG_T*

man aus NW(Folge.gewicht, q_0) entnehmen, also Folge2.gewicht = 3. Dann

$\quad$ 3 ∈ NW(Folge.gewicht, q_0) ,

d.h. NW(Folge.gewicht, q_0) ist mehrelementig und daher AG_T *nicht* LR-attributiert! Durch wiederholte Anwendung der letzten Auswertungsregel r4 ergibt sich übrigens

$\quad$ NW(Folge.gewicht, q_0) = {3^i | i ∈ IN_0} .

Simulation ererbter Attribute: Der Compiler-Compiler „yacc" verwendet Attributauswertung während der LALR(1)-Syntaxanalyse. „yacc" läßt nur ein Attribut zu. In Auswertungsregeln zum Kontext

$\quad$ p : A → X_1 ... X_n

bezieht sich die Bezeichung \$\$ auf das Attribut der linken Seite A und \$i auf das Attribut des i-ten Symbols X_i der rechten Seite, wobei 1 ≤ i ≤ n. Die Attribute werden bei den Grammatiksymbolen im Keller des Parsers gespeichert und können daher nur als synthetisierte Attribute verwendet werden. Da „yacc" den Zugriff auf tiefer liegende Kellerelemente erlaubt, läßt sich die Wirkung ererbter Attribute (Attributfluß von oben nach unten) wie folgt simulieren.

Angenommen, im aktuellen Zustand des LALR(1)-Parsers befindet sich ein Item der Form [A → X_1 ... X_n • , ...] und der entsprechende Teil des Syntaxbaums sieht aus wie in Abbildung 6.2.5 dargestellt.

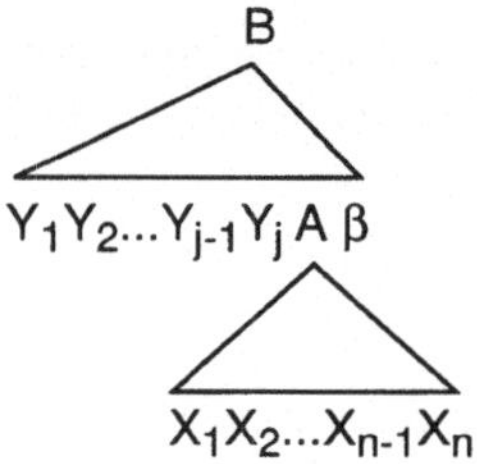

Abbildung 6.2.5: *Teil eines Syntaxbaums*

Zu diesem Zeitpunkt hat das obere Ende des Parserkellers folgenden Inhalt (oberstes Element rechts):

$\quad$ ... Y_1 $\quad$ Y_2 $\quad$ ... Y_{j-1} $\quad$ Y_j X_1 X_2 $\quad$ ... X_{n-1} $\quad$ X_n

$\quad$ ... \$(-j+1) $\quad$ S(-j+2) ... \$(-1) $\quad$ \$0 \$1 \$2 $\quad$ ... \$(n-1) $\quad$ \$n

Die untere Reihe gibt die Bezeichnungen an, mit denen man im Kontext p auf die Attribute der Kellerelemente zugreifen kann. Die Attributauswertungsregel

$\quad$ r : \$\$:= \$2 - \$0 + \$(-j+1)

besagt z.B., daß sich das Attribut von A in der angegebenen Weise aus den Attributen von X_2, Y_j und Y_1 berechnet.

Diese Technik erlaubt es, Informationen effizient über - wie hier gezeigt - eine oder auch mehrere Stufen in Unterbäume hineinzureichen. Der Nachteil dieses Technik ist ihre geringe Flexibilität. Jede andere Regel, auf deren rechter Seite A vorkommt, muß als erweiterter Kontext für r Sinn machen. Wenn es z.B. eine weitere Produktionsregel

$$C \to Z_1 \dots Z_k \, A \, \gamma$$

gibt, dann kann diese in Abbildung 6.2.5 den Platz von $B \to Y_1 \dots Y_j \, A \, \beta$ einnehmen. Die Bezeichnungen \$0 und \$(-j+1) würden sich dann auf die Attribute von Z_k und Z_{k-j+1} beziehen, falls $k \geq j$. Im Fall $k < j$ würde \$(-j+1) unterhalb dieser Produktionsregel in den Keller und damit im Syntaxbaum noch weiter nach oben zurückgreifen.

Wesentlich flexibler, wenn auch etwas weniger effizient, ist die konventionelle Technik, Information von oben nur über ein ererbtes Attribut der Wurzel A in einen Teilbaum fließen zu lassen.

6.3 Geordnete attributierte Grammatiken

Wenn sich die Attributauswertung nicht wie im letzten Abschnitt beschrieben in die Syntaxanalyse einbetten läßt, dann ist man an Auswertern interessiert, welche die Attribute eines aufgestellten Syntaxbaums dennoch möglichst effizient berechnen. Solche Auswerter gibt es für die in diesem Abschnitt betrachtete Klasse der **geordneten attributierten Grammatiken** (**OAGs** nach englisch: ordered attribute grammars). Die OAGs sind für die Attributauswertung, was die LR-Grammatiken für die Syntaxanalyse sind: Eine Klasse, die hinreichend groß ist, um alle wichtigen Konstruktionen in „natürlicher Weise" zu erfassen, und hinreichend klein, um eine effiziente Bearbeitung zu erlauben.

Die hier betrachteten Auswerter besuchen jeden attributierten Knoten des Syntaxbaums ein- oder mehrmals und werten bei jedem Besuch (möglichst viele) Attribute aus. Man spricht daher von **besuchsorientierten Auswertern**. Zur Effizienz trägt es wesentlich bei, wenn man die Auswertungsreihenfolge der Attribute für jeden Auswertungskontext p vor Beginn der Attributauswertung (d.h. ein für allemal je Grammatik) festlegen kann. In diesem Sinn handelt es sich hier wie im letzten Abschnitt um statische Auswerter.

Der **Besuch** eines Knotens v (und des Teilbaums, dessen Wurzel v ist) beginnt mit der Auswertung einiger ererbter Attribute des Wurzelknotens. Dann folgen einige Besuche von direkten Söhnen von v und am Ende des Besuchs die Auswertung einiger synthetisierter Attribute von v. Die Angabe „einige" bedeutet „null oder mehr"; insgesamt wird bei jedem Besuch eines Knotens aber mindestens eines seiner Attribute ausgewertet. Auf das bei v befindliche Grammatiksymbol $Y = X(v)$ bezogen besteht der i-te *Besuch* $B_i(Y)$ also aus einer Menge $B_i(Y).inh$ von ererbten und einer Menge $B_i(Y).syn$ von synthetisierten Attributen, die bei diesem Besuch von Y ausgewertet werden. Eine *Besuchsfolge* $B(Y)$ *von* Y ist eine Sequenz von solchen Besuchen $B_i(Y)$, wobei jedes Attribut von Y in genau einem Besuch aus der Folge enthalten ist. Damit für beliebig zusammengesetzte Bäume die Besuchsfolgen immer richtig ineinandergreifen, fordern wir, daß je Grammatiksymbol Y unabhängig vom Auswertungskontext p genau eine Besuchsfolge $B(Y)$ festgelegt wird, so daß die Attributauswertung eines beliebigen Syntaxbaums entsprechend diesen Besuchsfolgen vorgenommen werden kann.

Was bedeutet diese Forderung im einzelnen?

Betrachten wir dazu als **Beispiel** den Abhängigkeitsgraphen D(B) in Abbildung 3.3.1:
Die zu bestimmenden Besuchsfolgen müssen für jedes Grammatiksymbol mit den Attributflüssen an allen mit diesem Symbol markierten Knoten „verträglich" sein. Abbildung 3.3.2 zeigt die Attributflüsse an „Folge"-Knoten. Vereinigung aller darin vorkommenden Kanten ergibt den folgenden maximalen Attributflußgraphen:

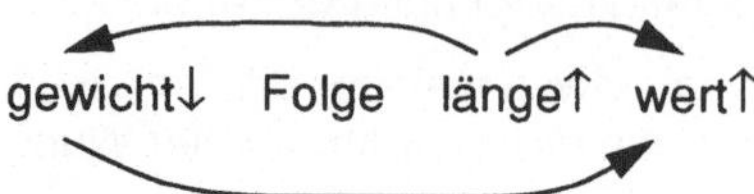

Dieser Graph legt folgende Besuchsfolge B(Folge) nahe:

$$B(\text{Folge}) = B_1(\text{Folge}) \circ B_2(\text{Folge}),$$

wobei

$$B_1(\text{Folge}).\text{inh} = \varnothing$$
$$B_1(\text{Folge}).\text{syn} = \{\text{länge}\!\uparrow\}$$
$$B_2(\text{Folge}).\text{inh} = \{\text{gewicht}\!\downarrow\}$$
$$B_2(\text{Folge}).\text{syn} = \{\text{wert}\!\uparrow\}$$

Wir schreiben dafür auch kürzer:

$$B(\text{Folge}) = (\varnothing, \{\text{länge}\!\uparrow\}) \circ (\{\text{gewicht}\!\downarrow\}, \{\text{wert}\!\uparrow\})$$

Für „Ziffer"-Knoten ergibt sich der maximale Attributfluß

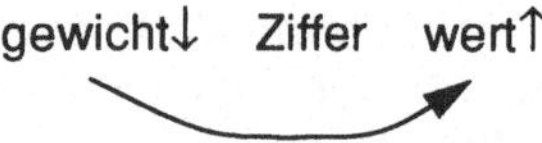

und die Besuchsfolge

$$B(\text{Ziffer}) \; = B_1(\text{Ziffer})$$
$$= (\{\text{gewicht}\!\downarrow\}, \{\text{wert}\!\uparrow\})$$

Analog finden wir für „Zahl" die Besuchsfolge

$$B(\text{Zahl}) \; = B_1(\text{Zahl})$$
$$= (\varnothing, \{\text{wert}\!\uparrow\}).$$

Verträglichkeit zwischen Attributfluß und einer Besuchsfolge liegt dann vor, wenn für jede Kante a → b im Attributflußgraphen folgendes gilt: Liegt a in B_i und b in B_j, dann gilt i ≤ j; wenn a synthetisiert ist und b ererbt, dann sogar i < j.

Weiterhin müssen die Besuchsfolgen mit den Auswertungskontexten

$$p: X_{p,o} \to X_{p,1} \ldots X_{p,n(p)}$$

verträglich sein in dem Sinn, daß

- es für jeden Besuch $B_i(X_{p,o})$ von $X_{p,o}$ eine Folge von Besuchen einiger $X_{p,j}$ gibt, welche die zur Berechnung von $B_i(X_{p,o}).\text{syn}$ noch benötigten Attribute bereitstellen;

- vor dem Besuch $B_i(X_{p,j})$ im Kontext p alle zur Berechnung der Attribute in $B_i(X_{p,j})$.inh benötigten Attributwerte vorliegen.

Besuchsorientierte Auswerter bewegen sich im Syntaxbaum stets von einem Knoten zu einem seiner Nachbarknoten und betreten Teilbäume immer über den Wurzelknoten. Daher muß eine vollständige Besuchsfolge $B(X_{p,o})$ *vollständige* Besuchsfolgen der $X_{p,j}$, $1 \leq j \leq n(p)$, induzieren.

```
procedure visit(v,i)
    case (p(v),i) is                --i-ter Besuch, Regel ist p(v)
    (Zahl→Folge,1):                 --einziger Besuch von Zahl
                                    --Zahl hat keine ererbten Attribute
        visit(s(v)(1),1);           --besuche Folge das erste Mal
        s(v)(1).gewicht:=1;         --ererbtes Attribut von Folge
        visit(s(v)(1),2);           --besuche Folge das zweite Mal
        v.wert:=s(v)(1).wert;       --synthetisiertes Attribut von Zahl
    (Folge1→Folge2 Ziffer,1):       --erster Besuch von Folge1
        visit(s(v)(1),1);           --besuche Folge2 das erste Mal
        v.länge:=s(v)(1).länge+1;   --synthetisiertes Attr. von Folge1
    (Folge1 →Folge2 Ziffer,2):      --zweiter Besuch von Folge1
        s(v)(1).gewicht:=3*v.gewicht; --ererbtes Attribut von Folge2
        visit(s(v)(1),2);           --besuche Folge2 das zweite Mal
        s(v)(2).gewicht:=v.gewicht;   --ererbtes Attribut von Ziffer
        visit(s(v)(2),1);           --besuche Ziffer ein Mal
        v.wert:=s(v)(1).wert+s(v)(2).wert;
                                    --synthetisiertes Attr. von Folge1
    (Folge→Ziffer,1):               --erster Besuch von Folge
        v.länge:=1;                 --synthetisiertes Attr. von Folge
                                    --auswertbar ohne Besuche
    (Folge→Ziffer,2):               --zweiter Besuch von Folge
        s(v)(1).gewicht:=v.gewicht  --ererbtes Attribut von Ziffer
        visit(s(v)(1),1);           --besuche Ziffer ein Mal
        v.wert:=s(v)(1).wert;       --synthetisiertes Attr. von Folge
    (Ziffer→0,1):                   --einziger Besuch von Ziffer
        v.wert:=0;                  --synthetisiertes Attr. von Ziffer
    (Ziffer→1,1):                   --einziger Besuch von Ziffer
        v.wert:=v.gewicht;          --synthetisiertes Attr. von Ziffer
    (Ziffer→2,1):                   --einziger Besuch von Ziffer
        v.wert:=2*v.gewicht;        --synthetisiertes Attr. von Ziffer
    end case;
end visit
```

Abbildung 6.3.1: *Auswerter zur Ternärzahlengrammatik*

Am Beispiel: Das Auswerterprogramm in Abbildung 6.3.1 beweist, daß die oben aufgestellten Besuchsfolgen mit allen Auswertungskontexten der Grammatik in Abbildung 3.1.2 verträglich sind. Im Programm haben wir die gleichen Bezeichnungen verwendet wie bei der Beschreibung des bedarfsgetriebenen Auswerters in Abschnitt 6.1. Man prüft leicht nach, daß die in diesem Auswerter verwendeten Besuchsfolgen verträglich sind sowohl mit den Attributflüssen an den verschiedenen Grammatiksymbolen als auch mit den verschiedenen Auswertungskontexten der Grammatik. Auch induzieren hier vollständige Besuchsfolgen der linken Seite einer Grammatikregel jeweils vollständige Besuchsfolgen aller Symbole auf der rechten Seite. Die Attributauswertung wird ausgelöst mit dem Aufruf „visit(root, 1)".

Für den Baum

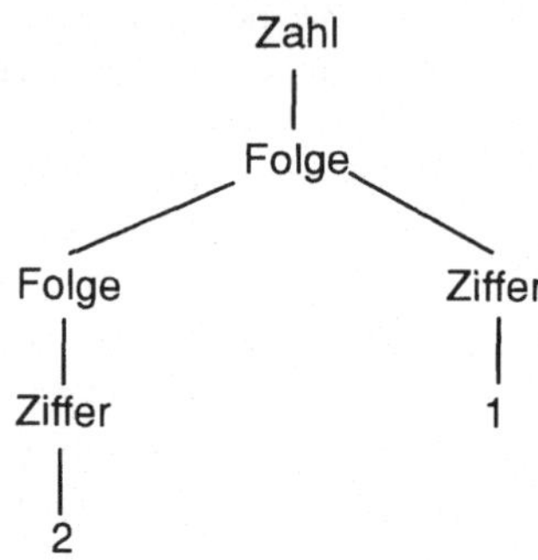

zur Zeichenreihe „21" ergibt sich die Auswertungsfolge:

```
visit(Zahl,1): /* Zahl->Folge */
    visit(Zahl.Folge,1): /* Folge1->Folge2 Ziffer */
        visit(Zahl.Folge.Folge,1): / *Folge->Ziffer */
            Zahl.Folge.Folge.länge:=1
        Zahl.Folge.länge:=2
    Zahl.Folge.gewicht:=1
    visit(Zahl.Folge,2): /* Folge1->Folge2 Ziffer */
        Zahl.Folge.Folge.gewicht:=3
        visit(Zahl.Folge.Folge,2): /* Folge->Ziffer */
            Zahl.Folge.Folge.Ziffer.gewicht:=3
            visit(Zahl.Folge.Folge.Ziffer,1): /* Ziffer->2 */
                Zahl.Folge.Folge.Ziffer.wert:=6
            Zahl.Folge.Folge.wert:=6
        Zahl.Folge.Ziffer.gewicht:=1
        visit(Zahl.Folge.Ziffer,1): /* Ziffer->0 */
            Zahl.Folge.Ziffer.wert:=0
        Zahl.Folge.wert:=6
Zahl.wert:=6
```

Aufgabe 6.3.1:

Untersuchen Sie die unten beschriebenen Modifikationen des Auswerters aus Abbildung 6.3.1 jeweils darauf, ob sie das Auswertungsergebnis unverändert lassen (und damit „zulässig" sind).

a) Vertausche im Fall „(Zahl $\to$ Folge, 1)" die Reihenfolge der ersten beiden Anweisungen und die Reihenfolge der letzten beiden Anweisungen.

b) Füge sowohl für „Folge1 $\to$ Folge2 Ziffer" die Anweisungen des ersten Besuchs als erste Anweisungen des zweiten Besuchs ein(und führe bei den ersten Besuchen dementsprechend keine Anweisungen aus).

c) Füge sowohl für „Folge1 $\to$ Folge2 Ziffer" als auch für „Folge $\to$ Ziffer" die Anweisungen des zweiten Besuchs als letzte Anweisungen des ersten Besuchs ein (und führe bei den zweiten Besuchen keine Anweisungen aus).

❏

Aufgabe 6.3.2:

In Aufgabe 3.1.1 wurde die Grammatik der Ternärzahlen in eine Grammatik der gebrochenen Ternärzahlen umgewandelt. Wandeln Sie den Auswerter in Abbildung 6.3.1 entsprechend um und erläutern Sie, warum für den entstehenden Auswerter *keine* der Modifikationen aus Aufgabe 6.3.1 zulässig ist.

❏

Nun zur **Bestimmung der Besuchsfolgen.** Die oben aufgestellte Forderung, daß die gesuchte Besuchsfolge für jedes Symbol X mit dem Attributfluß durch X - vereinigt über alle Syntaxbäume - verträglich sein muß, ist offenkundig notwendig, da der Attributfluß ja über die direkten und indirekten Abhängigkeiten zwischen Attributen von X Auskunft gibt. Mit den Bezeichnungen aus Abschnitt 3.3 können wir diesen Attributflußgraphen beschreiben als Vereinigung R(X) von es(X) und se(X):

$$R(X) =_{\text{def}} es(X) \cup se(X).$$

Die Berechnung der ES(X) und darauf aufbauend der es(X) haben wir in Abschnitt 3.3 behandelt. Die Graphen se(X) berechnet man analog.

Für eine wohldefinierte attributierte Grammatik ist R(X) eine partielle Ordnung auf den Attributen von X. Aus dieser partiellen Ordnung kann man wie folgt eine *linear geordnete* Besuchsfolge *B*(X) gewinnen:

- $B_1(X)$.inh enthält die anfangs auswertbaren ererbten Attribute; das sind die ererbten Attribute von X, auf die in R(X) keine Kante zeigt.

- $B_1(X)$.syn enthält die danach auswertbaren synthetisierten Attribute; das sind die synthetisierten Attribute von X, auf die in R entweder gar keine Kante zeigt oder höchstens solche Kanten, deren Ausgangspunkt in $B_1(X)$.inh liegt.

Für i > 1 konstruiert man weiter:

- $B_i(X)$.inh enthält die ererbten Attribute, deren R(X)-Vorgänger in $B_1(X)$, $B_2(X)$, ... , $B_{i-1}(X)$ liegen.

- $B_i(X)$.syn enthält die synthetisierten Attribute, deren R(X)-Vorgänger in $B_1(X)$, $B_2(X)$, ... , $B_{i-1}(X)$ oder in $B_i(X)$.inh liegen.

Dabei werden in B_i jeweils nur die Attribute aufgenommen, die nicht schon in einem B_j mit j < i liegen.

Grammatiken, für die die so konstruierten Besuchsfolgen mit allen Auswertungskontexten verträglich sind, heißen **geordnete attributierte Grammatiken (OAGs)**.

Bei der Berechnung der geordneten Besuchsfolge aus der Attributflußinformation wird die vorliegende partielle Ordnung *willkürlich* zu einer linearen Ordnung ergänzt, ohne dabei die Auswertungskontexte p zu berücksichtigen. Das führt nicht immer zum Erfolg, selbst dann nicht, wenn Erfolg möglich ist: Es gibt Grammatiken, für die die geordneten Besuchsfolgen nicht mit allen Auswertungskontexten verträglich sind, für die es aber einen anderen Satz von Besuchsfolgen gibt, der mit allen Auswertungskontexten verträglich ist. Solche Grammatiken bezeichnet man als *l-geordnet*. Mit einem Trick kann man bei l-geordneten, aber nicht geordneten, attributierten Grammatiken die Berechnung der geordneten Besuchsfolgen dennoch zum Erfolg führen: Man steuert diese Berechnung, indem man die Attributflüsse um geeignete, zusätzliche Kanten erweitert.

Der Test, ob ein gegebener Satz von Besuchsfolgen mit allen Attributflüssen und Auswertungskontexten verträglich ist, erfordert polynomialen Aufwand. Das Problem, einen solchen Satz von Besuchsfolgen zu finden (d.h. der Test, ob eine AG l-geordnet ist), ist dagegen NP-vollständig (man muß im wesentlichen alle möglichen Besuchsfolgen generieren und testen). Daher beschränkt man sich der Praktikabilität halber auf die Konstruktion geordneter Berechnungsfolgen - was in der Praxis auch häufig ausreicht.

Aufgabe 6.3.3:

> Vervollständigen Sie die Attributierung der Grammatik G_{bild} in Abschnitt 1.2 und prüfen Sie nach, ob die entstandene AG geordnet und/oder l-geordnet ist.

❏

6.4   Inkrementelle Attributauswertung

Bislang haben wir Verfahren betrachtet, welche einer *fest vorgegebenen* syntaktischen Struktur eine Bedeutung in Form von Attributwerten zuordnen. In interaktiven Systemen wie z.B. syntax-basierten Editoren oder Dokumenten-Editoren dagegen wird laufend die syntaktische Struktur verändert. Ebenso verändern die in Compilern zur Optimierung verwendeten Baum-zu-Baum-Transformationen die syntaktische Struktur. Die von der syntaktischen Struktur abhängigen Attributwerte sind entsprechend zu aktualisieren. Da die Änderungen in der syntaktischen Struktur nur lokal sind, erscheint es wenig effizient, stets alle Attribute des gesamten entstandenen Syntaxbaums neu auszuwerten. Im Extremfall kann zwar die Änderung eines einzigen Attributwerts die Neuberechnung aller anderen Attribute des Syntaxbaums nach sich ziehen; häufiger werden sich aber lokale Änderungen der syntaktischen Struktur nur auf einen Bruchteil der Attribute auswirken. Gesucht sind daher Verfahren zur *inkrementellen Attributauswertung*, welche nur die von einer Änderung betroffenen Attribute neu auswerten. Den Kern des Problems beschreibt die folgende Frage.

Frage:

Gegeben ein vollständig attributierter Baum T, in dem an einem Knoten v mit der Markierung X der Unterbaum U mit der Wurzel v durch einen anderen, vollständig attributierten X-Baum U' ersetzt worden ist:

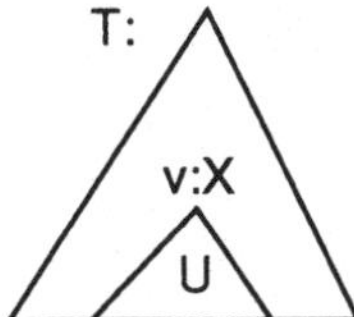
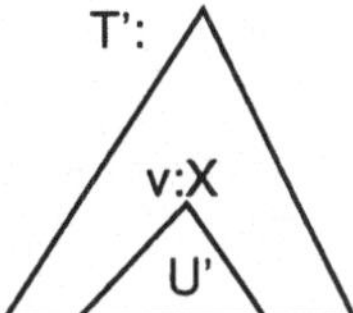

Wie kann durch (möglichst sparsame) Wiederauswertung betroffener Attribute die korrekte Attributierung des entstehenden Baums T' hergestellt werden?

❏

Wichtig ist dabei die Beobachtung, daß in T' alle Attribute, die nicht von denen der Modifikationsstelle v:X direkt abhängen oder selber an der Modifikationsstelle liegen, Werte haben, die konsistent sind mit den Auswertungsregeln und den Nachbarattributen, von denen sie abhängen. Die Inkonsistenzen bei v:X erfordern Neuberechnungen, die sich u.U. über den gesamten Baum hinziehen können. Der *„naive"* *Propagationsalgorithmus* in Abbildung 6.4.1 betreibt datengetriebene Neuberechnung von der Modifikationsstelle aus und bricht in einem Propagationszweig ab, wenn keine Änderung mehr erfolgte.

```
M := Menge der Attribute von v:X;
while M = ∅
    do wähle und entferne ein v':Y.b aus M
        alt := Wert von v':Y.b;
        berechne v':Y.b neu;
        if alt ≠ Wert von v':Y.b
        then  füge zu M alle von v:Y.b direkt
            abhängigen Attribute hinzu
        fi
    od
```

Abbildung 6.4.1: *Der naive Propagationsalgorithmus*

Unglücklicherweise hängt das Verhalten dieses Algorithmus stark davon ab, in welcher Reihenfolge Attribute v':Y.b aus M entnommen werden. Das sieht man besonders deutlich am Beispiel der attributierten Grammatik in Abbildung 6.4.2.

Attribute der Grammatiksymbole:

$S : x\uparrow$

$A : y\uparrow, z\downarrow$

Kontexte mit Auswertungsregeln:

$S \to AS$

$A.z := S_2.x$

$S_1.X := A.y + S_2.x$

$S \to a$

$S.x := 1$

$S \to \varepsilon$

$S.x := 2$

$A \to a$

$A.y := A.z$

Abbildung 6.4.2: *Beispielgrammatik zum Propagationsalgorithmus*

Abbildung 6.4.3 zeigt die Form eines Syntaxbaums zu dieser Grammatik und die darin vorkommenden Attributabhängigkeiten. Angenommen, in einem solchen Baum wird die Anwendung von $S \to a$ ersetzt durch eine Anwendung von $S \to \varepsilon$. Dann ändern sich sämtliche Attribute im ganzen Baum. Das ist nicht zu vermeiden. Wird im naiven Propagationsalgorithmus die Menge M in einem Keller gespeichert und stets vor dem z-Nachfolger eines x-Attributs der x-Nachfolger besucht, dann werden zunächst alle S.x-Atribute bis zur Wurzel des Syntaxbaums hin berechnet (mit neuen, aber nicht den endgültigen Werten).

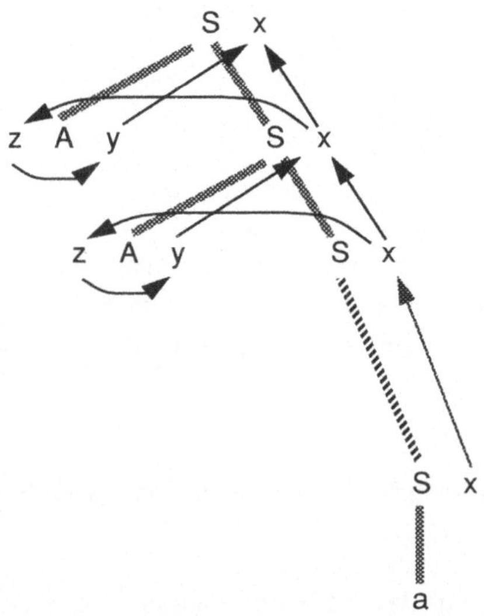

Abbildung 6.4.3: *Zugehöriger Syntaxbaum mit Attributabhängigkeiten*

Nach dem Berechnen eines S.x-Attributs und aller davon abhängigen Attribute befindet sich zuoberst im Keller das im Baum eine Ebene tiefer stehende S.x. Nach Auswertung der von diesem S.x abhängigen Attribute A.z und A.y ist das von A.y abhängige, eine Ebene höher stehende S.x-Attribut (nebst allen davon abhängigen!) erneut zu berechnen. Das ergibt eine exponentielle Anzahl von Attributauswertungsschritten, da das unterste S.x-Attribut einmal besucht wird, dessen Vater S.x zweimal, dessen Vater S.x viermal u.s.w. Die Anzahl der Attributauswertungen ist exponentiell in der Höhe h des Syntaxbaums; dabei enthält der Baum insgesamt nur 3*h Attribute.

Wenn andererseits M wieder durch einen Keller realisiert, aber stets ein z-Nachfolger *vor* einem x-Nachfolger besucht wird, dann berechnet der naive Propagationsalgorithmus jedes Attribut genau ein Mal und verhält sich daher im Beispiel optimal.

Ein inkrementelles Attributauswertungsverfahren, bei dem **kein Attribut mehrfach ausgewertet** wird, besteht darin,

(i)   von der Modifikationsstelle ausgehend alle direkt oder indirekt abhängigen Attribute zu löschen und dann

(ii)   datengetriebene Neuauswertungen der gelöschten Attribute vorzunehmen.

Im Beispiel würde für alle Attribute des Baums je ein Löschschritt und ein Auswertungsschritt durchgeführt, d.h. dieses Verfahren wäre für unser Beispiel der Anzahl der Schritte nach auch sehr günstig.

Optimale inkrementelles Attributauswertung: Bei der Neuauswertung der Attribute eines modifizierten Syntaxbaums ändern sich höchstens Attribute, die direkt oder indirekt von den Attributen der Modifikationsstelle abhängen. Deswegen ist das zuletzt skizzierte Verfahren korrekt. Es ist aber gut möglich, daß sich nur eine Teilmenge dieser Attribute bei der Neuberechnung tatsächlich verändert. Als von einer Modifikation **betroffene Region** R bezeichnen wir daher die kleinste Umgebung der Modifikationsstelle, in der Attribute durch Neuauswertung des modifizierten Baums verändert werden. Die Region besteht aus einer Menge von Auswertungskontexten p und hängt wegen des Lokalitätsprinzips attributierter Grammatiken untereinander und mit der Modifikationsstelle zusammen. Schließlich be-zeichnen wir ein inkrementelles Attributauswertungsverfahren als **optimal**, wenn es jedes Attribut höchstens einmal und nur Attribute innerhalb der betroffenen Region auswertet.

Aufgabe 6.4.1:

Erläutern Sie, warum die beiden bisher betrachteten inkrementellen Auswertungsverfahren in diesem Sinn nicht optimal sind. (Beispiele?)

❏

Da der Umfang der betroffenen Region nicht nur von den Attributabhängigkeiten, sondern auch von den konkreten Attributwerten abhängt, ermittelt man die betroffene Region am besten Hand in Hand mit der inkrementellen Neuberechnung der Attribute. So macht es der optimale, in Abbildung 6.4.4 gezeigte *Propagationsalgorithmus*, der im Unterschied zum naiven Propagationsalgorithmus die Mehrfachberechnung von Attributen vermeidet: Von den gerade auswertbaren Attributen wird stets ein solches ausgewertet, welches weder direkt noch indirekt von einem anderen auswertbaren Attribut abhängt. Um dies festzustellen zu können, wird im Algorithmus der Graph R der Attributabhängigkeiten in der betroffenen Region mitgeführt und durch topologisches Sortieren auf diesem Graph die Auswertungsreihenfolge ermittelt. Am Rand von R innerhalb von D(T') - dem Attributabhängigkeitsgraphen zum modifizierten Syntaxbaum T' - benötigen wir Informationen über die möglichen Abhängigkeiten zwischen den Randattributen. Diese entnehmen wir den im Abschnitt 3.3 eingeführten Attributflußgraphen es(X) und se(X). Abbildung 6.4.5 zeigt die Lage des Graphen R innerhalb des attributierten Syntaxbaums T. Die Knoten von R sind die Attribute des von R überdeckten Teils des Syntaxbaums (dieser überdeckte Teil ist auch baumförmig). Kanten an Knoten von R, die weder am oberen noch am unteren Rand von R liegen sind Attributabhängigkeitskanten aus D(T). Bei Baumknoten v:Y am oberen Rand von R ist R abgeschlossen durch die Kanten aus se(v:Y); bei Baumknoten v:Y am unteren Rand entsprechend durch Kanten aus es(v:Y).

```
R := es(v:X)∪ se(v:X);
M := die Knoten von R, auf die in R keine Kante zeigt;
auszuwerten := die Kanten von R;
while M ≠ ∅
    do wähle und entferne ein v':Y.b aus M;
        verändert := false;
        if v':Y.b ∈ auszuwerten
        then auszuwerten := auszuwerten - {v':Y.b};
            alt := wert von v':Y.b;
            werte v':Y.b neu aus;
            if alt ≠ Wert von v':Y.b then verändert := true fi;
            if v':Y.b hat Nachfolger außerhalb von R
            then ERWEITERE (R,v':Y.b,M)
            fi
        fi;
        for all Nachfolger c von v':Y.b in R
            do   entferne Kante (b,c) aus R;
                if keine Kante in R zeigt auf c
                then M := M ∪ {c}
                fi;
                if verändert
                then auszuwerten := auszuwerten ∪ {c}
                fi
            od
    od
```

Abbildung 6.4.4: *Der Propagationsalgorithmus*

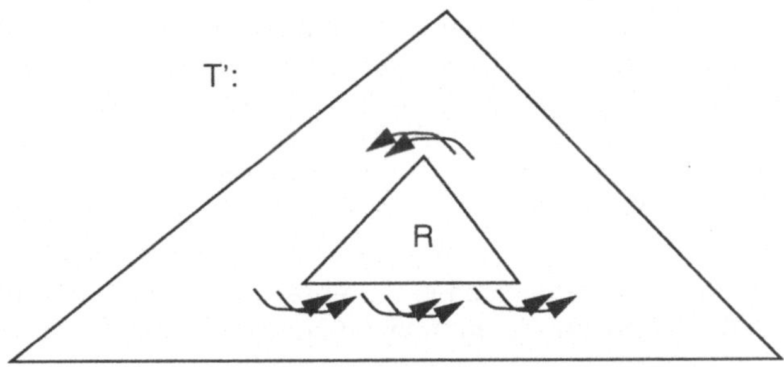

Abbildung 6.4.5: *Lage des Graphen R*

Erweiterungen von R werden jeweils am oberen oder am unteren Rand vorgenommen. Abbildung 6.4.6 veranschaulicht eine Erweiterung an einem Knoten $v_0{:}X_0$ des unteren Randes. Bei dieser Erweiterung werden zunächst der untere Abschluß $es(X_0)$ am Knoten $v_0{:}X_0$ entfernt, dann die Attribute im Bereich der hier angewandten Regel p $: X_0 \rightarrow X_1 \ldots X_{n(p)}$ zu R als Knoten hinzugefügt (soweit noch nicht vorhanden) und die Attributabhängigkeiten zwischen diesen Knoten gemäß D(p) eingetragen. Schließlich werden an den neuen Randknoten $v_i{:}X_i$, $1 \leq i \leq n(p)$, die Abschlüsse $es(X_i)$ angebracht. All dies leistet der Aufruf

$$ERWEITERE(R, v_0{:}X_0.b, M),$$

bei dem außerdem diejenigen neuen Knoten in R zu M hinzugefügt werden, die in R keine Vorgänger haben. Entsprechendes leistet ERWEITERE auch am oberen Rand.

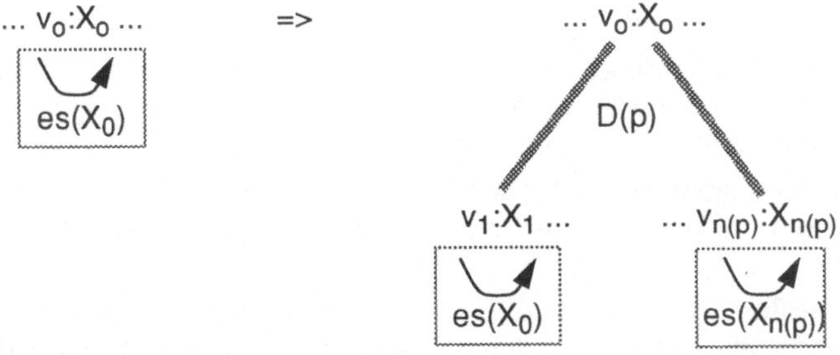

Abbildung 6.4.6: *Erweiterung von R am unteren Rand*

Die Anzahl der Nachfolger c von $v'{:}Y.b$ ist (grob abgeschätzt) nach oben beschränkt durch das Maximum m aller Kantenzahlen von Graphen D(p), für die Y in p vorkommt. Wenn alle Graphen D(p), es(X) und se(X) fertig berechnet vorliegen, dann erfordern der Aufruf von ERWEITERE und der Rest des Rumpfs der while-Schleife zwar aufwendige Berechnungsschritte, davon aber höchstens O(m) je Schleifendurchlauf. Die

Menge M enthält zu jedem Zeitpunkt nur solche Attribute in R, die von keinem anderen Attribut in R abhängen. Die Attribute in der Menge "auszuwerten" liegen an der Modifikationsstelle oder haben einen veränderten Vorgänger. In jedem Schritt wird R höchstens um weitere Attribute ergänzt, niemals verringert. Nach Ausführung des Propagationsalgorithmus enthält R genau die Attribute der betroffenen Region. Da nur Attribute aus der Durchschnittsmenge "M $\cap$ auszuwerten" berechnet werden, ist der Propagationsalgorithmus optimal.

Der hier beschriebene, inkrementelle Attributauswerter ist eine Variante des datengetriebenen Auswerters, also ein dynamisches Verfahren. Statische Verfahren für L-attributierte oder geordnete attributierte Grammatiken findet man bei [Reps 84].

6.5   Praktische Gesichtspunkte

Betreffend Effizienz haben wir bisher nur die Anzahl der benötigten Schritte beachtet, d.h. die Laufzeiteffizienz. Fast noch kritischer als die Laufzeiteffizienz ist bei attributierten Grammatiken die **Speichereffizienz**: Die ohnehin schon großen Syntaxbäume wachsen leicht auf ein Vielfaches ihrer Größe an, wenn an jedem Knoten mehrere Attributwerte unterzubringen sind. Eine einfache, aber wirkungsvolle Maßnahme ist die *Elimination* (oder besser noch: Vermeidung) *von Kettenregeln* im Strukturbaum, wie am Ende von Abschnitt 5.6 angedeutet. Da Attribute entlang von Kettenregeln meist unverändert weitergereicht werden, spart man durch Elimination von Kettenregeln unnötige Kopierarbeit und Speicherplatz für überflüssige Baumknoten und Attribute.

Besonders speichergünstig ist die Attributauswertung während der Syntaxanalyse: Die explizite Speicherung des Syntaxbaums entfällt und zu jedem Zeitpunkt braucht man nur einen kleinen Teil aller zu berechnenden Attribute im Speicher zu halten, um die Auswertung fortsetzen zu können. Wenn für eine Grammatik die Attributauswertung während der Syntaxanalyse nicht möglich ist, dann sollte man im Hinblick auf Speichereffizienz eine Auswertungsstrategie wählen, bei der

- nach Berechnung eines Attributs a möglichst alle von a abhängigen Attributwerte berechnet werden und dann der Speicherplatz von a wieder freigegeben werden kann;

- Teilbäume möglichst rasch nach ihrem Betreten vollständig ausgewertet und dann - bis auf die Attribute ihres Wurzelknotens - wieder gelöscht werden können.

Wegen seiner großen Freiheitsgrade bietet der datengetriebene Auswerter hierfür mehr Möglichkeiten als andere, rigidere Strategien. Andererseits wird dadurch der Laufzeitaufwand dieses dynamischen Auswerters noch weiter erhöht.

Beträchtliche Speichereinsparungen lassen sich erzielen, wenn während der Auswertung für ein Attribut X.a die „Lebenszeiten" der einzelnen Vorkommen von X.a im Syntaxbaum gar nicht oder in besonderer Weise überlappen. Die **Lebenszeit** eines Attributvorkommens bezüglich einer Auswertungsreihenfolge ist die Spanne von der Berechnung des Werts dieses Vorkommens bis zur letzten Verwendung dieses Werts. Überlappen sich die Lebenszeiten je zweier Vorkommen von X.a nicht, dann können alle X.a-Attributfelder an Baumknoten eingespart und durch eine einzige **globale Variable** ersetzt werden. (Dies unter der Annahme, daß die Attributauswertung insgesamt der Berechnung einiger Attribute der Wurzel dient und alle anderen Attributvorkommen dabei nur Hilfsgrößen sind.) Die X.a-Attributfelder der Baumknoten können durch einen X.a-**Keller** ersetzt werden, wenn die Lebenszeiten der X.a-Attribute echt geschachtelt sind in dem Sinn, daß während der Lebenszeit eines X.a-Attributvorkommens keine Zugriffe auf den Wert eines umgebenden X.a-Attributvorkommens erfolgen. In der Literatur findet man Verfahren, die feststellen, ob bei einer gegebenen Auswertungsstrategie für die Speicherung bestimmter Attribute globale Variablen oder Keller eingesetzt werden können. An anderer Stelle werden neben globalen Variablen und Kellern auch Schlangen als mögliche Attributspeicher vorgeschlagen.

Beispiel: Die attributierte Grammatik der gebrochenen Ternärzahlen in Abbildung 3.4.1 enthält ausschließlich synthetisierte Attribute. Abbildung 6.5.1 zeigt die Form eines zugehörigen Syntaxbaums und seiner Attributabhängigkeiten. Alle Attribute können bei einem Links-Rechtsdurchlauf in Postordnung (zuerst Attribute des linken Teilbaums, dann Attribute des rechten Teilbaums, dann Attribute des Wurzelknotens) ausgewertet werden. Man erkennt, daß dabei für die Speicherung der zahl.w-, der vf.w- und der hf.w-Attribute je eine globale Variable ausreicht: Das Attribut zahl.w kommt nur einmal vor; ein Vorkommen von vf.w (bzw. hf.w) „verbraucht" bei seiner Berechnung den Wert des zuvor bestimmten vf.w- (bzw. hf.w-) Vorkommens. Die Lebensdauer eines vf.w-Vorkommens beginnt also unmittelbar *nach* der Bestimmung seines Wertes und überlappt damit nicht mit der Lebenszeit des vorangegangenen vf.w-Vorkommens, das zur Berechnung dieses Wertes noch herangezogen wurde, dessen Lebenszeit aber *vor* der Zuweisung des neuen Attributwerts endet. Für die Speicherung der z.w-Attributwerte wird ein Keller benötigt: Im „Vorkomma-Teilbaum" hätte bei der gewählten Reihenfolge eine globale Variable für z.w ausgereicht; im „Nachkomma-Teilbaum" werden die z.w-Werte von links nach rechts bestimmt und in umgekehrter Reihenfolge verbraucht. Für die Speicherung der zwei nz.w-Werte schließlich reicht eine globale Variable.

Aufgabe 6.5.1:

Bei welcher Auswertungsreihenfolge können in obigem Beispiel *alle* Attribute in je einer globalen Variable gehalten werden?

(Beachten Sie, daß bei dieser Reihenfolge die Lebenszeiten aller z.w-Vorkommen disjunkt sind zu den Lebenszeiten aller nz.w-Vorkommen. Für z.w und nz.w genügt daher zusammen eine globale Variable.)

❏

„Große Datenstrukturen" als Attributwerte (wie z.B. die Menge der aufgesammelten Rechtecke in der Grammatik G_{bild} oder das aufgesammelte Inhaltsverzeichnis in der Grammatik der Dokumente oder die im Compilerbau verwendeten Symboltabellen) machen hinsichtlich des Speicherbedarfs oft weniger Probleme, als zunächst zu vermuten wäre. Bei der Attributauswertung werden solche großen Datenstrukturen nämlich häufig unverändert oder mit geringen Modifikationen weitergereicht. Das ist auch plausibel: Wenn aus dem gesamten Syntaxbaum Informationen aufgesammelt werden, dann ist der lokale Zuwachs meist relativ gering. Soll ein großer Attributwert unverändert weitergereicht werden, dann wird man keine Kopie der Datenstruktur anlegen, sondern einen Zeiger auf den ursprünglichen Wert verwenden. Soll in bestimmten Attributen eine Informationsmenge schrittweise durch Hinzufügen einzelner Ele-

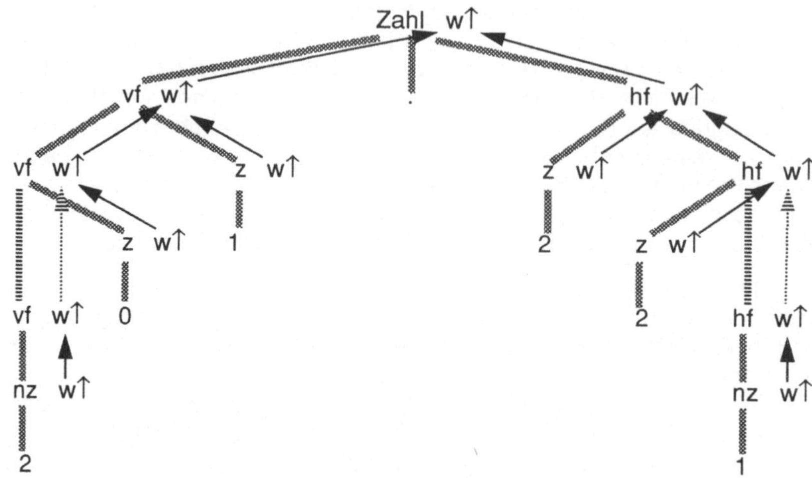

Abbildung 6.5.1: *Syntaxbaum für Ternärzahl mit Attributabhängigkeiten*

mente aufgebaut werden, dann bietet sich zur Speicherung eine lineare Liste an. Baumartige Datenstrukturen sind günstig, wenn Informationsmengen stufenweise zusammengefaßt werden. [Reps 84] schlägt als in diesem Bereich vielseitig verwendbare Datenstruktur 2-3-Bäume vor, wobei verschiedene, bei der Auswertung „benachbarte" Bäume sich jeweils einen großen Teil ihrer Unterbäume teilen.

Reps beantwortet auch die Frage, mit wieviel Speicherzellen man einen attributierten Baum mit insgesamt n Attributvorkommen auswerten kann. Er gibt Algorithmen an, die zeigen,

(i)   daß man mit $O(\sqrt{n})$ Speicherzellen auskommt, wenn die Auswertungszeit linear, d.h. O(n) sein soll;

(ii) daß man sogar mit O(log n) Speicherzellen auskommt, wenn die Auswertungszeit größer, aber höchstens polynomial sein darf.

Diese Verfahren beruhen auf graphentheoretischen Überlegungen und berücksichtigen die speziellen Zusammenhangseigenschaften von Attributsabhängigkeitsgraphen, die sich aus dem Lokalitätsprinzip attributierter Grammatiken ergeben. Beide Algorithmen verursachen zur Laufzeit einen erheblichen zusätzlichen Aufwand; der zweite kommt wegen seines Laufzeitverhaltens ohnehin nicht praktisch in Betracht. Die angegebenen Größenordnungen für den Speicherbedarf können allenfalls als Anhaltspunkte dafür herangezogen werden, was (für eingeschränkte Klassen von attributierten Grammatiken) einmal erreicht werden könnte. Derzeit sind gute, praktische Systeme sowohl in der Laufzeit als auch im Speicherbedarf linear.

Den relativen Nutzen verschiedener Optimierungsmaßnahmen beleuchtet folgendes Detail: Das GAG-System reduziert durch automatische Optimierungen die Anzahl der auszuwertenden Attributvorkommen um ca. 40%. Von diesen Einsparungen sind 75% auf die Elimination von Kettenregeln zurückzuführen, der Rest auf die Speicherung bestimmter Attributwerte in globalen Variablen.

Teil III
Anwendungen

7 Beispiel Dokumentenbearbeitung

Attributierte Grammatiken und Compiler-Compiler wurden für den Einsatz im Compilerbau entwickelt, sind aber auch über diesen begrenzten Anwendungsbereich hinaus nützlich. Wir demonstrieren das im Bereich der wissenschaftlichen Textverarbeitung, indem wir einen Werkzeugsatz für die graphische Aufbereitung von Texten und mathematischen Formeln schaffen. Konkret geht es um Umsetzung einer kleinen LaTeX -artigen Dokumentenbeschreibungssprache, genannt „miniDoc", in die Seitenbeschreibungssprache Postscript[1]. Verschiedene Attributierungen der Grammatik von „miniDoc" ergeben Werkzeuge, die u.a. folgendes leisten:

- Eingabetexte auf „Konsistenz" prüfen;

- Theoreme automatisch numerieren und symbolische Bezüge auflösen;

- Formeln in graphische „Fahrbefehle" umsetzen.

Abschnitt 7.1 beschreibt das Umfeld und die Problemstellung: Die Eigenschaften von „miniDoc"; den Ausschnitt aus Postscript, den wir für die Umsetzung benötigen; die zu erstellenden Werkzeuge und ihr Zusammenspiel.

Die allen attributierten Grammatiken gemeinsame Syntax wird in Abschnitt 7.2 entwickelt. Wesentliche Gesichtspunkte dabei sind die Aufteilung der Syntax in reguläre und kontextfreie Teile sowie die problemgemäße Abfassung der Grammatik.

Der dritte Abschnitt beschreibt die Attributierungen jeweils in Aufbau und Wirkungsweise. Alle Attributierungen sind mit Hilfe unseres interaktiven Compiler-Compilers SIC ausgearbeitet und getestet worden. Bildschirmabzüge illustrieren einige, typische Arbeitssituationen. Attributauswertungsregeln stellen wir in einem Pseudocode dar, der von den in SIC verwendeten Smalltalk-Formulierungen abstrahiert. Eine kurze Beschreibung der technischen Eigenschaften von SIC findet man in Abschnitt 8.2.

---

1. Postscript ist ein eingetragenes Warenzeichen der Firma Adobe Inc.

7.1 Umfeld und Problemstellung

Abbildung 7.1.1 zeigt eine Textpassage, die der Form nach für naturwissenschaftliche Arbeiten typisch ist: In den Text eingebettet und durch Einrückung hervorgehoben stehen durchnumerierte mathematische Formeln; der Text bezieht sich über die Nummern auf vorangehende bzw. nachfolgende (oder auch an ganz anderer Stelle angegebene) Formeln.

In Bronsteins TASCHENBUCH DER MATHEMATIK findet man
die nachfolgende Umformung.

$$\frac{1}{(x + \sqrt{y})}$$

[Formel 4]

$$= \frac{(x - \sqrt{y})}{(x + \sqrt{y}) * (x - \sqrt{y})}$$

[Formel 5]

$$= \frac{(x - \sqrt{y})}{x^2 - y}$$

[Formel 6]

Der Uebergang von [Formel 5] nach [Formel 6] beruht
auf [Formel 7] und sollte jedem einleuchten.

$$(a + b) * (a - b) = a^2 - b^2$$

[Formel 7]

Abbildung 7.1.1: *Ein Textbild*

Die *Erzeugung* eines solchen Textbildes geht je nach verwendetem Texteditor sehr verschieden vonstatten. Ein reines *WYSIWYG("What-You-See-Is-What-You-Get")- Textsystem* verhält sich ähnlich wie eine komfortable Schreibmaschine: Man sieht den Text auf dem Bildschirm stets so, wie er später gedruckt wird, kann „auf Knopfdruck" zwischen Blocksatz und Zentrierung umschalten, die Schriftart und -größe verändern, hoch- oder tiefsetzen und sogar Texte pixelweise auf dem Bildschirm verschieben. Mit diesen Mitteln wird das Layout interaktiv gestaltet, auch Formeln „gemalt", Bruchstriche z.B. aus Unterstrichen zusammengesetzt. Zwischen Text, Formeln und Querbezügen gibt es keinen qualitativen Unterschied.

Anders das Arbeiten mit einem *Dokumentenbearbeitungssystem*: Autoren erzeugen *Beschreibungen* von Texten und überlassen die Gestaltung des Layouts im wesentlichen einem Formatierungsprogramm. Text, Formeln und Querbezüge sind darin deutlich voneinander abgesetzt. Die Syntax einer Formelbeschreibung spiegelt den inhaltlichen Aufbau der Formel wider. Im Unterschied zu WYSIWYG-Systemen wird das Erscheinungsbild des Textes erst nach vollständiger Eingabe und Bearbeitung durch das Formatierprogramm sichtbar - auf Papier oder vor dem Drucken mit Hilfe eines „Previewers" auf dem Bildschirm. Auch ist eine erfolgreiche Formatierung erst dann möglich, wenn die Textbeschreibung die rigide Syntax der Dokumentenbeschreibungssprache erfüllt. Andererseits sind Änderungen wie das Ersetzen einer Teilformel durch eine andere leicht durchführbar, da die Syntax der Beschreibung dem Aufbau der Formel folgt und da die Berechnung des neuen Layouts automatisch vom Formatierprogramm geleistet wird.

Im folgenden skizzieren wir die Eigenschaften einer kleinen Dokumentenbeschreibungssprache, „miniDoc", mit der man Texte wie den in Abbildung 7.1.1 beschreiben kann. Zum Drucken werden miniDoc-Texte in die Seitenbeschreibungssprache Postscript übersetzt, mit der moderne, leistungsfähige Drucker ausgestattet sind. Wir stellen daher Postscript in dem für diesen Zweck notwendigen Umfang dar. Schließlich beschreiben wir die Aufgaben und das Zusammenspiel der Werkzeuge, die für miniDoc nicht nur die Übersetzung nach Postscript leisten.

Zu miniDoc: Abbildung 7.1.2 enthält die miniDoc-Beschreibung des Textbildes aus Abbildung 7.1.1. Darin kommen (fast) alle wesentlichen Elemente von miniDoc vor. Wir erklären daher miniDoc anhand dieses Beispiels. Der vollständige Sprachumfang von miniDoc ergibt sich aus der Syntaxfestlegung in Abschnitt 7.2. Kenner der bekannten Dokumentenbeschreibungssprache TEX werden feststellen, daß es sich bei miniDoc um einen kleinen, modifizierten Ausschnitt aus LATEX handelt. Dieser Ausschnitt umfaßt keine Textgestaltungselemente, dafür aber Formeln, Querbezüge und Makrobehandlung.

Betrachten wir nun Abbildung 7.1.2: Ein miniDoc-Dokument ist stets umrahmt von der Kopfzeile

        \documentstyle{simple}

und der Abschlußzeile

        \end{document} .

Die Zeile

        \begin{document}

teilt die Präambel mit ihren Definitionen ab vom eigentlichen Textteil.

Die *Präambel* des Beispiels besteht aus drei Makrodefinitionen und der Zählerfestlegung

        \setcounter{theorem}{3},

```
\documentstyle{simple}
  \newcommand{\mult}[2](#1 + #2)*(#1 - #2)
  \newcommand{\plus}[0](x + \sqrt{y})
  \newcommand{\minus}[0](x - \sqrt{y})
  \setcounter{theorem}{3}
\begin{document}
  In Bronsteins TASCHENBUCH DER MATHEMATIK findet man
  die nachfolgende Umformung.
  \begin{equation}
    \frac{1}{\plus}
    \label{eins}
  \end{equation}
  \begin{equation}
    =\frac{\minus}{\mult{x}{\sqrt{y}}}
    \label{zwei}
  \end{equation}
  \begin{equation}
    =\frac{\minus}{x ^ {2} - y}  \label{drei}
  \end{equation} Der Uebergang von \ref{zwei}
  nach \ref{drei} beruht auf \ref{quadrat} und
  sollte jedem einleuchten.
  \begin{equation}
    \mult{a}{b}=a ^ {2} - b ^ {2} \label{quadrat}
  \end{equation}
\end{document}
```

Abbildung 7.1.2: *miniDoc-Beschreibung des Textbildes*

die besagt, daß die Formelnummern bis einschließlich „3" bereits (anderweitig) vergeben sind und daß die automatische Numerierung bei "4" fortfahren soll.

Eine *Makrodefinition* wie

```
\newcommand{\mult} [2] (#1 + #2) * (#1 - #2)
```

wird stets mit „\newcommand" eingeleitet. Darauf folgt (in Mengenklammern) der *Makrobezeichner*, hier: „\mult", dann (in eckigen Klammern) die *Parameterzahl* P, hier: „2", und schließlich der *Makrorumpf*, hier: „(#1 + #2) * (#1 - #2)", in dem die *formalen Parameter* #1, #2, ..., #p vorkommen dürfen, hier: „#1" und „#2" je zwei Mal. Die beiden anderen Makrodefinitionen führen zwei parameterlose Makros, „\plus" und „\minus" ein.

Der *Textteil* besteht aus Wörtern (Buchstabenfolgen), Interpunktionszeichen, eingestreuten Querbezügen und markierten oder unmarkierten Formeln. Da die Gestaltung des Layouts von den Formatierungswerkzeugen übernommen wird, haben Zwischenräume und Zeichenwechsel - auch Folgen von Zwischenräumen und/oder Zeilenwechseln - keine andere Bedeutung als die, Wörter und andere Textelemente voneinander abzusetzen. Es ist also Zufall, daß in den Abbildungen 7.1.1 und 7.1.2 der Zeilenwechsel im ersten Satz („In Bronsteins ... Umformung.") jeweils an der gleichen Stelle steht.

Auch die beiden Leerzeilen, in die dieser Satz in Abbildung 7.1.2 eingebettet sind, haben nur den Zweck, die Lesbarkeit des miniDoc-Dokuments zu verbessern. Der andere Satz („Der Uebergang...einleuchten.") steht im miniDoc-Dokument unschön eingeflickt und umgebrochen. Wie Abbildung 7.1.1 zeigt, hat dies aber keine Wirkung auf das Erscheinungsbild des Textes nach der Bearbeitung durch das Formatierprogramm.

Der Rahmen für eine *markierte Formel* hat in miniDoc folgenden Aufbau (Einrückungen dienen wieder nur der Übersichtlichkeit):

> \begin{equation}
>> „eigentliche Formel"
>> \label{„Markierung"}
> \end{equation}

Die kennzeichnende *Markierung* ist entweder eine Nummer oder eine „symbolische Markierung" durch ein Wort. Im Beispiel kommen nur symbolische Markierungen vor: „eins", „zwei", „drei" und „quadrat". Bei der oben erwähnten automatischen Numerierung der Formeln werden die markierten Formeln fortlaufend numeriert. Angegebene Markierungsnummern müssen konsistent sein mit den fortlaufenden Nummern. Symbolische Markierungen werden sowohl in der Formel als auch in Querbezügen durch die gleiche, fortlaufende Nummer ersetzt. Im Beispiel wird aus der Formelmarkierung

> \label{quadrat}

und aus dem Querbezug

> \ref{quadrat}

jeweils „[Formel 7]".

Ein *Querbezug* hat also die Form

> \ref {„Markierung"},

wobei die Markierung wie in den markierten Formeln eine Nummer oder eine symbolische Markierung sein kann. Querbezüge beziehen sich stets auf die „gleichnamige" markierte Formel. Symbolische Markierungen sind bei Umstellung oder sonstigen Änderungen eines Textes bequemer handzuhaben, da sie bei der Formatierung automatisch konsistent durch Nummern ersetzt werden.

Unmarkierte Formeln sind im Format

> \begin{displaymath}
>> „eigentliche Formel"
> \end{displaymath}

zu schreiben und erhalten keine Nummern. Sie kommen in unserem Beispiel nicht vor.

Eine „eigentliche Formel" besteht entweder aus einem arithmetischen Ausdruck (wie in [Formel 4] unseres Beispiels) oder aus einer Gleichung zwischen zwei Ausdrücken (wie in [Formel 7]) oder aus einer „Halbgleichung" mit einem Ausdruck (in [Formel 5] und [Formel 6]).

Arithmetische Ausdrücke werden zum Teil wie üblich geschrieben, z.B.

    (a + b) * (a - b).

Brüche schreib man in der Form

    \frac{„Zähler"} {„Nenner"}.

Bei der *Potenzierung* wird „^" als Operator verwendet und der Exponent in geschweifte Klammern gesetzt. Für $(a + b)^{n+1}$ schreibt man also:

    (a + b) ^ {n + 1}.

Eine *Quadratwurzel* schreibt man in der Form

    \sqrt{„Radikand"}.

Die mit „eins" markierte Formel enthält also einen Bruch mit dem Zähler „1". Bei „\plus" im Nenner handelt es sich um einen Aufruf des gleichnamigen Makros. Die Definition von „\plus" in der Präambel beschreibt ein parameterloses Makro, dessen Aufruf durch seinen Rumpf „(x + \sqrt{y})" zu ersetzen ist. Man hätte den Bruch in Formel „eins" (d.h. in [Formel 4]) also auch schreiben können als:

    \frac{1}{ (x + \sqrt{y}) }.

In Formel „zwei" (bzw. [Formel 5]) kommt ein Aufruf des parameterlosen Makros „\minus" und ein Aufruf des zweiparametrigen Makros „\mult" vor. Bei „\mult" sind die formalen Parameter im Rumpf durch die beim Aufruf mitgegebenen aktuellen Parameter zu ersetzen, d.h. „#1" jeweils durch „x" und „#2" jeweils durch „\sqrt{y}". Durch Expansion erhält man insgesamt:

    \frac{ x - \sqrt{y} } { (x+ \sqrt{y}) * (x - \sqrt{y}) }

und daraus in Abbildung 7.1.1 gezeigte Textbild von [Formel 5].

Die beiden anderen Formeln liest man entsprechend.

Zu Postscript: Hauptzweck der Programmiersprache Postscript ist die Erzeugung zweidimensionaler *Bilder*. Ein Postscript-Programm beschreibt, wie auf einer (Drucker- oder Bildschirm-) *Seite* geometrische Objekte wie Buchstaben, Linien, Kurven, Flächen etc. plaziert werden. Die Seite ist mit einem kartesischen Koordinatensystem versehen, dessen Ursprung sich in der linken, unteren Ecke befindet. In Einheiten von 1 Pixel ($\cong$ 1/72 Inch) steigen die x-Koordinaten nach rechts und die y-Koordinaten nach oben an. Für die Einhaltung der Seitengröße und der für den Drucker notwendigen Ränder ist im Programm Sorge zu tragen.

Das Ausführungsmodell von Postscript ist eine *Kellermaschine:* Jede Anweisung bzw. Operation entnimmt ihre benötigten Operanden dem Keller, wo sie vorher in der richtigen Reihenfolge bereitgestellt wurden. Alle Postscript-Befehle haben daher die Form:

    <operanden> <operator>.

Typische *Operanden* sind Zahlen (für x- bzw. y-Koordinaten oder für die Höhe von Schriftzeichen oder ähnliches), Zeichenreihen (geschrieben als in runde Klammern eingeschlossene Folgen von Zeichen) und Namen von Zeichensätzen.

Die Bewegungs- und Zeichenbefehle beziehen sich alle auf einen implizit gegebenen *aktuellen Punkt*, dessen Koordinaten wir mit x_{akt} und y_{akt} bezeichnen. Die Wirkung des Befehls

     x y moveto

läßt sich beschreiben durch

     $x_{akt} := x; \quad y_{akt} := y,$

die des Befehls

     x y rmoveto

durch

     $x_{akt} := x_{akt} + x; \quad y_{akt} := y_{akt} + y.$

Man kann diese Befehle interpretieren als „Plotterbewegungen mit gehobenem Stift". Die Befehle „lineto" und „rlineto" verändern die Lage des aktuellen Punkts ebenso wie „moveto" und „rmoveto" und zeichnen zusätzlich eine *gerade Linie* vom alten zum neuen aktuellen Punkt (also „Plotterbewegungen mit gesenktem Stift"). Bei „moveto" und „lineto" werden die Koordinaten *absolut* angegeben, bei „rmoveto" und „rlineto" *relativ* zum aktuellen Punkt (daher das „r").

Der Befehl

     $x_1 \ y_1 \ x_2 \ y_2 \ x_3 \ y_3$ curveto

zeichnet eine *Bezier-Kurve* von $x_{akt} \ y_{akt}$ nach $x_3 \ y_3$, dem neuen aktuellen Punkt. Die Form der Kurve wird wesentlich durch die Koordinaten x_1, y_1 und x_2, y_2 zweier Punkte bestimmt, welche die „Auslenkung" vom Startpunkt aus und zum Endpunkt hin festlegen.

Das Zeichnen einer Figur aus Linien, Kurven u.ä. wird mit dem Befehl „newpath" eingeleitet und mit dem Befehl „stroke" abgeschlossen. Das (generierte) Postscript-Programmstück zum Zeichnen des Wurzelzeichens in [Formel 5] von Abbildung 7.1.1 lautet (mit % eingeleitete Kommentare nachträglich hinzugefügt) z.B.:

```
newpath              % neue Figur
   275.6  598.78 moveto   % mitte links anfangen
   5.0  0  rlineto        % kleiner Strich nach rechts
   5.0  -12.5  rlineto    % auf die Zeile
   10.0  25  rlineto      % nach oben
   6.6  0  rlineto        % über Wurzelinhalt y nach rechts
   0  -12.5  rlineto      % Abschlußstrich
stroke               % zeichnen
```

Zeichenketten werden vom aktuellen Punkt aus nach rechts mit Hilfe des Befehls

     („Zeichenfolge") show

ausgegeben. Genauer: y_{akt} bestimmt die Linie, auf der geschrieben wird. Ausführung des Befehls erhöht x_{akt} um die Breite der geschriebenen Zeichenkette.

Bevor Zeichenketten ausgegeben werden können, sind mit einer Postscript-Sequenz der Form

> /fntsize „höhe" def
>
> /„Fontname" findfont fntsize scalefont setfont

die Höhe und der Font des zu verwendenden Zeichensatzes einzustellen. In Postscript lautet der erste Satz aus Abbildung 7.1.1 daher:

> /fntsize 17 def
>
> /Courier findfont fntsize scalefont setfont
>
> 40 680 moveto   % links oben
>
> (in Bronsteins Taschenbuch der Mathematik findet man) show
>
> 40 663 moveto   % nächste Zeile
>
> (die nachfolgende Umformung) show

Der vollständige Postscript-Text zu Abbildung 7.1.1 ist ca. fünf Seiten lang.

Die Werkzeuge: Zu jedem miniDoc-Dokument gibt es ein „gleichwertiges", welches weder Makros noch symbolische Markierungen enthält; „gleichwertig" in dem Sinn, daß beide das gleiche Druckbild beschreiben. Es bietet sich daher an, die Übersetzung von miniDoc nach Postscript in zwei einfachere Übersetzungsschritte aufzuspalten: Im ersten Schritt werden Makroaufrufe expandiert und symbolische Markierungen durch die zugehörigen Nummern ersetzt. Im zweiten Schritt werden die Konstrukte der verbleibenden Teilsprache systematisch in Postscript-Graphikbefehle umgesetzt. Die erwähnte Teilsprache bezeichnen wir als $miniDoc_0$. Liegt ein miniDoc-Dokument bereits in $miniDoc_0$-Form vor, dann ist der erste Übersetzungsschritt überflüssig. Insbesondere bei umfangreichen Dokumenten ist ein Werkzeug nützlich, welches die Zugehörigkeit zur Teilsprache $miniDoc_0$ prüft. Ein solches Werkzeug ist mit unseren Techniken besonders einfach zu realisieren.

Formeln können in miniDoc beliebig tief geschachtelt und mit Makroaufrufen durchsetzt sein. Bei unübersichtlicher Formatierung der Eingabe schleichen sich daher leicht unbeabsichtigte Zuordnungen als Strukturfehler ein. Hilfreich ist hier ein „Pretty-Printer", der miniDoc-Quellen aufbereitet und den Aufbau geschachtelter Strukturen durch Einrückungen sichtbar macht.

Viele andere Fehlermöglichkeiten ergeben sich aus der Verwendung von Makros und (symbolischen) Querbezügen: Aufgerufene Makros müssen definiert sein; die Anzahlen der aktuellen und der formalen Parameter müssen ü bereinstimmen; angegebene Formelnummern müssen der Reihenfolge im Text entsprechen; zu einem symbolischen Bezug muß es eine gleichlautend markierte Formel geben. Wir benötigen ein Werkzeug, welches in diesem Sinn die Konsistenz eines miniDoc-Dokuments prüft.

Wie wir im Abschnitt 7.3 ausführen werden, ergeben fünf verschiedene Attributierungen der miniDoc-Grammatik folgende fünf Werkzeuge:

(1) Ein *Teilsprachentester* prüft, ob ein vorgelegtes miniDoc-Dokument in der Teilsprache $miniDoc_0$ liegt.

(2) Ein *Pretty-Printer* bereitet miniDoc-Dokumente übersichtlich auf; läßt sich auch auf $miniDoc_0$-Dokumente anwenden, die als Ergebnis von Expansionsschritten entstehen.

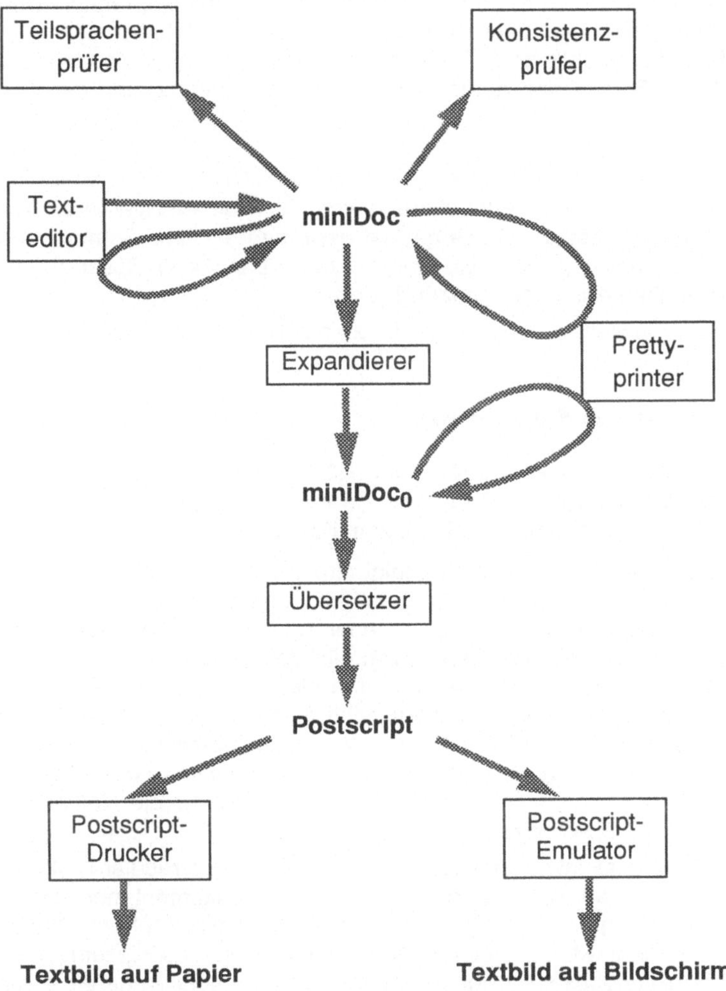

Abbildung 7.1.3: *Der miniDoc-Werkzeugkasten*

(3) Ein *Konsistenzprüfer* stellt fest, ob Makrodefinitionen, Makroaufrufe, Querbezüge und Formelnumerierung konsistent sind und damit eine korrekte
Expansion erlauben.

(4) Ein *Expandierer* ersetzt Makroaufrufe durch die zugehörigen Rümpfe, wobei
formale durch aktuelle Parameter textuell ersetzt werden; numeriert markierte Formeln durch und löst symbolische Querbezüge auf.

(5) Ein *Übersetzer* erzeugt zu einem miniDoc$_0$-Dokument ein Textbild in Form
eines Postscript-Programms.

Zusammen mit einem einfachen Texteditor, einem Postscript-fähigen Drucker bzw. einem Postscript-Emulator bilden diese Werkzeuge eine Arbeitsumgebung, in der miniDoc-Dokumente erstellt, geprüft, bearbeitet und graphisch aufbereitet werden können. Abbildung 7.1.3 zeigt den Aufbau dieser Arbeitsumgebung und das Zusammenspiel ihrer Werkzeuge.

Aufgabe 7.1.1:

> Ein anderes, durch Attributierung von miniDoc realisierbares Werkzeug wäre ein (partieller) *Auswerter*, mit dem man miniDoc-Formeln auswerten oder zumindest „so weit wie möglich" reduzieren kann. Spezifizieren Sie einen solchen Auswerter genauer!
>
> Finden Sie weitere Werkzeuge für die miniDoc-Umgebung?

❏

7.2   Festlegung der Syntax

Die kontextfreie Grammatik in Abbildung 7.2.1 und die zugehörigen, auf reguläre Ausdrücke zurückgeführten Tokendefinitionen in Abbildung 7.2.2 legen die Syntax von miniDoc für alle Attributierungen in diesem Kapitel verbindlich fest.

Die formale Festlegung der Syntax folgt direkt der in Abschnitt 7.1 gegebenen informellen Beschreibung und sollte als Ausarbeitung der dort noch fehlenden Details weitgehend selbsterklärend sein. Es sei aber betont, daß wir hier *eine unter vielen* denkbaren Festlegungen der Syntax von miniDoc gewählt haben. Im folgenden legen wir dar, welche Entwurfsentscheidungen in diese Festlegung eingegangen sind und welche Eigenschaften der gewählten miniDoc-Syntax daraus resultieren. Auch die Möglichkeiten und Einschränkungen des benutzten Compiler-Compilers spielen dabei eine Rolle. Die Verwendung *einer* Syntax als gemeinsame Grundlage aller Attributierungen ist übrigens eine wesentliche Voraussetzung für die Kompatibilität der verschiedenen miniDoc-Werkzeuge.

(i) Die Syntax ist so konsequent in Grammatik und reguläre Tokendefinition aufgeteilt, daß kein Symbol einer miniDoc-Dokumentenbeschreibung (wie in Abbildung 7.1.2) direkt als terminales Symbol in der kontextfreien Grammatik erscheint. Kleine Änderungen der Syntax wie das Hinzufügen weiterer Interpunktionszeichen oder Operatorsymbole können daher an den regulären Tokendefinitionen vorgenommen werden, ohne daß die Grammatik davon betroffen wäre. Das gibt der Grammatik als Basis der Attributierungen mehr Stabilität.

Die linke Spalte von Abbildung 7.2.2 führt durch „Pattern-Namen" benannte reguläre Muster ein. Die rechte Spalte ordnet jedem terminalen Symbol der miniDoc-Grammatik den Namen des zugehörigen Musters zu. Durch Modifikation der „Patterns" in den Tokendefinitionen läßt sich das Erscheinungsbild gültiger miniDoc-Zeichenreihen drastisch verändern. Neben den oben angedeuteten Modifikationen könnte man Langformen wie '\begin{equation}' und '\end{equation}' ersetzen durch Kurzformen wie '=(' und ')='. Einschränkungen, die sich aus der Grammatik ergeben, bleiben dabei jedoch erhalten: In Klammerpaaren z.B. ist die schließende Klammer ein anderes Symbol als

terminale Zeichen: (≙ Token)
docStyle, beginDoc, endDoc, new, oB, cB, oS, cS, set, word, op, equals, number, ref,
beginDisplay, endDisplay, beginEqu, endEqu, sharp, backslash, up, down, sqrt, oP, cP,
frac, plusMinus, punctuation, label

nichtterminale Zeichen:
Document, Preamble, Text, Definitions, Word, Formula, Math, Expression, Number,
SimpleExpression, Op, Parameters, FormalParameter, LabelOrNumber, Punctuation

Startsymbol :
Document

Ableitungsregeln
Document -> Preamble Text
Preamble -> docStyle Definitions beginDoc
Text -> endDoc
   | Formula Text
   | Word Text
   | Word Punctuation Text
   | ref oB LabelOrNumber cB Text
Definitions -> new oB backslash Word cB oS Number cS Math Definitions
   | set oB Number cB
Word -> word
Formula -> beginDisplay Math endDisplay
   | beginEqu Math label oB LabelOrNumber cB endEqu
Math -> Expression
   | Expression equals Expression
   | equals Expression
Expression -> SimpleExpression
   | Expression Op SimpleExpression
SimpleExpression -> oP Expression cP
   | Number
   | backslash Word
   | backslash Word Parameters
   | FormalParameter
   | SimpleExpression up oB Expression cB
   | SimpleExpression down oB Expression cB
   | sqrt oB Expression cB
   | plusMinus sqrt oB Expression cB
   | frac oB Expression cB oB Expression cB
   | Word
Op -> op
Number -> number
Parameters -> oB Expression cB | oB Expression cB Parameters
FormalParameter -> sharp Number
LabelOrNumber -> word | number
Punctuation -> punctuation

Abbildung 7.2.1: *Die miniDoc-Grammatik*

Patterns: Tokens:
 digit {$0-$9}   number numberpattern
 numberpattern digit [1-*]   word wordpattern
 letter (($a-$z)|($A-$Z))   docStyle docStylepattern
 wordpattern letter [1-*]   beginDoc beginDocpattern
 docStylepattern '\documentstyle{simple}'   endDoc endDocpattern
 beginDocpattern '\begin{document}'   new newpattern
 endDocpattern '\end{document}'   oB oBpattern
 newpattern '\newcommand'   cB cBpattern
 oBpattern '{'   oS oSpattern
 cBpattern '}'   cS cSpattern
 oSpattern '['   set setpattern
 cSpattern ']'   op oppattern
 setpattern '\setcounter{theorem}'   equals equalspattern
 oppattern ($+|$-|$*)   ref refpattern
 equalspattern $=   beginDisplay beginDisplaypattern
 refpattern '\ref'   endDisplay endDisplaypattern
 beginDisplaypattern '\begin{displaymath}'   beginEqu beginEqupattern
 endDisplaypattern '\end{displaymath}'   endEqu endEqupattern
 beginEqupattern '\begin{equation}'   sharp sharppattern
 endEqupattern '\end{equation}'   backslash backslashpattern
 sharppattern $#   up uppattern
 backslashpattern $\   down downpattern
 uppattern $^   sqrt sqrtpattern
 downpattern $_   frac fracpattern
 sqrtpattern '\sqrt'   oP oPpattern
 fracpattern '\frac'   cP cPpattern
 oPpattern '('   plusminus plusminuspattern
 cPpattern ')'   punctuation punctuationpattern
 plusminuspattern '+-'   label labelpattern
 punctuationpattern ($.|$,|$!|$?)
 labelpattern '\label'

Abbildung 7.2.2: *Die miniDoc-Tokendefinitionen*

die öffnende Klammer, und die Klammern, die bei Wurzelausdrücken den Wurzelinhalt umfassen, sind von der gleichen Art wie diejenigen, die in Makrodefinitionen den Namen des eingeführten Makros umrahmen.

(ii) Für die Attributauswertung, die von einem vorliegenden Syntaxbaum ausgeht, sind die gerade genannten Eigenschaften der *konkreten Syntax* (wo welche Klammern stehen) unerheblich. Wenn die Struktur in Form des Syntaxbaums ermittelt ist, kann man auf die meisten terminalen Zeichen sogar ganz verzichten. Bei miniDoc sind das alle außer „op", „number", „word" und „punctuation". Von einem abstrakteren Standpunkt aus ist es auch unwesentlich, ob die Markierung einer markierten Form vor oder hinter der Formel steht - Hauptsache, sie ist der Formel eindeutig zuzuordnen. In der Literatur

bezeichnet man den verbleibenden, wesentlichen Teil der Syntax als *„abstrakte Syntax"* und spricht auch von *„abstrakten* Syntaxbäumen". Manche Compiler-Compiler-Systeme unterstützen abstrakte Syntax; yacc und der von uns verwendete SIC gehören nicht dazu.

(iii) Die Nichtterminale „Op", „Number", „Word" und „Punctuation" sowie die zugehörigen Produktionsregeln sind strenggenommen redundant. Sie wurden eingeführt als „Aufhänger" für die Auswertung von Tokeninformation während der Attributauswertungsphase. Den gleichen Zweck erfüllen die beiden Regeln

LabelOrNumber → word

und

LabelOrNumber → number

Ohne das nichtterminale Symbol „LabelOrNumber" und diese beiden Produktionsregeln ergäben sich anstelle der Regel:

Formula → beginEqu Math label oB LabelOrNumber cB endEqu

zwei fast gleichlautende Regeln und dazu in jeder Attributierung zwei fast gleichlautende Sätze von Attributauswertungsregeln; gleiches gilt für die Regel, die Querbezüge beschreibt und ebenfalls „LabelOrNumber" verwendet. Die Einführung eines „labelOrNumber"-Tokens auf der lexikalischen Ebene ist wegen der Überschneidungen mit den Token „number" und „word" nicht möglich.

(iv) Die miniDoc-Gammatik zeigt, daß man eine nichttriviale Syntax auch ohne ε-*Produktion* „in natürlicher Weise" beschreiben kann. ε-Produktionen werden eingesetzt, um optionale Teile oder Listen zu beschreiben. Optional sind in miniDoc z.B. das „plusminus"-Token vor einem Wurzelausdruck und die Parameterliste an einem Makroaufruf. Syntaktisch erscheint es eher umständlich, die Optionalität des „plusminus" durch eine ε-Regel auszudrücken, indem man die zwei Regeln:

SimpleExpression → sqrt oB Expression

SimpleExpression → plusminus sqrt oB Expression

ersetzt durch drei:

SimpleExpression → PlusMinus sqrt oB Expression

PlusMinus → plusminus

PlusMinus → ε

und dafür ein neues, nichtterminales Symbol „PlusMinus" einführt. Dem stehen mögliche Einsparungen bei der Formulierung der Attributierung gegenüber. Darauf wird bei den Attributierungen zu achten sein.

(v) Der *Textteil* von miniDoc-Dokumenten ist sehr einfach gehalten. Die Grammatik legt fest, daß jedem Interpunktionszeichen ein Wort unmittelbar vorangeht. Zahlen außerhalb von Formeln, Folgen von Punkten und Interpunktionszeichen nach Querbezügen oder Formeln entsprechen *nicht* der angegebenen Syntax.

```
Document -> Preamble Text      { docStyle }
Preamble -> docStyle Definitions beginDoc      { docStyle }
Text -> ref oB LabelOrNumber cB Text      { ref }
Text -> Word Punctuation Text      { word }
Text -> Word Text      { word }
Text -> Formula Text      { beginDisplay beginEqu }
Text -> endDoc      { endDoc }
Definitions -> set oB Number cB      { set }
Definitions -> new oB backslash Word cB oS Number cS Math Definitions      { new }
Word -> word      { word }
Formula -> beginEqu Math label oB LabelOrNumber cB endEqu      { beginEqu }
Formula -> beginDisplay Math endDisplay      { beginDisplay }
Math -> Expression equals Expression
                { backslash frac number oP plusMinus sharp sqrt word }
Math -> equals Expression      { equals }
Math -> Expression
                { backslash frac number oP plusMinus sharp sqrt word }
Expression -> Expression Op SimpleExpression
                { backslash frac number oP plusMinus sharp sqrt word }
Expression -> SimpleExpression
                { backslash frac number oP plusMinus sharp sqrt word }
SimpleExpression -> Word      { word }
SimpleExpression -> frac oB Expression cB oB Expression cB      { frac }
SimpleExpression -> plusMinus sqrt oB Expression cB      { plusMinus }
SimpleExpression -> sqrt oB Expression cB      { sqrt }
SimpleExpression -> SimpleExpression down oB Expression cB
                { backslash frac number oP plusMinus sharp sqrt word }
SimpleExpression -> Number      { number }
SimpleExpression -> SimpleExpression up oB Expression cB
                { backslash frac number oP plusMinus sharp sqrt word }
SimpleExpression -> oP Expression cP      { oP }
SimpleExpression -> backslash Word Parameters      { backslash }
SimpleExpression -> backslash Word      { backslash }
SimpleExpression -> FormalParameter      { sharp }
Op -> op      { op }
Number -> number      { number }
Parameters -> oB Expression cB Parameters      { oB }
Parameters -> oB Expression cB      { oB }
FormalParameter -> sharp Number      { sharp }
LabelOrNumber -> word      { word }
LabelOrNumber -> number      { number }
Punctuation -> punctuation      { punctuation }
```

Abbildung 7.2.3: *Die LL(1)-Vorschaumengen zu miniDoc*

(vi) Die unterschiedlichen Präzedenzen der Operatoren +, * und - spielen bei der Dokumentenverarbeitung keine Rolle und werden daher in der Grammatik nicht modelliert. Das gleiche Token „op" steht für diese drei Operatoren. Im Layout einer Formel sichtbare Gruppierungen dagegen – Wurzelinhalte, Zähler und Nenner von Brüchen, Exponenten und Indizes – werden in miniDoc durch geschweifte Klammern ausgedrückt.

(vii) Mathematische *Formeln* kommen sowohl im Textteil wie auch in den Makrodefinitionen der Präambel vor, allerdings in leicht unterschiedlicher Form: Formale Parameter sind nur innerhalb von Makrodefinitionen zulässig, Makroaufrufe dagegen nur in Formeln außerhalb von Makrodefinitionen. Da die Gemeinsamkeiten die Unterschiede erheblich übersteigen, wird die gleiche Teilgrammatik (mit dem Startsymbol „Math") an beiden Stellen verwendet. Diese Teilgrammatik umfaßt formale Parameter ebenso wie Makroaufrufe an beiden Einsatzstellen, also mehr als dort jeweils erlaubt. Die Prüfung, ob die verwendeten Formelbestandteile in ihrem Kontext zulässig sind, überlassen wir einer der Attributierungen (der „Konsistenzprüfung"). Dort werden auch andere Einschränkungen überprüft, die prinzipiell nicht von einer kontextfreien Syntaxbeschreibung zu gewährleisten sind, z.B. daß bei einem Makroaufruf die Zahl der aktuellen Parameter korrekt ist.

(viii) Die kontextfreie Grammatik ist nicht LL(1). Das liegt u.a. an der Linksrekursion in

Expression → Expression Op SimpleExpression

und an dem gemeinsamen Präfix der beiden Alternativen zu „Parameters"

Parameters → oB Expression cB

Parameters → oB Expression cB Parameters

Mit Hilfe des Compiler-Compilers SIC wurden die in Abbildung 7.2.3 gezeigten, vollständigen LL(1)-Vorschaumengen zu miniDoc erzeugt. LL(1)-Konflikte liegen überall dort vor, wo die Vorschaumengen zweier Alternativen zum gleichen nichtterminalen Symbol einen nicht-leeren Durchschnitt haben. Ein Blick auf Abbildung 7.2.3 ergibt, daß die Mehrzahl aller Produktionsregeln von miniDoc an LL(1)-Konflikten beteiligt ist.

Die Grammatik ist auch nicht LR(0). SIC meldet insgesamt zehn Shift-reduce-Konflikte, einen davon zeigt Abbildung 7.2.4: Der Zustand I59 enthält ein Reduktions-Item und dazu zwei Shift-Items zu „oB".

Konflikt-Zustand: I59

```
SimpleExpression -> backslash Word  .
SimpleExpression -> backslash Word  .  Parameters
Parameters ->  .  oB Expression cB Parameters
Parameters ->  .  oB Expression cB
```

Abbildung 7.2.4: *LR (0) - Konflikt von miniDoc für oB*

Document	{ # }
Preamble	{ beginDisplay beginEqu endDoc ref word }
Text	{ # }
Definitions	{ beginDoc }
Word	{ beginDisplay beginEqu cB cP down endDisplay endDoc equals label new oB op punctuation ref set up word }
Formula	{ beginDisplay beginEqu endDoc ref word }
Math	{ endDisplay label new set }
Expression	{ cB cP endDisplay equals label new op set }
SimpleExpression	{ cB cP down endDisplay equals label new op set up }
Op	{ backslash frac number oP plusMinus sharp sqrt word }
Number	{ cB cP cS down endDisplay equals label new op set up }
Parameters	{ cB cP down endDisplay equals label new op set up }
FormalParameter	{ cB cP down endDisplay equals label new op set up }
LabelOrNumber	{ cB }
Punctuation	{ beginDisplay beginEqu endDoc ref word }

Abbildung 7.2.5: *Followmengen von miniDoc*

Bei der Konstruktion des SLR(1)-Automaten fügt der Parser-Generator an
jedes LR(0)-Item die Followmengen der linken Seite als zulässige Rechtskontexte an. Alle Followmengen der nichtterminalen Symbole von miniDoc
sind in Abbildung 7.2.5 zusammengefaßt. Abbildung 7.2.6 zeigt den SLR(1)-
Zustand, der aus dem LR(0)-Zustand in Abbildung 7.2.4 hervorgeht. Man
prüft leicht nach, daß durch die hinzugenommenen Rechtskontexte (zufällig
alle gleich) die Shift-Reduce-Konflikte in diesem Zustand beseitigt sind. Insgesamt meldet SIC, daß alle 96 Zustände des SLR-Automaten konfliktfrei
und miniDoc daher eine SLR(1)-Grammatik ist.

Zum Schluß betrachten wir noch einige typische Situationen, wie sie sich während der
lexikalischen und der syntaktischen Analyse des miniDoc-Textes aus Abbildung 7.1.2
ergeben: Der *Scanner* in Abbildung 7.2.7 hat von der eingegebenen ASCII-Folge (obere Scheibe des Scanner-Fensters) gerade das Pluszeichen in der ersten Makrodefinition gelesen. Wie die zwei aktiven Token in der linken Scheibe zeigen, ist zu diesem

SLR(1)-Zustand: I59

```
SimpleExpression -> backslash Word .      ,cB,cP,down,endDisplay,equals,label,new,op,set,up
SimpleExpression -> backslash Word . Parameters
                                          ,cB,cP,down,endDisplay,equals,label,new,op,set,up
Parameters -> . oB Expression cB Parameters
                                          ,cB,cP,down,endDisplay,equals,label,new,op,set,up
Parameters -> . oB Expression cB          ,cB,cP,down,endDisplay,equals,label,new,op,set,up
```

Abbildung 7.2.6: *SLR (1) - Zustand von miniDoc*

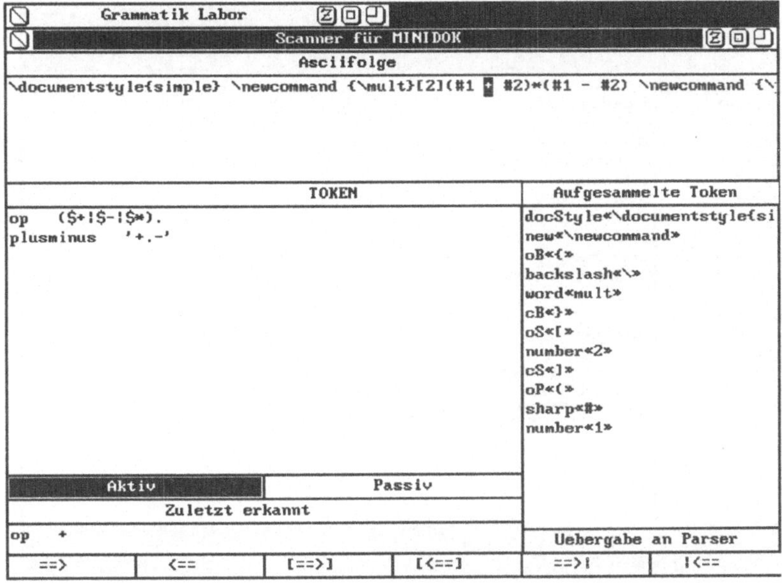

Abbildung 7.2.7: *Lexikalische Analyse des laufenden Beispiels*

Zeitpunkt noch nicht entschieden, ob es sich um den Operator „+" handelt oder um das erste Zeichen von „plusminus". In der rechten Scheibe sind die bereits erkannten Token (Klartext in spitzen Klammern) aufgesammelt. Die Knöpfe am unteren Rand des Fensters dienen der Steuerung des Scanners: vorwärts oder rückwärts in Einheiten von einem Zeichen bzw. einem Token bzw. bis zum Ende der Eingabe.

Der SLR(1)-*Parser* in Abbildung 7.2.8 ist bei dem gleichen „+" angelangt (das vom Scanner letztlich als Operator erkannt wurde). Das Protokoll in der mittleren Scheibe (unter der Überschrift „Regeln") zeigt, welche Schiebe- und Reduktionsschritte der Bottom-Up-Parser bislang ausgeführt hat. Der rechten Scheibe kann man entnehmen, daß im aktuellen Zustand (54) bei anstehendem Token „op" der nächste Schritt eine Reduktion sein wird. Die Knöpfe am unteren Bildrand dienen der Steuerung des Parsers.

Nach Abschluß der Analyse liegt der Syntaxbaum vor. Die rechte untere Scheibe in Abbildung 7.2.9 enthält einen Ausschnitt dieses Baums mit dem schon mehrfach betrachteten Operator aus der ersten Makrodefinition. Die darüberliegende Scheibe zeigt die Umrisse des vollständigen Syntaxbaums „aus der Vogelperspektive". Das kleine Rechteck im linken Teil davon deutet die Größe und die Lage des vergrößert dargestellten Ausschnitts innerhalb des Gesamtbaums an. An diesem Syntaxbaum werden wir im nächsten Abschnitt die verschiedenen Attributierungen erproben.

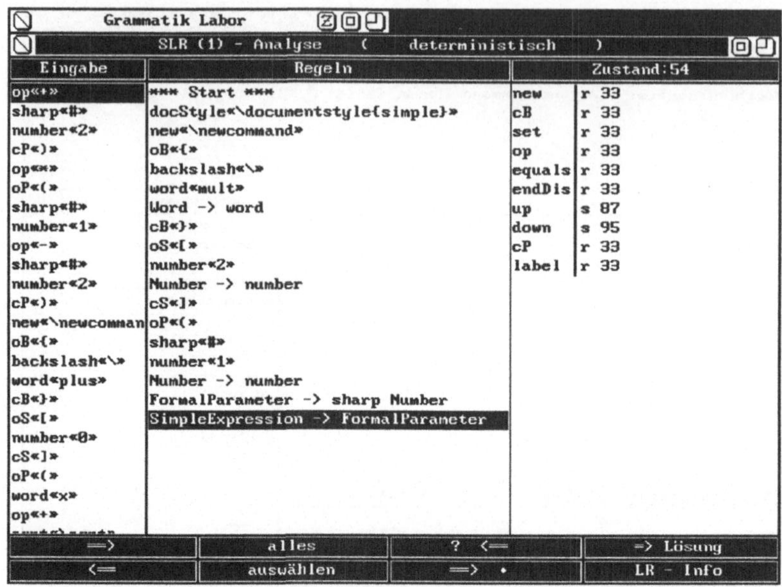

Abbildung 7.2.8: *Syntaktische Analyse des laufenden Beispiels*

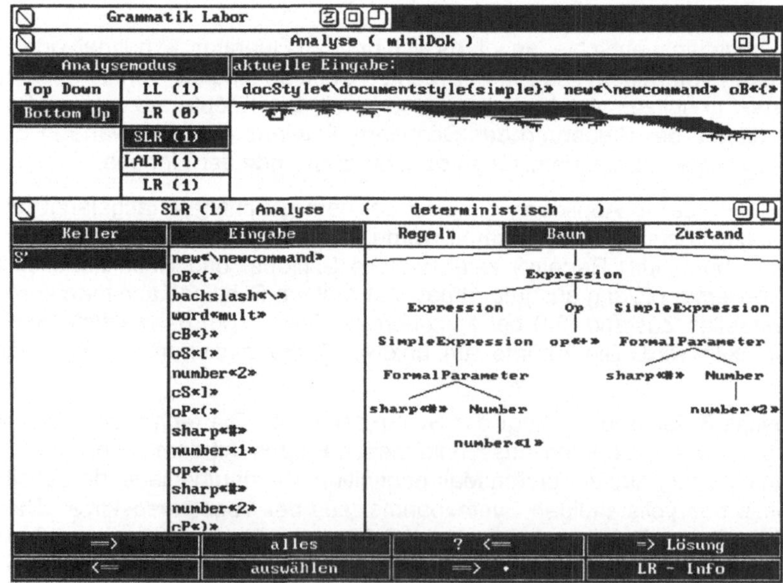

Abbildung 7.2.9: *Ergebnis der Syntaxanalyse*

Aufgabe 7.2.1:

Durch Expansion von Makros und Querbezügen sollten aus miniDoc-Texten wieder miniDoc-Texte entstehen. Wegen eines Fehlers in der Grammatik „miniDoc" ist diese Bedingung nicht erfüllt. Beheben Sie diesen Fehler, indem Sie in einer Produktionsregel ein nichtterminales Symbol durch ein anderes ersetzen.

❏

7.3   Die Attributierungen

Der Zweck der folgenden Attributierungen wurde am Ende von Abschnitt 7.1 umrissen, die gemeinsame kontextfreie Grammatik in Abschnitt 7.2 erläutert. Da man mit SIC Auswerter für beliebige, zyklenfreie Attributierungen generieren kann, brauchen wir bei der Abfassung der Formulierung keine besonderen Einschränkungen zu beachten. Wir streben daher einfache und möglichst leicht verständliche Attributierungen an. Da die fünf Attributierungen alleine schon ca. 40 Textseiten umfassen, würde eine vollständige Darstellung den Rahmen des Buchs sprengen. Wir beschreiben daher jeweils

- die Attribute der Grammatiksymbole;

- Zweck und Zusammenspiel der Attribute;

- ausgewählte Attributauswertungsregeln in kompaktem Pseudocode.

Die fünf Attributierungen sind nach steigender Komplexität angeordnet. Als „laufendes Beispiel" verwenden wir das miniDoc-Dokument aus Abbildung 7.1.2.

Der Teilsprachentest: In Abschnitt 7.1 haben wir miniDoc$_0$ als die Teilsprache von miniDoc eingeführt, die weder Makros (Definitionen bzw. Aufrufe) noch symbolische Markierungen (in Formeln bzw. Querbezügen) enthält. Um die Zugehörigkeit einer miniDoc-Zeichenreihe zur Teilsprache miniDoc$_0$ zu prüfen, genügt eine Attributierung, die jeder syntaktischen Variablen A ein synthetisiertes Attribut „A.isExpanded" zuordnet. Der Wert von „A.isExpanded" soll „false" sein, wenn in einem Teilbaum mit der Wurzel A ein Makro oder eine symbolische Markierung vorkommt; sonst soll „A.isExpanded" den Wert „true" erhalten und der Teilbaum als „vollständig expandiert" gelten.

Jeder symbolischen Markierung in einen miniDoc-Text entspricht eine Anwendung der Regel

    LabelOrNumber → word

im zugehörigen Syntaxbaum. Im Kontext dieser Produktionsregel steht daher die Attributauswertungsregel

    LabelOrNumber.isExpanded := false .

Im Kontext

    LabelOrNumber → number

steht dagegen die Auswertungsregel

    LabelOrNumber.isExpanded := true .

Ein (Teil-) Baum ist genau dann vollständig expandiert, wenn alle seine direkten Unterbäume vollständig expandiert sind. Im Kontext

>   Text1 → ref ob LabelOrNumber cB Text2

erhalten wir daher die Auswertungsregel

>   Text1.isExpanded :=
>
>   LabelOrNumber.isExpanded and Text2.isExpanded .

Sind Teilbäume mit der Wurzel A stets vollständig expandiert, dann hat man in Kontexten der Form „A → ..." stets die Auswertungsregel „A.isExpanded := true" oder man läßt das Attribut „isExpanded" einfach weg. Solche Symbole A sind „Word" und „Punctuation".

Im Kontext

>   Text1 → Word Punctuation Text2

genügt auf jeden Fall die Auwertungsregel

>   Text1.isExpanded := Text2.isExpanded.

Aufgabe 7.3.1:

>   Attributierungen mit ausschließlich synthetisierten Attributen können mit jedem praktischen Compiler-Compiler bearbeitet werden. Vervollständigen Sie die Attributierung zum Teilsprachentest und bearbeiten Sie sie mit einem Compiler-Compiler Ihrer Wahl. Wenden Sie den entstandenen Teilsprachentester auf das laufende Beispiel an.

❏

Übrigens wurde die gleiche Technik in der Norm DIN 66 253 dazu verwendet, die Teilsprache Basic-Pearl der Programmiersprache Pearl zu definieren.

Der Pretty-Printer: Dieses Werkzeug dient zur formatierten Ausgabe von miniDoc-Quelltexten. Einheitliche Zeilenumbrüche, eingefügte Leerzeilen und systematische Einrückungen dienen der Übersichtlichkeit.

Abbildung 7.3.1 zeigt eine formatierte Fassung des laufenden Beispiels, die mit dem Pretty-Printer erstellt wurde. Daran erkennt man, daß fast *jedes Token auf einer eigenen Zeile* steht. Die einzigen Ausnahmen sind:

> - Makroköpfe wie „\newcommand{\mult} [2]" mit je sieben Token;
> - Initialisierungen wie „\setcounter{theorem} {3}" mit je vier Token und
> - Markierungen wie „\label{eins}" und Querbezügen wie „\ref{quadrat}"
>   mit je vier Token.

Leerzeilen sind eingestreut:

> - vor jeder Definition der Präambel;
> - vor und nach „\begin{document}" und
> - vor und nach jeder Formel.

```
\documentstyle{simple}

\newcommand{\mult}[2]
 (
  #1
  +
  #2
 )
 *
 (
  #1
  -
  #2
 )

\newcommand{\plus}[0]
 (
  x
  +
  \sqrt{
   y
  }
 )

\newcommand{\minus}[0]
 (
  x
  -
  \sqrt{
   y
  }
 )

\setcounter{theorem}{3}

\begin{document}
In
Bronsteins
TASCHENBUCH
DER
MATHEMATIK
findet
man
die
nachfolgende

Umformung

\begin{equation}
\frac
 {
  1
 }
 {
  \plus
 }
\label{eins}
\end{equation}

\begin{equation}
=
\frac
 {
  \minus
 }
 {
  \mult
  {
   x
  }
  {
   \sqrt{
    y
   }
  }
 }
\label{zwei}
\end{equation}

\begin{equation}
=
\frac
 {
  \minus
 }
 {
  x
  ^{
   2
  }

-
  y
 }
\label{drei}
\end{equation}

Der
Uebergang
von
\ref{zwei}
nach
\ref{drei}
beruht
auf
\ref{quadrat}
und
sollte
jedem
einleuchten

\begin{equation}
\mult
 {
  a
 }
 {
  b
 }
=
a
^{
 2
 }
-
b
^{
 2
 }
\label{quadrat}
\end{equation}

\end{document}
```

Abbildung 7.3.1: *Ergebnis des Pretty-Print*

Einrückungen entsprechen der Schachtelung der einzelnen Teile eines miniDoc-Dokuments, insbesondere in Formeln: Operanden sind gegenüber den zugehörigen Operatoren um eine Position eingerückt, ebenso Parameter gegenüber den zugehörigen Funktions- bzw. Makrobezeichnern und auch die Klammerinhalte gegenüber den sie umschließenden Klammern.

Zum Aufsammeln des Textes wird jede syntaktische Variable mit einem *synthetisierten Attribut „text"* versehen. Die Schachtelungstiefe (und damit die Einrückungsbreite) berechnet man im Syntaxbaum naheliegend von oben nach unten. Wir verwenden dazu ein *ererbtes Attribut „indentation"*. Alle Definitionen der Präambel und alle unmittelbaren Textbestandteile haben die Schachtelungstiefe eins. Wirklich benötigt wird das Attribut „indentation" nur innerhalb von Ausdrücken, genauer: an den syntaktischen Variablen „Expression", „SimpleExpression" und „Parameters".

Die Propagation der „indentations"-Werte geht von den Kontexten aus, deren linke Seite „Math" ist. So steht im Kontext

$$\text{Math} \rightarrow \text{Expression}$$

die Attributauswertungsregel

$$\text{Expression.indentation} := 2,$$

denn in der Präambel sind die Rümpfe der Makrodefinitionen gegenüber den Kopfzeilen um eins einzurücken und ebenso im Text die Formelinhalte gegenüber den sie umgebenden Klammern.

Im Kontext

$$\text{Math} \rightarrow \text{Expression1 equals Expression2}$$

ergeben sich die Attributauswertungsregeln

$$\text{Expression1.indentation} := 3$$

und

$$\text{Expression2.indentation} := 3 ,$$

weil die beiden Ausdrücke eine Schachtelungsebene tiefer stehen als das Gleichheitszeichen, das sich auf der Schachtelungsebene zwei befindet.

Innerhalb der Ausdrücke ergeben sich die Schachtelungstiefen der Teilausdrücke aus denen der sie unmittelbar umgebenden Ausdrücke. Im Kontext

$$\text{Expression} \rightarrow \text{SimpleExpression}$$

bleibt die Schachtelungstiefe gleich:

$$\text{SimpleExpression.indentation} := \text{Expression.indentation}.$$

Im Kontext

$$\text{Expression1} \rightarrow \text{Expression2 Op SimpleExpression}$$

sind die Teilausdrücke tiefer eingerückt:

$$\text{Expression2.indentation} := \text{Expression1.indentation} + 1$$

$$\text{SimpleExpression.indentation} := \text{Expression1.indentation} + 1$$

Analog setzt sich die Berechnung der „indentation"-Attribute durch die ganze Syntax der Ausdrücke fort. Wir greifen als Beispiel nur noch den Kontext

SimpleExpression1 → SimpleExpression2 up oB Expression cB

heraus. Hier haben wir die beiden Attributauswertungsregeln:

SimpleExpression2.indentation := SimpleExpression1.indentation + 1

Expression.indentation := SimpleExpression1.indentation + 2

Die Klammern um „Expression" stehen auf der gleichen Schachtelungstiefe wie „SimpleExpression1", nämlich eine Ebene tiefer als der Operator "up".

Nun zu den Auswertungsregeln für die „text"-Attribute: Wie in Kapitel 3 verwenden wir „||" als den Konkatenationsoperator auf Zeichenreihen. Die Einrückungen erzeugen wir mit Hilfe einer Funktion „blanks"; der Aufruf „blanks(n)" ergebe für n ≥ 0 eine Zeichenkette von n Zwischenräumen. Die Zeichenkettenkonstante „NewLine" enthalte genau die Zeichenfolge, die beim Drucken den Übergang an den Anfang der nächsten Zeile bewirkt („Carriage-Return, Line-Feed" o.ä.). Schließlich nehmen wir noch an, daß es zu jedem Token ein Pseudo-attribut „string" gibt mit dem „Klartext" des Tokens, d.h. der Zeichenfolge, die während der lexikalischen Analyse auf dieses Token reduziert wurde. Beispielsweise kann gelten:

number.string = '4711'

op.string = '+'

word.string = 'TASCHENBUCH'

u.s.w.

Im Kontext

Number → number

macht die Attributauswertungsregel

Number.text := number.string

den Klartext der Zahl für die Attributauswertung verfügbar. Analoge Kontexte und Auswertungsregeln gibt es zu „Word", „Punctuation", „Op" und auch „LabelOrNumber".

Im Kontext

SimpleExpression → Number

wird die der Schachtelungstiefe entsprechende Anzahl von Zwischenräumen vorangestellt:

SimpleExpression.text :=

blanks (SimpleExpression.indentation) || Number.text

Außerhalb von mathematischen Ausdrücken sind die Einrückungen fest. So findet man z.B. im Kontext

Text1 → Word Punctuation Text2

die Attributauswertungsregel

Text1. text :=

blanks(1) || Word.text || NewLine ||
blanks(1) || Punctuation.text || NewLine ||
Text2.text .

Hier wie in den anderen Auswertungsregeln zu „text"-Attributen steht „NewLine" meist eingebettet zwischen anderen Zeichenreihen, nicht am Anfang oder am Ende. Dieser Grundsatz erleichtert die systematische Behandlung von Zeilenumbrüchen (einschließlich des Einfügens von Leerzeilen). Ausnahme: Die Einbettung von Formeln in Leerzeilen, welche im Kontext

>   Text1 → Formula Text2

die Auswertungsregel

>   Text1.text :=
>
>> NewLine || Formula.text || NewLine ||
>> NewLine || Text2.text

bewirkt (ein weiteres „NewLine" kommt am Anfang hinzu, wenn dieser Textteil an andere angefügt wird).

Aus der Syntax der Ausdrücke greifen wir als Beispiel wieder den Kontext

>   SimpleExpression1 → SimpleExpression2 up oB Expression cB

heraus. Das „text"-Attribut von „SimpleExpression1" berechnet man nach der Attributauswertungsregel:

>   SimpleExpression1.text :=
>
>> SimpleExpression2.text || New Line ||
>> blanks (SimpleExpression1.indentation) || '^' || New Line ||
>> blanks (SimpleExpression2.indentation) || '{' || New Line ||
>> Expression.text || New Line ||
>> blanks (SimpleExpression2.indentation) || '}' || New Line

Die Texte der Teilausdrücke „Expression" und „SimpleExpression2" nebst ihren Einrückungen und Zeilenumbrüchen werden an anderer Stelle berechnet. Einrückungen „blanks (...)" werden stets vor terminalen Zeichen der Grammatik eingefügt.

Die übrigen Attributauswertungsregeln zu „text"-Attributen sind völlig analog aufgebaut.

Nach Auswertung aller Attribute steht der vollständig formatierte miniDoc-Text im Attribut „Document.text" zur Verfügung. Man kann die Auswertungsregel zu diesem Attribut im Kontext

>   Document → Preamble Text

leicht um Anweisungen ergänzen, welche den kompletten Text in einer Datei abspeichern oder in einem Bildschirmfenster anzeigen.

Aufgabe 7.3.2:

> Läßt sich die Pretty-Print-Attributierung in einem einzigen Links-Rechts-Durchlauf durch den Syntaxbaum auswerten? Falls ja: Läßt sich diese Attributauswertung während der Syntaxanalyse (nach einem der in Kapitel 5 beschriebenen Verfahren) durchführen?

❑

Aufgabe 7.3.3:

> Bekanntlich kann man zu jeder Attributierung eine äquivalente Attributierung finden, die ohne ererbte Attribute auskommt. Geben Sie eine Pretty-Print-Attributierung ohne ererbte Attribute an. Hinweis: Ordnen Sie jeder syntaktischen Variablen ein einziges synthetisiertes Attribut „textLines" zu, welches den zugehörigen Text als Folge von Zeilen enthält.

❏

Die Konsistenzprüfung: In miniDoc gibt es u.a. Makrodefinitionen und -aufrufe, markierte Formeln und Bezüge darauf. Folgende Eigenschaften dieser Elemente lassen sich nicht durch eine kontextfreie Grammatik erzwingen; sie zählen zur „statischen Semantik" und sollen hier per Attributierung geprüft werden. Wir unterscheiden zwischen „Fehlern" (F) und „Warnungen„ (W).

a) Bereich „Marken und Bezüge"

F (a1) Die Definitionen von Marken und Theoremnummern müssen eindeutig sein (keine Mehrfachdefinitionen).

F (a2) In Definitionen genannte Theoremnummern entsprechen der Numerierung, die sich aus der Anfangsnummer (festgelegt durch „\setcounter {theorem} {...}") und der Reihenfolge der markierten Formeln ergibt.

F (a3) In Bezügen verwendete Marken bzw. Theoremnummern sind definiert.

W (a4) Definierte Marken bzw. Theoremnummern werden in Bezügen verwendet.

b) Bereich „Makrodefinitionen und -aufrufe"

F (b1) Verschiedene Makrodefinitionen führen verschiedene Makrobezeichner ein.

F (b2) Aufgerufene Makros sind definiert.

W (b3) Definierte Makros werden aufgerufen.

F (b4) Beim Makroaufruf ist die Anzahl der aktuellen Parameter korrekt.

F (b5) Im Rumpf einer Makrodefinition werden ausschließlich „zulässige" formale Parameter verwendet. (Ist n die im Kopf der Makrodefinition festgelegte Parameterzahl, dann sind die formalen Parameter #1, #2, ..., #n *zulässig*.)

F (b6) Rümpfe von Makrodefinitionen enthalten keine Makroaufrufe.

F (b7) Formale Parameter kommen nicht außerhalb von Makrodefinitionen vor.

W (b8) Der Rumpf einer Makrodefinition enthält alle zulässigen Parameter.

Da die Bereiche a) und b) unabhängig voneinander sind, behandeln wir sie getrennt.

Zum Aufsammeln von Fehlermeldungen und Warnungen verwenden wir ein *synthetisiertes Attribut „errors".* Findet in einem Kontext der Form „A → ..." Fehleranalyse statt, dann ist der syntaktischen Variablen A ein „errors"-Attribut zugeordnet; ebenso allen syntaktischen Variablen, die in Syntaxbäumen auf Pfaden von der Wurzel zu einem A-Knoten vorkommen. Damit können alle Meldungen in „Document.errors" gesammelt werden.

Um Fehler möglichst einfach und umfassend diagnostizieren zu können, suchen wir zu den oben aufgelisteten Eigenschaften jeweils den "natürlichen Analysekontext" und bringen die benötigen Informationen dorthin.

Wie *ausführlich* sollen die Fehlermeldungen sein? Wenn beispielsweise Bedingung (a1) verletzt ist, dann wäre eine der drei folgenden Meldungen denkbar und sinnvoll.

(i)   „Bedingung (a1) verletzt."

(ii)   „Marke alpha mehrfach definiert."

(iii)   In den Quelltext bei allen Definitionen von alpha eingefügt:
        „Diese Marke ist mehrfach definiert."

Wir wählen den Mittelweg zwischen dem pauschalen (i) und dem aufwendigen (iii) und erzeugen Meldungen im Stil von (ii).

Nun zum Bereich **„Marken und Bezüge"**: Um Mehrfachdefinitionen von Marken (a1) zu entdecken und um festzustellen, ob alle verwendeten Marken auch definiert sind (a3), müssen die definierten Marken gesammelt werden. Dazu verwenden wir ein *synthetisiertes Attribut „definedRefs"*. Da Mehrfachvorkommen zu unterscheiden sind, ist „defined Refs" als *Liste* von definierten Marken und Theoremnummern organisiert. Wir ordnen „definedRefs"-Attribute den syntaktischen Variablen „Formula" und „Text" zu.

```
Kontexte mit Attributauswertungsregeln:
Definitions → set oB Numer cB
        Definitions.postNr := integer(Number.text)

Definitions1 → new oB backslash Word cB oS Number cS Math Definitions2
        Definitions1.postNr := Definitions2.postNr

Preamble → docStyle Definitions beginDoc
        Preamble.postNr := Definitions.postNr

Document → preamble Text
        Text.preNr := Preamble.postNr

Text → endDoc
        Text.postNr .= Text.preNr

Text1 → Formula Text2
        Formula.preNr := Text1.preNr
        Text2.preNr := Formula.postNr
        Text1.postNr := Text2.postNr

Text1 → ... Text2 (d.h. in den übrigen Alternativen zu „Text")
        Text2.preNr .= Text1.preNr
        Text1.postNr := Text2.postNr

Formula → beginDisplay Math endDisplay
        Formula.postNr := Formula.preNr

Formula → beginEqu Math label oB LabelOrNumber cB endEqu
        Formula.postNr := Formula.preNr + 1
```

Abbildung 7.3.2: *Numerierung von Formeln*

Um Bedingung (a3) zu prüfen, könnte man die komplette Liste aller definierten Marken und Theoremnummern mittels eines ererbten Attributs von oben nach unten zu allen Querbezügen hin propagieren. Wir wählen den umgekehrten Weg und sammeln alle in Querbezügen verwendeten Marken und Theoremnummern über *synthetisierte Attribute „usedRefs"* von „Text" auf. Das hat den Vorteil, daß sich auch (a4) leicht nachprüfen läßt. Da es nicht darauf ankommt, wie oft eine Marke in einem Querbezug vorkommt, ist "usedRefs" als *Menge* von Marken und Theoremnummern organisiert.

Bedingung (a2) erfordert, daß die markierten Formeln durchnumeriert werden. Wir verwenden zu diesem Zweck (wie schon in Kapitel 3) ein ererbtes Attribut „preNr" und ein synthetisiertes Attribut „postNr". Die als Zeichenreihe aus der lexikalischen Analyse übernommene Anfangsnummer wird zwecks Inkrementierung in ihre Zahldarstellung konvertiert. Für den Test von (a2) werden die in „preNr" bzw. „postNr" enthaltenen Zahlen zurückkonvertiert in Zeichenreihen.

Abbildung 7.3.2 zeigt die Attributauswertungsregeln für die **Numerierung**. Das dort vorkommende „text"-Attribut von „Number" wird genauso definiert und berechnet wie bei der „Pretty-Print"-Attributierung. Dieser Ausschnitt ist charakteristisch für attributierte Grammatiken: Die meisten Regeln sind „Transferregeln", die Attributwerte dorthin weiterleiten, wo sie benötigt werden.

Der „natürliche Analysekontext" für die Bedingung (a2) ist die Regel, in der die angegebene Theoremnummer vorkommt und in der die Numerierung um eins fortgeschaltet wird:

Formula → beginEqu Math label oB LabelOrNumer cB endEqu

In der Attributauswertungsregel zu „Formula.errors" wird (a2) wie folgt berücksichtigt:

n := LabelOrNumber.text;
if isNumber(n) and n ≠ text (Formula.postNr)
    then h := listOf ('Falsche Theoremnummer: ' ‖ n)
    else h := ( );
Formula.errors := Math.errors ⊕ h

Darin sind n und h zur Auswertungsregel lokale Hilfsvariablen. Der Listenkonkatenationsoperator ⊕ wurde in Kapitel 3 eingeführt. Die Funktion „text" bildet eine Zahl ab auf ihre Darstellung als Zeichenreihe von Dezimalziffern. „listOf" bildet zu einem Element „x" die einelementige Liste „(x)". Im gleichen Kontext steht die Auswertungsregel

Formula.definedRefs := listOf (LabelOrNumber.text) .

Im Kontext

Text1 → ref oB LabelOrNumber cB Text2

kommt eine Marke oder Theoremnummer zu den verwendeten hinzu:

Text1.usedRefs :=
    Text2.usedRefs ∪ setOf (LabelOrNumber.text)

(„setOf" bildet zu einem Element „x" die einelementige Menge „{x}".)

Über die Attribute „definedRefs" und „usedRefs" von „Text"-Knoten werden die definierten und verwendeten Marken und Theoremnummern gesammelt und in Richtung der Wurzel transportiert. Der „natürliche Analysekontext" für die Bedingungen (a1), (a3) und (a4) ist daher die Produktionsregel

Document → Preamble Text,

in der mit „Text.definedRefs", „Text.usedRefs", „Text.preNr" und „Text.postNr" alle benötigten Informationen bereitstehen. Abbildung 7.3.3 zeigt den Teil der Attributauswertungsregel zu „Document.errors", der die Überprüfung dieser Bedingungen betrifft. Wie angedeutet fließen in „Document.errors" außerdem die in den Teilbäumen aufgesammelten Meldungen und die Überprüfung der Bedingungen (b1) - (b4) und (b7) ein.

Die Überprüfungen im Bereich **„Makrodefinitionen und -aufrufe"** sind noch umfangreicher, verlaufen aber nach einem ähnlichen Muster. Wir skizzieren daher nur kurz, welche Arten von Attributen benötigt werden und in welchen Kontexten sich anhand welcher Attribute die einzelnen Bedingungen prüfen lassen. Alle diese Attribute sind synthetisiert.

Die Attribute „definedMacros" und „usedMacros" spielen die gleiche Rolle wie „definedRefs" und „usedRefs". Von einem Makro wird aber nicht der Name, sondern auch die Parameterzahl (aus der Definiton bzw. die des Aufrufs) vermerkt. Um die Anzahl der aktuellen Parameter zu bestimmen, wird ein Attribut „Parameters.parameterNr"

```
errList := (); labelSet := ∅;
for m in Text.definedRefs do
     labelSet := labelSet ∪ setOf (m) ;
„(a1) prüfen :"
for m in LabelSet do
     if | {i I Text.definedRefs (i) = m} | > 1 then
        errList := errList ⊕ listOf('Marke oder Nummer ' || m || ' ist mehrfach definiert')
     fi;
„(a3) prüfen:"
for m in Text.usedRefs do
     if m ∉ labelSet then
        errList := errList ⊕ listOf('Verwendete Marke ' || m || ' wurde nicht definiert')
     fi;
„(a4) prüfen: „
for m in labelSet do
     if m ∉ Text.usefRefs then
        errList := errList ⊕ listOf('Warnung: Definierte Marke ' || m || ' nicht verwendet')
     fi;
„(b1), (b2), (b3), (b4), (b7) prüfen"
Alle Meldungen zusammenfassen:"
Document.errors := Preamble.errors ⊕ Text.errors ⊕ errList
```

Abbildung 7.3.3: *Berechnung von „Document.errors"*

verwendet. Attribute „usedFormalParameters" dienen dazu, die in einem mathematischen Ausdruck bzw. im ganzen Text vorkommenden formalen Parameter aufzusammeln. Der „natürliche Analysekontext" für (b1), (b2), (b3), (b4) und (b7) ist die Regel:

Document → Preamble Text

Darin kann (b1) an Hand von „Preamble.definedMacros" geprüft werden; (b2), (b3) und (b4) benötigen zusätzlich „Text.usedMacros"; (b7) verwendet nur „Text.usedFormalParameters".

Die übrigen Bedingungen werden bei der Definition eines Makros im Kontext

Definitions1 → new oB backSlash cB oS Number cS Math Definitions2

überprüft. (b8) verwendet „Math.usedFormalParameters", (b5) zusätzlich „Number.text"; für (b6) reicht „Math.usedMacros" aus.

Da unser laufendes Beispiel ein konsistenter miniDoc-Text ist, produziert die Konsistenzprüfung hier nur die Warnung, daß die definierte Marke „eins" nicht verwendet wird. Ein ergiebigeres Beispiel und die vom Konsistenzprüfer dazu erzeugten Meldungen zeigt Abbildung 7.3.4.

```
\documentstyle{simple}
  \newcommand{\xy}[2]4711*#3
  \newcommand{\xy}[1]\xy
  \setcounter{theorem}{0}
\begin{document}
  \ref{sq}
  \begin{equation}
   #1=\frac{\xy}{\sq{333}{1789}}
   \label{7}
  \end{equation}
  EndeAusAmen!
\end{document}
```

Fehler (a2): Theoremnummer 7 im falschen Bereich
Fehler (a3): Verwendete Marke/Theoremnummer sq nicht definiert
Warnung (a4): Definierte Marke/Theoremnummer 1 nicht verwendet
Fehler (b1): Makro xy wird mehrfach definiert
Fehler (b2): Verwendetes Makro sq nicht definiert
Fehler (b4): Mit 0 Parametern aufgerufenes Makro xy nicht mit dieser Parameterzahl definiert
Fehler (b4): Mit 2 Parametern aufgerufenes Makro sq nicht mit dieser Parameterzahl definiert
Fehler (b5): Unzulaessiger formaler Parameter mit Nr 3 in Makro xy
Fehler (b7): Formaler Parameter mit Nr 1 im Textteil verwendet
Warnung (b8): Formaler Parameter mit Nr 1 in Makro xy nicht verwendet
Warnung (b8): Formaler Parameter mit Nr 1 in Makro xy nicht verwendet
Warnung (b8): Formaler Parameter mit Nr 2 in Makro xy nicht verwendet

Abbildung 7.3.4: *Fehlerhafte Makros und Querbezüge*

Die Expansion: Bei dieser Attributierung wird ein miniDoc-Dokument durch Expandieren von Makro-Aufrufen und Bezügen in ein „gleichwertiges" $miniDoc_0$-Dokument umgewandelt. Die Makrodefinitionen entfallen im Ergebnis-Dokument; symbolische Marken werden in den Formeln durch die fortlaufenden Formelnummern ersetzt.

Wie bei der „Pretty-Print"-Attributierung ist der Text eines miniDoc-Dokuments aufzubauen. Wie bei der Konsistenzprüfung sind die Formeln zu numerieren und die Definitionen von Marken und Makros aufzusammeln. Es bietet sich daher an, die Attribute „text" und „indentation" aus „Pretty-Print" und die Attribute „preNr" und „postNr" sowie „definedRefs" und „definedMacros" aus der Konsistenzprüfung zu übernehmen.

Wegen des unterschiedlichen Informationsbedarfs von Konsistenzprüfung und Expansion verwenden wir hier anstelle von „definedRefs" und „definedMacros" verwandte Attribute „collectedRefs" und „collectedMacros": Bei der Konsistenzprüfung war zwischen verschiedenen Vorkommen von symbolischen Marken zu unterscheiden, um Mehrfachdefinitionen aufzuspüren; da wir bei der Expansion von einer korrekten miniDoc-Quelle ausgehen, genügt es, „collectedRefs" als Menge zu organisieren. Für die Expansion einer symbolischen Marke in einem Querbezug wird die zur Marke gehörende Theoremnummer benötigt. Die Elemente von „collectedRefs" sind daher Paare aus Marke und zugehöriger Theoremnummer. Eine ähnliche Argumentation ergibt, daß „collectedMacros" als Menge von Paaren aus Makroname und zugehörigem Makrorumpf zu organisieren ist. Der Makrorumpf ist dabei die eingerückte Fassung des Textes in der Markodefinition; formale Parameter sind darin durch Teilstrings der Form „#1", „#2" u.s.w. dargestellt.

Die über die "collectedRefs"- und „collectedMacros"-Attribute gesammelten Informationen werden über ererbte Attribute „availableRefs" und „availableMacros" an die Stellen hinpropagiert, wo sie zur Texterzeugung benötigt werden. Bei „availableRefs" ist das der Kontext

$$\text{Text1} \rightarrow \text{ref oB LabelOrNumber cB Text2}$$

mit folgender Attributauswertungsregel (h sei lokale Hilfsvariable vom Typ „String"):

```
if isInteger (LabelOrNumber.text)
then h:= LabelOrNumber.text
else h := „das a, für das (LabelOrNumber.text, a)
          in Text1.availableRefs liegt";
Text1.text := blank(1) || '\ref{'|| h || '}' || NewLine || Text2.text
```

Das Attribut „availableMacros" muß in die Syntax arithmetischer Ausdrücke hinein bis in die Kontexte

$$\text{SimpleExpression} \rightarrow \text{backslash Word}$$

und

$$\text{SimpleExpression} \rightarrow \text{backslash Word Parameters}$$

propagiert werden, wo die Makroexpansion stattfindet. Im letzten Kontext liegen zum Zeitpunkt der Auswertung von „SimpleExpression.text" die Texte von im „Parameters"-Teilbaum vorkommenden, geschachtelten Makroaufrufen bereits expandiert vor.

Wir überlassen die Ausformulierung der zugehörigen Attributauswertungsregeln den Lesern als

Aufgabe 7.3.4:

> Wie lauten die Attributauswertungsregeln zu „SimpleExpression.text" in den beiden letzten Kontexten? Welche Routinen zur Stringmanipulation sind hier zweckmäßig (um formale Parameter zu finden und zu ersetzen)? Wie sollte „Parameters.text" aufgebaut sein, damit das Einsetzen der Parametertexte erleichtert wird?

❑

Weite Teile der „Expansions"-Attributierung sind aus den beiden vorangegangenen Attributierungen direkt oder in modifizierter Form übernommen. Unterschiede ergeben sich aus den verschiedenen Erfordernissen der einzelnen Attributierungen. Es wäre möglich, z.B. die Attribute „definedRefs" und „collectedRefs" überall durch ein neues Attribut „synthesizedRefs" zu ersetzen, welches den gemeinsamen Informationsgehalt von „definedRefs" und „collectedRefs" trägt. Man könnte dieses Attribut und seine Auswertungsregeln dann sowohl bei der Konsistenzprüfung als auch bei der Expansion verwenden. Es ist fraglich, ob dieser Nutzen den erhöhten Aufwand rechtfertigt, der sich aus der komplizierteren Struktur von „synthesizedRefs", den entsprechend aufwendigeren Attributierungsregeln und daraus ergibt, daß „synthesizedRefs" den Erfordernissen von Konsistenzprüfung und Expansion nicht so gut angepaßt ist wie die spezialisierten Attribute „definedRefs" und „collectedRefs".

Abbildung 7.3.5 (unten) zeigt das Ergebnis der Expansion des Beispiels aus Abbildung 7.3.1: Der Makrodefinitionsteil ist entfallen, die Schachtelungstiefe von Formeln dafür angestiegen.

Der Übersetzer: Zweck dieser Attributierung ist es, miniDoc$_0$-Dokumente nach Postscript zu übersetzen. Der Deklarationsteil der miniDoc-Grammatik spielt dabei keine Rolle; auch die Startnummer für Theoreme wird nicht benötigt, da alle Formeln in miniDoc$_0$ bereits mit Nummern versehen sind. Das Übersetzungsergebnis wird in *synthetisierten „postScript"-Attributen* aufgesammelt und steht am Ende der Auswertung in „Document.postScript".

Die benötigten Postscript-Sprachelemente sind in Abschnitt 7.1 zusammengestellt. Gerade Linien verwenden wir für Bruchstriche und um Wurzelzeichen zusammenzusetzen. Bezier-Kurven dienen uns zur Erzeugung von runden Klammern in arithmetischen Ausdrücken.

Alles andere wird mit „show(...)" als Text ausgegeben. Um die Breite von Zeichen und Zeichenfolgen im Textbild leichter bestimmen zu können, verwenden wir mit „Courier" einen Zeichensatz, bei dem alle Zeichen die gleiche Breite haben (genauer ist die Breite eines Zeichens 60% der angegebenen Zeichensatzhöhe).

Die für die Attributierung einmal im Kontext

Document → Preamble Text

festgelegte Zeichensatzgröße wird über *ererbte „FontSize"-Attribute* überall dorthin transportiert, wo Zeichen stehen können. In Exponenten und Indizierungen innerhalb arithmetischer Ausdrücke wird die „fontSize" auf 70% verkleinert – bei Schachtelung auch mehrfach.

Elementare Textbestandteile wie Wörter, Interpunktionszeichen, Operatorsymbole und Zahlen werden in *synthetisierten „text"-Attributen* bereitgestellt und von dort unmittel-

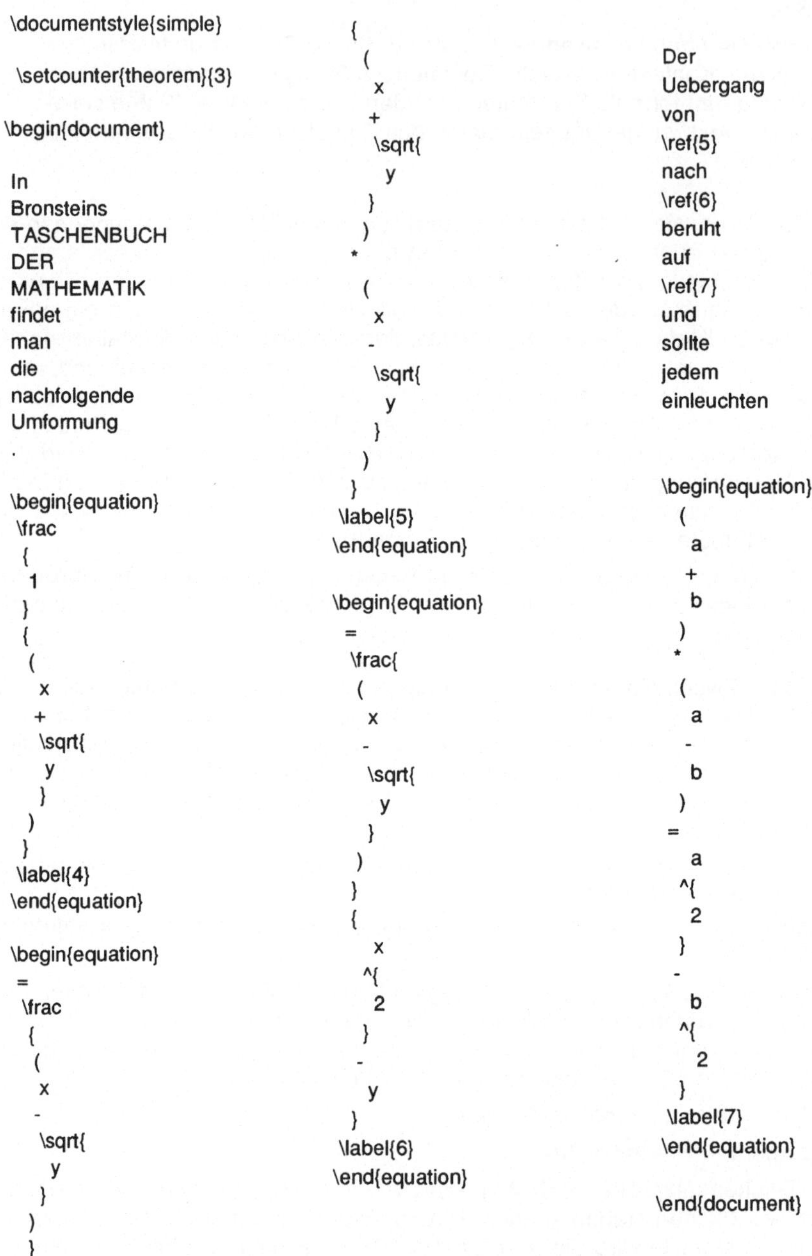

Abbildung 7.3.5: *Ergebnis der Expansion (laufendes Beispiel)*

bar (ohne Weiterreichen durch den Syntaxbaum) in den Postscript-Text eingebracht. Ausnahme: Der fortlaufende Text wird zeilenweise in *ererbten Attributen „line"* gesammelt. (Dazu unten mehr.)

Bei der Erzeugung des Postscript-Codes benötigt man laufend Informationen über die „aktuelle Position" und die Größenverhältnisse (Länge, Breite, Ränder) der zu beschreibenden Seite. Diese werden in den *ererbten Attributen „position"* und *„margins"* gehalten. „margins" ist als Verbund organisiert; die Komponenten „margins.left", „margins.right" und „margins.width" enthalten die Position des linken und des rechten Randes und die Zeilenbreite, jeweils in Pixel. Entsprechende Komponenten gibt es für die vertikale Ausdehnung. Abbildung 7.3.6 zeigt die Auswertungsregeln zum Kontext mit allen Initialsierungen. Eine „position" ist wie üblich ein Paar „(x, y)" mit horizontaler Komponente x und vertikaler Komponente y. Ob Textzeile, Formel oder Teil davon: „position" bezeichnet die linke, untere Ecke des entsprechenden Teils des Textbildes. Bei Formeln und Teilformeln enthält das *synthetisierte Attribut „extension"* die Ausdehnung der (Teil-)Formel als Paar „(Breite, Höhe)".

Beim laufenden Text soll unsere Attributierung den automatischen Zeilenumbruch (linksbündig, Flatterrand rechts) bewerkstelligen. Leider zeigt sich, daß die rechtsrekursive Formulierung der Produktionsregeln zu „Text" für diese Attributierung wenig günstig ist; die linksrekursive Fassung wäre vorzuziehen gewesen. Mit etwas mehr Aufwand gelingt es wie folgt: Im Kontext

> Text → endDoc

(also am Ende des Dokuments) und im Kontext

> Text1 → Formula Text2

(also vor einer Formel) ist der Zeilenpuffer „Text.line" bzw. „Text1.line" auszugeben. In den drei übrigen Kontexten mit linker Seite „Text" kommt es darauf an, ob das hinzukommende Element („Wort" bzw. „Wort Satzzeichen" bzw. „Querbezug") noch in die

```
Document.postScript :=
    '/fntsize ' || Text.fontSize || ' def' || NewLine ||
    '/Courier findfont fntsize scalefont setfont || NewLine ||
    Text.postScript || NewLine ||
    'showpage';
Text.fontSize := '17';
Text.margins :=
    (left ⇒ 35, right ⇒ 600, width ⇒ 566,
     top ⇒ 680, bottom ⇒ 100, height ⇒ 581);
Text.position :=
    (Text.margins.left, Text.margins.top);
Text.line :='';
```

Abbildung 7.3.6: *Auswertungsregeln zum Kontext „Document → Preamble Text"*

Zeile paßt: Falls nicht, wird wie oben der Zeilenpuffer „Test1.line" ausgegeben und das neue Element in den Puffer „Text2.line" geschrieben. Andernfalls wird das neue Element an den bestehenden Zeilenpuffer angehängt und dieser weitergereicht.

```
Text2.fontSize := Text1.fontsize;

Text2.margins := Text1.margins;

Text2.line:=
     if length (Text1.line || Word.text) <
          Text1.margins.width div (integer(Text1.fontSize) * 0.6)
     then Text1.line || ' ' || Word.text
     else Wort.text
      fi;

Text2.position :=
     if Text2.line = Word.text
     then (Text1.position.x, Text1.position.y - Text1.fontSize)
     else Text1.position
     fi;

Text1.postScript :=
     if Text1.position = Text2.position
     then Text2.postScript
     else text(Text1.position.x) || ' ' ||
         text(Text1.position.x) || ' ' ||
         'moveto' || New Line ||' ' || Text.1line || ' ') show' || New Line ||
         Text2.postScript
     fi
```

Abbildung 7.3.7: *Attributauswertung zum Fließtext*

Abbildung 7.3.7 zeigt exemplarisch die Auswertungsregeln zum Kontext

     Text1 → Word Text2 .

Man beachte, daß es sich hier bei den „if ... then ... else ... fi" um bedingte *Ausdrücke*, nicht um bedingte Anweisungen handelt!

Als Beispiel für die Erzeugung von Textbildern zu (Teil-)Formeln betrachten wir geklammerte Ausdrücke, die im Kontext

     SimpleExpression → oB Expression cB

behandelt werden. Abbildung 7.3.8 zeigt schematisch das Textbild eines geklammerten Ausdrucks. Die für die Erzeugung des Postscript-Codes relevanten Punkte sind darin hervorgehoben und benannt. Der „p" in der linken, unteren Ecke ist die Position des gesamten geklammerten Ausdrucks und daher als Attribut „SimpleExpression.position" verfügbar. Mit einem Code des Aufbaus:

```
newpath
        a.x  a.y  moveto
        b.x  b.y  b.x  b.y  c.x  c.y  curveto
stroke
```

kann das Textbild der öffnenden Klammer erzeugt werden. Die Klammer wird also als
Bezier-Kurve „von a nach c" dargestellt, deren obere und untere „Auslenkung" jeweils
in Richtung des Punktes b geht.

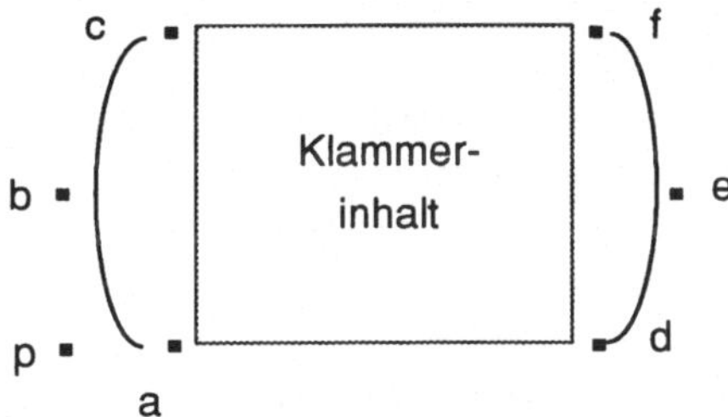

Abbildung 7.3.8: *"Orientierungspunkte" für Klammern*

Um den konkreten Postscript-Code erzeugen zu können, müssen wir die Koordinaten
der Punkte a, b, c, d, e und f aus den verfügbaren Attributwerten ableiten. Neben den
Koordinaten von p (in „SimpleExpression.position") ist die Ausdehnung des Textbildes
des inneren Ausdrucks (als Wert von „Expression.extension") verfügbar. Frei wählbar
ist zunächst noch die „Breite" der Klammern; wir legen uns fest und fordern, daß die
Breite einer Klammer ein Zehntel ihrer Höhe betragen soll. Damit gelten für die Koordinaten der Punkte folgende Beziehungen (darin stehen „hoehe" und „breite" für die beiden Komponenten von „Expression.extension"):

(i)   a.y = d.y = p.y

(ii)   c.y = f.y = p.y + hoehe

(iii)   b.y = e.y = p.y + 0,5 * hoehe

(iv)   b.x = p.x

(v)   a.x = c.x = p.x + 0,1 * hoehe

(vi)   d.y = f.x = p.x + 0,1 * hoehe + breite

(vii)   e.x = p.x + 0,2 * hoehe + breite

Die in Abbildung 7.3.9 gezeigte Attributauswertungsregel zur Berechnung von
„SimpleExpression.postScript" stellt in sieben lokalen Stringvariablen die textuellen
Darstellungen der Werte bereit, welche durch die sieben Beziehungen festgelegt sind.
Der Rest ergibt sich nach obigem Code-Schema und den Gleichheiten in (i) - (vii). Es
werden zuerst die Textbilder der linken, der rechten Klammer und dann des Klammer-
inhalts erzeugt; diese Reihenfolge ist aber unerheblich für das entstehende Textbild.

```
var px, py, breite, hoehe: real;
var ays, cys, bys, bxs, axs, dxs, exs: string;
px := SimpleExpression.position.x;
py := SimpleExpression.position.y;
breite := Expression.extension.x;
hoehe := Expression.extension.y;
ays := text(py) || blanks(1) ;
cys := text(py + hoehe) || blanks(1) ;
bys := text(py + 0.5 * hoehe) || blanks(1) ;
bxs := text(px) || blanks(1) ;
axs := text(px + 0.1 * hoehe) || blanks(1) ;
dxs := text(px + 0.1 * hoehe + breite) || blanks(1) ;
exs := text(px + 0.2 * hoehe + breite) || blanks(1) ;
SimpleExpression.postScript :=
    'newpath' || NewLine || blanks(3) ||
    axs || ays || 'moveto' || NewLine || blanks(3) ||
    bxs || bys || bxs || bys || axs || cys || 'curveto' || NewLine ||
    'stroke' || NewLine ||
    'newpath' || NewLine || blanks(3) ||
    dxs || ays || 'moveto' || NewLine || blanks(3) ||
    exs || bys || exs || bys || dxs || cys || 'curveto' ||NewLine ||
    'stroke' || NewLine ||
    Expression.postScript
```

Abbildung 7.3.9: *Erzeugung des Postscript-Codes für geklammerte Ausdrücke*

In gleicher Weise gewinnt man die „postScript"-Attributauswertungsregeln für die gesamte Syntax arithmetischer Ausdrücke. Die Berechnung der „extension"-Attribute und der „position"-Attribute ist verhältnismäßig einfach. Im zuletzt betrachteten Kontext der geklammerten Ausdrücke berechnet man „Simple.Expression.extension" nach:

```
var b, h: real;
b := Expression.extension.x;
h := Expression.extension.y;
SimpleExpression.extension := (b + 0.2 * h, h);
```

und „Expression.position" nach der Auswertungsregel:

```
var b, px, py: real;
b := Expression.extension.y * 0.1
px: := SimpleExpression.position.x;
py := SimpleExpression.position.y;
Expression.position := (px + b, py)
```

Abbildung 7.3.10 (auf der nächsten Seite) zeigt den Anfang des für das laufende Beispiel erzeugten Postscript-Codes (einschließlich von Teilen der ersten Formel).

Aufgabe 7.3.5:

> Im Sinne der Effizienzbetrachtung in Abschnitt 6.5: Welche Attribute der gerade betrachteten Attributierung kann man in globalen Variablen halten, welche in Kellern?

❑

Das hier begonnene Projekt ließe sich - in einem Praktikum - in verschiedenen Richtungen ausbauen. Die folgenden Aufgaben sind als Anregungen dafür gedacht.

Aufgabe 7.3.6:

> Wie man an Abbildung 7.3.10 sieht, ist der aus der Übersetzung resultierende Postscript-Code weder besonders übersichtlich noch besonders kompakt: Die meisten der Fonteinstellungen sind redundant. Es bietet sich an, hierfür syntaxbasierte Werkzeuge zu entwickeln.
>
> Stellen Sie für den benötigten Ausschnitt von Postscript eine formale Syntax (reguläre Ausdrücke und kontextfreie Grammatik) auf und dazu zwei Attributierungen: Eine zum „Pretty-Print" und eine zur „Elimination redundanter Fonteinstellungen".

❑

Aufgabe 7.3.7:

> Ergänzen Sie die bestehenden Attributierungen so, daß nicht nur Zeilen-, sondern auch Seitenumbrüche berücksichtigt und Seiten automatisch numeriert werden. Fügen Sie eine Teilattributierung hinzu, welche eine Liste aller Formeln (nebst Seitennummern) generiert.

❑

Aufgabe 7.3.8:

> Die von der fünften Attributierung erzeugten Textbilder sind verhältnismäßig grob. In einer verbesserten Version von Abbildung 7.1.1 würde man z.B. in den Formeln 5 und 6 das Gleichheitszeichen auf der gleichen Höhe wie den Bruchstrich erwarten und in Formel 7 alle a's und b's auf einer Zeile.
>
> Solche Verbesserungen lassen sich durchführen, wenn man für jede Teilformel neben der Ausdehnung und Position ihres Textbildes auch die Höhe der „logischen Grundlinie" bestimmt. Führen Sie diese Modifikationen aus.

❑

```
/fntsize 17 def
/Courier findfont fntsize scalefont setfont
40 680 moveto
 (In Bronsteins TASCHENBUCH DER MATHEMATIK findet man)show
40 663 moveto
(die nachfolgende Umformung.)show
/fntsize 17 def
/Courier-Italic findfont fntsize scalefont setfont
376.0 560.78 moveto
([Formel 4])show

newpath
 232.6 614.89 moveto
 81.8 0 rlineto
stroke                          % Bruchstrich

/fntsize 17 def
/Courier findfont fntsize scalefont setfont
268.4 620.5 moveto
(1)show

newpath
234.8 586.28 moveto
232.6 597.28 232.6 597.28 234.8 608.28 curveto
stroke                          % Klammer auf

newpath
312.2 586.28 moveto
314.4 597.28 314.4 597.28 312.2 608.28 curveto
stroke                          % Klammer zu

/fntsize 17 def
/Courier findfont fntsize scalefont setfont
234.8 588.78 moveto
(x)show
newpath
 275.6 598.78 moveto
 5.0 0 rlineto
5.0 -12.5 rlineto
10.0 25 rlineto
6.6 0 rlineto
0 -12.5 rlineto
stroke                          % Wurzelzeichen
```

Abbildung 7.3.10: *Anfang des erzeugten Postscript-Codes für das laufende Beispiel (Kommentare manuell hinzugefügt)*

8 Eine Auswahl von Werkzeugen

8.1 UNIX-Filterprogramme

8.2 Compiler-Compiler

8.3 Attributierungs-basierte Systeme

Dieses Kapitel beschreibt eine subjektive Auswahl bestehender syntaxbasierter Werkzeuge. Das Spektrum reicht dabei von einfachen Filterprogrammen, die für UNIX[1] typisch sind, über traditionelle, leistungsfähige Compiler-Compiler bis hin zu dynamischen, Attributierungs-basierten Systemen. Aus allen drei Gruppen stellen wir nur wenige, charakteristische Vertreter vor. Die meisten dieser Werkzeuge sind leicht erhältlich. Hinweis auf Beschaffungswege und auf umfassende Werkzeuglisten findet man im Anhang A „Informationsquellen".

Unix-Filterprogramme verwenden reguläre Muster zur Informationsauswahl und -bearbeitung. *Abschnitt 8.1* stellt diese Muster und die Arbeitsweise der Werkzeuge „grep", „sed" und „awk" vor. Ein kompaktes Beispiel belegt die erstaunliche Leistungsfähigkeit selbst so einfacher Werkzeuge.

In *Abschnitt 8.2* betrachten wir drei Compiler-Compiler, von denen zwei für den praktischen Einsatz bestimmt sind und einer für Lehr- und Demonstrationszwecke. Bei den praktischen Systemen wird die bekannte Kombination „lex/yacc" dem neueren „Eli" ausführlich gegenübergestellt. Auf die technischen Eigenschaften des Lehrprogramms „SIC" gehen wir kurz ein.

Die hier als „Attributierungs-basiert" bezeichneten Systeme verwenden typischerweise den mit Attributwerten „dekorierten" Syntaxbaum als zentrale Datenstruktur. Interaktiv vorgenommene Veränderungen am Syntaxbaum ziehen Neuberechnungen von Attributwerten nach sich. In *Abschnitt 8.3* stellen wir den „Synthesizer Generator" vor und erwähnen mit dem „BOSS"-System ein weiteres, innovatives Werkzeug.

---

1. UNIX ist eingetragenes Warenzeichen der Bell Laboratories.

8.1   UNIX-Filterprogramme

In UNIX spielen „reguläre Muster" an verschiedenen Stellen eine Rolle: in Kommandozeilen und Shell-Scripts zur Spezifikation von Datenparametern, in Filterwerkzeugen und Editoren zur Auswahl von Zeilen und zur Spezifikation von Textsubstitutionen und im Scannergenerator lexlex zur Spezifikation von Tokenklassen. Wir beschränken uns hier auf die Aspekte „Zeilenauswahl" und „Textsubstitution".

Reguläre Muster: Charakteristisch für „gewachsene" Systeme ist es, daß der gleiche Gegenstand an verschiedenen Stellen in unterschiedlichen (eben *nicht* vereinheitlichten) Ausprägungen vorkommt. So ist es bei UNIX mit den *regulären Mustern*, die sich von Werkzeug zu Werkzeug und von Werkzeugvariante zu Werkzeugvariante mehr oder weniger subtil unterscheiden. Nicht überall haben die regulären Muster die gleiche Ausdruckskraft wie die in Kapitel 2 eingeführten regulären Ausdrücke. Dafür sind einige pragmatische Ergänzungen hinzugekommen, welche sowohl die Beschreibungen vereinfachen als auch eine effiziente Abarbeitung erlauben. Wir stellen die wichtigsten Beschreibungselemente und ihre Feinheiten kurz dar:

(i)   Das allen regulären Mustern zugrundeliegende Alphabet ist der *ASCII-Zeichensatz*. Einige dieser Zeichen spielen bei der Beschreibung von Mustern eine besondere Rolle. Solche *Metazeichen* sind:

   \ . [ ] - * + ? | ( ) ^ $ &

Die übrigen, „normalen" Zeichen stellen wie in regulären Ausdrücken sich selbst dar.

(ii)   Der Backslash „\" macht aus einem rechts davon stehenden Metazeichen ein normales Zeichen, das für sich selbst steht. Das Muster „\?" beschreibt also ein einzelnes Fragezeichen, das Muster „\ \ \ \" zwei nebeneinanderstehende Backslashe. Auf die meisten normalen Zeichen wirkt sich der Backslash nicht aus; z.B. sind die Muster „Adam" und „\ A\ d\ a\ m" gleichwertig. Einige normale Zeichen wie die geschweiften Klammern und der Buchstabe „n" erhalten durch den vorangestellten Backslash eine Sonderbedeutung: „\n" beschreibt zum Beispiel den Zeilenwechsel („newline").

(iii)   Der Punkt „." steht für ein beliebiges Einzelzeichen außer „newline". Das Muster „..." paßt auf alle Wörter der Länge 3 wie „eva", „\. ?" und „007", nicht aber auf Wörter anderer Länge wie „00" oder „.\. \ ?". Man beachte: Die Sonderstellung von Metazeichen erstreckt sich auf die regulären Muster, nicht aber auf die Wörter der durch die regulären Muster beschriebenen Sprachen.

(iv)   Eckige Klammern umschließen die Zeichen einer *Zeichenklasse*. Zeichenklassen passen jeweils auf *eines* ihrer Zeichen. Das reguläre Muster „[abc]" beschreibt also die drei Wörter „a", „b" und „c". Anstelle von einzelnen Zeichen sind in Zeichenklassen auch *Bereichsangaben* der Form „x-z" erlaubt: Das ist eine Abkürzung für die Folge aller Zeichen, die im ASCII-Code zwischen „x" und „z " (einschließlich) stehen. Die Zeichenklasse „[a-zA-Z0-9]" beschreibt also alle Buchstaben und Ziffern. Folgt auf die öffnende Klammer einer Zeichenklasse *unmittelbar* das Zeichen „^" dann ist das *Komplement der Zeichenklasse zu bilden. Z.B. paßt das Muster „[^0-9]"* auf jede „Nicht-

Ziffer". Andererseits paßt das Muster „[0-9^]" auf eine beliebige Ziffer oder das Zeichen „^". Von den genannten Metazeichen hat innerhalb von Zeichenklassen nur der Backslash seine übliche Bedeutung. Die Zeichen

$$. [* + ? \mid ( ) \$ \&$$

sind dort ganz normale Zeichen. Das Zeichen „]" schließt die Zeichenklasse ab, es sei denn, es folgt direkt auf „[". Das Zeichen „-" hat nur in Bereichsangaben eine Sonderbedeutung. Das Muster „[^ ^ . \ \]" steht für alle Zeichen außer „^", „." und „\". Das Muster „[ ] [0-9-]" besteht aus *einer* Zeichenklasse, zu der die eckigen Klammern, die Ziffern und das Minuszeichen gehören.

(v)   *Konkatenation* wird wie bei regulären Ausdrücken durch Nebeneinanderstellen beschrieben. Das Muster „[A-Z] \ . [0-9]" paßt auf alle Wörter der Länge drei, die mit einem Großbuchstaben beginnen, mit einer Ziffer enden und dazwischen einen Punkt haben.

(vi)   Ist „R" ein reguläres Muster, dann steht „R* " wie bei regulären Ausdrücken für (0- oder mehrmalige) *Iteration* von R: Das Muster „[A-Z] [A-Z0-9]* " beschreibt Wörter, die mit einem Buchstaben beginnen, auf den beliebig viele Buchstaben und Ziffern folgen können.

(vii)   Mit Hilfe von Metazeichen können reguläre Muster am Zeilenanfang oder am Zeilenende *„verankert"* werden. Ein reguläres Muster, das mit „^" beginnt, paßt nur auf Wörter, die am Zeilenanfang stehen. Ein reguläres Muster, das mit „$" endet, paßt nur auf Wörter, die am Zeilenende stehen. Das Muster „^$" paßt z.B. nur auf Leerzeilen.

(viii)   Sind R1 und R2 reguläre Muster, dann steht „R1 | R2" wie bei regulären Ausdrücken für die *Vereinigung* der beiden durch R1 und R2 beschriebenen Sprachen.

(ix)   Ist R ein regulärer Ausdruck, dann steht „R+" für die ein- oder mehrmalige Iteration von R und „R?" für ein *optionales* Muster.

(x)   Von den verschiedenen Ausdrucksmitteln bindet am stärksten der Backslash, dann die Klammern von Zeichenklassen, dann die einstelligen Operatoren „*", „+" und „?", dann die Konkatenation und am schwächsten die Vereinigung „|". Abweichend davon können mit runden *Klammern*, „(" und „)", andere Gruppierungen festgelegt werden: „ab*" steht für ein a, auf das beliebig viele b's folgen; „(ab)*" steht für eine Folge von beliebig vielen Paaren „ab". Das Muster „(+ | -) ? [1-9] [0-9]* (\ . [0-9]+) ?" beschreibt Zahlkonstanten mit optionalem Vorzeichen, ohne führende Nullen und mit optionalem Nachkommateil.

Die Beschreibungselemente (i) - (vii) sind als gemeinsame Basis fast überall verfügbar. Die Elemente (viii) und (ix) und die Klammerung aus (x) dagegen gibt es nur bei bestimmten Werkzeugen (z.B. awk) bzw. bei bestimmten Werkzeugvarianten (z.B. egrep).

Arbeitsweise einiger Werkzeuge: Wir betrachten drei typische Werkzeuge. Nach aufsteigender Komplexität und Leistungsfähigkeit sind dies:

- der Filter *grep;*

- der Stromeditor *sed* und

- die Programmiersprache *awk*.

Alles, was man mit grep machen kann, läßt sich auch mit sed oder awk realisieren - mit grep aber einfacher als mit den beiden anderen Werkzeugen. Ähnlich verhalten sich sed und awk zueinander.

Allen drei Werkzeugen (und anderen Filterprogrammen) gemeinsam ist die in Abbildung 8.1.1 dargestellte, prinzipielle Arbeitsweise: Sie lesen vom Standardeingabemedium und schreiben auf das Standardausgabemedium (beide Medien können durch „Umlenken" durch Dateien ersetzt werden). Auf jede der Eingabezeilen werden nacheinander die Anweisungen angewandt, die in der Kommandozeile über den Skript-Parameter und die Optionen spezifiziert sind.

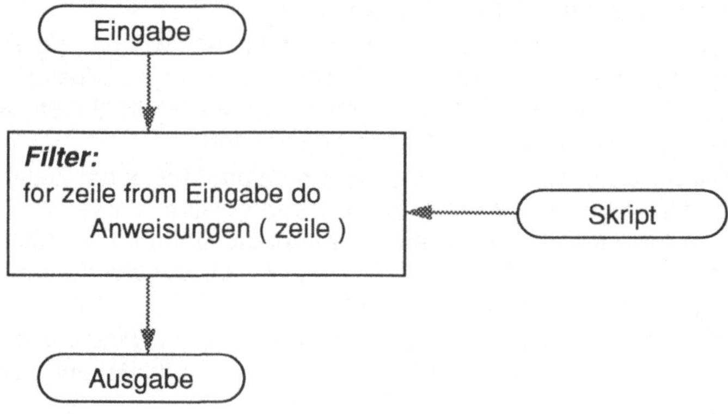

Kommandozeile:

Filter - Optionen Skript < Eingabe > Ausgabe

Abbildung 8.1.1: *Arbeitsweise von Filtern*

Der Filter **grep** dient ausschließlich der Zeilenauswahl: Alle Zeilen, die eine Teilzeichenreihe enthalten, auf die das angegebene reguläre Muster paßt, werden in die Auswahl übertragen; die übrigen Eingabezeilen entfallen. Die Option „-v" kehrt die Zeilenauswahl um; ausgegeben werden die Zeilen, die keine zum Muster passende Teilzeichenreihe enthalten.

Beispiel: Eine „Leerzeile" sei eine Zeile, die nur Zwischenräume enthält und sonst keine Zeichen. Jeder der beiden folgenden grep-Aufrufe eliminiert alle solche Leerzeilen:

```
grep '[^ ]'
grep -v '^[ ]*$'
```

Das erste Kommando kann man lesen als „übernimm alle Zeilen, die einen Nicht-Zwischenraum enthalten", das zweite als „übernimm alle Zeilen, die nicht von Anfang bis Ende nur Zwischenräume enthalten".

Grep ist entstanden durch Herauslösen einer Teilfunktion des Editors „*ed*". Das Format dieser Teilfunktion war:

g / re / p,

kurz für „global regular expression print", frei übersetzt: „drucke alle Zeilen, die dem regulären Ausdruck entsprechen". *Nicht* zulässig ist folgender Aufruf von grep, da in ed und damit auch in grep die regulären Muster weder Klammerung mit runden Klammern noch Vereinigung „|" noch Option "?" noch Iteration „+" enthalten dürfen:

grep '(+ | -) ? [1-9] [0-9] * (\. [0-9]+) ?'.

Mit einer erweiterten Version, *egrep*, von grep lassen sich auf diese Weise die Zeilen herausfiltern, die Zahlen enthalten. Gleichwertig und wesentlich einfacher ist hier der Aufruf:

grep '[1-9]'.

Eine dritte Version von grep, *fgrep*, kann nur nach Mustern *ohne* Metazeichen suchen, das aber besonders schnell.

Der Stromeditor **sed** ist für einfache systematische Textersetzungen besonders geeignet. Reguläre Muster werden wie bei grep zur Zeilenauswahl und darüber hinaus zur Beschreibung von Textersetzungen verwendet. Ein typischer Aufruf von sed hat die Form:

sed - f Skriptdatei Eingabe

Im Prinzip arbeitet sed wie folgt: Jede Zeile der angegebenen Eingabedatei(en) wird in den *Arbeitsbereich* kopiert, dort gemäß den Anweisungen in der *Skriptdatei* verarbeitet und anschließend auf das Standardausgabemedium ausgegeben. Mit der Kommandozeilenoption „-n" kann diese automatische Ausgabe unterdrückt werden; dann werden nur noch explizit per Anweisung angeforderte Ausgaben erzeugt.

Eine sed-*Anweisung* besteht aus einem *Adreßteil*, gefolgt von einem *Befehl*. Der Adreßteil entscheidet darüber, ob der zugehörige Befehl auf die im Arbeitsbereich befindliche Zeichenreihe anzuwenden ist oder nicht. Eine *Adresse* ist entweder eine Zeilennummer (bezüglich der Eingabedatei) oder ein zwischen zwei Schrägstriche „/" eingeschlossenes reguläres Muster. Bezüglich des Adreßteils gibt es drei Möglichkeiten:

(i)   Er ist leer. Dann wird der Befehl auf jeden Fall ausgeführt.

(ii) Der Adreßteil besteht aus einer Adresse. Der Befehl wird ausgeführt, wenn die angegebene Zeilennummer zutrifft oder wenn das angegebene Muster auf einen Teil der im Arbeitsbereich befindlichen Zeichenreihe zutrifft.

(iii) Der Adreßteil ist ein *Bereich* der Form „Anfangsadresse, Endadresse". Beide Adressen können unabhängig voneinander Zeilennummern oder reguläre Muster sein. Ein dadurch beschriebener Zeilenbereich erstreckt sich von einer Zeile, auf die die Anfangsadresse zutrifft, bis zur nächsten Zeile (einschließlich), auf die die Endadresse zutrifft. Auf alle diese Zeilen wird der Befehl angewandt.

Alle sed-Befehlsnamen sind einbuchstabig. Mit „i" (für „insert") kann man einen Text in die Ausgabedaten *vor* der aktuellen Zeile einfügen, mit „a" (für „append") *nach* der aktuellen Zeile. Z.B. würde man mit

```
1 i\
Die ersten \
zwei Zeilen
```

am Anfang der Ausgabedatei zwei Zeilen einfügen. Der einzufügende Text reicht vom i-Befehl (ausschließlich) bis zur nächsten Zeile (einschließlich), die nicht mit einem Backslash abgeschlossen ist (analog die Syntax des a-Befehls).

Der komplizierteste sed-Befehl dient der *Textersetzung:* Der s-Befehl („s" für „substitute") der Form

```
s / reguläres Muster / Zeichenreihe /
```

bewirkt, daß die erste (möglichst) lange Teilzeichenreihe im Arbeitsbereich, auf die das reguläre Muster paßt, ersetzt wird durch die angegebene Zeichenreihe. Durch Anhängen von „Flags" kann die Wirkung des Befehls modifiziert werden. So werden z.B. beim Flag „g" (für „global") alle passenden Teilzeichenreihen des Arbeitsbereichs durch die angegebene Zeichenreihe ersetzt. Flag „p" bewirkt, daß der aktuelle Inhalt des Arbeitsbereichs unmittelbar nach der Substitution ausgegeben wird.

Noch feinere Textersetzungsmöglichkeiten bietet das *Hervorheben von Teilmustern:* Dazu klammert man innerhalb des regulären Musters hervorzugebende Teilmuster „\ (" und „\ )". Bis zu neun Teilmuster dürfen so hervorgehoben werden und ergeben beim Passen des Gesamtmusters entsprechend viele „passende" Teilzeichenreihen. Diese können als „\1", „\2" bis „\9" zum Aufbauen der Ersetzungszeichenreihe verwendet werden (Numerierung von links nach rechts). Beispiel: Anwendung von

```
s / \ ( [1-9] [0-9]* \ ) [  ]* + [  ]* \ ( [1-9] [0-9] * \) / \ 2 + \ 1 /
```

auf „17 + 4" ergibt „4 + 17" - die hervorgehobenen ganzen Zahlen werden vertauscht. Normalerweise werden die Anweisungen eines sed-Skripts nacheinander auf die im Arbeitsbereich stehende Eingabezeile angewandt. Mit bedingten *Sprunganweisungen* können davon abweichende Verarbeitungsreihenfolgen festgelegt werden. Der bedingte Sprung

```
t Anfang
```

z.B. verzweigt zur Marke „Anfang", wenn die zuvor angegebene Substitution erfolgreich durchgeführt werden konnte, weil das reguläre Muster „passte".

Mit den oben beschriebenen Elementen von sed kann man bereits recht anspruchsvolle Textersetzungsaufgaben lösen. Das Beispiel am Ende von Abschnitt 8.1 belegt dies. Weitere Möglichkeiten von sed seien hier nur genannt:

- Neben dem Arbeitsspeicher gibt es einen *Puffer,* der ebenfalls eine Zeichenreihe aufnehmen kann. Eine Reihe von sed-Befehlen dienen dem Informationsaustausch zwischen Puffer und Arbeitsspeicher.

- Mit besonderen Befehlen kann man auch *mehrere Zeilen* in den Arbeitsspeicher bringen und verarbeiten.

- Lesen aus Dateien und Schreiben in bis zu 10 verschiedene Ausgabedateien ist möglich.

- Weitere Editierbefehle erlauben das Löschen, das einfache Ersetzen und das zeichenweise „Übersetzen" des Arbeitsbereichs.

Die Programmiersprache **awk** (der Name ergibt sich aus den Initialen der Autoren Aho, Weinberger und Kernighan) verbindet die Mustererkennungsfähigkeiten von grep und sed mit den Mitteln einer Programmiersprache.

Ein awk-Skript besteht aus drei Teilen: einem Prolog, einem Hauptteil und einem Epilog. Der *Hauptteil* besteht aus einer Reihe von Anweisungen, die wie beim sed nacheinander auf die gerade bearbeitete Eingabezeile angewandt werden. Der Adreßteil von awk-Anweisungen hat den gleichen Aufbau und die gleiche Bedeutung wie bei sed-Anweisungen. Der *Prolog* ist eine (evtl. zugesammengesetzte) Anweisung mit dem Adreßteil „BEGIN". Er wird *einmal vor* der Bearbeitung der Eingabezeilen ausgeführt und dient zur Initialisierung von Variablen und Datenstrukturen, zum Drucken von Überschriften etc. Entsprechend ist der *Epilog* eine Anweisung mit dem Adreßteil „END", die *einmal nach* vollständiger Bearbeitung aller Eingabezeilen ausgeführt wird und alle möglichen Abschlußarbeiten leistet: Aus Zwischenergebnissen das Gesamtresultat ermitteln, Ergebnisse drucken etc.

Die Gliederung in Prolog, Hauptteil und Epilog sowie die datengetriebene Ausführung des Hauptteils macht awk besonders geeignet für einfache Auswertungs- und Umformungsaufgaben. Auch komplexe Aufgaben wie die Erstellung von Interpretern und Compilern sind mit awk schon gelöst worden. Adäquater ist in solchen Fällen aber die Verwendung der Werkzeuge, die wir ab Abschnitt 8.2 betrachten.

Während grep und sed die Eingabe als einen Strom von Zeilen betrachten, zerlegt awk die Zeilen automatisch weiter in eine Folge von *Feldern*. Standardmäßig sind Felder durch Zwischenräume und Tabulatoren voneinander getrennte Zeichenreihen, die solche Trennzeichen nicht enthalten. Für die Verarbeitung steht die Anzahl der in einer Zeile gefundenen Felder als Inhalt der Variablen NF zur Verfügung und die einzelnen Felder unter den Bezeichnungen $1, $2, ... Die *Trennzeichen* können umdefiniert werden. Überhaupt stellt awk im Bereich Zeichenreihenverarbeitung eine große Menge nützlicher Standardfunktionen bereit, die eine noch feinere Aufteilung und Verarbeitung der Eingabetexte ermöglichen.

Der Flexibilität der Textverarbeitung entspricht die Flexibilität der einzigen Datenstruktur von awk, der *„assoziativen Reihung"*: Als Indizes dürfen ganze Zahlen oder Zeichenreihen verwendet werden; der Indexbereich und damit die Größe der Reihung werden nicht angegeben; der Indexbereich muß auch nicht lückenlos gefüllt sein (technisch handelt es sich um „hash-" oder „Streuspeichertabellen").

Die *Kontrollstrukturen* von awk haben eine C-ähnliche Syntax. Mit einer speziellen Laufanweisung können die besetzten Indizes einer assoziativen Reihung aufgezählt werden. Neuere Versionen von awk (nawk und gawk) kennen auch benutzerdefinierte Funktionen. Weiter gibt es in awk:

- einen Satz *arithmetischer Funktionen* wie „sin", „sqrt", „rand" u.s.w.;

- *Systemvariablen*, die Zugriff auf Zeilenbestandsteile, Dateien, Kommandozeilenargumente und Umgebungs(Shell-)variablen erlauben;

- C-ähnliche Zuweisungs-, Inkrement- und sonstige *Operatoren;*

- *formatierte Ausgabe;*

- *Systemaufrufe.*

Markov-Interpreter generieren: Aus der Theorie der Berechenbarkeit sind Turingmaschinen und (markierte) Markov-Algorithmen bekannt als äquivalente Präzisierungen des Begriffs „Algorithmus". Wir zeigen, daß es zu jedem (unmarkierten) Markov-Algorithmus einen Interpreter in Form eines sed-Skripts gibt und daß man diese Skripten mit Hilfe eines weiteren sed-Skripts generieren kann. Ähnlich einfach lassen sich Interpreter für Turing-Maschinen erzeugen.

Ein *Markov-Algorithmus* wird spezifiziert durch eine Liste (Reihenfolge ist wesentlich!) von Textersetzungsregeln der Form

> Zeichenreihe1 → Zeichenreihe2.

Die Anwendung eines Markov-Algorithmus auf eine Ausgangszeichenreihe ergibt eine Folge von Zeichenreihen: In jedem Schritt wird auf die jeweils erreichte Zeichenreihe α die erste Textersetzungsregel angewandt, deren linke Seite („Zeichenreihe1") in α als Teilzeichenreihe vorkommt. Bei der *Anwendung der Regel* wird das erste Vorkommen von „Zeichenreihe1" (von links her) in α durch die rechte Seite der Regel („Zeichenreihe2") ersetzt. Wenn auf das erreichte α keine Regel mehr anwendbar ist, dann *terminiert* der Algorithmus mit dem *Ergebnis α*.

Abbildung 8.1.2 zeigt einen Markov-Algorithmus zum *Multiplizieren von Strichzahlen* und ein Protokoll aller Zeichenreihen, die ausgehend von „ I I I * I I " bis zum Ergebnis „ I I I I I I" entstehen. Am Protokoll erkennt man, wie der Algorithmus arbeitet: Zunächst werden die Striche „I" des linken Operanden durch Hilfsymbole „H" ersetzt (Regel 1 und 2), dann jeder Strich des rechten Operanden durch ein Symbol „D" ersetzt, das den linken Operanden durchläuft und dabei links von jedem „H" eine neue Einheit

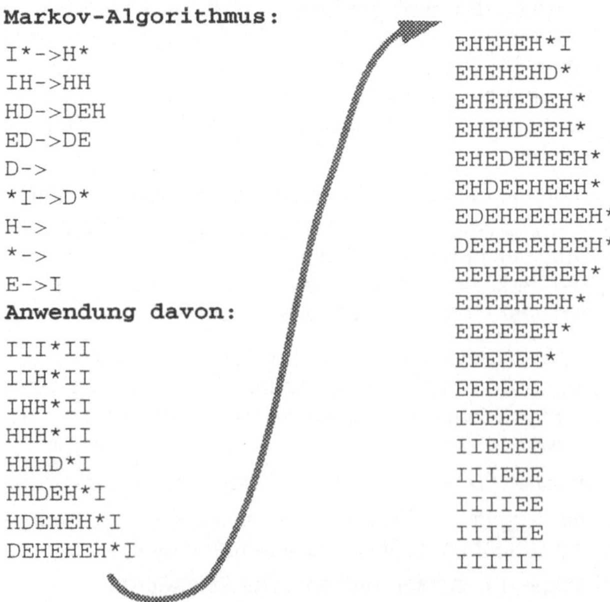

Abbildung 8.1.2: *Markov-Algorithmus zum Multiplizieren*

„E" einfügt (Regeln 6, 3 und 4). Die „E"s entsprechen den Strichen des Multiplikations-
ergebnisses. Also müssen nur noch die Symbole „H", „D" und „*" gelöscht (Regeln 5, 7
und 8) und die „E"s in Striche umgewandelt werden (Regel 9).

```
1p
:top
s/I\*/H\*/p
t top
s/IH/HH/p
t top
s/HD/DEH/p
t top
s/ED/DE/p
t top
s/D//p
t top
s/\*I/D\*/p
t top
s/H//p
t top
s/\*//p
t top
s/E/I/p
t top
```

Abbildung 8.1.3: *Ein sed-Skript als Markov-Interpreter*

Das Ablaufprotokoll in Abbildung 8.1.2 wurde mit Hilfe des sed-Skripts in Abbildung
8.1.3, angewandt auf eine Datei mit dem einzeiligen Inhalt „I I I * I I", erzeugt. Dieses
Skript beschreibt also einen *Interpreter* zu dem Markov-Algorithmus aus Abbildung
8.1.2. Die erste Zeile dieses Skripts „1p" gibt die Eingabezeichenreihe unverändert
aus. Danach folgt die Marke „: top", die nach erfolgreichen Regelanwendungen ange-
sprungen wird. Jeder Regel „$\lambda \to \gamma$„ entspricht ein Textersetzungsbefehl „s / λ / γ / p".

```
s/\\/\\\\/g
s/\//\\\//g
s/\./\\\./g
s/\*/\\\*/g
s/\(.*\)->\(.*\)/s\/\1\/\2\/p/
1i\
1p\

:top
a\
t top\
```

Abbildung 8.1.4: *Ein sed-Skript zur Generierung von Markov-Interpretern*

Wegen des Flags „p" wird nach einer Substitution die entstandene Zeichenreihe ausgegeben. Die Anweisungen „t top" verzweigen nach erfolgreichen Substitutionen zurück zur Marke ": top". Man beachte, daß sed-Metazeichen, die im Markov-Algorithmus vorkommen (hier „* "), im sed-Skript durch Voranstellen eines Backslash zu „normalen" Zeichen gemacht werden müssen.

Der Markov-Interpreter in Abbildung 8.1.3 entsteht durch Anwendung des sed-Skripts in Abbildung 8.1.4 auf den Markov-Algorithmus in Abbildung 8.1.2. Wir sprechen daher von einem *„Markov-Generator"*. Die ersten vier Zeilen des Generators machen aus Metazeichen („\", „/", „.", „*"), die im Markov-Algorithmus vorkommen können, durch Voranstellen eines Backslashes normale Zeichen. Der Kern des Generators ist Zeile fünf: Dort wird eine Markov-Regel in eine sed-Textersetzungsanweisung umgewandelt. Die nächsten drei (!) Zeilen gehören zum Befehl „1i", der vor der ersten Zeile des erzeugten Interpreters die Zeilen „1p" und „: top" einfügt. Zum Schluß folgt der „a"-Befehl, der an jede erzeugte „s"-Zeile des Interpreters die Zeile „t top" anfügt.

Insgesamt haben wir - wie in Abbildung 8.1.5 gezeigt - eine zweistufige sed-Anwendung: Mit den dort eingeführten Dateinamen leistet das Kommando

```
sed -n -f  markov.sed mul.def > mul.sed
```

die Erzeugung des Interpreters mul.sed. Das Kommando

```
sed -n -f mul.sed mul.dat > mul.erg
```

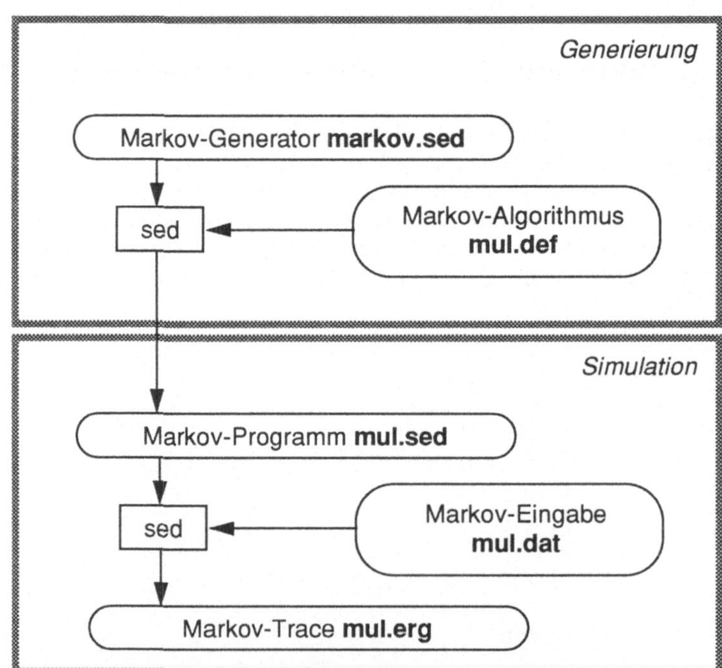

Abbildung 8.1.5: *Markov-Interpreter bauen mit sed*

führt einen Interpreter-Lauf auf der (einzeiligen) Eingabe in mul.dat aus und schreibt das Protokoll in die Datei mul.erg.

Die Verwendung eines sed-Skripts als Interpreter, der aus einer einzigen Eingabezeile eine unbegrenzte Zahl von Ausgabezeilen erzeugt, dürfte eher ungewöhnlich sein. Die Erzeugung des Interpreterskripts aus einem Markov-Algorithmus dagegen ist eine typische Textverarbeitungsaufgabe, die genau den Möglichkeiten von sed entspricht.

8.2 Compiler-Compiler

Compiler-Compiler sind umfassende und mächtige Werkzeugsätze zur Lösung von Problemen, die bei der Verarbeitung von Kunstsprachen anfallen. Ihren Aufbau und ihre Arbeitsweise haben wir bereits in Kapitel 1 skizziert (vgl. Abbildung 1.1.1). Eine Übersicht über solche Systeme würde den Rahmen dieses Buches sprengen, selbst wenn man sich auf die wichtigsten beschränken wollte. Der Anhang „Informationsquellen" nennt zwei Übersichten. Von den zu Produktionszwecken geeigneten Compiler-Compilern greifen wir zwei heraus: Das aufgrund seiner Verbreitung mit Unix bekannteste System ist die Kombination lex/yacc. Den heutigen Stand der Kunst repräsentiert das Eli-System. Daneben stellen wir am Ende von Abschnitt 8.2 kurz ein Lehr-System vor, das für die Einarbeitung in dieses Gebiet bestimmt ist.

lex/yacc: Der Scannergenerator lex und der Parser- und Attributauswertergenerator yacc (Akronym für „Yet Another Compiler-Compiler") wurden in der ersten Hälfte der siebziger Jahre von S.C. Johnson, M.E. Lesk und E. Schmidt bei AT&T entwickelt und seitdem mit Unix ausgeliefert. Neben der ursprünglichen AT&T-Fassung gibt es eine Reihe verwandter Versionen, darunter flex („fast lex") / bison von GNU.

lex und yacc sind im Prinzip voneinander unabhängige Werkzeuge, die über die gemeinsame Wirtssprache „C" sehr gut untereinander und mit anderen C-Programmen verbunden werden können: Attributauswertungsregeln werden in C formuliert; die erzeugten Scanner und Parser/Attributauswerter entstehen als C-Quellprogramme. Es ist daher kein Problem, (globale) Datenstrukturen, benutzerdefinierte Funktionen etc. hinzuzufügen (z.B. per „include"). Umgekehrt läßt sich der erzeugte Parser (und die anderen Komponenten) leicht von anderen C-Programmen aus aufrufen. Häufig werden einzelne Komponenten von lex/yacc auch von anderen Compiler-Compilern verwendet. (Ein Beispiel dafür ist das MAX-System [Poe 93], das die Spezifikation und Prototyp-Entwicklung für Sprachprozessoren erleichtern soll: Ein Vergleich mit einem herkömmlichen Compiler-Compiler bestätigte, daß mit MAX erheblich klarere und kompaktere Spezifikationen zu erzielen sind.)

Da Scanner, Parser und Attributauswerter von lex/yacc eng miteinander verzahnt arbeiten, kann man im Scanner in Abhängigkeit von der syntaktischen Umgebung oder von gewissen Attributwerten entscheiden, was für ein Token gerade vorliegt: z.B. könnte bei der Analyse von Programmen der Scanner anhand von Typinformationen feststellen, ob ein betrachtetes „+" als „IntegerAddition"-Token oder als „FloatAddition"-Token aufzufassen ist. Die benötigten Typinformationen würden aus der vorangegangenen Attributauswertung des Vereinbarungsteils stammen. Eine so stark verzahnte Arbeitsweise ist nur bei L-attributierten Grammatiken möglich, die Verschränkung von lexikalischer und syntaktischer Analyse auch sonst. Allerdings erschweren derartige Kopplungen den Austausch von Komponenten (wie z.B. des Scanners) und beeinträchtigen die Wartbarkeit der einzelnen Komponenten (weil Auswirkungen auf andere Systemteile berücksichtigt werden müssen).

lex verarbeitet Tokenbeschreibungen mit regulären Mustern, wie wir sie in Abschnitt 8.1 in Bezug auf egrep und awk dargestellt haben. Der Parsergenerator von yacc erzeugt LALR(1)-Parser. Der Attributierungsmechanismus ist sehr einfach: Alle Grammatiksymbole haben ein (unbenanntes) synthetisiertes Attribut, dessen Aufbau durch eine (allen Symbolen gemeinsame) C-Typdeklaration festgelegt ist. Die Starrheit, die aus der Einschränkung auf *ein einheitliches* Attribut zu resultieren scheint, läßt sich durch die Verwendung von Records mit *mehreren* Komponenten und Varianten („unions") mit *mehreren* Alternativen überwinden. Die Auswertung der synthetisierten Attribute erfolgt begleitend zur Syntaxanalyse jeweils bei Reduktionen. In Kapitel 6 haben wir eine Hilfskonstruktion vorgestellt, mittels derer man ererbte Attribute und L-Attributauswertung nachbilden kann, wobei man aber erhebliche Einbußen an Flexibilität in Kauf nehmen muß.

In den Bereichen Scannererzeugung und Parsererzeugung kann man lex/yacc heute als de-facto-Standard betrachten. Dazu tragen auch die folgenden Möglichkeiten bei, die den Gebrauchswert erheblich steigern:

- Man kann Operatortoken als *links-* oder *rechtsassoziativ* auszeichnen.

- Man kann die *Präzedenzen* der Operatoren untereinander leicht festlegen und sogar verschiedenen Vorkommen des gleichen Operators verschiedene Präzedenzen zuordnen (z.B. binäres versus unäres Minuszeichen).

Die direkte Spezifikation von Links- bzw. Rechtsassoziativität und Operatorpräzedenzen kommen unserer gewohnten Denkweise näher als die relativ komplizierten Grammatikschemata für Ausdrücke in Kapitel 2.

- LALR(1)-Konflikte werden im yacc-Parser automatisch aufgelöst: Shift-Reduce-Konflikte zugunsten des Shift (was oft ein brauchbares Verhalten ergibt), Reduce-Reduce-Konflikte zugunsten der in der Grammatik zuerst genannten Regel (worauf man sich lieber nicht einlassen sollte).

- yacc bietet Unterstützung für Fehlerbehandlung und Wiederaufsetzen. Beides kann den Bedürfnissen der konkreten Syntax angepaßt werden. Die Robustheit der erzeugten Parser wird erhöht.

Auf die Analyse folgende Verarbeitungsschritte (wie z.B. in Kapitel 7.3 beschrieben) sind bei yacc im Rahmen einer sehr einfachen Attributauswertung abzuwickeln oder bleiben ganz der Programmierung in C überlassen.

Als **Beispiel** betrachten wir die Verwendung von lex/yacc in dem Theoremprover *RALF*(„Relationenalgebraischer Formelmanipulator)[1]. RALF-Benutzer geben Formeln in Textform ein. Mit Hilfe von lex/yacc erzeugt RALF daraus die für die Weiterverarbeitung benötigte Internform der Formeln, eine um Typinformationen angereicherte Darstellung von Syntaxbäumen. Die Verwendung eines Compiler-Compilers bringt hier vor allem *Flexibilität*: Wenn die Formelsyntax modifiziert oder erweitert werden soll, müssen nur die Grammatikregeln und Tokendefinitionen angepaßt und die Scanner-/

---

1. Die Quellen wurden uns freundlicherweise von der Projektverantwortlichen, Frau Hattensperger, zur Verfügung gestellt.

Parsergenerierung angestoßen werden. Ein Eingriff in Programmtexte ist in der Regel nicht erforderlich.

Der Aufruf „yyparser ( )" von yacc ist in RALF in eine Funktionsprozedur mit dem Kopf

    treeptr parser (char * enter)

eingebettet, die vor dem Aufruf einige Initialisierungen und nach dem Aufruf einige Abschlußarbeiten vornimmt, bevor sie als Ergebnis einen Zeiger auf den erstellten Syntaxbaum zurückgibt. Während der *Initialisierungen* wird vermöge der Anweisungen

    yyenterbuffer = strdup(enter); counter = 0;

eine Kopie der Benutzereingabe für den Scanner bereitgestellt; die Anbindung erfolgt im lex-Teil, den wir unten beschreiben. Zu den *Abschlußarbeiten* gehört das Ergänzen von Typinformationen im Syntaxbaum, eine Überprüfung der konsistenten Verwendung von Variablenbezeichnern und die benutzergerechte Aufbereitung von Fehlermeldungen.

Abbildung 8.2.1 zeigt einige wenige Ausschnitte aus der lex-Spezifikation von RALF. Jede lex-Spezifikation besteht aus (zwei bis) drei Abschnitten, die durch „%%"-Zeilen voneinander abgesetzt sind: Der erste Abschnitt enthält Definitionen, der zweite Regeln und der dritte Benutzerroutinen. (Der dritte Abschnitt und die vorangehende „%%"-Zeile sind optional.) Aus dem Abschnitt *„Benutzerroutinen"* sind hier nur die *Redefinitionen* von „input ( )" und „unput ( )" aufgeführt, mit denen lex auf den Eingabezeichenstrom zugreift. Die Redefinition lenkt diese Zugriffe um auf „yyenterbuffer"; „counter" ist der Index des nächsten Zeichens.

Der zwischen „%{" und „%}" geklammerte Teil des Abschnitts *„Definitionen"* enthält C-Quellcode, der unverändert in den generierten Scanner übernommen wird. Neben „include"-Anweisungen, die System- und RALF-spezifische Deklarationen bereitstellen, finden wir dort Externbezüge auf die anderenorts vereinbarten Variablen „yyenterbuffer", „counter" und „yylval". Über eine mit „yylval" benannte Variable gibt lex standardmäßig den „Wert" eines gerade erkannten Tokens an yacc weiter. Hier ist der Typ von „yylval" gleichzeitig der Attributtyp „YYSTYPE" von yacc, nämlich ein Zeiger auf einen Teilbaum des Syntaxbaums. (Da die eingefügte Datei „parser.h" von yacc generiert wird, muß der Ausführung von lex die von yacc vorangehen.) Die letzten zwei Zeilen des Definitionsteils führen *Namen* für Hilfsmuster ein, die in den Regeln vorkommen dürfen: „digit" steht für eine Ziffer, „logic" für das Zeichen „@".

Der *Regelabschnitt* besteht aus Paaren aus „Muster" und „Aktion". „Muster" sind reguläre Muster, die auch (in geschweifte Klammern gesetzt) Namen von Hilfsmustern enthalten können. „Aktionen" sind geklammerte C-Anweisungsfolgen, die vom Scanner dann auszuführen sind, wenn das zugehörige Muster erkannt wurde. Die letzte (einzige) Anweisung der Folge gibt das erkannte Token an yacc zurück. Nach der ersten Regel erkennt lex die Zeichenfolge „–>" als Implikations- („ONLY_IF")-Token. Für das „AND"-Token dürfen RALF-Benutzer englisch „and" oder deutsch „und", beides in beliebiger Klein- und/oder Großschreibung eingeben. „Logische Variablen" werden bezeichnet durch Namen aus „@", gefolgt von einer nicht-leeren Ziffernfolge. Beim Erkennen einer logischen Variablen baut lex mit „make_tree" einen entsprechenden Blattknoten des Syntaxbaums auf und gibt diesen über yylval an yacc.

```
%{
# include „rtree.h"       /* darin ist make_tree definiert */
# include „parser.h"      /* generiert von yacc:
                             enthaelt die Tokendeklarationen */
extern char* yyenterbuffer;
extern int counter;
extern YYSTYPE yylval;
%}
digit            [0-9]
logic            @
%%
„->"                { return token (ONLY_IF);}
„<-"                { return token (IF);}
„<->"               { return token (IFF);}
[aAuU][nN][dD]         { return token (AND);}
[oO][rR]  |
[oO][dD][eE][rR]       { return token (OR);}
[nN][oO][tT]           { return token (NOT);}
{logic}{digit}+        { yylval = make_tree(yytext,
                             (treeptr) NULL,(treeptr) NULL);
                         return token (LOGICVARIABLE);}
%%
# undef input ()
# define input ()   yytchar = yyenterbuffer[counter++]
# undef unput(c)
# define unput(c)   yyenterbuffer [--counter] = c
```

Abbildung 8.2.1: *Auszüge aus der RALF-Scanner-Definition*

Abbildung 8.2.2 zeigt einige, kleine Bruckstücke aus der yacc-Spezifikation von RALF.
eine yacc-Spezifikation zerfällt ebenso wie eine lex-Spezifikation in die Abschnitte
„Definitionen", „Regeln" und „Benutzerroutinen". Der letzte Abschnitt ist optional und
fehlt hier.

Der *Definitionsabschitt* beginnt mit (zwischen „%{„ und „%}" geklammertem) C-Quellcode, der unverändert in den erzeugten Parser übernommen wird. Da Attribute von
yacc in einem Keller gespeichert werden, ist der Typ „YYSTYPE" dieser Kellerelemente gleichzeitig der Typ der yacc-Attributwerte, hier „treeptr", d.h. Zeiger auf Syntaxbaum. Die Variable „my_parser_tree" zeigt nach Ausführung von „yyparser( )" auf den
erzeugten Syntaxbaum. Im Definitionsabschnitt folgen die *Token-Deklarationen* und
die *Präzedenztabelle* für die Operator-Token. In der Präzedenz-Tabelle kommt es auf
die Reihenfolge an: Die Operatoren werden nach wachsender Bindungskraft aufge-
listet. Von den gezeigten logischen Operatoren binden die Quantoren „FORALL" und

„EXISTS" am schwächsten, die Negation „NOT" am stärksten. Diese drei Operatoren sind rechtsassoziativ, alle anderen linksassoziativ.

Der Abschnitt *„Regeln"* enthält die kontextfreien Grammatkregeln und - optional zu jeder Regel bzw. Alternative - Attributauswertungsregeln. Die linke Seite der ersten Regel (hier „relalg") ist definitionsgemäß das Startsymbol der Grammatik. Zwischen linker Seite und rechter Seite ($\cong$ ersterAlternative) steht ein Doppelpunkt. Weitere Alternativen schließen sich wie üblich mit senkrechten Strichen an. Eine *Attributauswertungsregel* ist eine Folge von C-Anweisungen und steht hinter der zugehörigen Alternative in geschweiften Klammern. Die Pseudovariablen „$$", „$1", „$2", „$3" u.s.w. bezeichnen die Attribute der linken Seite und des ersten, zweiten, dritten Symbols u.s.w. der rechten Seite. Die Attributauswertungsregel „{my_parser_tree = $1;}" zur Regel

```
%{
#include „ralftypes.h" /* definiert den Typ treeptr */
#define YYSTYPE treeptr
treeptr my_parser_tree;
%}
/* token declarations */
%token FORALL
%token EXISTS
%token LOGICVARIABLE
%token OR
%token AND
%token ONLY_IF
%token IF
%token IFF
/* precedence table */
%right FORALL EXISTS
%left IFF
%left IF ONLY_IF
%left OR
%left AND
%right NOT
%%
relalg: theorem {my_parser_tree = $1;}
formula: formula OR formula
        {$$ = make_tree(„OR", $1, $3);}
      | FORALL LOGICVARIABLE LB formula RB
        {$$ = make_tree(strcat(„FORALL", $2->sign),
                        $4,(treeptr) NULL);}
```

Abbildung 8.2.2: *Auszüge aus der yacc-Spezifikation von RALF*

„relalg: theorem" weist den im Attribut von „theorem" befindlichen Zeiger der Variablen „my_ parser_tree" zu. So wird der aufgebaute Baum als Ergebnis zurückgeliefert. Die zweite Attributauswertungsregel baut den Syntaxbaum einer OR-Formel in naheliegender Weise aus den Syntaxbäumen der Teilformeln zusammen. Die dritte Auswertungsregel leistet das Gleiche für eine allquantifizierte Formel; dabei wird die Bezeichnung der logischen Variablen dem vom Scanner erzeugten Baumknoten (s.o.) wieder entnommen und mit „FORALL" zur Knotenmarkierung konkateniert.

Eli: Das Eli-System ist in internationaler Zusammenarbeit entstanden. Begonnen wurde das Projekt von einer Arbeitsgruppe in Boulder, Colorado, unter Leitung von Prof. Waite. Auf deutscher Seite beteiligt ist eine Paderborner Arbeitsgruppe unter Leitung von Prof. Kastens. Der Name „Eli" erinnert an den amerikanischen Ingenieur Eli Whitney (1765 - 1825), der als Pionier der Serienfertigung und insbesondere des Einsatzes austauschbarer Einzelkomponenten gilt. Eli ist organisiert als ein Verbund austauschbarer Werkzeuge, in dem ein Expertensystem die Abwicklung komplexer Benutzeranforderungen unterstützt. Durch umfassenden Werkzeugeinsatz soll es mit Eli möglich sein, schnell und kostengünstig Compiler in „Produktionsqualität" (d.h. vergleichbar mit Hand-geschriebenen) zu erstellen. Dazu trägt neben leistungsfähigen Programmgeneratoren der Einsatz erprobter, *wiederverwendbarer* Teillösungen bei. Auf diesen Aspekt werden wir besonders eingehen.

Der in Eli enthaltende *Scannergenerator* ähnelt stark lex. Die zur Tokenbeschreibung verwendeten regulären Muster sind in beiden Systemen praktisch gleich. Zusätzlich stellt Eli Tokendefinitionen aus bekannten Programmiersprachen (Ada, C, Modula, Pascal) als *„versiegelte Symbolbeschreibungen"* („canned symbol descriptions") bereit. Bei der Definition eines Scanners kann man anstelle eines regulären Musters den Namen einer versiegelten Symbolbeschreibung verwenden, z.B.

    Identifier: ADA_IDENTIFIER
    String: C_STRING_LIT
    Float: PASCAL_REAL

Darin steht „PASCAL_REAL" für eine Tokenbeschreibung mit dem regulären Muster

$$(\, (\, [0\text{-}9]+ \, \backslash \, . \, [0\text{-}9]+) \, ((e \, | \, E) \, (\backslash + \, | \, \text{-})? \, [0\text{-}9]+)? \, | \, (\, [0\text{-}9]+ \, (e \, | \, E) \, (\backslash + \, | \, \text{-})? \, [0\text{-}9]+ \,)$$

Durch Nennung von „PASCAL-REAL" verlangt man „Real-Konstanten im Stil von Pascal" und verläßt sich darauf, daß andere die Details korrekt erledigt haben. Selbst wenn das einmal nicht der Fall sein sollte, werden Fehler durch Wiederverwendung früher auffallen: Wiederverwendung dient vor allem auch der Qualitätssicherung.

Ähnlich wie versiegelte Symbolbeschreibungen können effiziente (weil spezialisierte) *Hilfsscanner* und *Verarbeitungsfunktionen* durch Nennung ihres Namens eingebunden werden. Der Hilfsscanner „auxEOL" beispielsweise fügt den Rest der Eingabezeile zum aktuellen Token hinzu; die Verarbeitungsfunktion „mkint" konvertiert den Tokentext in eine ganze Zahl. Auf diese Weise lassen sich in kurzer Zeit effiziente Scanner erstellen.

Der in Eli enthaltene *Parsergenerator* erzeugt wie yacc LALR(1)-Parser. Die Grammatik darf EBNF-Konstruktionen (wie Wiederholungen und optionale Teile) enthalten; bei

Regeln, in deren Kontext Attributauswertung stattfinden soll, wird aber von der Verwendung dieser Ausdrucksmittel abgeraten.

Eli unterscheidet zwischen konkreter und abstrakter Syntax. Die *abstrakte Syntax* entspricht besser den Bedürfnissen der inhaltlichen Bearbeitung während der Attributauswertung. Die *konkrete Syntax* entspricht besser den Bedürfnissen der Syntaxanalyse. Zwischen dem konkreten Syntaxbaum, der als Ergebnis der Syntaxanalyse anfällt, und dem abstrakten Syntaxbaum, der zur Attributauswertung benötigt wird, stellt Elis „maptool" die Verbindung her. Dazu sind Hinweise erforderlich, die eine eindeutige Zuordnung ermöglichen. Wir betrachten ein einfaches *Beispiel:* Gegeben folgende konkrete Syntaxregeln, welche verschiedene Schreibweisen für Datumsangaben berücksichtigen:

Datum: number "/" number "/" number

Datum: number "." number "." number

Den 14. Juli 1991 könnte man entsprechend der ersten Regel schreiben als „7/14/91", entsprechend der zweiten Regel als „14.7.91". Für die abstrakte Syntax sind die Unterschiede der verschiedenen Schreibweisen ohne Belang. Wichtig ist dagegen, daß es sich bei den drei Zahlen um eine Tages-, eine Monats- und eine Jahresangabe handelt. In Regeln ausgedrückt:

Datum: Tag Monat Jahr

Tag: number

Monat: number

Jahr: number

Um die beiden konkreten Syntaxbäume in Abbildung) 8.2.3 (a) und 8.2.3 (b) beide auf den abstrakten Syntaxbaum 8.2.3 (c) abbilden zu können, benötigt das „maptool" den Hinweis:

MAPRULE

Datum: number „/" number „/" number <$2 $1 $3>

Datum: number „." number "." number <$1 $2 $3> ,

der über die Reihenfolgenangaben in spitzen Klammern die eindeutige Zuordnung der drei Zahlen zu Tag, Monat und Jahr erlaubt.

Die Werkzeugunterstützung in Eli geht deutlich über lex/yacc hinaus. Für im Compilerbau immer wieder benötigte Dienste bietet Eli eine ganze Reihe spezialisierter Werkzeuge an, z.B. eine Sprache PDL („property definitions language") zur Generierung von *Symboltabellen*; eine Sprache OIL zur Identifikation *überladener Operatoren* und ein Werkzeug PTG („program textgenerator") zur Erzeugung strukturierter *Ausgabetexte*. Ausführlich gehen wir hier nur auf die Sprache *LIDO* ein, in der in Eli die Attributierung spezifiziert wird. Durch geeignete Sprachelemente unterstützt LIDO die *Abstraktion von Teilattributierungen*, die in einer *Modulbibliothek* zur Wiederverwendung bereitgehalten werden. Der Attributauswerter LIGA verarbeitet die in Kapitel 6 beschriebenen OAG-Attributierungen.

Folgende Elemente von LIDO wirken bei der Formulierung von Moduln zusammen:

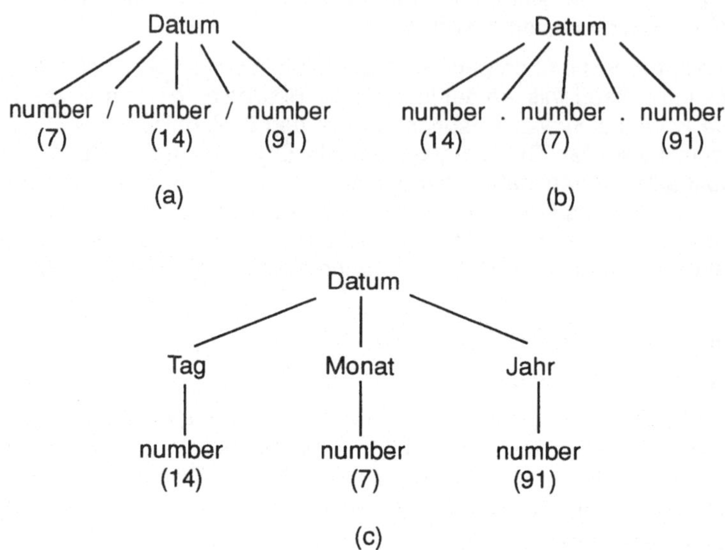

Abbildung 8.2.3: *Konkrete und abstrakte Syntaxbäume*

-   Kumulative Spezifikationen aus Bausteinen
-   Attributketten
-   Fernwirkung
-   Symbolbezogene Bausteine
-   Vererbung
-   Generische Parametrisierung

Wir demonstrieren diese Mechanismen an den Attributierungen „Konsistenzprüfung" und „Makroexpansion" aus Kapitel 7.[1]

LIDO erlaubt es, die Attributauswertungsregel in beliebiger Reihenfolge anzugeben: Benutzer können die Auswertungsregeln so gruppieren, wie sie inhaltlich zusammengehören. Typische Bausteine einer solchen *kumulativen Spezifikation* haben die Form:

```
RULE <Produktionsregel> COMPUTE
    <Attributauswertungsregeln>
END;
```

Verschiedene Bausteine dürfen sich auf die gleiche Produktionsregel beziehen. Eli sammelt zusammengehörige Spezifikationsteile in geeigneter Weise auf. (Neben den Produktionsregel-bezogenen Bausteinen gibt es die weiter unten beschriebenen Symbol-bezogenen Bausteine.)

---

1. Um die Beziehungen zu Kapitel 7 deutlich zu machen, verwenden wir in den Beispielen als Notation eine Mischform aus LIDO und der sonst in diesem Buch verwendeten Schreibweise.

Manche Attributberechnungen erfordern einen Links-Rechts-Durchlauf durch den Syntaxbaum und das enge Zusammenwirken von ererbten und synthetisierten Attributen. Ein typisches Beispiel ist die Numerierung der miniDoc-Theoreme mit Hilfe von Attributen „preNr↓" und „postNr↑". LIDO enthält für solche Zwecke den Mechanismus der *Attributketten*, bei dem ein einziges Attribut beide Funktionen (ererbte bzw. synthetisierte Verwendung) in sich vereint. Abbildung 8.2.4 zeigt, wie man mit Hilfe einer Attributkette „Nummer" die Theoremnumerierung ausdückt. „Nummer" spielt mal die Rolle von „preNr↓", mal die Rolle von „postNr↑" : In der Auswertungsregel „Text.Nummer := Preamble.postNr" steht „Nummer" für „preNr", in der Auswertungsregel „Formula.-Nummer := Formula.Nummer+1" links für „postNr", rechts für „preNr". Aus dem Ort der Verwendung ergibt sich eindeutig, ob das ererbte oder das synthetisierte Attribut gemeint ist. Man beachte, daß es für die Beschreibung einer Attributkette ausreicht, die Berechnung des *Kettenanfangswerts* (bei „CHAINSTART") und die Auswertungsregeln anzugeben, bei denen sich das Kettenattribut *ändert*.

```
CHAIN Nummer: int;
RULE Document –> Preamble Text COMPUTE
    CHAINSTART Text.Nummer := Preamble.postNr;
END;
RULE Formula –> beginEqu Math label oB LabelOrNumber cB endEqu
COMPUTE
    Fomula.Nummer := Formula.Nummer+1;
END;
```

Abbildung 8.2.4: *Attributkette zur Theoremnumerierung*

Für das „Durchreichen" der Werte durch den Baum sorgt der Mechanismus unabhängig von der Form des Baums und der Art der dabei berührten Knoten! Eine Attributkette ist daher weitgehend unempfindlich gegen Modifikationen der Grammatik.

Mit dem Mechanismus der *Fernwirkung* kann man sich auf entfernte Attribute an Knoten beziehen, die zwischen dem aktuellen Knoten und der Wurzel des Syntaxbaums (einschließlich) liegen; ebenso auf Mengen (bzw. Listen) von Attributen in dem Teilsyntaxbaum, dessen Wurzel der aktuelle Knoten ist. Das Prinzip der Fernwirkung haben wir bereits in Kapitel 3 beschrieben. Folgende zwei Modifikationen von miniDoc schaffen Ansatzpunkte für Fernwirkung: Die zwei Regeln:

    SimpleExpression –> backslash Word
    SimpleExpression –> backslash Word Parameters

werden ersetzt durch die drei Regeln:

    SimpleExpression –>MacroCall
    MacroCall –> backslash Word
    MacroCall –> backslash Word Parameters

und die Regel:

    Formula –> beginEqu Math label oB LabelOrNumber cB endEqu

wird ersetzt durch die beiden Regeln:

    Formula –> LabeledFormula

    LabeledFormula –> beginEqu Math label oB LabelOrNumber cB endEqu

Abbildung 8.2.5 zeigt, wie elegant sich dann das Propagieren von Makrodefinitionen und das Aufsammeln von Querbezugsinformationen durch LIDO-artig notierte Fernwirkung spezifizieren läßt: Die erste Regel macht bei jedem „MacroCall" alle Makros verfügbar, die insgesamt definiert sind; diese liegen im Wurzelattribut „Document.defined-Macros" bereits gesammelt vor. Die zweite Regel sammelt die Marken aller markierten Formeln im Wurzelattribut „Document.definedRefs" auf. Dabei sagt die CONSTITUENTS-Klausel, aus welchen Attributen die aufzusammelnden Werte stammen.

```
RULE SimpleExpression → MacroCall COMPUTE
    MacroCall.availableMacros :=
        INCLUDING Document.definedMacros;
END;
RULE Document –> Preamble Text COMPUTE
    Document.definedRefs :=
        CONSTITUENTS LabeledFormula.definedRef
        WITH (list, ⊕, make_singleton, empty_list);
END;
```

Abbildung 8.2.5: *Fernwirkung in miniDoc*

Hier ist es die Folge aller „definedRef"-Attributwerte an „LabeledFormula"-Knoten, wie man sie bei einem Durchlauf des Baums mit der Wurzel „Document" von links nach rechts antrifft. Die WITH-Klausel beschreibt, wie sich aus dieser Folge der Wert des berechneten Attributs ergibt: Der erste Parameter legt den Ergebnistyp fest (hier „list"), der zweite die anzuwendende, zweistellige Verknüpfung (hier „⊕", die Konkatenation von Listen). Der dritte Parameter ist eine Funktion, die vor der Verknüpfung auf die einzelnen Elemente anzuwenden ist (häufig die Identität, hier die Funktion „make_-singleton", die aus einem Wert eine einelementige Liste macht). Der vierte Parameter ist der Startwert, mit dem die Verknüpfung der Elemente begonnen wird (hier die leere Liste).

Ein anderes Beispiel: Die WITH-Klausel

    WITH (number, +, identity, 0)

entspricht dem Summationsoperator Σ.

Die zwei wichtigsten Vorteile haben die Mechanismen Attributketten und Fernwirkung gemeinsam: Die für attributierte Grammatiken typischen, lokalen Transferregeln entfallen, und die auf diese Weise nur implizit berührten Grammatikteile können ohne Auswirkung auf Attributkette bzw. Fernwirkung modifiziert werden.

Manche produktionsbezogenen Formulierungen von Attributauswertungsregeln hängen gar nicht von der gesamten Syntaxregel ab, sondern nur vom Symbol des Knotens, an dem sich das berechnete Attribut befindet. Das ist bei beiden Auswertungsregeln in Abbildung 8.2.5 der Fall. Die regelbezogene Formulierung kann dann durch einen *Symbol-bezogenen Baustein* der Form

```
SYMBOL <Symbol> COMPUTE
    <Attributauswertungsregel>
END
```

ersetzt werden.

```
SYMBOL MacroCall COMPUTE
    INHERITED.availableMacros :=
        INCLUDING Document.defined Macros;
END;
SYMBOL Document COMPUTE
    SYNTHESIZED.definedRefs :=
        CONSTITUENTS LabeledFormula.definedRef
        WITH (list, ⊕, make_singleton, empty_list);
END;
```

Abbildung 8.2.6: *Symbol-bezogene Formulierung*

Abbildung 8.2.6 zeigt die Symbol-bezogene Formulierung der Regeln aus Abbildung 8.2.5. In der Auswertungsregel wird anstelle des Symbols die Attributart („INHERITED" bzw. „SYNTHESIZED") genannt. Bei Attributketten steht an dieser Stelle „THIS".

Mit den letzten Syntaxmodifikationen kann man die zweite Regel aus Abbildung 8.2.4 wie folgt Symbol-bezogen ausdrücken:

```
SYMBOL LabeledFormula COMPUTE
    THIS.Nummer := THIS.Nummer+1;
END.
```

Praktisch die gleiche Konstruktion läßt sich auch zum Zählen der Parameter eines Makroaufrufs verwenden:

```
SYMBOL Parameter COMPUTE
    THIS.Nummer := THIS.Nummer+1;
END.
```

Mit dem Mechanismus der *Vererbung* lassen sich in Eli alle Symbol-bezogenen Auswertungsregeln eines Symbols A für ein anderes Symbol B übernehmen. Man verlangt das durch eine Formulierung der Form:

```
SYMBOL B INHERITS A END.
```

(Achtung: Vererbung und ererbte Attribute haben nichts miteinander zu tun!)

Läßt man „LabeledFormula" an „Parameter" vererben, dann ist die letzte Symbol-bezogene Auswertungsregel zu „Parameter" überflüssig. Gleichzeitig würden aber auch alle anderen Symbol-bezogenen Bausteine von „LabeledFormula" an „Parameter" vererbt. Geschickter als die beiden Symbole untereinander vererben zu lassen ist es, ein neues Symbol einzuführen, für dieses die gemeinsam erwünschten Auswertungsregeln zu formulieren und an die beiden Symbole zu vererben. Konkret:

```
SYMBOL Counter COMPUTE
    THIS.Nummer := THIS.Nummer+1;
END;
SYMBOL LabeledFormula INHERITS Counter END;
SYMBOL Parameter INHERITS Counter END;
```

Zu einem wiederverwendbaren „Zählmodul" würden zusätzlich die Vereinbarung des Kettenattributs „Nummer" und der Kettenstart benötigt.

Eine große Zahl ausgefeilter Moduln stehen für Eli-Anwender in einer *Bibliothek* zur Wiederverwendung bereit. Trotz des flexiblen Vererbungsmechanismus kann es vorkommen, daß Moduln an die Anwendungsstelle angepaßt werden müssen. Dazu dienen *generische Parameter*. Als einfaches, hypothetisches Beispiel betrachten wir einen Modul, der in einem Teilbaum des Syntaxbaums alle „definedElem"-Attribute in einer Liste aufsammelt. Eine mögliche Anwendung wäre das Aufsammeln aller möglichen Querbezugsdefinitionen in einem miniDoc-Dokument; dazu muß man den formalen Parameter „definedElem" ersetzen durch „definedRef" und das Baumwurzel-Symbol des Moduls vererben an „Document". Eine andere Anwendung wäre das Aufsammeln aller Makrodefinitionen aus der Präambel; dazu muß man „definedElem" ersetzen durch „definedMacro" und das Baumwurzel-Symbol des Moduls vererben an „Preamble". Eli-Anwendern geht es wie in diesem Beispiel: Sie müssen nicht wissen, wie ein benötigter Lido-Modul aufgebaut ist, wohl aber, was er leistet und wie er durch generische Instantisierung und Vererbung in die eigene Anwendung einzubringen ist.

Im Vergleich zu herkömmlichen, Produktionsregel-bezogenen Auswertungsregeln erlauben die LIDO-Mechanismen das Spezifizieren auf einer höheren Abstraktionsstufe und eine sinnvolle Arbeitsteilung zwischen Modul-Spezifizierern und -Anwendern.

SIC: Der „**S**malltalk-basierte, **I**nteraktive **C**ompiler-Compiler" wird seit 1989 entwickelt. Im Unterschied zu den oben beschriebenen Produktions-Compiler-Compilern ist SIC als *reines Lehr- und Demonstrationssystem* konzipiert. Visualisiert werden sämtliche Abläufe während des Übersetzungsvorgangs von der lexikalischen Analyse über die syntaktische Analyse bis hin zur Attributauswertung.

Technisch besteht SIC aus einem Scannergenerator, verschiedenen Parser- und Attributauswertergeneratoren, Browsern und Spezialeditoren für einschlägige Objekte wie Grammatiken, Satzformen, Bäume und Attributierungen, weiter aus Beobachtungsfenstern für lexikalische und syntaktische Analyse sowie Attributauswertung, und schließlich einer Reihe von Informationsfenstern, in denen man Vorschaumengen, LR-Automaten, Attributabhängigkeiten u.ä. genauer betrachten kann. Alle Komponenten sind in eine einheitliche Oberfläche integriert; sie sind so weit wie sinnvoll unabhängig voneinander verwendbar und vom Benutzer steuerbar.

Der Scannergenerator erzeugt Scanner, die der Beschreibung in Kapitel 4 entsprechen. Bei der Parsererzeugung haben SIC-Benutzer die Wahl zwischen Top-Down-Parsern vom Typ LL(1) und Bottom-Up-Parsern der Typen LR(0), SLR(1), LALR(1) und LR(1). An Attributauswertern sind Standardstrategien wie Links-Rechts-Bottom-Up/-Top-Down oder datengetriebene Auswertung (bei zyklenfreier Attributierung stets erfolgreich) verfügbar. Zyklenfreiheitstests und Auswertererzeugung für OAGs sind in einer Experimentalversion vorhanden.

Die Vorgänge lexikalische Analyse, syntaktische Analyse und Attributauswertung sind vom Benutzer vorwärts wie rückwärts steuerbar, einzelschrittweise oder in größeren Abschnitten. Steuerinformationen, die den Ablauf bestimmen, werden laufend angezeigt: Beim Scanner die aktiven / passiven Token mit eingestreuter Punktanzeige, beim Parser die Items des aktuellen Zustands und beim Attributauswerter die angewandte Attributauswertungsregel sowie die Attributwerte, von denen der gerade berechnete abhängt.

Die Bildschirmabzüge in Kapitel 1 und 7 geben einen Eindruck von der Handhabung von SIC. Auch wenn es bezüglich der Grammatikgröße und der Länge der Eingabe keine festen Beschränkungen gibt, so steigen doch bei zunehmendem Umfang die Reaktionszeiten so stark an, daß die interaktive Form der Verwendung eher hinderlich wird. Bei einer derzeit gängigen Rechnerausstattung (z.B. mit Prozessor Intel 80486) liegen die Beispiele aus Kapitel 7 (alle mit SIC getestet) am oberen Ende des Leistungsspektrums.

Die Parserkomponente von SIC hat zwei Besonderheiten: Zum einen erlaubt sie die Verarbeitung von echten *Satzformen*, d.h. in der Eingabe dürfen syntaktische Variablen vorkommen. Teile der Syntax, auf denen das Augenmerk gerade nicht ruht, können „ausgeblendet" werden, indem man sie durch einzelne syntaktische Variablen komprimiert darstellt. Zum anderen können SIC-Parser auch *nicht-deterministisch* betrieben werden. Beispielsweise läßt sich die SLR(1)- Analyse auch für eine nicht-SLR(1)-Grammatik durchführen. Entscheidungen, die das Syntaxanalyseverfahren nicht treffen kann, werden vom Benutzer erfragt oder auf dessen Wunsch in einem Backtrackingverfahren systematisch durchprobiert.

8.3   Attributierungs-basierte Systeme

Bei Compiler-Compilern werden Attributierungsauswerter vor allem dafür eingesetzt, Übersetzungen von einer Quell- in eine Zielsprache zu spezifizieren und durchzuführen. Die hier als *„Attributierungs-basiert"* bezeichneten Systeme dagegen sind *interaktiv* und verwenden attributierte Syntaxbäume als *Datenstrukturen*, in denen die zu manipulierenden Gegenstände gehalten werden. Attributabhängigkeiten und -auswertungsregeln dienen dabei zur Beschreibung von Konsistenzeigenschaften des betrachteten Gegenstands und zur Bereitstellung abgeleiteter Informationen. Bei (syntaktischen) Veränderungen des betrachteten Gegenstands werden durch inkrementelle Attributauswertung die Konsistenz- und sonstigen abgeleiteten Informationen sofort aktualisiert. Ein Beispiel für ein solches System ist der „Synthesizer Generator" von Reps und Teitelbaum, den wir gleich eingehender betrachten werden.

Ein anderes Beispiel ist das BOSS-System von Schreiber, das Attributierungstechnik mit einer graphischen Datenflußsprache kombiniert, um konsistente, dynamisch veränderliche Benutzungsoberflächen zu generieren. BOSS verhält sich zu einem konventionellen „GUI"-Builder" wie ein Dokumentenverarbeitungssystem (z.B. T$_E$X) zu einem WYSIWYG-Texteditor: Die zu erstellende Oberfläche wird nicht durch Auswahl und Plazierung von Knöpfen, Scheiben etc. festgelegt, sondern durch Beziehungen zwischen Oberflächenelementen beschrieben. In Abhängigkeit von anderen Informationen (wie z.B. der „Expertise" des Benutzers) generiert BOSS aus einer solchen Beschreibung eine adäquate Oberfläche. Hinweise zu beiden Systemen findet man in Anhang A.

Synthesizer Generator: Der Synthesizer Generator[1] ist ein System zur Konstruktion sprachbezogener Editoren. „Sprachbezogen" bedeutet, daß der von einem solchen Editor angezeigte Text zu jedem Zeitpunkt der Syntax der zugehörigen Sprache entspricht. Diese Sprache wird bei der Editorerzeugung wie üblich durch eine kontextfreie Grammatik sowie lexikalische Tokendefinitionen festgelegt. Intern hält der Editor den aktuellen Text in Form eines (möglichweise unvollständigen) Syntaxbaums. Bei der Editor-Erzeugung wird außerdem eine Attributierung der Grammatik definiert. Durch inkrementelle Attributauswertung (vgl. Kapitel 6) aktualisiert der Editor laufend die Attribute des Syntaxbaums. Bestimmte Attributwerte können vom Editor als Meldungen an den Benutzer eingefügt werden. Wann und wo dies geschieht, ist ebenfalls bei der Erzeugung des Editors zu spezifizieren.

Ein typischer Anwendungsbereich des Synthesizer Generator sind sprachbezogene Editoren für Programmiersprachen. Diese Editoren sind *hybrid* in dem Sinn, daß der gezeigte Programmtext wahlweise als einfacher Text ($\cong$ Folge von ASCII-Zeichen) oder als Programmfragment mit syntaktischer Struktur aufgefaßt werden kann. Entsprechend gibt es zwei Arten, den Text zu durchlaufen und manipulieren:

-	„textorientierte" Operationen, die es gestatten, zeichen- oder zeilenweise zu positionieren, beliebige Teilzeichenreihen (mit der Maus) zu selektieren, auszuschneiden, einzufügen, Texte einzutippen u.s.w.

-	„syntaxorientierte" Operationen, mit denen man sich im Text wie in dem zugrundeliegenden Syntaxbaum bewegen, Teilbäume ausschneiden und an anderen, syntaktisch zulässigen Stellen einfügen kann. Einem Teilbaum entspricht im Editor das zum Teilbaum gehörige Textstück.

In einem *unvollständigen* Programmfragment repräsentieren syntaktische Variablen der Grammatik Teilbäume, die noch zu ergänzen sind, z.B. <expr> in der Zuweisung:

	n := <expr>;

Um den fehlenden Ausdruck einzugeben, plaziert man die Schreibmarke des Editors irgendwo innerhalb von „<expr>". Am unteren Bildrand des Editors erscheint dann eine Leiste von Knöpfen, für jede mögliche Form eines Ausdrucks (wie „Summe" oder „Produkt") einer. Durch Auswahl solcher Knöpfe kann der Baum für den Ausdruck schrittweise aufgebaut werden: Jeder Auswahl entspricht ein Ableitungsschritt in der Grammatik. Alternativ dazu kann man den Ausdruck als Text über die Tastatur einge-

---

1. Synthesizer Generator ist ein Warenzeichen der Firma GrammaTech, Inc.

ben. Auf ein bestimmtes Signal des Benutzers hin (z.B. Return-Taste) wird der Text syntaktisch analysiert und - falls korrekt - in den Baum eingefügt.

Über die Attributierung läßt sich z.B. die Analyse der *statischen Semantik* realisieren. Da die Attributauswertung während der Programmeingabe inkrementell mitläuft, erhalten Benutzer laufend aktuelle Informationen über fehlende Deklarationen, Typfehler etc. Auf Wunsch können diese Informationen als Kommentare an der Fehlerstelle eingestreut oder am Ende des Textes gesammelt oder sogar in einem anderen Fenster angezeigt werden. Der gesamte im Editor gezeigte Text kann auf diese Weise über Attributierungen gestaltet werden. In gleicher Weise lassen sich Formatierkonventionen automatisieren und auch die Einhaltung von Programmierrichtlinien erzwingen. Ein von GrammaTech entwickelter Ada-Editor beispielsweise unterstützt Programmdokumentation nach dem Standard DOD-STD-2167A, bietet als kontextsensitive Hilfe einschlägige Stellen des Sprachmanuals an und überprüft die Einhaltung firmenspezifischer Codierungsvorschriften.

Neben Editoren für Programmiersprachen wurden mit dem Synthesizer Generator auch Editoren für andere, sehr verschiedene Anwendungsgebiete geschaffen, darunter:

- Spezifikationssprachen,
- Mathematische Kalküle und
- Graphik-Sprachen.

Eine bemerkenswerte Anwendung ist ein Editor zur *interaktiven Programmverifikation*: Aus dem mit Zusicherungen versehenen Programmtext werden per Attributauswertung Verifikationsbedingungen generiert. Verifikationsbedingungen sind logische Aussagen. Aus der Gültigkeit aller Verifikationsbedingungen folgt die Korrektheit des betrachteten Programms. Der Editor übergibt die aufgestellten Verifikationsbedingungen zur Auswertung an einen externen Theorem-Beweiser. Die Auswertungsergebnisse werden vom Editor an den entsprechenden Programmstellen angezeigt. Voraussetzung für dieses Vorgehen ist die *Offenheit* des Synthesizer Generators: In die erzeugten Editoren können Fremdapplikationen eingebunden werden. An einen Editor für eine Graphik-Sprache wurde in dieser Weise ein externes Programm angeschlossen, welches die Graphik auf dem Bildschirm anzeigt.

Zum Schluß überlegen wir, wie man den Synthesizer Generator auf das Beispiel „miniDoc" aus Kapitel 7 anwenden würde: Wie Eli arbeitet der Synthesizer Generator intern mit *abstrakter Syntax*. Aus diesem Grund werden zusätzlich zu der konkreten Syntax aus Abschnitt 7.2 Zuordnungen benötigt, mit denen man aus einem konkreten Syntaxbaum den abstrakten gewinnt und umgekehrt aus dem abstrakten Baum den im Editorfenster angezeigten Text. Letzteres heißt „*Unparsing Scheme*" und legt neben dem Erscheinungsbild des Textes auch die im Editor selektierbaren Einheiten fest. Der entstehende miniDoc-Editor bietet die gleichen Editiermöglichkeiten wie der oben beschriebene Programmierspracheneditor.

Von den fünf Attributierungen aus Abschnitt 7.3 stellt die erste lediglich fest, ob der aktuelle Text irgendwo einen symbolischen Querbezug oder einen Makroaufruf enthält. Eine entsprechende Meldung könnte man bei dem sprachbezogenen Editor in ein eigenes Statusfenster lenken.

Die Aufgabe der zweiten Attributierung, das Formatieren des Eingabetextes, wird ohnehin durch das Unparsing Scheme erledigt.

Die dritte Attributierung untersucht die statische Semantik eines miniDoc-Textes: z.B. ob alle in symbolischen Querbezügen verwendeten Marken auch definiert sind und ob bei Makroaufrufen die Anzahl der aktuellen Parameter der Parameterzahl in der Makrodefinition entspricht. Um solche Fehler gleich bei ihrer Entstehung zu erkennen, wäre es nützlich, Fehlermeldungen an den entsprechenden Textstellen einzufügen und zusätzlich im Statusfenster anzuzeigen.

Die vierte Attributierung führt die Expansion der Querbezüge und Makroaufrufe durch; das entspricht einer Übersetzung von miniDoc in eine Teilsprache von miniDoc. In den sprachbezogenen Editor läßt sich dieser Übersetzungsprozeß auf (mindestens) zwei Arten integrieren: Zum einen kann man in einem eigenen Fenster laufend die so weit wie möglich expandierte Fassung des Textes anzeigen. Die andere Möglichkeit besteht darin, Expansionen als *Aktionen* anzubieten, die wie Editieroperationen vom Benutzer (durch Auswahl eines Knopfes) angefordert werden. Als Muster hierfür kann ein mit dem Synthesizer Generator erstellter Beispieleditor dienen, der es gestattet, arithmetische Ausdrücke zu manipulieren, indem man etwa die Anwendung des Distributivgesetzes oder des Kommutativgesetzes an der aktuellen Textstelle anfordert.

Die fünfte Attributierung leistet die Übersetzung von „expandiertem miniDoc" nach Postscript. Hier bietet es sich an, einen externen Postscript-Interpreter (wie z.B. Ghostscript) anzubinden, der das Dokument in graphischer Form auf den Bildschirm bringt.

Unser hypothetischer miniDoc-Editor demonstriert viele der Möglichkeiten des Synthesizer Generators. Gegenüber dem Einsatz eines Compiler-Compilers, wie in Kapitel 7 vorausgesetzt, gewinnt man bei dieser Anwendung durch einen sprachbezogenen Editor

- Unterstützung bei der Erstellung syntaktisch korrekt aufgebauter Dokumente,

- unmittelbare, interaktiv gegebene Hinweise auf mögliche inhaltliche Fehler,

- eine hohe Integration der verschiedenen Werkzeuge und

- durch laufende Anzeige des entstehenden Textbildes einen Dokumenteneditor mit WYSIWYG-Qualität.

Andererseits ist man nicht auf interaktives Arbeiten festgelegt: Mit dem Synthesizer Generator erstellte Editoren können auch im „Batch-Modus" betrieben werden.

Anhang

A. Informationsquellen

Die folgenden Hinweise beziehen sich vorwiegend auf Literaturstellen, aber auch auf elektronische Informationsquellen wie WWW- (World Wide Web) und email-Adressen: Auf elektronischem Weg (über das Internet) kann man sich schnell und bequem frei verfügbare Software und aktuelle Informationen beschaffen.

Die Literaturangaben umfassen nur wenige Stellen; jede dieser Stellen fällt in mindestens eine der folgenden Kategorien:

    (1) Lehrbücher und Standardwerke

    (2) Einstiegspunkte für Literaturrecherchen

    (3) Stellen, auf die im Buch bezuggenommen wurde bzw. die angesprochenen Themen vertiefen

    (4) Werkzeugbeschreibungen

Alle Stellen sind am Ende dieses Anhangs zu einer alphabetischen Literaturliste zusammengefaßt.

Hinweise zur Literatur:

An drei Standardwerken ist der amerikanische Autor J.D. Ullman beteiligt: Die gemeinsam mit J.E. Hopcroft verfaßte Einführung in die Theorie Formaler Sprachen [H&U 79] ist 1979 (als stark überarbeitete Version des Originals von 1969) erschienen und liegt seit 1990 in deutscher Übersetzung vor. Ebenfalls in deutscher Übersetzung erhältlich ist das (wegen der Einbandgestaltung so genannte) „Drachenbuch" [ASU 86], welches die Theorie und Praxis des Compilerbaus umfassend und an vielen Beispielen behandelt. Noch umfangreicher ist das ältere, zweibändige Werk [A&U 73]. Alle drei Bücher enthalten ausführliche Literaturhinweise.

Neben dem Drachenbuch gibt es eine Fülle von **Compilerbau**-Büchern. Hier seien nur zwei davon erwähnt: Das vor kurzem erschienene Buch [W&M 92] stellt das Gebiet aus heutiger Sicht dar. Über die klassischen Themen hinaus wird daher die Übersetzung von Programmiersprachen verschiedener Paradigmen (imperativ, logisch, funktional) behandelt und der Zusammenhang zwischen Semantik und Übersetzung betont. In dem Büchlein [Wir 84] findet man eine geradlinig aus theoretischen Grundlagen entwickelte Anleitung zur Erstellung von Recursive-Descent-Parsern. An einer kleinen Beispielsprache wird der Ausbau der Parser-Routinen zu einem vollständigen Compiler demonstriert (einschließlich gesamtem Programmtext des Compilers). Das dort beschriebene Vorgehen eignet sich besonders in Umgebungen, in denen keine Übersetzer-erzeugenden Systeme verfügbar sind.

Die Beschreibung der **Syntaxanalysemethoden** in Kapitel 5 ist wesentlich beeinflußt von S. Heilbrunners Ansatz [Hei 81]. Ausführlichere und weitergehende Darstellungen findet man in [May 78] und in dem zweibändigen Werk [S&S 90], welches auch eine um fassende Bibliographie enthält. Das Buch [N&L 94] behandelt das gleiche Thema aus linguistischer Sicht: Während sich Informatiker vor allem für Verfahren mit sehr guter (linearer) Laufzeit interessieren, steht für Linguisten mehr die Komplexität der analysierbaren Sprachkonstruktionen im Vordergrund.

Lehrbuchartige Darstellungen der **Theorie attributierter Grammatiken** und der Attributauswertungsverfahren trifft man vorwiegend an in Compilerbau-Büchern und in tutoriellen Beiträgen zu Tagungen und Summer Schools wie [A&M 91]. Übersichten über die bekannte Theorie, die verfügbaren **Systeme** sowie eine umfassende Bibliographie wurden in [DJL 88] zusammengetragen. Die von der ACM preisgekrönte Dissertation von T. Reps [Rep 84] handelt von inkrementellen Attributauswertungsverfahren (vgl. Abschnitt 6.4).

Der von T. Reps und T. Teitelbaum entwickelte **Synthesizer Generator** ist in den beiden Büchern [R&T 85] und [R&T 89] ausführlich dokumentiert. Unsere Beschreibung der Modularisierungsmöglichkeiten attributierter Grammatiken in **Eli** folgt dem Aufsatz [K&W 94] von U. Kastens und W.M. Waite. Eine umfassende Dokumentation zu Eli ist über WWW erhältlich (s.u.). Das **lex/yacc**-System und andere **Unix-Werkzeuge** sind Gegenstand des Buchs [K&P 84]. Detailliertere Darstellungen von Handhabung und Feinheiten solcher Werkzeuge (allerdings ohne theoretischen Hintergrund) findet man z.B. in [LMB 90] und in [Dou 90].

Hinweise zu elektronischen Informationsquellen:

Dazu zählen auch die unter Unix verfügbaren **On-Line-Manuale** („Man(ual) Pages"), die mit dem Kommando „man" aufgerufen werden können, z.B. „man yacc".

Über Internet stehen eine Reihe von **Kommunikationsdiensten** zur Verfügung (z.B. „ftp" für Datei-Transfer, „news" als Foren, auf denen aktuelle Informationen ausgetauscht werden, „e-mail" für gezielte, zeitlich entkoppelte Kommunikation). Wegen ihrer angenehmen Handhabung (und weil sie andere Dienste wie „ftp" subsumieren) gewinnen Werkzeuge (Mosaic, Netscape) auf der Basis des weltumspannenden **Hypertextsystems WWW** zunehmend an Popularität.

Aktuelle Adressen (Frühjahr 1995, ohne Gewähr):

Über die *WWW-Adresse (URL)*

    http://cuiwww.unige.ch/cgi-bin/freecomp

erhält man einen Einstieg in den Bereich „Free Compilers", zu dem u.a der Verweis auf „compiler generators and related tools" gehört.

Über die *WWW-Adresse*

    http://www.cs.colorado.edu/~eliuser

gelangt man zum Eli-System, kann einführende Artikel und Beispiele lesen und ggfs. das komplette System nebst Dokumentation abrufen.

Über die *WWW-Adresse*

    http://www2.informatik.tu-muenchen.de/research/ui/ui.html

hat man Zugang zum „BOSS"-System der TU München.

Derzeit sind Informationen über den „Synthesizer Generator" und den „SIC" noch nicht über WWW verfügbar. Interessenten können aber über die *email-Adressen*

        info@grammatech.com   (=> Synthesizer Generator)

        lothar@informatik.unibw-muenchen.de   (=> SIC)

Kontakt mit den Entwicklern aufnehmen.

Literaturverzeichnis:

[A&M 90]   H. Alblas, B. Melichar:
Attribute Grammars, Applications and Systems
LNCS 545, Springer, Berlin-Heidelberg-NewYork, 1991.

[A&U 73]   A.V. Aho, J.D. Ullman:
The Theory of Parsing, Translation, and Compiling
Addison-Wesley, Reading, Mass., Vol I 1972, Vol II 1973.

[ASU 86]   A.V. Aho, R. Sethi, J.D. Ullman:
Compilers: Principles, Techniques, and Tools
Addison-Wesley, Reading, Mass., 1986.

[DJL 90]   P. Deransart, M. Jourdan, B. Lorho:
Attribute Grammars: Definitions, Systems and Bibliography
LNCS 323, Springer, Berlin-Heidelberg-NewYork, 1988.

[Dou 90]   D. Dougherty:
sed & awk
O'Reilly & Associates, Sebastopol, CA, 1990.

[H&U 79]   J.E. Hopcroft, J.D. Ullman:
Introduction to Automata Theory, Languages, and Computation
Addison-Wesley, Reading, Mass., 1979.

[Hei 81]   S. Heilbrunner
A Parsing Automata Approach to LR Theory
Theor. Computer Sci. 15, pp. 117-157, 1981.

[K&P 84]   B.W. Kernighan, R. Pike:
The Unix Programming Environment
Prentice-Hall, Englewood Cliffs, NY, 1984.

[K&W 94]   U. Kastens, W.M. Waite:
            Modularity and Reusability in Attribute Grammars
            Acta Informatica 31, pp. 601-627, 1994.

[LMB 90]   J.R. Levine, T. Mason, D. Brown:
            lex & yacc
            O'Reilly & Associates, Sebastopol, CA, 1990.

[May 78]   O. Mayer:
            Syntaxanalyse
            Reihe Informatik, Bd. 27, B.I., Mannheim-Wien-Zürich, 1978.

[N&L 94]   S. Naumann, H. Langer:
            Parsing
            Teubner, Stuttgart, 1994.

[Poe 93]   A. Poetzsch-Heffter:
            Programming Language Specification and Prototyping
            Using the MAX System, in: PLILP'93, LNCS 714,
            Springer, Berlin-Heidelberg-NewYork, 1993.

[Rep 84]   T. Reps
            Generating Language-based Environments
            M.I.T. Press, Cambridge, Mass. 1984.

[R&T 85]   T. Reps, T. Teitelbaum
            The Synthesizer Generator Reference Manual
            Springer, Berlin-Heidelberg-NewYork, 1985

[R&T 89]   T. Reps, T. Teitelbaum
            The Synthesizer Generator:
            A System for Constructing Language-based Editors
            Springer, Berlin-Heidelberg-NewYork, 1989

[S&S 90]   S. Sippu, E. Soisalon-Soininen:
            Parsing Theory
            Springer, Berlin-Heidelberg-NewYork, Vol I 1988, Vol II 1990.

[W&M 92]   R. Wilhelm, D. Maurer:
            Übersetzerbau: Theorie, Konstruktion, Generierung
            Springer, Berlin-Heidelberg-NewYork, 1992.

[Wir 84]   N. Wirth:
            Compilerbau
            Teubner, Stuttgart, 1984.

B. Graphentheoretische Verfahren

Die zentralen Gegenstände dieses Buchs - Grammatiken, Syntaxbäume und die sie überlagernden Attributabhängigkeitsgraphen - lassen sich alle als spezielle, gerichtete Graphen auffassen. Graphentheoretische Grundaufgaben wie

- Bilden der transitiven Hülle
- Prüfen auf Zyklenfreiheit
- Topologisches Sortieren

sind uns an verschiedenen Stellen begegnet: z. B. transitive Hüllen bei der Bestimmung von first- und follow-Mengen von Grammatiksymbolen und beim Zyklenfreiheitstest attributierter Grammatiken; topologisches Sortieren als Grundbestandteil jeder Attributauswertungsstrategie. Wir stellen daher einige wichtige Verfahren in einer problemunabhängigen, graphentheoretischen Notation vor.

Begriffe und Notation:

Ein *gerichteter Graph G = (V, E)* besteht aus einer *endlichen Menge V von Knoten* und einer *Menge $E \subseteq V \times V$ von Kanten*. Eine Kante ist also ein geordnetes Paar (a,b) von Knoten. Man bezeichnet (a,b) als „Kante" von a nach b („Mehrfachkanten" von a nach b sind nach dieser Definition nicht möglich). Für jeden Knoten x ist die *Menge succ(x) der unmittelbaren Nachfolger* von x definiert durch

$$\text{succ}(x) = \{\, a \mid (x,a) \in E \,\}$$

Einige Algorithmen setzen voraus, daß der gerichtete Graph G = (V, E) in Form von „Nachfolgerlisten" vorliegt, d.h. gegeben sind V und zu jedem $x \in V$ die Menge succ(x). Für andere Algorithmen wird G als Boolesche *Adjazenzmatrix* R dargestellt, deren Einträge definiert sind durch:

$$R(a, b) =_{\text{def}} \begin{cases} \text{true} & \text{wenn } (a, b) \in E \\ \text{false} & \text{wenn } (a, b) \notin E \end{cases}$$

Graphen lassen sich in nachliegender Weise *bildlich darstellen:* Für jeden Knoten a zeichnet man einen Punkt und daneben die *Markierung „a".* Eine Kante (a,b) erscheint im Bild als Pfeil von a nach b.

Beispiel: Der Graph $G_1 = (V_1, E_1)$ ist bestimmt durch

$$V_1 = \{1, 2, 3, 4, 5, 6, 7, 8\}$$

und

$$E_1 = \{\, (2,6),\ (3,2),\ (3,3)\ (3,5),\ (4,8),\ (5,6),\ (6,7),\ (7,5),\ (7,7),\ (7,8),\ (8,4) \,\}$$

Die Nachfolgerlisten von G_1 sind:

$succ(1) = \varnothing$	$succ(5) = \{6\}$
$succ(2) = \{6\}$	$succ(6) = \{7\}$
$succ(3) = \{2, 3, 5\}$	$succ(7) = \{5, 7, 8\}$
$succ(4) = \{8\}$	

Die Adjazenzmatrix zu G_1 ist:

R	1	2	3	4	5	6	7	8
1	false	false	false	false	false	false	false	false
2	false	false	false	false	false	true	false	false
3	false	true	true	false	true	false	false	false
4	false	false	false	false	false	false	false	true
5	false	false	false	false	false	true	false	false
6	false	false	false	false	false	false	true	false
7	false	false	false	false	true	false	true	true
8	false	false	false	true	false	false	false	false

Abbildung B.1 zeigt G_1 bildlich.

❑

Die folgenden Definitionen beziehen sich auf einen gegebenen gerichteten Graphen $G = (V, E)$; alle genannten Knoten sollen in V liegen.

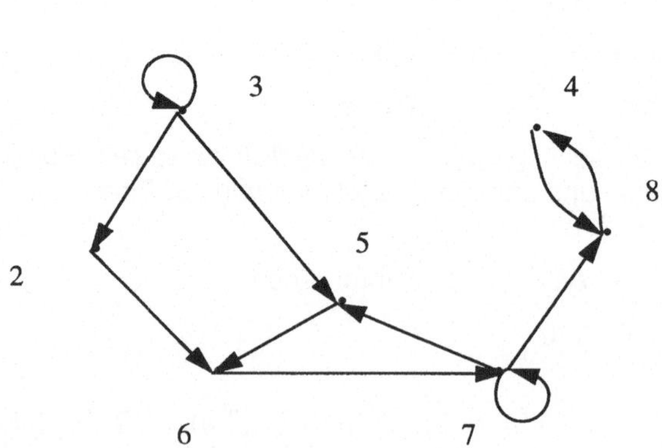

Abbildung B.1: *Der Graph G_1*

Ein **Pfad** *vom Knoten a zum Knoten b* ist eine endliche Knotenfolge $a, v_1, v_2, \ldots v_{n-1}, v_n, b$ mit folgenden Eigenschaften:

-   $n \geq 0$
-   $(a, v_1), (v_n, b) \in E$
-   $\forall\, 1 \leq i < n: (v_1, v_{i+1}) \in E$

Ein Pfad von a nach a heißt *Zyklus*, im Fall $n = 0$ eine *Schleife* (Schleifen sind also spezielle Zyklen).

Die *transitive Hülle* von G ist der Graph $G^+ = (V, E^+)$ mit

$$E^+ =_{def} \{\, (a,b) \in V \times V \mid \text{in G gibt es einen Pfad von a nach b} \,\}.$$

Die *reflexive, transitive Hülle* von G ist der Graph $G^* = (V, E^*)$ mit

$$E^* =_{def} E^+ \cup \{\, (a,a) \mid a \in V \,\}.$$

Ein Knoten b heißt *erreichbar* von Knoten a aus, wenn gilt: $(a, b) \in E^*$

Als **topologische Sortierung** eines Graphen $G = (V,E)$ bezeichnet man eine Knotenfolge $v_1, v_2, \ldots, v_{|V|}$, in der jedes Element von V genau einmal vorkommt und für die es kein Indexpaar, i und j, mit $1 \leq i \leq j \leq |V|$ und $(v_j, v_i) \in E$ gibt. Bildlich: Alle Kanten des Graphen laufen in der Anordnung $v_1, v_2, \ldots, v_{|V|}$ von links nach rechts. Offenbar kann es topologische Sortierungen nur für zyklenfreie Graphen geben. Umgekehrt gibt es zu jedem zyklenfreien Graphen eine topologische Sortierung. Zu einem Graphen gibt es in der Regel mehrere, verschiedene topologische Sortierungen.

Die **stark zusammenhängende Komponente [x] von x in G** ist definiert durch

$$[x] =_{def} \{\, a \in V \mid (a,x) \in E^* \wedge (x,a) \in E^* \,\}$$

Alle Knoten einer Zusammenhangskomponente [x] sind gegenseitig voneinander erreichbar.[1]

Der *Kondensationsgraph* **G = (V, E)** von G ist definiert durch

$$V = \{\, [x] \mid x \in v \,\}$$

$$E = \{\, (\,[x], [y]\,) \mid \exists\, x_1 \in [x], \exists\, y_1 \in [y] : (x_1, y_1) \in E \,\}$$

Beispiel (Fortsetzung von oben):

Der Pfad 2, 6, 7, 8, 4 in G_1 zeigt, daß gilt $(2, 4) \in E_1^*$. Ebenso gilt $(5, 5) \in E_1^*$, nicht aber $(5, 5) \in E_1^+$.

Die Nachfolgerlisten von G_1^+ lauten:

---

1. *Nebenbemerkung*: In anderer Terminologie bezeichnet man E als zweistellige Relation auf V. E^+ bzw. E^* ist die kleinste transitive bzw. reflexive und transitive Relation, die E umfaßt. E^* ist eine Äquivalenzrelation und [x] die Äquivalenzklasse von E^* mit dem Repräsentanten x.

$$\text{succ}^+(1) = \varnothing \qquad\qquad \text{succ}^+(5) = \{4, 5, 6, 7, 8\}$$
$$\text{succ}^+(2) = \{4, 5, 6, 7, 8\} \qquad \text{succ}^+(6) = \{4, 5, 6, 7, 8\}$$
$$\text{succ}^+(3) = \{2, 3, 4, 5, 6, 7, 8\} \quad \text{succ}^+(7) = \{4, 5, 6, 7, 8\}$$
$$\text{succ}^+(4) = \{4, 8\} \qquad\qquad \text{succ}^+(8) = \{4, 8\}$$

Der Knoten 4 ist von allen Knoten außer Knoten 1 aus erreichbar.

In G_1 gibt es fünf verschiedene, stark zusammenhängende Komponenten:

$$[1] = \{1\} \qquad\qquad [2] = \{2\}$$
$$[3] = \{3\} \qquad\qquad [4] = [8] = \{4, 8\}$$
$$[5] = [6] = [7] = \{5, 6, 7\}$$

Abbildung B.2 zeigt den Kondensationsgraphen $\mathbf{G_1}$ von G_1. Dessen transitive Hülle enthält zusätzlich die Kanten ([2], [4]) und ([3], [4]).

❏

Das Beispiel illustriert die Aussagen des folgenden

Lemma B.1:

   (i)   Kondensationsgraphen sind bis auf Schleifen zyklenfrei.

   (ii)   Für beliebige Knoten $a, b \in V$ gilt $(a, b) \in E^+$ genau dann, wenn $([a], [b]) \in \mathbf{E^+}$.

❏ *(ohne Beweis)*

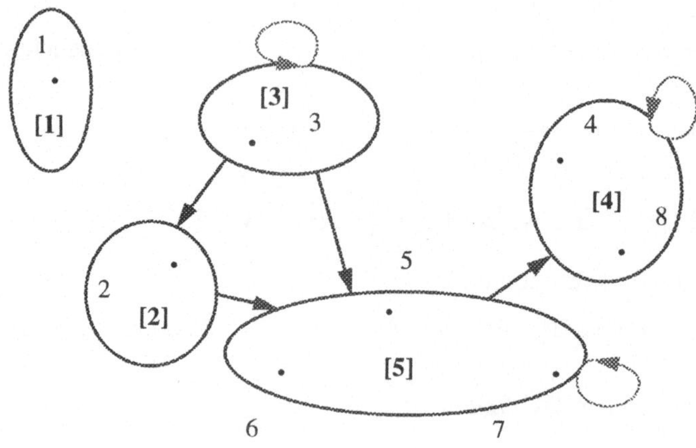

Abbildung B.2: *Der Kondensationsgraph G_1*

Tiefensuche:

Die nach dem Erfinder des Verfahrens benannte Prozedur „TARJAN" in Abbildung B.3 durchläuft den gegebenen Graphen g nach der Strategie „Tiefe zuerst".

Zur Erläuterung des Verfahrens einige Hinweise (wer sich nicht für die Details dieses Verfahrens interessiert, der möge bei Lemma B.2 weiterlesen):

- VISIT wird für jeden Knoten genau einmal aufgerufen. Die Markierungen in „num" helfen, Mehrfachbesuche zu vermeiden. In TARJAN (drittletzte Zeile) wird num(x) für alle Knoten x mit 0 initialisiert. Zu Beginn eines Besuchs VISIT(x) erhält num(x) einen von 0 verschiedenen Wert (und wird niemals wieder auf 0 gesetzt, s.u.). Da jedem Aufruf VISIT(x) die Abfrage „if num(x) = 0 then ..." vorangeht, wird jeder Knoten *höchstens* einmal besucht, wegen der vorletzten Zeile in TARJAN *mindestens* einmal.

```
procedure TARJAN (g: graph);
        var  num: array (nodes(g)) of integer;
             stack: array (sizeOf(g)) of node;
             top: integer;
        procedure VISIT (x: node);
             var w: node;
                 xpos: integer
        begin
             num(x) := xpos := top := top + 1;
             stack(top) := x;                          {push x}
             for w in succ(x)
                do if num(w) = 0 then VISIT(w) fi;
                    num(x) := min(num(x), num(w))
                od;
             if num(x) = xpos
             then for i := xpos to top do num(stack(i)) := ∞ od;

                 ┌─────────────────────┐
                 │  „Einfügestelle"    │
                 └─────────────────────┘

                 top := xpos - 1              {pop nodes of [x]}
             fi
        end VISIT
    begin
             top := 0;  for x in nodes(g) do num(x) := 0 od;
             for x in nodes(g)  do if num(x) = 0 then VISIT(x) fi od
    end TARJAN
```

Abbildung B.3: *Der Tiefensuchealgorithmus*

- In dem durch „stack" und „top" realisierten Keller befinden sich stets die Knoten der stark zusammenhängenden Komponenten, die betreten, aber noch nicht vollständig durchlaufen worden sind. Für genau diese Knoten ist num(x) verschieden von 0 und ∞. Der Wert des Ausdrucks „min(num(x), num(y))" ist daher niemals 0.

- Bei Eintritt in VISIT(x) erhält num(x) als Wert die Tiefe von x im Keller: je tiefer x, desto kleiner num(x). Dieser Wert wird in der lokalen (!) Variablen xpos von VISIT festgehalten. In der folgenden w-Schleife werden alle von x aus direkt oder indirekt erreichbaren Knoten besucht (sofern sie nicht schon früher besucht worden sind). Wegen der Anweisung „num(x) := min(num(x),num(y))" hat num(x) nach Abarbeitung dieser Schleife nur dann seinen ursprünglichen, in xpos gemerkten Wert, wenn keiner dieser Knoten tiefer im Keller liegt als x selbst. Die „Einfügestelle" wird daher nur für solche Knoten x erreicht, die innerhalb ihrer Zusammenhangskomponenete [x] als erste besucht werden. Alle übrigen Knoten aus [x] befinden sich zu diesem Zeitpunkt im Keller oberhalb von x und werden nach der „Einfügestelle" zusammen mit x aus dem Keller entfernt. Für die Knoten y vollständig bearbeiteter Zusammenhangskomponenten gilt num(x) = ∞.

Die für unsere Zwecke wesentlichen Eigenschaften faßt Lemma B.2 zusammen.

Lemma B.2

(i)   Die eingerahmte „Einfügestelle" in VISIT wird nur für den jeweils zuerst durchlaufenen Knoten x einer Zusammenhangskomponente [x] erreicht. Beim Erreichen der „Einfügestelle" befinden sich in stack(xpos..top) genau die Knoten von [x].

(ii) Alle von [x] aus erreichbaren Zusammenhangskomponenten [y] mit [y] $\neq$ [x] sind zu diesem Zeitpunkt bereits vollständig aufgezählt (und aus dem Keller entfernt).

❑ *(ohne Beweis)*

Bestimmung der Zyklenfreiheit und der Zusammenhangskomponenten:

Ein gerichteter Graph ist genau dann *zyklenfrei*, wenn alle seine Zusammenhangskomponenten jeweils einelementig sind und es keine Schleifen gibt. Dies läßt sich wegen Lemma B.2 (i) prüfen, indem man an der "Einfügestelle" das Programmstück

```
if xpos <> top or x ∈ succ(x) then „melde Zyklus" fi;
```

einsetzt. Ähnlich einfach lassen sich wegen Lemma B.2 (i) die *Zusammenhangskomponenten* explizit bestimmen. In eine mit

```
var rep: array (nodes(g)) of node
```

vereinbarte Reihung trägt folgendes, an der „Einfügestelle" eingesetztes Programmstück bei jedem Knoten der Zusammenhangskomponente [x] den Knoten x als Repräsentanten ein:

```
for i := xpos to top do rep(stack(i)) := x od;
```

Berechnung der transitiven Hülle:

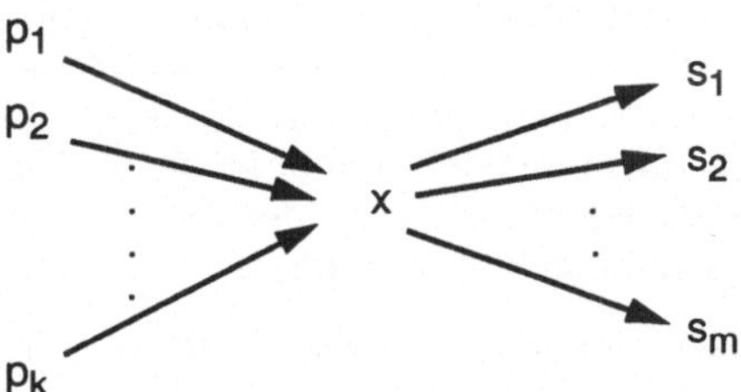

Abbildung B.4: *Den Knoten x als inneren Knoten überflüssig machen*

Von einem Pfad a, v_1, v_2,..., v_n, b bezeichnet man die Knoten in v_1, v_2, ..., v_n als *innere Knoten*. Der in Abbildung B.5 gezeigte *Algorithmus von Warshall* beruht auf der Idee, nacheinander alle Knoten aus V als innere Knoten von Pfaden überflüssig zu machen, so daß es zum Schluß zu jedem Pfad a, v_1, v_2, ..., v_n, b eine direkte Kante (a, b) gibt. Abbildung B.4 deutet an, wie man einen Knoten x als inneren Knoten von Pfaden überflüssig macht: Man muß dazu nur alle unmittelbaren Vorgänger p_1, p_2, ..., p_k durch direkte Kanten mit all seinen unmittelbaren Nachfolgern s_1, s_2, ..., s_m verbinden. So entsteht nach jedem Durchlauf der äußeren Laufanweisung ein neuer Graph g, in dem x als innerer Knoten von Pfaden nicht mehr benötigt wird.

```
procedure WARSHALL (var g: graph);
      var succs: set of node
begin
      for x in V                              {innere Knoten}
      do  succs := succ(x) - {x};             {aktuelle Nachfolger von x}
          for p in V-{x}
          do   if x ∈ succ(p)                 {p aktueller Vorgänger von x}
               then succ(p) := succ(p) ∪ succs
               fi
          od
      od
end WARSHALL
```

Abbildung B.5: *Der Algorithmus von Warshall*

Ein effizienteres Verfahren als der Warshall-Algorithmus ergibt sich mit Hilfe der Tiefensuche. Wegen Lemma B.1 (ii) haben die Knoten einer Zusammenhangskomponente jeweils die gleichen Erreichbarkeitseigenschaften: Wenn [x] = [y], dann sind von x aus die gleichen Knoten erreichbar wie von y aus und von allen Knoten, von denen aus man x erreicht, erreicht man auch y. Es genügt daher, die transitive Hülle des Kondensationsgraphen **G** zu berechnen, was einfacher ist, weil **G** außer Schleifen keine Zyklen enthält und weil **G** u.U. erheblich kleiner ist als G. Als Knoten des Kondensationsgraphen verwenden wir Repräsentanten der Zusammenhangskomponenten, die „nebenbei" wie oben gezeigt bestimmt werden.

Sei (in einer globalen Datenstruktur) eine Kopie des Graphen g gegeben. Auf diese Kopie greift man mit "SUCC" so zu wie mit "succ" auf g. Zu Beginn gilt also:

$$\forall\ x \in\ V: \text{succ}(x) = \text{SUCC}(x)$$

Zum Schluß soll gelten

$$(a, b) \in E^+ \text{ genau dann, wenn } \text{rep}(b) \in \text{SUCC}(\text{rep}(a)).$$

Dazu setzt man an der Einfügestelle" das in Abbildung B.6 gezeigte Programmstück ein. Die gerade aufgezählte Zusammenhangskomponente wird durch ihren Repräsentanten x dargestellt. Zu dessen Nachfolgern SUCC(x) kommen die Nachfolger der (Repräsentanten der) unmittelbaren Nachfolger von x hinzu. Wegen Lemma B.2 (ii) liegen zu diesem Zeitpunkt die benötigten Mengen SUCC(rep(v)) bereits vollständig berechnet vor. Falls die Zusammenhangskomponente [x] mehr als einen Knoten umfaßt, sind auch alle Knoten in [x] zu SUCC(x) hinzuzufügen.

```
for i := xpos to top
    do rep (stack(i) := x; {Repräsentanten festhalten}
        for v in succ(stack(i))
            do SUCC(x) := SUCC(x) ∪ SUCC(rep(v)) od
    od;
if xpos <> top
then for i := xpos to top
    do SUCC(x) := SUCC(x) ∪ {stack(i)} od
fi
```

Abbildung B.6: *Berechnung der Transitiven Hülle während der Tiefensuche*

Bemerkung: Die in beiden Transitive-Hülle-Algorithmen vorkommenden Mengenoperationen „∪" lassen sich effizient durch Bitvektoroperationen implementieren. Davon profitiert besonders das Laufzeitverhalten des Warshall-Algorithmus.

Topologisches Sortieren:

Beim topologischen Sortieren darf ein Knoten erst dann aufgezählt werden, wenn all seine Vorgänger bereits aufgezählt sind. Es bietet sich daher an, als Hilfsinformationen zu jedem Knoten x die Anzahl „preCount(x)" seiner noch nicht ausgegebenen Vorgänger und die Menge „available" der noch nicht ausgegebenen Knoten x mit preCount(x) = 0 mitzuführen. Das führt zu einem Verfahren in Abbildung B.7, welches auf Kahn und Knuth zurückgeht. Wenn zum Schluß die Anzahl „number" der ausgegebenen Knoten nicht gleich der Anzahl „sizeOf(g)" der Knoten von g ist, dann war das topologische Sortieren wegen eines Zyklus in g nicht vollständig möglich.

Besonders einfach ist das topologische Sortieren mit Hilfe der Tiefensuche, weil nach Lemma B.2 (ii) die Zusammenhangskomponenten in umgekehrter topologischer Sortierung aufgezählt werden. Wir müssen also nur sicherstellen, daß g keine Zyklen enthält, und die aufgezählten Knoten von rechts nach links in eine Reihung

$$\text{var anordnung: array } (1..sizeOf(g)) \text{ of node}$$

```
procedure KNUTH (g: graph);
    var available: set of node;
        preCount: array (node) of integer;
        number: integer
begin
    for x in V do preCount(x) := 0 od;
    for x in V
        do   for y in succ(x)
                do preCount(y) := preCount(y) + 1 od
        od;
    available := ∅;
    for x in V
        do if preCount(x) = 0 then available := available ∪ {x} fi od;
    number := 0;
    while available ≠ ∅
        do   „wähle und entferne x aus available";
             print(x); number := number + 1;
             for y in succ(x)
                do preCount(y) - 1;
                    if preCount(y) = 0 then available := available ∪ {y} fi
                od
        od;
    if number < sizeOf(g) then print („Zyklus") fi
end KNUTH
```

Abbildung B.7: *Topologisch sortieren nach Kahn-Knuth*

eintragen. Wenn eine Zählvariable „number" mit sizeOf(g) initialisiert ist, dann leistet beides das folgende, in „VISIT" einzufügende Programmstück:

```
if xpos <> top  or  x ∈ succ(x)
then   „melde Zyklus"
else   anordnung (number) := x;
       number := number - 1
fi;
```

Angewandt auf den Beispiel-Graphen G_1 würden beide Verfahren einen Zyklus melden. Anwendung auf den Graphen G_2 in Abbildung B.8 könnte u.a. folgende Anordnung ergeben:

7, 3, 8, 2, 6, 5, 4, 1.

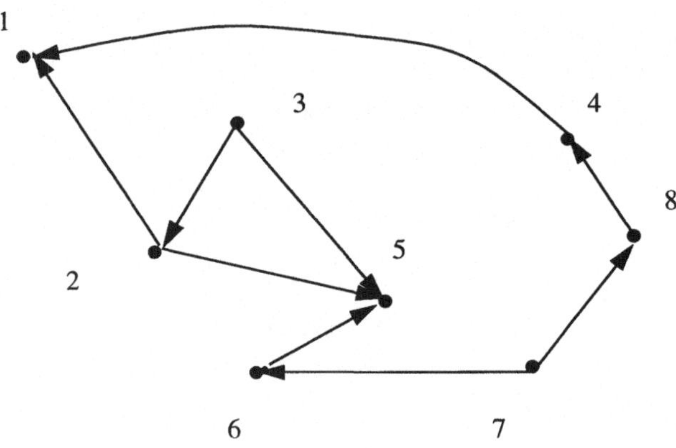

Abbildung B.8: *Der Graph G_2*

Zur Laufzeitkomplexität der Algorithmen: Sei n die Zahl der Knoten, m die Zahl der Kanten und z die Zahl der Zusammenhangskomponenten des Graphen. Die Tiefensuche und das topologische Sortieren erfordern jeweils O(n+m) Schritte, der Warshall-Algorithmus $O(n^3)$ Schritte und die Berechnung der transitiven Hülle während der Tiefensuche $O(z*n^2)$ Schritte. Da z mit wachsendem m schnell abnimmt, ist letzteres Verfahren praktisch erheblich besser. Beide Transitive-Hülle-Algorithmen profitieren stark von der Verwendung von Vektoroperationen.

C. Ausgewählte Beweise

C.1 Beweise in Ergänzung zu Kapitel 2

Die Sprache $L_{ab} = \{\, w \mid \mid w \mid_a = \mid w \mid_b \,\}$ läßt sich wesentlich knapper als mit G_{ab1} durch die folgende Grammatik beschreiben:

$$G_{ab3} = (\{ S \}, \{ a, b \}, \{ S \to \varepsilon \mid aSbS \mid bSaS \}, S).$$

Der Beweis von $L(G_{ab3}) \subseteq L_{ab}$ ist besonders einfach: Es genügt der Hinweis, daß in jedem Schritt der Ableitung $S \Rightarrow^* w$ gleich viele Zeichen a und b hinzukommen (und in S weder a noch b enthalten sind).

Aufgabe:

Beweisen Sie

$$L_{ab} \subseteq L(G_{ab3})$$

durch Induktion über $\mid w \mid$ in

$$\mid w \mid_a = \mid w \mid_b \;\rangle\; S \Rightarrow^* \mid w \mid.$$

❏

Die Grammatiken G_{ab1} und G_{ab3} beschreiben beide die Sprache L_{ab}. Leider sind beide Grammatiken **mehrdeutig**. So findet man z.B. zum Wort aabbab $\in L_{ab}$ bezüglich G_{ab1} u.a. die zwei Strukturbäume

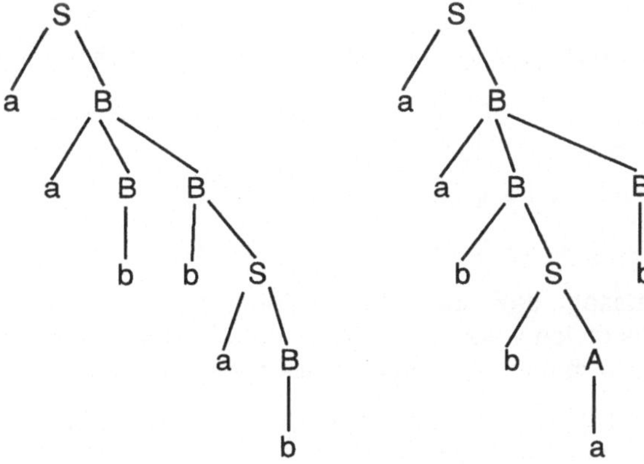

Aufgabe:

Welche verschiedenen Strukturbäume finden Sie zum Wort aabbab bezüglich G_{ab3}?

❏

Die folgende Grammatik G_{ab4} beschreibt ebenfalls die Sprache L_{ab} und ist im Unterschied zu G_{ab1} und G_{ab3} eindeutig.

$\mathbf{G_{ab4}}$ = ({ S, A, B }, { a, b }, P, S) mit

P = {S → aAbS I bBaS I ε,

   A → aAbA I ε,

   B → bBaB I ε }

Um zu zeigen, daß gilt L (G_{ab4}) $\subseteq L_{ab}$, kann man analog zum Vorgehen bei G_{ab1} die folgende Aussage durch Induktion über die Länge der Ableitungen beweisen:

$$(S \Rightarrow^* w \ \rangle \ | w |_a = | w |_b)$$

$$\wedge \ (A \Rightarrow^* w \ \rangle \ | w |_a = | w |_b)$$

$$\wedge \ (B \Rightarrow^* w \ \rangle \ | w |_a = | w |_b)$$

Das ist nicht schwer und bleibt den Lesern überlassen.

❏

Für den **Beweis der Umkehrung** $L_{ab} \subseteq$ L (G_{ab4}) reicht es nicht aus, einfach die Implikationen umzudrehen: Das Gegenbeispiel w = ba zeigt, daß z. B.

$$| w |_a = | w |_b \ \rangle \ A \Rightarrow^* w$$

nicht für alle w zutrifft.

Eine präzisere *Charakterisierung der Wörter*, die sich aus S bzw. A bzw. B herleiten lassen, lautet wie folgt:

$$(S \Rightarrow^* w \ \text{\textxi} \ | w |_a = | w |_b)$$

$$\wedge \ (A \Rightarrow^* w \ \text{\textxi} \ | w |_a = | w |_b \wedge (w = x y \ \rangle \ | x |_a \geq | x |_b)) \quad (4)$$

$$\wedge \ (B \Rightarrow^* w \ \text{\textxi} \ | w |_a = | w |_b \wedge (w = x y \ \rangle \ | x |_b \geq | x |_a))$$

Die mittlere Zeile davon besagt, daß sich Wörter w über { a, b } genau dann aus A herleiten lassen, wenn w aus gleich vielen Zeichen a und b besteht und wenn zusätzlich jedes Anfangsstück x von w mindestens ebensoviele a wie b enthält.

Zum Nachweis von $L_{ab} \subseteq$ L (G_{ab4}) genügt es, in (4) die Implikationen von rechts nach links durch Induktion über | w | zu beweisen.

Induktionsanfang (|w| = 0):

Dann gilt w = ε. Dieses Wort erfüllt in allen drei Implikationen sowohl die Prämisse als auch die Konklusio (letzteres, weil zu P die Regeln S → ε, A → ε und B → ε gehören).

Induktionsschritt ($|w| > 0$):

Wenn $|w|_a \neq |w|_b$, dann ist jeweils die Prämisse falsch und nichts zu zeigen. Sei also $|w|_a = |w|_b$.

Ein solches Wort läßt sich aufteilen in ein *kürzestes* Anfangsstück s mit

$$|s|_a = |s|_b \wedge s \neq \varepsilon$$

und einen Rest r, so daß w = sr.

Wegen $|w|_a = |w|_b$ und $|s|_a = |s|_b$ gilt auch $|r|_a = |r|_b$. Wegen $S \neq \varepsilon$ ist r kürzer als w. Anwendung der Induktionsvoraussetzung ergibt daher $S \Rightarrow^* r$. Nach Festlegung von s ist s entweder von der Form as = atb, wobei jedes Präfix von T mindestens so viele a wie b enthält oder von der Form s = bza, wobei jedes Präfix von z mindestens so viele b wie a enthält. Nach Induktionsvoraussetzung folgt $A \Rightarrow^* t$ und $B \Rightarrow^* z$. Wegen

$$S \Rightarrow aAbS \Rightarrow^* atbS \Rightarrow^* atbr = w$$

im ersten Fall bzw.

$$S \Rightarrow bBaS \Rightarrow^* bzaS \Rightarrow^* bzar = w$$

im zweiten Fall ergibt sich stets $S \Rightarrow^* w$. Damit ist die erste Implikation von (4) nachgewiesen.

Die zusätzliche Prämisse der zweiten Implikation von (4) schließt die Zerlegung s = bza aus. Weiter folgt aus dieser Prämisse und aus $|s|_a = |s|_b$, daß jedes Präfix von r mindestens soviele a wie b enthält. Die Induktionsvoraussetzung ergibt daher $A \Rightarrow^* r$. Zusammen mit

$$A \Rightarrow aAbA \Rightarrow^* atbA \Rightarrow^* atbr = w$$

folgt $A \Rightarrow^* w$, die gewünschte Konklusio. Die dritte Implikation beweist man analog. ❑

Noch ein **Beispiel:** Die Klammergebirge-Grammatik G_{Kl2} mit den Regeln

$$S \rightarrow (S)S \mid \varepsilon$$

ist bis auf Umbenennungen identisch Teilen der zuletzt betrachteten Grammatik G_{ab4}. Das wird deutlich, wenn man S durch A und die Klammern durch a und b ersetzt.

Dem letzten Beweis können wir daher entnehmen, daß in G_{Kl2} aus S herleitbare Wörter w gleich viele öffnende und schließende Klammern enthalten, wobei in jedem Anfangsstück von w mindestens ebensoviele öffnende wie schließende Klammern vorkommen. Offenbar hat jedes korrekt gebaute Klammerngebirge diese Eigenschaft und ist daher in G_{Kl2} aus S herleitbar.

Etwas weniger offensichtlich ist die Umkehrung, daß jedes Wort w mit dieser Eigenschaft auch ein korrekt gebautes Klammerngebirge ist.

C.2 Beweise in Ergänzung zu Kapitel 5

Wir halten zunächst zwei Eigenschaften des LR(0)-Automaten, die sich direkt aus dessen Konstruktion ergeben, in einem Lemma fest:

Lemma

(i) $[A \to \lambda \bullet \rho] \in \Delta_{LR0}(\gamma) \Rightarrow \exists \varphi: \gamma = \varphi\lambda$

(ii) $\Delta_{LR0}(\sigma X\tau) \neq \varnothing \Rightarrow \exists B \to \lambda X\gamma \in P: [B \to \lambda \bullet X\gamma] \in \Delta_{LR0}(\sigma)$

❏

Der folgende Satz stellt den Zusammenhang zwischen den Zuständen des LR(0)-Automaten und Rechtsableitungen in der Grammatik her:

Satz ("Itemsatz")

$[A \to \lambda \bullet \rho] \in \Delta_{LR0}(\gamma\lambda) \Leftrightarrow \exists x : S =_{rm}\Rightarrow^* \gamma Ax =_{rm}\Rightarrow \gamma\lambda\rho x$

Beweis

Wir beschränken uns auf die für den Beweis des nächsten Satzes wesentliche Richtung "$\Leftarrow$" und zeigen dazu

$$S =_{rm}\Rightarrow^i \gamma Ax =_{rm}\Rightarrow \gamma\lambda\rho x \Rightarrow [A \to \lambda \bullet \rho] \in \Delta_{LR0}(\gamma\lambda)$$

durch Induktion über i.

i = 0: Aus $S =_{rm}\Rightarrow^0 \gamma Ax$

folgt $S = A$ und $\gamma = \varepsilon = x$.

Der Schritt $S = \gamma Ax =_{rm}\Rightarrow \gamma\lambda\rho x$

erfordert $S \to \lambda\rho \in P$.

Nach Konstruktion von Δ_{LR0} gilt $[S' \to \bullet S] \in \Delta_{LR0}(\varepsilon)$,

daher auch $[S \to \bullet \lambda\rho] \in \Delta_{LR0}(\varepsilon)$

und $[S \to \lambda \bullet \rho] \in \Delta_{LR0}(\lambda) = \Delta_{LR0}(\gamma\lambda)$.

i > 0: Wir spalten den letzten Schritt in $S =_{rm}\Rightarrow^i \gamma Ax$ ab und erhalten

$$S =_{rm}\Rightarrow^{i-1} \sigma By =_{rm}\Rightarrow \sigma\beta y = \gamma Ax$$

für geeignete σ, y und $B \to \beta \in P$.

Wenn $\beta \in T^*$, dann liegt A in σ, sonst in β. Wir unterscheiden daher:

Fall 1 ($\beta \in T^*$): Dann finden wir ein t mit

$$S =_{rm}\Rightarrow^{i-1}\sigma By =_{rm}\Rightarrow \sigma\beta y = \gamma At\beta y = \gamma Ax$$

Die Annahme i = 1 ergäbe mit

$$S = \sigma By =_{rm}\Rightarrow \sigma\beta y = \gamma At\beta y$$

einen Widerspruch. Also gilt i > 1. Wegen $\sigma = \gamma At$ ist A in einem der ersten i-1 Schritte eingeführt worden (das einzige anfangs vorhandene Symbol wird im ersten Schritt expandiert). Also erhält man für geeignete Symbole

$$S =_{rm}\Rightarrow^j \varphi D\chi =_{rm}\Rightarrow \varphi\varphi'A\chi'\chi =_{rm}\Rightarrow^k \varphi\varphi'AtBy = \gamma AtBy$$

wobei $j+k+1 = i-1$ und $\varphi\varphi' = \gamma$ sowie $D \to \varphi'A\chi' \in P$.

Nach Induktionsvoraussetzung ergibt sich

$$[D \to \varphi' \bullet A\chi'] \in \Delta_{LR0}(\varphi\varphi') = \Delta_{LR0}(\gamma)$$

daher auch　　　　　　$[A \to \bullet \lambda\rho] \in \Delta_{LR0}(\gamma)$

und schließlich　　　$[A \to \lambda \bullet \rho] \in \Delta_{LR0}(\gamma\lambda)$

Fall 2 ($\beta \notin T^*$): Dann erhalten wir für geeignete Symbole:

$$S =_{rm}\Rightarrow^{i-1} \sigma By =_{rm}\Rightarrow \sigma\sigma'Ay'y = \gamma Ax$$

Nach Induktionsvoraussetzung ergibt sich:

$$[B \to \sigma' \bullet Ay'] \in \Delta_{LR0}(\sigma\sigma') = \Delta_{LR0}(\gamma)$$

daher auch　　　　　　$[A \to \bullet \lambda\rho] \in \Delta_{LR0}(\gamma)$

und schließlich　　　$[A \to \lambda \bullet \rho] \in \Delta_{LR0}(\gamma\lambda)$

❏

Mit Hilfe dieses Ergebnisses beweisen wir:

Satz("Vollständigkeitssatz")

$$S =_{rm}\Rightarrow^\pi w \quad \rangle \quad (\varepsilon, w, \varepsilon) \vdash_{LR0}\text{-}^* (S, \varepsilon, \pi)$$

Beweis:

Wir zeigen die folgende, stärkere Aussage durch Induktion über $|\pi|$:

$$S =_{rm}\Rightarrow^* \gamma Ay =_{rm}\Rightarrow^\pi \chi z \ \wedge \ \chi \notin V^*T$$

$$\rangle \quad (\chi, zx, \tau) \vdash_{LR0}\text{-}^* (\gamma A, yx, \pi \oplus \tau)$$

Wählt man darin $\gamma Ay = S$, $\chi = \tau = x = \varepsilon$ und $z = w$, dann erhält man die Behauptung.

Induktionsanfang($\pi = \varepsilon$):

Dann gilt　　　　　　　　$\gamma Ay = \chi z$

Wegen $\chi \notin V^*T$ folgt　　$\gamma A = \chi$ und $y = z$

und insgesamt　　　　　$(\chi, zx, \tau) \vdash_{LR0}\text{-}^0 (\chi, zx, \tau) = (\gamma A, yx, \pi \oplus \tau)$.

Induktionsschritt($\pi = A\to\beta \oplus \pi'$):

Dann liegt folgende Situation vor:

$$S =_{rm}\Rightarrow^* \gamma Ay =_{rm}\Rightarrow \gamma\beta y =_{rm}\Rightarrow^{\pi'} \chi z \ \wedge \ \chi \notin V^*T$$

Mit dem Itemsatz folgt　$[A\to\beta \bullet] \in \Delta_{LR0}(\gamma\beta)$.

Wir unterscheiden zwei Fälle.

Fall 1($\gamma\beta \in T^*$):

Dann gilt　　　　　　$\pi' = \varepsilon$ und $\chi = \varepsilon$,

daher　　　　　　　　$\pi = A\to\beta$ und $\gamma\beta y = z$,

also $\qquad$ $(\chi, zx, \tau) = (\varepsilon, \gamma\beta yx, \tau)$.

Mit $[A\to\beta\ \bullet] \in \Delta_{LR0}(\gamma\beta)$ und dem Lemma, Teil (ii) schließen wir auf die Existenz von Items, die folgende Leseschritte ermöglichen:

$(\varepsilon, \gamma\beta yx, \tau) \vdash_{LR0}\!\!-^* (\gamma\beta, yx, \tau)$.

Wegen $[A\to\beta\ \bullet] \in \Delta_{LR0}(\gamma\beta)$ geht es weiter mit

$(\gamma\beta, yx, \tau) \vdash_{LR0}\!\!- (\gamma A, yx, A\to\beta \oplus \tau) = (\gamma A, yx, \pi \oplus \tau)$.

Fall 2 ($\gamma\beta \notin T^*$):

Dann läßt sich $\gamma\beta$ schreiben als φBt für geeignete $\varphi \in V^*$, $B \in N$ und $t \in T^*$. Obige Ableitung wird zu

$S =_{rm}\!\!\Rightarrow^* \gamma Ay =_{rm}\!\!\Rightarrow \gamma\beta y = \varphi Bty =_{rm}\!\!\Rightarrow^{\pi'} \chi z$.

Da π' kürzer ist als π, läßt sich die Induktionsvoraussetzung anwenden und ergibt:

$(\chi, zx, \tau) \vdash_{LR0}\!\!-^* (\varphi B, tyx, \pi' \oplus \tau)$.

Wegen $\Delta_{LR0}(\varphi Bt) = \Delta_{LR0}(\gamma\beta) \neq \varnothing$ und $t \in T^*$ finden wir nach Lemma, Teil (ii) Items, die folgende Leseschritte ermöglichen:

$(\varphi B, tyx, \pi' \oplus \tau) \vdash_{LR0}\!\!-^* (\varphi Bt, yx, \pi' \oplus \tau) = (\gamma\beta, yx, \pi' \oplus \tau)$.

Wegen $[A\to\beta\ \bullet] \in \Delta_{LR0}(\gamma\beta)$ geht es weiter mit

$(\gamma\beta, yx, \pi' \oplus \tau) \vdash_{LR0}\!\!- (\gamma A, yx, A\to\beta \oplus \pi' \oplus \tau) = (\gamma A, yx, \pi \oplus \tau)$.

$\qquad\square$

Stichwortverzeichnis

Erratum zu: 2140 Schmitz, Syntaxbasierte Programmierwerkzeuge

Alle Seitenangaben im Stichwortverzeichnis des Buchs sind um 6 zu hoch.
So findet man z.B. den Warshall-Algorithmus nicht wie angegeben auf S. 295,
sondern auf S. 289.

Leider wurde dieser Fehler erst nach der Drucklegung bemerkt.
Wir bitten um Entschuldigung!

B. G. Teubner Stuttgart